普通高等教育“十一五”国家级规划教材

物理学教程

（第四版）上册

马文蔚　周雨青　解希顺　编

中国教育出版传媒集团
高等教育出版社·北京

内容提要

本书是普通高等教育“十一五”国家级规划教材，在修订时参照了教育部高等学校大学物理课程教学指导委员会编制的《理工科类大学物理课程教学基本要求》（2023 年版），涵盖了基本要求中的核心内容。本书在内容选取上采用压缩经典、简化近代，削枝强干、突出重点，减少理论论证、适当增加应用等方法，以适应不同院校和专业对大学物理课程的要求。同时考虑到应用型院校的特点和教学实际情况，本书在保证必要的训练的基础上，适当降低了例题和习题的难度。

本书分为上、下两册，上册内容包括力学、机械振动、机械波和热学，下册内容包括电磁学、光学和近代物理学。本书配有丰富的教学资源，包括电子教案、习题分析与解答、学习指导以及《物理学活页作业》《物理学原理在工程技术中的应用》（第四版）等。

本书可作为高等学校理工科非物理学类专业大学物理课程的教材或参考书，也可供文科相关专业选用和社会读者阅读。

图书在版编目（CIP）数据

物理学教程. 上册 / 马文蔚，周雨青，解希顺编
. -- 4 版. -- 北京 ：高等教育出版社，2023. 8（2024.12重印）
ISBN 978-7-04-060264-7

Ⅰ. ①物… Ⅱ. ①马… ②周… ③解… Ⅲ. ①物理学-高等学校-教材 Ⅳ. ①O4

中国国家版本馆 CIP 数据核字(2023)第 052339 号

WULIXUE JIAOCHENG

策划编辑 张海雁　责任编辑 张海雁　封面设计 裴一丹　版式设计 杜微言
责任绘图 于　博　责任校对 窦丽娜　责任印制 高　峰

出版发行	高等教育出版社	网　　址	http://www.hep.edu.cn
社　　址	北京市西城区德外大街 4 号		http://www.hep.com.cn
邮政编码	100120	网上订购	http://www.hepmall.com.cn
印　　刷	固安县铭成印刷有限公司		http://www.hepmall.com
开　　本	787 mm × 1092 mm　1/16		http://www.hepmall.cn
印　　张	16. 75	版　　次	1999 年 11 月第 1 版
字　　数	410 千字		2023 年 8 月第 4 版
购书热线	010 - 58581118	印　　次	2024 年 12 月第 3 次印刷
咨询电话	400 - 810 - 0598	定　　价	37. 00 元

物 料 号　60264 - 00

力学、机械振动、机械波和热学的量和单位

量		单位	
名称	符号	名称	符号
长度	l, L	米	m
质量	m	千克	kg
时间	t	秒	s
速度	v	米每秒	$m \cdot s^{-1}$
加速度	a	米每二次方秒	$m \cdot s^{-2}$
角	$\theta, \alpha, \beta, \gamma$	弧度	rad
		度	°
角速度	ω	弧度每秒	$rad \cdot s^{-1}, s^{-1}$
角加速度	α	弧度每二次方秒	$rad \cdot s^{-2}, s^{-2}$
旋转速度	n	转每秒	$r \cdot s^{-1}$
		转每分	$r \cdot min^{-1}$
力	F	牛顿	N
摩擦因数	μ	—	1
动量	p	千克米每秒	$kg \cdot m \cdot s^{-1}$
冲量	I	牛顿秒	$N \cdot s$
功	W	焦耳	J
能量，热量	E, E_k, E_p, Q	焦耳	J
功率	P	瓦特	W
力矩	M	牛顿米	$N \cdot m$
转动惯量	J	千克二次方米	$kg \cdot m^2$
角动量	L	千克二次方米每秒	$kg \cdot m^2 \cdot s^{-1}$
弹性系数	k	牛顿每米	$N \cdot m^{-1}$
周期	T	秒	s
频率	f, ν	赫兹	Hz
角频率	ω	弧度每秒	$rad \cdot s^{-1}$

续表

量		单位	
名称	符号	名称	符号
波长	λ	米	m
波数	σ	每米	m^{-1}
角波数	k	弧度每米	$rad \cdot m^{-1}$
振动位移	x,y	米	m
振动速度	v	米每秒	$m \cdot s^{-1}$
声强	I	瓦特每平方米	$W \cdot m^{-2}$
压强	p	帕斯卡	Pa
体积	V	立方米	m^3
		升	L
热力学温度	T	开尔文	K
摄氏温度	t	摄氏度	℃
分子数密度	n	每立方米	m^{-3}
物质的量	ν	摩尔	mol
摩尔质量	M	千克每摩尔	$kg \cdot mol^{-1}$
分子自由程	λ	米	m
分子碰撞频率	Z	每秒	s^{-1}
黏度	η	帕斯卡秒	$Pa \cdot s$
热导率	κ	瓦特每米开尔文	$W \cdot m^{-1} \cdot K^{-1}$
扩散系数	D	二次方米每秒	$m^2 \cdot s^{-1}$
比热容	c, c_V, c_p	焦耳每千克开尔文	$J \cdot kg^{-1} \cdot K^{-1}$
摩尔热容	$C_m, C_{V,m}, C_{p,m}$	焦耳每摩尔开尔文	$J \cdot mol^{-1} \cdot K^{-1}$
热机效率	η	—	1
制冷机制冷系数	e	—	1
熵	S	焦耳每开尔文	$J \cdot K^{-1}$

第四版前言

《物理学教程》第一版问世于20世纪末，至今已有20多个春秋。在此期间，我国的高等教育事业向大众化发展，有力地促进了针对应用型人才的大学物理教材的建设。《物理学教程》从第一版到第四版，一直坚持以“大学物理课程教学基本要求”中的核心内容作为基本框架，在稳定中求改革，在改革中求发展，多年来一直受到广大读者的认可和支持。

在此次修订《物理学教程》第四版的过程中，编者把立德树人作为教育的根本任务，本着与时俱进的精神，在保持整体结构体系以及难度基本不变的前提下，注意提高教材的科学性、时代性、应用性、教学性和规范性，并在教材中有机地融入了一些素质教育的素材。第四版在内容上仍强调基本，着眼现代，希望保持适用面较宽和学时数适中，与中学物理衔接较好的特点；在语言叙述上延续了之前版本通俗易懂、易教易学的特点，并更正了第三版中出现的一些语言文字问题。

历经20多年的发展，经过很多人的共同打磨，本书已初步形成具有配套纸质教辅、配套网络教学平台、配套数字教学资源的立体化新形态教材。编者诚切地希望《物理学教程》(第四版)的出版能够为当前大学物理课程教学的进一步改革与发展做一点微薄的贡献。

编者的修订工作主要包含下列几个方面：

(1) 在书中新增或更换了一些反映物理学新进展、新应用的例题和习题，例如航母舰载机的电磁弹射原理等例题。

(2) 在各章章首与章末，以二维码的形式设置了预习自测题和复习自测题。读者扫码登录后，可在课前预习和课后复习，把握自己对本章概念的了解情况。

（3）在书中各章节，增加了多种形式的数字教学资源，包括视频、文档、H5 动画、H5 游戏、AR 等，资源内容比第三版更加丰富。

（4）在附录中，更新了常用物理常量的国际推荐值，优化了地球、月球、太阳系的一些常用数据，规范了国际单位制与我国法定计量单位的内容，其中物理学中的 7 个基本单位全部按 2018 年第 26 届国际计量大会通过的决议进行定义。

本书第四版仍分为上、下两册。上册中力学、振动和波（第一章至第六章）由周雨青修订，气体动理论和热力学（第七章至第八章）由解希顺修订；下册中电磁学（第九章至第十二章）、波动光学（第十四章）和狭义相对论（第十五章）由解希顺修订，几何光学（第十三章）和量子物理（第十六章）由周雨青修订。马文蔚先生对全书的修订思想和计划给予了指导性安排。

令我们难忘的是，编者以外的许多同仁为《物理学教程》每一版次的建设，付出了很多心血。尤其是 2021 年 4 月，为做好《物理学教程》（第四版）的修订，高等教育出版社联合东南大学在南京专门召开了《物理学教程》（第四版）修订研讨会，与会代表们提出的意见和建议给编者的修订工作提供了很大的帮助。编者的修订工作一直得到东南大学教务处和物理学院的领导和教师们的大力支持。全国许多物理同行热情无私地提供了他们的资源和观点。各地的广大读者也在使用本书的过程中，把他们的看法和意见及时反馈给了我们。编者在此一并致以衷心的感谢！

编　者

2022 年 10 月

第三版前言(摘要)

《物理学教程》(第二版)自2006年出版发行以来已经历了八年多的时间,在此期间,编者利用各种大学物理教学改革和教材建设研讨会的机会,广泛听取老师们对教材的体系结构、核心内容和拓展内容的选取、表述的科学性和可接受性,以及如何恰当地反映物理学新进展对科学技术的贡献等问题的意见和建议。许多老师认为《物理学教程》(第二版)定位比较明确,符合培养应用型人才对大学物理课程的要求。

《物理学教程》(第三版)仍保持《物理学教程》(第二版)的体系结构,将《理工科类大学物理课程教学基本要求》(2010年版)核心内容中大约13%的知识点调整为拓展内容,从《理工科类大学物理课程教学基本要求》(2010年版)的拓展内容中选取了诸如流体运动简介、非惯性系和惯性系、阻尼振动和受迫振动、声波、几何光学等知识点。这样《物理学教程》(第三版)与《物理学》(第六版)相比在核心内容知识点方面相差不太多,但在拓展内容方面要少得多。这也许比较符合一些院校和专业大学物理课程的要求。

《物理学教程》(第三版)在注重物理概念准确性的基础上,以相对简约的方式陈述物理定律的含义,着重使学生明了物理学的基本内容和基本概念、基本思想和基本方法。全书在内容安排上,力求做到压缩经典、简化近代,削枝强干、突出重点,并适度增加现代物理学的新进展及其对科学技术的影响的介绍。

本书分为上、下两册。上册:周雨青修订了第五章和第六章,编写了第四章中的流体运动内容;其余各章节由马文蔚修订。下册:周雨青修订了第十三章几何光学简介;解希顺修订了第十四章波动光学、第十六章中的纳米材料;马文蔚修订了第九章至第十二章、第十五章和第十六章(除纳米材料)。

在本书成书过程中,许多老师给予了鼓励,并提出了很多宝贵的意见和建议,借此编者对他们表示衷心的感谢。东华大学汤毓骏教授与编者一道反复切磋本书的修订方案,细致地审阅了待审稿,提出了许多中肯而详尽的修改建议。殷实、沈才康、包刚和韦娜等老师为本书精选增添了习题。编者谨致深深的谢意。

编者还要感谢为本书以前版次付出辛劳的徐绪笃先生,他对待审稿斟字酌句、推敲再三,倾注了许多心血,使书稿的质量得以逐步提升。我的同事谈漱梅女士为本书第一版打下了很好的基础。

编者虽然在修订中做了一些努力,但书中仍存在问题和不足,真诚地企盼老师和同学们的指正。

马文蔚

2015 年 9 月 20 日

第二版前言(摘要)

物理学是研究物质的基本结构、基本运动形式以及相互作用规律的科学,是在人类探索自然奥秘的过程中形成的学科。物理学最初是从对力学运动规律的研究发展起来的,后来又研究热现象的规律,研究电磁现象、光现象以及辐射的规律。到19世纪末,物理学已经形成一个完整的体系,被称为经典物理学。在20世纪初的30年里,物理学经历了一场伟大的革命,相对论和量子力学诞生了,从此产生了近代物理学。

物理学是自然科学的基础,在探讨物质结构和运动基本规律的进程中,每一次重大的发现和突破都引发了向新领域、新方向的发展,甚至产生了新的分支学科、交叉学科和新的技术学科。在过去的100年间,从物理学中分化出了大量的学科,如力学、热学、光学、声学等,其中激光、无线电、微电子、原子能等现在都已经形成了独立的学科。尽管物理学是一门古老的基础性学科,但是物理学与今天乃至未来的人类生活和科技发展都有着重要的、紧密的联系,上至“神舟”上天,下至石油钻探,大到宇宙秘密的探索,小到计算机里的芯片,都离不开物理学。2005年是联合国大会命名的“国际物理年”,这也是联合国历史上第一次以单一学科命名的国际年。

本书是为了满足培养应用型人才的高等学校对大学物理课程改革发展和实际教学的要求而编写的。本书以“基本要求”中的核心内容构成基本框架,同时选取少量的拓展内容作为知识的拓展与延伸。书中所有拓展内容均用小字排印,且冠以“*”号,删去它们并不影响全书的系统性和连贯性。

本书加强了与中学物理相关内容的衔接,同时编者也注意到中学物理课程改革对大学物理课程教学可能带来的影响。编者还注意到不同地区、不同专业大学物理教学的情况,企盼本书能较好地与学生的中学物理基础相衔接。

本书在注重物理概念准确性的基础上,以相对简约的方式陈述物理定律的含义,着重使读者明了物理学的基本内容和基本概念、基本思想和基本方法,而不刻意追求整个推导过程的严密性。

本书分为上、下两册,由马文蔚教授主编。全书第一章至第四章、第七章至第十二章、第十五章和第十六章由马文蔚修订,第五章、第六章和第十三章由周雨青修订和编写,第十四章由解希顺修订。

编者在书中 30 多处以脚注的形式列出了配套的教学参考书《物理学原理在工程技术中的应用》中的相关选题,这些选题与教材内容相一致,可供有兴趣的读者选择阅读。本书的习题内容和数量选择尽量与教材内容相配合。

在修订本书过程中,编者曾得到许多教师的支持。在 2003 年到 2005 年间,编者曾先后在南京、大连和无锡召开修订《物理学教程》(第二版)的研讨会,与会代表们各抒己见,从不同角度、不同方面为本书的定位与修改提出了许多宝贵而中肯的建议,使我们进一步明确了修订本书的目标。编者在此对所有与会的老师们表示衷心的感谢。编者还要感谢《物理学教程》(第二版)的审稿人西北工业大学徐绪笃教授(主审)、东华大学汤毓骏教授,多年来他们对待审稿工作斟字酌句、推敲再三,为本书倾注了许多心血,使编者深受感动。编者感谢高等教育出版社李松岩编审为提高书稿质量倾注的心血;感谢对本书提供过帮助的所有的老师和同学们。

马文蔚

2006 年 6 月于南京兰园

目录

第一章　质点运动学

物理学研究物质运动中最普遍、最基本运动形式的规律，这些运动形式包括机械运动、分子热运动、电磁运动、原子和原子核运动以及其他微观粒子运动等.机械运动是这些运动中最简单、最常见的运动形式，其基本形式有平动和转动.在力学中，研究物体的位置随时间而改变的范畴称为质点运动学.

本章讨论质点运动学，其主要内容为：位置矢量、位移、速度和加速度、质点的运动方程、切向加速度和法向加速度、相对运动等.

预习自测题

1-1　质点运动的描述

一、参考系　质点

1. 参考系

自然界中所有的物体都在不停地运动，绝对静止不动的物体是没有的.在观察一个物体的位置及位置的变化时，总要涉及和其他物体的相互关系.因此，若要选取其他物体作为参考，则选取的参考物不同，对物体运动情况的描述也就不同.不同的描述反映了物体相互之间的不同关系.这就是运动描述的相对性.

为描述物体的运动而选取的参考物叫做参考系.参考系的选择是任意的，但在不同的参考系中对同一物体运动情况的描述是不同的.因此，在描述物体的运动情况时，必须指明是对什么参考系而言的.在讨论地面上物体的运动时，我们通常选择地球作为参考系.

2. 质点

物体都有大小和形状，且运动方式又各不相同.例如，在太阳系中，行星除绕自身的轴线自转外，还绕太阳公转；从枪口射出的子弹，在空中向前飞行的同时，还绕自身的轴线转动；有些多原子分子，除了分子的平动、转动外，分子内各个原子还在振动.这些事实都说明，物体的运动情况是十分复杂的.物体的大小、形状、质量也都是千差万别的，表 1-1 列出了一些物体的质量和长度的数量级.

表 1-1 一些物体的质量和长度的数量级

物体质量	数量级	物体长度	数量级
电子质量	10^{-30} kg	质子核半径	10^{-15} m
质子质量	10^{-27} kg	原子半径	10^{-10} m
血红蛋白质量	10^{-22} kg	病毒线度	10^{-7} m
流感病毒质量	10^{-19} kg	阿米巴变形虫线度	10^{-4} m
阿米巴变形虫质量	10^{-8} kg	人的身高	10^{0} m
雨滴质量	10^{-6} kg	珠穆朗玛峰高度	10^{3} m
人的质量	10^{1} kg	地球半径	10^{6} m
“长征”五号运载火箭质量	10^{6} kg	太阳半径	10^{8} m
金字塔质量	10^{10} kg	太阳与地球的距离	10^{11} m
地球质量	10^{24} kg	太阳与最近恒星的距离	10^{16} m
太阳质量	10^{30} kg	银河系尺度	10^{21} m
银河系质量	10^{41} kg	宇宙尺度	10^{26} m

一般来说，物体的大小和形状的变化，对物体的运动是有影响的.但在有些问题中，如能略去这些影响，就可以把物体当作一个有质量的点（称为质点）来处理，这样将使所研究的问题大大简化.因此说，质点是一个理想模型.

质点是经过科学抽象而形成的物理模型.把物体当作质点是有条件的、相对的，不是无条件的、绝对的，因而对具体情况要作具体分析.例如研究地球绕太阳公转时，由于地球至太阳的平均距离约为地球直径的 10^{4} 倍，地球上各点相对于太阳的运动可以看作是相同的，所以在研究地球绕太阳公转时可以把地球当作质点.但是，我们在研究地球上物体的运动情况时，有时就不能再把地球当作质点处理了.

应当指出，把物体抽象为质点的研究方法，在实践上和理论上都是有重要意义的.当所研究的运动物体不能视为质点时，我们仍可把整个物体看成是由许多质点组成的，弄清楚这些质点的运动，就可以弄清楚整个物体的运动.所以，研究质点的运动是研究物体运动的基础.

在本书有关力学的各章中，除“刚体和流体的运动”一章外，我们都是把物体当作质点来处理的.

二、位置矢量　运动方程　位移

1. 位置矢量

上面已经指出，描述物体的运动时必须选定参考系.在参考系选定以后，为定量地描述质点的位置和位置随时间的变化，必须在参考系上选择一个坐标系.坐标系有直角坐标系、极坐标系和自然坐标系[①]等.在如图 1-1 所示的直角坐标系中，在时刻 t，质点 P 在坐标系中的位置可用位置矢量 $\boldsymbol{r}(t)$ 来表示.位置矢量简称位矢，它是一个有向线段，其始端位于坐标系的原点 O，末端则与质点 P 在 t 时刻的位置相重合.从图 1-1 中可以看出，位矢 $\boldsymbol{r}$ 在 Ox 轴、Oy 轴和 Oz 轴上的投影（即质点的坐标）分别为 x、y 和 z.所以，质点 P 在直角坐标系 $Oxyz$ 中的位置，既可用位矢 $\boldsymbol{r}$ 来表示，也可用坐标 x、y 和 z 来表示.如果取 $\boldsymbol{i}$、$\boldsymbol{j}$ 和 $\boldsymbol{k}$ 分别为沿 Ox 轴、Oy 轴和 Oz 轴的单位矢量，那么位矢 $\boldsymbol{r}$ 亦可写成

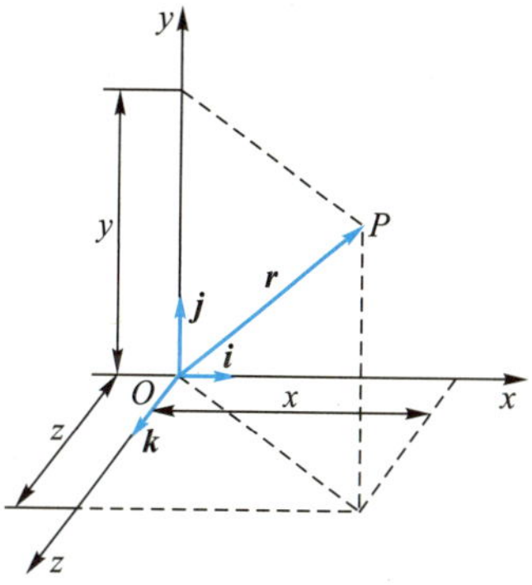

图 1-1　位置矢量

$$\boldsymbol{r}=x\boldsymbol{i}+y\boldsymbol{j}+z\boldsymbol{k} \tag{1-1}$$

其值为

$$|\boldsymbol{r}|=\sqrt{x^2+y^2+z^2}$$

位矢 $\boldsymbol{r}$ 的方向余弦由下式确定：

$$\cos\alpha=\frac{x}{|\boldsymbol{r}|},\quad \cos\beta=\frac{y}{|\boldsymbol{r}|},\quad \cos\gamma=\frac{z}{|\boldsymbol{r}|}$$

式中 α、β、γ 分别为 $\boldsymbol{r}$ 与 Ox 轴、Oy 轴和 Oz 轴正向之间的夹角.

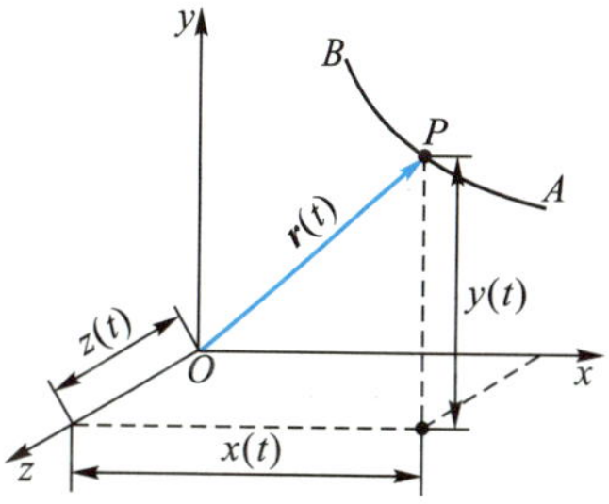

图 1-2　运动方程

2. 运动方程

当质点运动时，它相对坐标原点 O 的位矢 $\boldsymbol{r}$ 是随时间而变化的（图 1-2），因此 $\boldsymbol{r}$ 是时间的函数，即

$$\boldsymbol{r}=\boldsymbol{r}(t)=x(t)\boldsymbol{i}+y(t)\boldsymbol{j}+z(t)\boldsymbol{k} \tag{1-2}$$

式（1-2）叫做质点的运动方程；而 $x(t)$、$y(t)$ 和 $z(t)$ 则是运动方程的分量，从中消去参量 t 便可得到质点运动的轨迹方程，所以它们也是轨迹的参量方程.应当指出，运动学的重要任务之一就是找出各种具体运动所遵循的运动方程.关于这一点我们将在后面作较详细的论述.

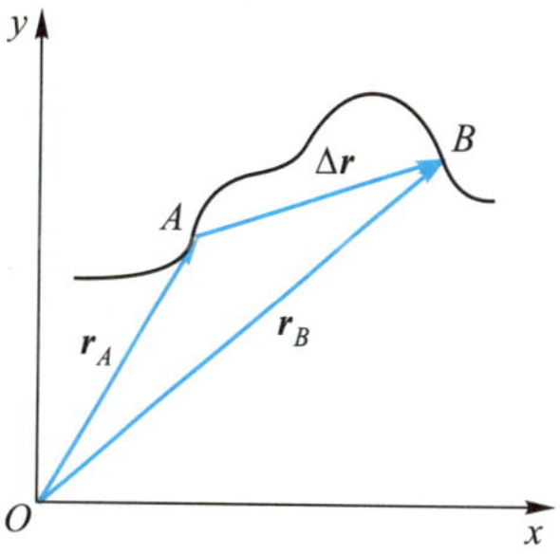

图 1-3　位移矢量

3. 位移

在如图 1-3 所示的平面直角坐标系 Oxy 中，有一质点沿曲线

① 有关平面极坐标系和自然坐标系的知识将在本章第 1-3 节中予以介绍.

从时刻 t_1 的点 A 运动到时刻 t_2 的点 B,质点相对原点 O 的位矢由 $\boldsymbol{r}_A$ 变化到 $\boldsymbol{r}_B$.显然,在时间间隔 $\Delta t(=t_2-t_1)$ 内,位矢的长度和方向都发生了变化.我们将由始点 A 指向终点 B 的有向线段 $\Delta\boldsymbol{r}$ 称为点 A 到点 B 的位移矢量,简称位移.位移 $\Delta\boldsymbol{r}$ 反映了质点位矢的变化.由图1-3可以看出,质点从点 A 到点 B 的位移为

$$\Delta\boldsymbol{r}=\boldsymbol{r}_B-\boldsymbol{r}_A \tag{1-3}$$

应当注意,位移是描述质点位置变化的物理量,它只表示位置变化的实际效果,并非质点所经过的路程.如在图 1-3 中,曲线 $\widehat{AB}$ 所示的路径是质点实际运动的轨迹,轨迹的长度为质点所经历的路程,而位移则是有向线段 $\Delta\boldsymbol{r}$.当质点经一闭合路径回到原来的起始位置时,其位移为零,而路程则不为零.所以,质点的位移和路程是两个完全不同的概念.只有在 Δt 取得很小的极限情况下,位移的大小 $|\mathrm{d}\boldsymbol{r}|$ 才可视为与路程 $\widehat{AB}$ 没有区别.

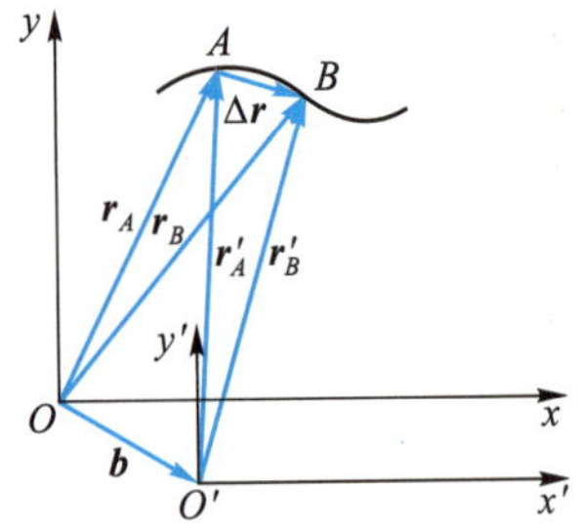

图 1-4 位移与坐标系的选取无关

然而,我们还应当注意,当参考系确定后,质点的位矢 $\boldsymbol{r}$ 依赖于坐标系的选取,而它的位移 $\Delta\boldsymbol{r}$ 则与坐标系的选取无关.这一点可很容易从图 1-4 中得出,图中有一质点在坐标系 Oxy 中,处于点 A 和点 B 的位矢分别为 $\boldsymbol{r}_A$ 和 $\boldsymbol{r}_B$,而在坐标系 $O'x'y'$ 中的位矢则分别为 $\boldsymbol{r}'_A$ 和 $\boldsymbol{r}'_B$.若 O 指向 O' 的位矢为 $\boldsymbol{b}$,则在这两个坐标系中的位矢之间的关系为 $\boldsymbol{r}_A=\boldsymbol{r}'_A+\boldsymbol{b}$ 和 $\boldsymbol{r}_B=\boldsymbol{r}'_B+\boldsymbol{b}$,即 $\boldsymbol{r}'_A=\boldsymbol{r}_A-\boldsymbol{b}$ 和 $\boldsymbol{r}'_B=\boldsymbol{r}_B-\boldsymbol{b}$.于是可得在坐标系 $O'x'y'$ 中,质点从点 A 到点 B 的位移为 $\boldsymbol{r}'_B-\boldsymbol{r}'_A=\boldsymbol{r}_B-\boldsymbol{r}_A=\Delta\boldsymbol{r}$.这就是说,质点的位矢取决于坐标系的选取,而其位移则与坐标系的选取无关.注意:这是在两个坐标系之间无相对运动时才成立的结论,有别于相对运动中的坐标变换.

三、速度

在力学中,若仅知道质点在某时刻的位矢,我们还不能确定质点的运动状态.只有当质点的位矢和速度同时被确定时,其运动状态才被确知.所以,位矢和速度是描述质点运动状态的两个物理量.

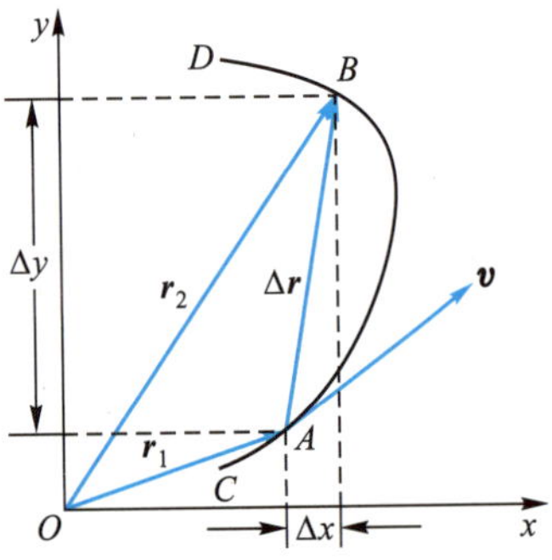

图 1-5 平均速度

如图 1-5 所示,一质点在平面上沿轨迹 $CABD$ 作曲线运动.在时刻 t,它处于点 A,其位矢为 $\boldsymbol{r}_1(t)$;在时刻 $t+\Delta t$,它处于点 B,其位矢为 $\boldsymbol{r}_2(t+\Delta t)$.在时间间隔 Δt 内,质点的位移为 $\Delta\boldsymbol{r}=\boldsymbol{r}_2-\boldsymbol{r}_1$,它的平均速度为

$$\overline{\boldsymbol{v}}=\frac{\boldsymbol{r}_2-\boldsymbol{r}_1}{\Delta t}=\frac{\Delta\boldsymbol{r}}{\Delta t}$$

由于 $\Delta \boldsymbol{r}$ 是矢量，而 $1/\Delta t$ 是标量，所以平均速度 $\overline{\boldsymbol{v}}$ 是矢量，且与 $\Delta \boldsymbol{r}$ 的方向相同.

由式(1-2)知 $\boldsymbol{r}=x\boldsymbol{i}+y\boldsymbol{j}$，故有

$$\Delta \boldsymbol{r}=\Delta x\boldsymbol{i}+\Delta y\boldsymbol{j}$$

平均速度可以写成

$$\overline{\boldsymbol{v}}=\frac{\Delta \boldsymbol{r}}{\Delta t}=\frac{\Delta x}{\Delta t}\boldsymbol{i}+\frac{\Delta y}{\Delta t}\boldsymbol{j}=\bar{v}_x\boldsymbol{i}+\bar{v}_y\boldsymbol{j}$$

式中 $\bar{v}_x$ 和 $\bar{v}_y$ 是平均速度 $\overline{\boldsymbol{v}}$ 在 Ox 轴和 Oy 轴上的分量. 当 $\Delta t\to 0$ 时，平均速度的极限值叫做瞬时速度（简称速度），用 $\boldsymbol{v}$ 表示，即

$$\boldsymbol{v}=\lim_{\Delta t\to 0}\frac{\Delta \boldsymbol{r}}{\Delta t}=\frac{\mathrm{d}\boldsymbol{r}}{\mathrm{d}t} \tag{1-4a}$$

由于 $\boldsymbol{r}=x\boldsymbol{i}+y\boldsymbol{j}$，上式还可写成

$$\boldsymbol{v}=\frac{\mathrm{d}x}{\mathrm{d}t}\boldsymbol{i}+\frac{\mathrm{d}y}{\mathrm{d}t}\boldsymbol{j}=v_x\boldsymbol{i}+v_y\boldsymbol{j}=\boldsymbol{v}_x+\boldsymbol{v}_y \tag{1-4b}$$

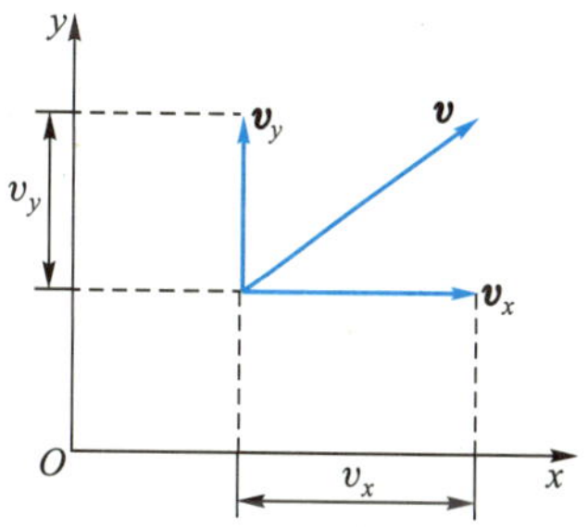

图 1-6 速度、分速度、速度分量之间的关系

式中 v_x 和 v_y 是速度 $\boldsymbol{v}$ 在 Ox 轴和 Oy 轴上的分量，而 $\boldsymbol{v}_x$ 和 $\boldsymbol{v}_y$ 则是速度 $\boldsymbol{v}$ 在 Ox 轴和 Oy 轴上的分速度.（它们是矢量！）图 1-6 给出了它们之间的关系.

通常我们把速度 $\boldsymbol{v}$ 的值，即把 $|\boldsymbol{v}|$ 或 v 称为速率①. 由式(1-4a)可见，速度 $\boldsymbol{v}$ 的方向与 $\Delta \boldsymbol{r}$ 在 $\Delta t\to 0$ 时的极限方向一致. 从图 1-5 中可见，当 $\Delta t\to 0$ 时，$\Delta \boldsymbol{r}$ 趋于和轨迹相切，即与点 A 的切线重合，所以当质点作曲线运动时，质点在某一点的速度方向就是沿该点曲线的切线方向. 这在日常生活中是经常可以观察到的. 拴在绳子上作圆周运动的小球，如果绳子突然断开，小球就会沿切线方向飞出去.

显然，上述有关速度的讨论很容易推广到质点在三维直角坐标系 $Oxyz$ 中运动的情形，质点在三维直角坐标系中的速度为

$$\boldsymbol{v}=\boldsymbol{v}_x+\boldsymbol{v}_y+\boldsymbol{v}_z=v_x\boldsymbol{i}+v_y\boldsymbol{j}+v_z\boldsymbol{k} \tag{1-5}$$

四、加速度

上面已经指出，作为描述质点运动状态的一个物理量，速度

① 在不致混淆的情况下，有时速率也被称为速度.

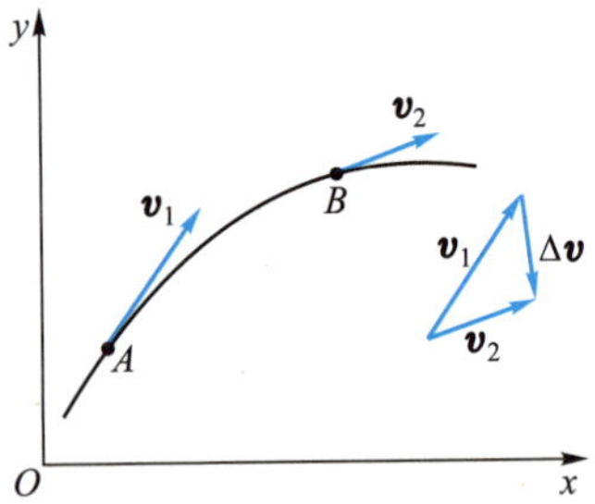

图 1-7 曲线运动的加速度

是一个矢量.所以,无论是速度的数值发生改变,还是其方向发生改变,都表示速度发生了变化.为衡量速度的变化,我们将从曲线运动出发引出加速度的概念.

如图 1-7 所示,质点在 Oxy 平面内的运动轨迹为一曲线.设在时刻 t,质点位于点 A,其速度为 $\boldsymbol{v}_1$,在时刻 $t+\Delta t$,质点位于点 B,其速度为 $\boldsymbol{v}_2$,则在时间间隔 Δt 内,质点的速度增量为 $\Delta\boldsymbol{v}=\boldsymbol{v}_2-\boldsymbol{v}_1$,它在单位时间内的速度增量即平均加速度为

$$\overline{\boldsymbol{a}}=\frac{\Delta\boldsymbol{v}}{\Delta t}$$

当 $\Delta t\to 0$ 时,平均加速度的极限值叫做瞬时加速度,用 $\boldsymbol{a}$ 表示,即

$$\boldsymbol{a}=\lim_{\Delta t\to 0}\frac{\Delta\boldsymbol{v}}{\Delta t}=\frac{\mathrm{d}\boldsymbol{v}}{\mathrm{d}t} \tag{1-6a}$$

$\boldsymbol{a}$ 的方向是 $\Delta t\to 0$ 时 $\Delta\boldsymbol{v}$ 的极限方向,而 $\boldsymbol{a}$ 的值是 $|\Delta\boldsymbol{v}/\Delta t|$ 的极限值,即

$$|\boldsymbol{a}|=\lim_{\Delta t\to 0}\left|\frac{\Delta\boldsymbol{v}}{\Delta t}\right|$$

应当注意,加速度 $\boldsymbol{a}$ 既反映了速度方向的变化,又反映了速度数值的变化.所以质点作曲线运动时,任一时刻质点的加速度方向并不与速度方向相同,即加速度方向不沿曲线的切线方向.由图 1-7 中可以看出,在曲线运动中,加速度的方向指向曲线的凹侧.

利用式(1-4b),式(1-6a)可写成

$$\boldsymbol{a}=\frac{\mathrm{d}}{\mathrm{d}t}(v_x\boldsymbol{i}+v_y\boldsymbol{j})$$

即

$$\boldsymbol{a}=a_x\boldsymbol{i}+a_y\boldsymbol{j}=\boldsymbol{a}_x+\boldsymbol{a}_y \tag{1-6b}$$

式中 $\boldsymbol{a}_x$ 和 $\boldsymbol{a}_y$ 为 $\boldsymbol{a}$ 在 Ox 轴和 Oy 轴上的分加速度,而 a_x 和 a_y 则为 $\boldsymbol{a}$ 在 Ox 轴和 Oy 轴上的分量,即

$$a_x=\frac{\mathrm{d}v_x}{\mathrm{d}t},\quad a_y=\frac{\mathrm{d}v_y}{\mathrm{d}t}$$

显然,上述有关加速度的讨论很容易推广到三维运动的情况.质点在三维直角坐标系中的加速度为

$$\boldsymbol{a}=\boldsymbol{a}_x+\boldsymbol{a}_y+\boldsymbol{a}_z=a_x\boldsymbol{i}+a_y\boldsymbol{j}+a_z\boldsymbol{k} \tag{1-7}$$

1-2 求解运动学问题举例

在质点运动学中，有两类常见的求解质点运动的问题.一是：已知质点在起始时刻的位矢 $\boldsymbol{r}$、速度 $\boldsymbol{v}$ 和任意时刻的加速度 $\boldsymbol{a}$，需求质点的运动方程 $\boldsymbol{r}(t)$；另一是：已知质点的运动方程，需求解运动轨迹或某时刻质点的速度和加速度.此外，由于质点通常是作曲线运动的，且其速度 $\boldsymbol{v}$ 和加速度 $\boldsymbol{a}$ 又是时间的函数，即 $\boldsymbol{v}(t)$ 和 $\boldsymbol{a}(t)$，所以在求解这类运动学问题时，必须使用矢量和微积分，并注意位矢 $\boldsymbol{r}$、速度 $\boldsymbol{v}$ 和加速度 $\boldsymbol{a}$ 的瞬时性、矢量性和相对性.下面举几个这方面的例题.

例 1

如图 1-8 所示，设在地球表面附近有一个可视为质点的物体，以初速 $\boldsymbol{v}_0$ 在 Oxy 平面内与 Ox 轴正向成 α 角被抛出，略去空气阻力对物体的作用.(1) 试求物体的运动方程和其运动的轨迹方程；(2) 试求物体的最大射程.

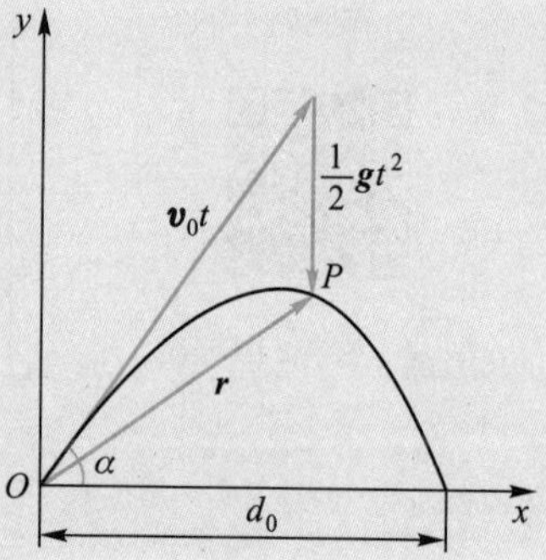

图 1-8

解 (1) 由题意可知，物体在地球表面附近作加速度为 $\boldsymbol{a}=\boldsymbol{g}=-g\boldsymbol{j}$ 的斜抛运动.从图中可以看出，在 $t=0$ 时，抛体位于原点 O，其位矢 $\boldsymbol{r}_0=0$.

于是，由 $\mathrm{d}\boldsymbol{v}/\mathrm{d}t=\boldsymbol{a}=\boldsymbol{g}$ 可解得抛体在时刻 t 的速度 $\boldsymbol{v}$ 为

$$\boldsymbol{v}=\boldsymbol{v}_0+\boldsymbol{g}t$$

又由 $\mathrm{d}\boldsymbol{r}/\mathrm{d}t=\boldsymbol{v}$ 和上式，可解得抛体在时刻 t 的位矢为

$$\boldsymbol{r}=\boldsymbol{v}_0 t+\frac{1}{2}\boldsymbol{g}t^2 \tag{1}$$

上式就是斜抛物体的运动方程的矢量式.它在 Ox 轴和 Oy 轴上的分量式为

$$x=v_0 t\cos\alpha \tag{2a}$$

$$y=v_0 t\sin\alpha-\frac{1}{2}gt^2 \tag{2b}$$

式(1)和式(2)都是斜抛物体的运动方程.只不过矢量式比分量式更加简洁而概括.关于这一点，从图 1-8 可以得到较深入的理解.在 $0\sim t$ 的时间间隔内，物体从原点 O 到达点 P，其位移 $\boldsymbol{r}$ 是 $\boldsymbol{v}_0 t$ 和 $\frac{1}{2}\boldsymbol{g}t^2$ 这两个位移矢量之和，这就是通常所说的运动叠加原理(或运动独立性原理)的一个例子.值得注意的是，$\boldsymbol{v}_0 t$ 和 $\frac{1}{2}\boldsymbol{g}t^2$ 这两个矢量是互不影响的.

消去式(2a)和式(2b)中的 t 可得

$$y=x\tan\alpha-\frac{g}{2v_0^2\cos^2\alpha}x^2 \tag{3}$$

这就是斜抛物体运动的轨迹方程.它表明在略去空气阻力的情况下，抛体在空间运动的轨迹为抛物线.

(2) 当抛体落回地面，即当 $y=0$ 时，抛体距原点 O 的距离 d_0 称为射程.由式(3)可得

$$d_0=\frac{2v_0^2}{g}\sin\alpha\cos\alpha=\frac{v_0^2}{g}\sin 2\alpha$$

显然，射程 d_0 是抛射角 α 的函数.最大射程的条件：$\mathrm{d}d_0/\mathrm{d}\alpha=(2v_0^2/g)\cos 2\alpha=0$，由此可得 $\alpha=\pi/4$.这就是说，当抛射角 $\alpha=\pi/4$ 时，抛体的射程最远，其值为

$$d_{0\mathrm{m}}=v_0^2/g$$

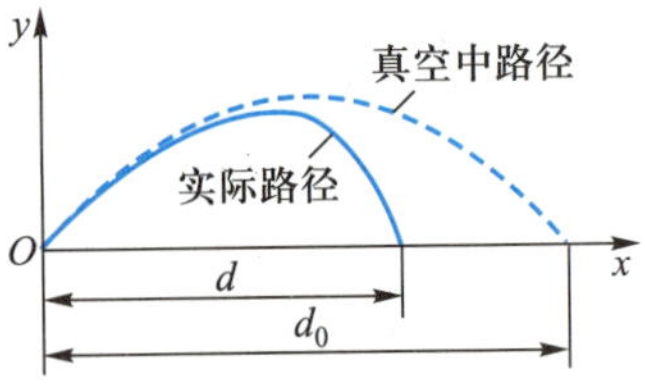

图 1-9 斜抛运动的实际路径

伽利略

文档:伽利略

在上述讨论中,我们忽略了空气阻力.若空气阻力较大,则物体经过的路径为一条不对称的曲线,实际射程 d 往往比真空中射程 d_0 小很多(图 1-9).表1-2 给出了弹丸在真空中和空气中射程的比较情况.利用斜抛物体的运动方程式(2),经适当修正,我们可粗略估算出洲际导弹的射程①.

表 1-2 在真空和空气中弹丸射程的比较情况

	初速度 $v_0/(\mathrm{m\cdot s^{-1}})$	抛射角 α	真空中射程 d_0/m	实际射程 d/m
7.6 mm 枪弹	800	15°	32 700	3 970
85 mm 炮弹	700	45°	50 000	16 000
82 mm 迫击炮弹	60	45°	367	350

伽利略(Galileo Galilei,1564—1642),杰出的意大利物理学家和天文学家,实验物理学的先驱者,提出著名的相对性原理、惯性原理、抛体的运动定律、摆振动的等时性等.伽利略捍卫哥白尼的日心学说,他的《关于两门新科学的对话》一书,总结了他最成熟的科学思想以及在物理学和天文学方面的研究成果.

例 2

设质点的运动方程为 $\boldsymbol{r}(t)=x(t)\boldsymbol{i}+y(t)\boldsymbol{j}$,其中 $x(t)=1.0t+2.0$,$y(t)=0.25t^2+2.0$.式中各量的单位均为 SI 单位②.(1) 求 $t=3$ s 时的速度;(2) 作出质点的运动轨迹图.

解 (1) 由题意可得速度分量分别为

$$v_x=\frac{\mathrm{d}x}{\mathrm{d}t}=1.0\ \mathrm{m\cdot s^{-1}},\quad v_y=0.5t(\text{SI 单位})$$

故 $t=3$ s 时的速度分量分别为 $v_x=1.0\ \mathrm{m\cdot s^{-1}}$ 和 $v_y=1.5\ \mathrm{m\cdot s^{-1}}$.于是 $t=3$ s 时质点的速度为

$$\boldsymbol{v}=(1.0\boldsymbol{i}+1.5\boldsymbol{j})\ \mathrm{m\cdot s^{-1}}$$

速度的值为 $v=1.8\ \mathrm{m\cdot s^{-1}}$,速度 $\boldsymbol{v}$ 与 x 轴之间的夹角为

$$\theta=\arctan\frac{1.5}{1}=56.3^\circ$$

(2) 由已知的运动方程 $x=1.0t+2.0$,$y=0.25t^2+2.0$,消去 t 可得轨迹方程:

$$y=0.25x^2-x+3$$

并可作出如图 1-10 所示的质点运动轨迹图.

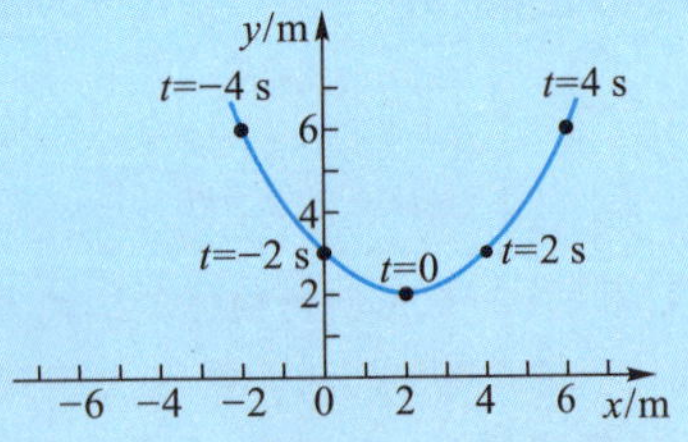

图 1-10

① 参阅马文蔚等主编《物理学原理在工程技术中的应用》(第四版)之“洲际导弹的射程”(高等教育出版社,2015 年).

② 请读者注意:本书中各物理量的单位采用国际单位制(SI),因此,所有例题、问题和习题中的物理量的单位,除特别指明外,均为 SI 单位.SI 的基本单位和导出单位可参阅本书附录二.

洲际导弹的射程

例 3

一个球体在某液体中竖直下落，球体的初速度为 $\boldsymbol{v}_0=10\boldsymbol{j}\ \mathrm{m\cdot s^{-1}}$，它在液体中的加速度为 $\boldsymbol{a}=-1.0v\boldsymbol{j}$(SI 单位).问:(1) 经多少时间后可以认为球体已停止运动？(2) 此球体在停止前经过的路程有多长？

解 由题意知，球体作变加速直线运动，加速度 $\boldsymbol{a}$ 的方向与球体速度 $\boldsymbol{v}$ 的方向相反.由加速度的定义，有

$$a=\frac{\mathrm{d}v}{\mathrm{d}t}=-1.0v$$

得

$$\int_{v_0}^{v}\frac{\mathrm{d}v}{v}=-1.0\int_0^t\mathrm{d}t$$

有

$$v=v_0\mathrm{e}^{-1.0t} \quad (1)$$

上式表明，球体的速率 v 随时间 t 的增长而减小.

又由速度的定义，有

$$v=\frac{\mathrm{d}y}{\mathrm{d}t}=v_0\mathrm{e}^{-1.0t}$$

得

$$\int_0^y\mathrm{d}y=v_0\int_0^t\mathrm{e}^{-1.0t}\mathrm{d}t$$

有

$$y=10\left[-\frac{1}{1.0}(\mathrm{e}^{-1.0t}-1)\right]=10(1-\mathrm{e}^{-1.0t}) \quad (2)$$

从题意知道，球体停下来时其速度应当为零，而从式(1)可以看出，要使球体的速度为零，即 $v=0$，时间 t 须无限长.从式(2)可知当 $t\to\infty$ 时，$y=10$ m.这似乎有些不切实际，为了得出合适的结果，我们不妨利用式(1)，先试求球体的速率 v 分别达到 $\frac{1}{10}v_0$、$\frac{1}{100}v_0$、$\frac{1}{1\ 000}v_0$ 和 $\frac{1}{10\ 000}v_0$ 时所经历的时间，然后再利用式(2)求出球体所经过的路程.我们把依据这个想法所得的计算结果列表如下：

v	$v_0/10$	$v_0/100$	$v_0/1\ 000$	$v_0/10\ 000$
t/s	2.3	4.6	6.9	9.2
y/m	8.997 4	9.899 5	9.989 9	9.999 0

从上表可以看出，事实上，在 $t=6.9$ s 或 $t=9.2$ s 时，球体已几乎不再运动，而所经过的路程已显示出其极限值为 10 m 了.故本题的答案完全可以写成:小球在运动几乎停止前的 9.2 s 时间内经历了 $y\approx10$ m 的路程.这种近似处理的方法是很重要的，也是足够准确的.

例 4

如图 1-11 所示，A、B 两物体由一长为 l 的刚性细杆相连，A、B 两物体可在光滑轨道上滑行.如物体 A 以恒定的速率 v 向左滑行，当 $\alpha=60°$时，物体 B 的速度为多少？

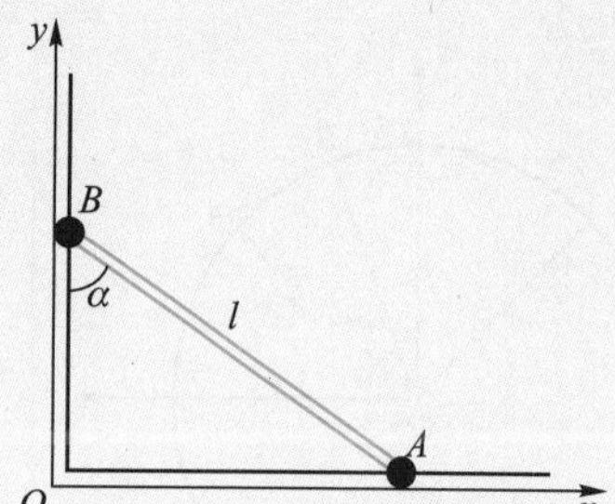

图 1-11

解 按图 1-11 所示的坐标系，物体 A 的速度为

$$\boldsymbol{v}_A=\boldsymbol{v}_x=\frac{\mathrm{d}x}{\mathrm{d}t}\boldsymbol{i}=-v\boldsymbol{i} \quad (1)$$

式中“-”号表示 A 沿 Ox 轴负方向运动，而物体 B 的速度为

$$\boldsymbol{v}_B=\boldsymbol{v}_y=\frac{\mathrm{d}y}{\mathrm{d}t}\boldsymbol{j} \quad (2)$$

由于$\triangle OAB$ 为一直角三角形，故有 $x^2+y^2=l^2$.考虑到细杆是刚性的，其长度 l 为一常量，但 x、y 是时间的函数，故有

$$2x\frac{\mathrm{d}x}{\mathrm{d}t}+2y\frac{\mathrm{d}y}{\mathrm{d}t}=0$$

可得

$$\frac{\mathrm{d}y}{\mathrm{d}t}=-\frac{x}{y}\frac{\mathrm{d}x}{\mathrm{d}t}$$

代入式(2)，则物体 B 的速度为

$$\boldsymbol{v}_B=-\frac{x}{y}\frac{\mathrm{d}x}{\mathrm{d}t}\boldsymbol{j}$$

因为 $\frac{dx}{dt}=-v,\quad \tan\alpha=\frac{x}{y}$

所以

$$\boldsymbol{v}_B=v\tan\alpha\boldsymbol{j}$$

$\boldsymbol{v}_B$ 的方向沿 Oy 轴正方向,因此物体 B 的速度大小为

$$v_B=v\tan\alpha$$

当 $\alpha=60^\circ$ 时

$$v_B=1.73v$$

1-3 圆周运动

本节讨论一种较为简单的曲线运动——圆周运动.为了较简捷地描述质点在圆周上的位置和运动情况,下面先引入平面极坐标系.

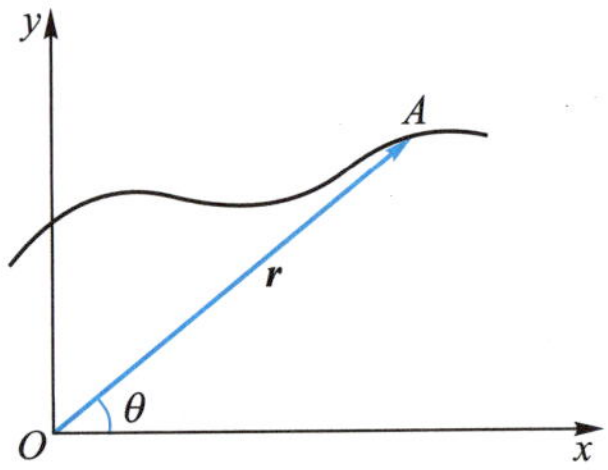

图 1-12 平面极坐标系

设有一质点在如图 1-12 所示的 Oxy 平面内运动,某时刻它位于点 A.坐标原点 O 到点 A 的有向线段 $\boldsymbol{r}$ 称为位矢(亦称径矢),$\boldsymbol{r}$ 与 Ox 轴之间的夹角为 θ.于是,质点在点 A 的位置可由 (r,θ) 来确定.这种以 (r,θ) 为坐标的参考系称为平面极坐标系.而在平面直角坐标系内,点 A 的坐标为 (x,y).则这两种坐标系的坐标之间的变换关系为 $x=r\cos\theta$ 和 $y=r\sin\theta$.

一、圆周运动的角速度

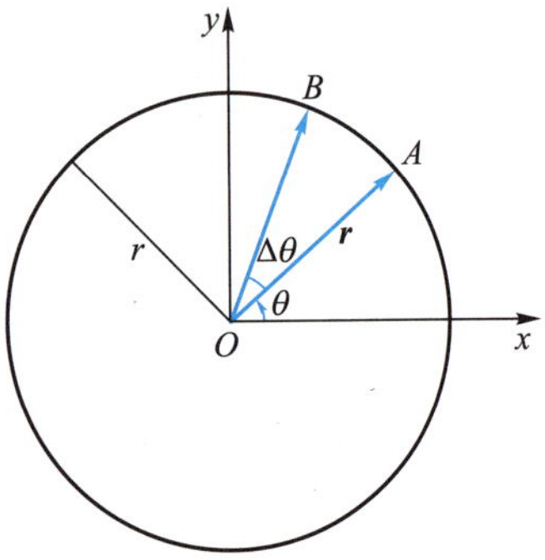

图 1-13 质点在平面上作圆周运动

如图 1-13 所示,一质点在 Oxy 平面上作半径为 r 的圆周运动,某时刻它位于点 A,且在平面极坐标系中的位矢为 $\boldsymbol{r}$.当质点在圆周上运动时,位矢 $\boldsymbol{r}$ 与 Ox 轴之间的夹角 θ 随时间而改变,即 θ 是时间 t 的函数.

我们定义:角坐标 $\theta(t)$ 随时间的变化率,即 $d\theta/dt$,叫做角速度,用符号 ω 表示,则有

$$\omega=\frac{d\theta}{dt}\tag{1-8}$$

通常 θ 用弧度(rad)来量度,所以角速度 ω 的单位名称为弧度每秒,符号为 $rad\cdot s^{-1}$.

如果在时间间隔 Δt 内,质点由图上的点 A 运动到点 B,所经过的圆弧长则为 $\Delta s=r\Delta\theta$,$\Delta\theta$ 为时间间隔 Δt 内位矢 $\boldsymbol{r}$ 所转过的

角度.当 $\Delta t\to 0$ 时,$\Delta s/\Delta t$ 的极限值为

$$\lim_{\Delta t\to 0}\frac{\Delta s}{\Delta t}=r\lim_{\Delta t\to 0}\frac{\Delta \theta}{\Delta t}$$

即

$$\frac{\mathrm{d}s}{\mathrm{d}t}=r\frac{\mathrm{d}\theta}{\mathrm{d}t}$$

而 $\mathrm{d}s/\mathrm{d}t$ 为质点在点 A 的速率,用 v 表示,$\mathrm{d}\theta/\mathrm{d}t$ 则为质点在点 A 的角速度 ω,故有

$$v=r\omega \tag{1-9}$$

式(1-9)是质点作圆周运动时速率和角速度之间的瞬时关系.

二、匀速率圆周运动

质点作匀速率圆周运动时,虽然质点的速度大小不发生变化,但其方向在不断改变.如图 1-14(a)所示,设有一质点在半径为 r 的圆周上匀速地从点 A 运动到点 B,所经历的时间为 Δt.它在 A、B 两点的速度分别为 $\boldsymbol{v}_A$ 和 $\boldsymbol{v}_B$,且 $|\boldsymbol{v}_A|=|\boldsymbol{v}_B|=v$. A、B 两点相对圆心 O 的位矢分别为 $\boldsymbol{r}_A$ 和 $\boldsymbol{r}_B$,两位矢间的夹角为 $\Delta\theta$.在时间间隔 Δt 内,质点的平均加速度为 $\overline{\boldsymbol{a}}=\Delta\boldsymbol{v}/\Delta t$.当 $\Delta t\to 0$ 时,有

$$\boldsymbol{a}=\lim_{\Delta t\to 0}\frac{\Delta \boldsymbol{v}}{\Delta t}=\frac{\mathrm{d}\boldsymbol{v}}{\mathrm{d}t} \tag{1-10}$$

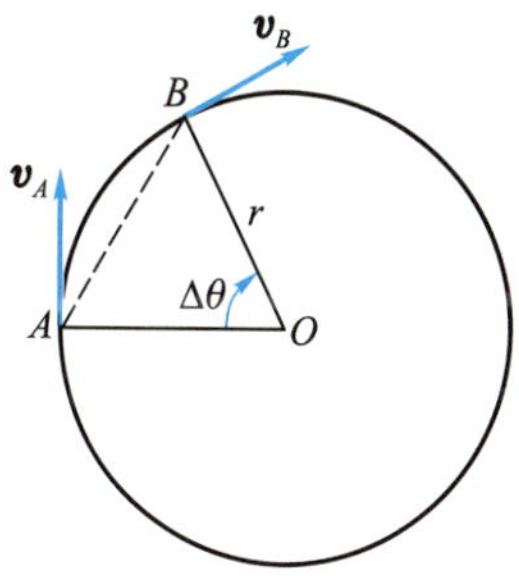

(a)

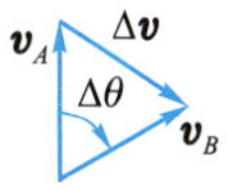

(b)

图 1-14 匀速率圆周运动

至于加速度 $\boldsymbol{a}$ 的方向可从图1-14(b)中看出.当 $\Delta t\to 0$ 时,$\Delta\theta$ 亦趋于零,即 $\Delta\theta\to 0$,这时 $\Delta\boldsymbol{v}$ 趋于与 $\boldsymbol{v}_A$ 垂直.所以,在 $\Delta t\to 0$ 的极限情况下,点 A 的加速度 $\boldsymbol{a}$ 垂直于 $\boldsymbol{v}_A$,且指向圆心 O,故这个加速度 $\boldsymbol{a}$ 也称为向心加速度,用符号 $\boldsymbol{a}_{\mathrm{n}}$ 表示,有

$$\boldsymbol{a}_{\mathrm{n}}=\frac{\mathrm{d}\boldsymbol{v}}{\mathrm{d}t} \tag{1-11}$$

下面来讨论向心加速度 $\boldsymbol{a}_{\mathrm{n}}$ 的大小.从图 1-14(b)中可以看出,$\boldsymbol{v}_A$、$\boldsymbol{v}_B$和 $\Delta\boldsymbol{v}$ 所组成的三角形与图 1-14(a)中 $\triangle AOB$ 相似.因为 $|\boldsymbol{v}_A|=|\boldsymbol{v}_B|=v$,所以有 $|\Delta\boldsymbol{v}|/v=AB/r$.等式两边同除以 Δt,得

$$|\Delta\boldsymbol{v}|/\Delta t=(v/r)(AB/\Delta t)$$

当 $\Delta t\to 0$ 时，点 B 趋近于点 A，弦长 AB 趋近于弧长 $\overset{\frown}{AB}$，所以加速度的大小为

$$a_{\text{n}}=\lim_{\Delta t\to 0}|\Delta \boldsymbol{v}|/\Delta t=\lim_{\Delta t\to 0}(v/r)(\overset{\frown}{AB}/\Delta t)$$

而 $\lim\limits_{\Delta t\to 0}(\overset{\frown}{AB}/\Delta t)=v$，因此

$$a_{\text{n}}=v^2/r=r\omega^2 \tag{1-12}$$

式中 ω 为质点绕圆心 O 作匀速率圆周运动的角速度.

综上所述，匀速率圆周运动是一种变速曲线运动. 质点作匀速率圆周运动时，其向心加速度 $\boldsymbol{a}_{\text{n}}$ 始终指向圆心；所以，在匀速率圆周运动中，向心加速度只改变质点速度的方向，而不改变速度的大小.

三、变速圆周运动　切向加速度和法向加速度

若质点作圆周运动时，其速度大小和方向均在不断变化，则这种圆周运动称为变速圆周运动. 下面将讨论变速圆周运动的加速度. 如图 1-15(a) 所示，质点在经历了时间 Δt 后，从点 A 沿圆周运动到点 B，其速度由 $\boldsymbol{v}_A$ 变为 $\boldsymbol{v}_B$，且 $|\boldsymbol{v}_B|>|\boldsymbol{v}_A|$. 显然在时间间隔 Δt 内，速度的增量为 $\Delta\boldsymbol{v}=\boldsymbol{v}_B-\boldsymbol{v}_A$[图 1-15(b)]. 我们可把矢量 $\Delta\boldsymbol{v}$ 分成如图 1-15(c) 所示的两个分矢量 $\Delta\boldsymbol{v}_{\text{n}}$ 和 $\Delta\boldsymbol{v}_{\text{t}}$，则有

$$\Delta\boldsymbol{v}=\Delta\boldsymbol{v}_{\text{n}}+\Delta\boldsymbol{v}_{\text{t}}$$

式中 $\Delta\boldsymbol{v}_{\text{t}}$ 的大小是 $\boldsymbol{v}_A$ 与 $\boldsymbol{v}_B$ 的大小之差，它表示了 A、B 两点速度大小的改变；而 $\Delta\boldsymbol{v}_{\text{n}}$ 则表示了速度方向的改变. 我们把上式代入式(1-6a)得

$$\boldsymbol{a}=\lim_{\Delta t\to 0}\frac{\Delta\boldsymbol{v}_{\text{n}}}{\Delta t}+\lim_{\Delta t\to 0}\frac{\Delta\boldsymbol{v}_{\text{t}}}{\Delta t}$$

当 $\Delta t\to 0$ 时，点 B 趋近于点 A. 这时，$\Delta\boldsymbol{v}_{\text{n}}/\Delta t$ 的极限值方向指向圆心 O，而且其极限值的大小与匀速率圆周运动的向心加速度的大小(v^2/r)相同，它也叫做法向加速度，仍以 $\boldsymbol{a}_{\text{n}}$ 表示，则有

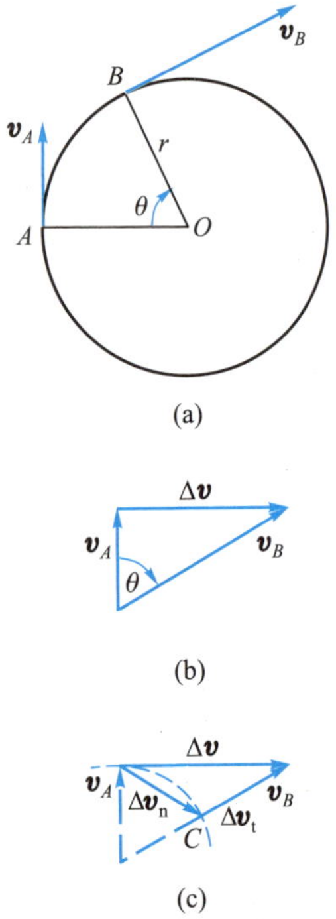

图 1-15　变速圆周运动

$$\boldsymbol{a}_{\mathrm{n}}=\lim_{\Delta t\to 0}\frac{\Delta \boldsymbol{v}_{\mathrm{n}}}{\Delta t}$$

而 $\Delta\boldsymbol{v}_{\mathrm{t}}/\Delta t$ 的极限值方向与点 A 的速度方向相同，其极限值的大小为 $a_{\mathrm{t}}=\mathrm{d}v_{\mathrm{t}}/\mathrm{d}t$.这个极限值叫做切向加速度，以 $\boldsymbol{a}_{\mathrm{t}}$ 表示，则有

$$\boldsymbol{a}_{\mathrm{t}}=\lim_{\Delta t\to 0}\frac{\Delta \boldsymbol{v}_{\mathrm{t}}}{\Delta t}$$

因此

$$\boldsymbol{a}=\lim_{\Delta t\to 0}\frac{\Delta \boldsymbol{v}}{\Delta t}=\boldsymbol{a}_{\mathrm{n}}+\boldsymbol{a}_{\mathrm{t}} \qquad (1-13\mathrm{a})$$

这就是说，在变速圆周运动中，任意时刻的瞬时加速度 $\boldsymbol{a}$ 可分解为法向加速度 $\boldsymbol{a}_{\mathrm{n}}$ 和切向加速度 $\boldsymbol{a}_{\mathrm{t}}$ 两部分.法向加速度表述速度方向的变化，切向加速度则表述速度大小的变化.

在图 1-16 中，如果取 $\boldsymbol{e}_{\mathrm{n}}$ 和 $\boldsymbol{e}_{\mathrm{t}}$ 分别为法向单位矢量和切向单位矢量，那么 $\boldsymbol{a}_{\mathrm{n}}$ 和 $\boldsymbol{a}_{\mathrm{t}}$ 可分别写成：$\boldsymbol{a}_{\mathrm{n}}=a_{\mathrm{n}}\boldsymbol{e}_{\mathrm{n}}$ 和 $\boldsymbol{a}_{\mathrm{t}}=a_{\mathrm{t}}\boldsymbol{e}_{\mathrm{t}}$.于是式(1-13a)也可以写成

$$\boldsymbol{a}=a_{\mathrm{n}}\boldsymbol{e}_{\mathrm{n}}+a_{\mathrm{t}}\boldsymbol{e}_{\mathrm{t}}=\frac{v^2}{r}\boldsymbol{e}_{\mathrm{n}}+\frac{\mathrm{d}v}{\mathrm{d}t}\boldsymbol{e}_{\mathrm{t}} \qquad (1-13\mathrm{b})$$

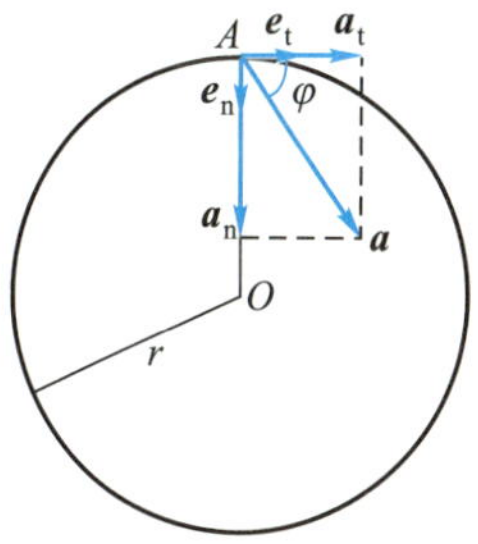

图 1-16 切向加速度和法向加速度

显然，在变速圆周运动中，速度的方向和大小都在变化，因此加速度 $\boldsymbol{a}$ 的方向不再指向圆心 O(图 1-16).根据矢量加法的运算法则可得

$$a=(a_{\mathrm{n}}^2+a_{\mathrm{t}}^2)^{1/2}$$

$$\tan\varphi=\frac{a_{\mathrm{n}}}{a_{\mathrm{t}}} \qquad (1-14)$$

上述结果虽然是从变速圆周运动中得出的，但可以证明，对于一般的曲线运动，式(1-13)和式(1-14)仍然适用，只是半径 r 应该用曲线上相应点的曲率半径 ρ 来替代.

自然坐标系 在图 1-16 中，若以动点 A 为原点，则以切向单位矢量 $\boldsymbol{e}_{\mathrm{t}}$ 和法向单位矢量 $\boldsymbol{e}_{\mathrm{n}}$ 为垂直轴所建立的二维坐标系称为自然坐标系.本节例 2 将采用这种坐标系来讨论圆周运动的问题.

例 1

设有一个质点作半径为 r 的圆周运动.质点沿圆周运动,所经过的路程与时间的关系为 $s=bt^2/2$,式中 b 为一常量.求:(1) 该质点在某一时刻的速率;(2) 质点的法向加速度和切向加速度的大小;(3) 质点的总加速度.

解 (1) 由题意可知,质点在圆周上的速率为

$$v=\frac{\mathrm{d}s}{\mathrm{d}t}=\frac{\mathrm{d}}{\mathrm{d}t}\left(\frac{1}{2}bt^2\right)=bt$$

显然由上式可见,质点在圆周上作变速率圆周运动.

(2) 在任意时刻,质点的切向加速度和法向加速度的大小分别为

$$a_{\mathrm{t}}=\frac{\mathrm{d}v}{\mathrm{d}t}=b$$

$$a_{\mathrm{n}}=\frac{v^2}{r}=\frac{(bt)^2}{r}$$

(3) 在任意时刻,质点的总加速度 $\boldsymbol{a}$ 的大小为

$$a=(a_{\mathrm{t}}^2+a_{\mathrm{n}}^2)^{1/2}=b\left(\frac{b^2t^4}{r^2}+1\right)^{1/2}$$

质点的总加速度 $\boldsymbol{a}$ 的方向,可由 $\boldsymbol{a}$ 与切向加速度 $\boldsymbol{a}_{\mathrm{t}}$ 之间的夹角 φ 来确定,即

$$\tan\varphi=\frac{a_{\mathrm{n}}}{a_{\mathrm{t}}}=\frac{bt^2}{r}$$

四、角加速度 匀变速率圆周运动

1. 角加速度

设质点作变速圆周运动时,在时刻 t,它位于点 A,其角速度为 ω_1,在时刻 $t+\Delta t$,它位于点 B,其角速度为 ω_2.在时间间隔 Δt 内,质点的角速度的增量为 $\Delta\omega=\omega_2-\omega_1$.当 $\Delta t\to0$ 时,$\Delta\omega/\Delta t$ 的极限值 $\mathrm{d}\omega/\mathrm{d}t$ 叫做角加速度,用符号 α 表示,即

$$\alpha=\frac{\mathrm{d}\omega}{\mathrm{d}t}=\frac{\mathrm{d}^2\theta}{\mathrm{d}t^2} \tag{1-15}$$

角加速度的单位名称为弧度每二次方秒,符号为 $\mathrm{rad\cdot s^{-2}}$.

由式(1-9)可知,在圆周运动中角速度和线速度的关系为 $v=r\omega$.现将其对 t 求一阶导数,得

$$\frac{\mathrm{d}v}{\mathrm{d}t}=r\frac{\mathrm{d}\omega}{\mathrm{d}t}$$

等式左边为切向加速度的值.于是可得

$$a_{\mathrm{t}}=r\alpha \tag{1-16}$$

上式就是质点作变速圆周运动时,切向加速度的值与角加速度之间的关系.

2. 匀变速率圆周运动

设 $t=0$ 时，$\theta=\theta_0$，$\omega=\omega_0$，且 α 为常量，由式(1-15)和式(1-8)可求得，质点在圆周上作匀变速率圆周运动时的公式为

$$\begin{cases}\omega=\omega_0+\alpha t\\ \theta=\theta_0+\omega_0 t+\dfrac{1}{2}\alpha t^2\\ \omega^2=\omega_0^2+2\alpha(\theta-\theta_0)\end{cases} \tag{1-17}$$

显然，这三个公式与中学物理中已学过的匀变速直线运动的公式在形式上是相似的，只不过把线量换成角量而已.需要注意的是，如果角加速度不是常量，这些公式就不再适用了.

例 2

如图 1-17 所示，一超声速歼击机在高空点 A 时的水平速率为 1 940 km · h^{-1}，沿近似于圆弧的曲线俯冲到点 B，其速率变为 2 192 km · h^{-1}，所经历的时间为 3 s.设圆弧 $\widehat{AB}$ 的半径约为 3.5 km，且飞机从 A 到 B 的俯冲过程可视为匀变速率圆周运动.求：(1) 飞机在点 B 的加速度；(2) 飞机由点 A 到达点 B 所经过的路程.

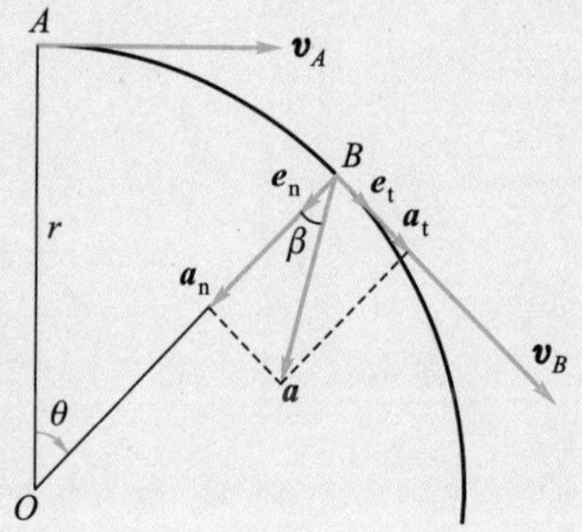

图 1-17

解 (1) 如图 1-17 所示，在点 B 作一自然坐标系，切向单位矢量为 $\boldsymbol{e}_t$，法向单位矢量为 $\boldsymbol{e}_n$.由于飞机在 A、B 之间作半径 $r=3.5$ km 的匀变速率圆周运动，所以其切向加速度的值为常量.飞机在点 B 的切向加速度 $\boldsymbol{a}_t=a_t\boldsymbol{e}_t$，其值为

$$a_t=\frac{\mathrm{d}v}{\mathrm{d}t}$$

积分

$$\int_{v_A}^{v_B}\mathrm{d}v=\int_0^t a_t\mathrm{d}t=a_t\int_0^t\mathrm{d}t$$

得

$$a_t=\frac{v_B-v_A}{t}$$

由题意知，$v_A=1\ 940\ \mathrm{km\cdot h^{-1}}=539\ \mathrm{m\cdot s^{-1}}$，$v_B=2\ 192\ \mathrm{km\cdot h^{-1}}=609\ \mathrm{m\cdot s^{-1}}$，$t=3$ s.代入上式得，飞机在点 B 的切向加速度为

$$a_t=23.3\ \mathrm{m\cdot s^{-2}}$$

飞机在点 B 的法向加速度 $\boldsymbol{a}_n=a_n\boldsymbol{e}_n$，其值为

$$a_n=\frac{v_B^2}{r}=106\ \mathrm{m\cdot s^{-2}}$$

故飞机在点 B 的加速度 $\boldsymbol{a}$ 的值为

$$a=(a_t^2+a_n^2)^{1/2}=109\ \mathrm{m\cdot s^{-2}}$$

而 $\boldsymbol{a}$ 与 $\boldsymbol{e}_n$ 之间的夹角 β 为

$$\beta=\arctan\frac{a_t}{a_n}=12.4°$$

(2) 在时间间隔 t 内，飞机沿圆弧转过的角度为

$$\theta=\omega_A t+\frac{1}{2}\alpha t^2$$

式中 ω_A 是飞机在点 A 的角速度.故在此时间间隔内，飞机经过的路程为

$$s=r\theta=r\omega_A t+\frac{1}{2}r\alpha t^2=v_A t+\frac{1}{2}a_t t^2$$

代入已知数值，有

$$s=1\ 722\ \mathrm{m}$$

1-4 相对运动

一、时间与空间

动画：物体运动的相对性

在图 1-18 中，小车以通常的速度 $\boldsymbol{v}$ 沿水平轨道先后通过点 A 和点 B. 如站在地面上的人测得通过点 A 和点 B 的时间间隔为 $\Delta t=t_B-t_A$，而站在车上的人测得通过 A、B 两点的时间间隔为 $\Delta t'=t'_B-t'_A$，则两者是相等的，即 $\Delta t=\Delta t'$. 也就是说，在两个作相对运动的参考系（地面和小车）中，时间的测量是绝对的，与参考系无关.

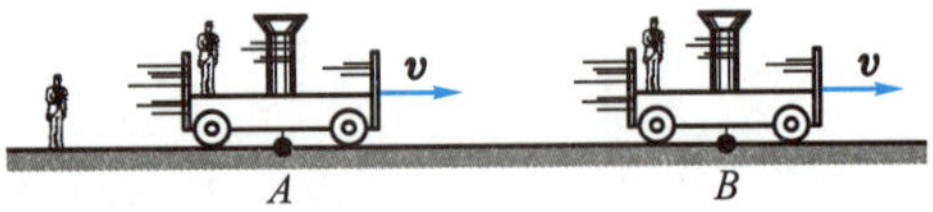

图 1-18 在低速运动时，时间和空间的测量是绝对的

同样，在地面上的人和在车上的人测得 A、B 两点之间的距离也相等，都等于 AB. 也就是说，在两个作相对运动的参考系中，长度的测量也是绝对的，与参考系无关.

在人们的日常生活和一般的科技活动中，上述关于时间和空间量度的结论是毋庸置疑的. 时间和长度的绝对性是经典力学或牛顿力学的基础. 以后我们将介绍，当相对运动的速度 v 接近于光速 c 时，时间和空间的测量将依赖于相对运动的速度①. 只是由于牛顿力学所涉及物体的运动速度远小于光速，即 $v\ll c$，所以在牛顿力学范围内，时间与空间的测量才可以视为与参考系的选择无关. 然而，在牛顿力学范围内，运动质点的位移、速度和运动轨迹则与参考系的选择有关. 本节将着重讨论这方面的问题.

二、相对运动

质点的运动轨迹依赖于观察者（即参考系）的例子是很多的. 例如，一个人站在作匀速直线运动的车上，竖直向上抛出一个钢球，车上的观察者看到钢球竖直上升并竖直下落［图 1-19(a)］，但是，地面上的观察者却看到钢球的运动轨迹为一抛

① 参阅本书下册第十五章第 15-3 节中的“时间的延缓”和“长度的收缩”.

物线[图 1-19(b)].从这个例子可以看出,钢球的运动情况依赖于参考系,亦即依赖于物体间的相互关系.这个例子也就是第 1-1 节中所述的运动的相对性.

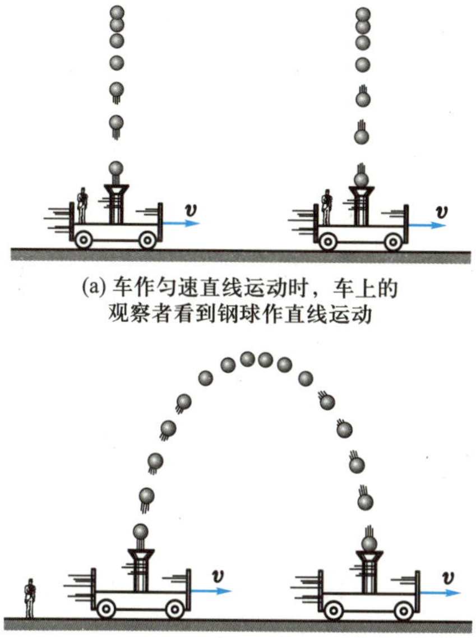

(a) 车作匀速直线运动时,车上的观察者看到钢球作直线运动

(b) 车作匀速直线运动时,地面上的观察者看到钢球作抛物线运动

图 1-19 物体运动的轨迹依赖于观察者所处的参考系

设有两个参考系,一个为 S 系(即 Oxy 坐标系),另一个为 S′系(即 $O'x'y'$ 坐标系).开始时($t=0$),这两个参考系相互重合.某质点在 S 系中的位置以 P 表示,而在 S′系中的位置以 P' 表示.显然,在 $t=0$ 时,点 P 与点 P' 共居于一点[图 1-20(a)].

如果在时间间隔 Δt 内,S′系沿 Ox 轴以速度 $\boldsymbol{u}$ 相对 S 系运动的同时,质点运动到点 Q.在这段时间内,S′系沿 Ox 轴相对 S 系的位移为 $\Delta\boldsymbol{D}=\boldsymbol{u}\Delta t$.在同样的时间内,在 S 系中,质点从点 P 运动到点 Q,其位移为 $\Delta\boldsymbol{r}$;而在 S′系中,质点由点 P' 运动到点 Q,其位移为 $\Delta\boldsymbol{r}'$[图 1-20(b)].在相等的时间内,显然 $\Delta\boldsymbol{r}$ 和 $\Delta\boldsymbol{r}'$ 是不相等的.因为从图 1-20(b)中可以看出,从 S 系看来,质点犹如同时参与两种运动:质点除随 S′系以速度 $\boldsymbol{u}$ 沿 Ox 轴运动外,还要从点 P' 运动到点 Q.质点在 S 系中的位移 $\Delta\boldsymbol{r}$ 应等于 S′系相对 S 系的位移 $\Delta\boldsymbol{D}$ 与质点在 S′系中的位移 $\Delta\boldsymbol{r}'$ 之矢量和,即

$$\Delta\boldsymbol{r}=\Delta\boldsymbol{r}'+\Delta\boldsymbol{D}=\Delta\boldsymbol{r}'+\boldsymbol{u}\Delta t \tag{1-18}$$

上式表明,质点的位移取决于参考系的选择.若 S′系相对 S 系处于静止状态(即 $\boldsymbol{u}=0$),则质点在两参考系中的位移应相等,即 $\Delta\boldsymbol{r}=\Delta\boldsymbol{r}'$.

由位移的相对性我们可得出速度的相对性.用时间 Δt 除式

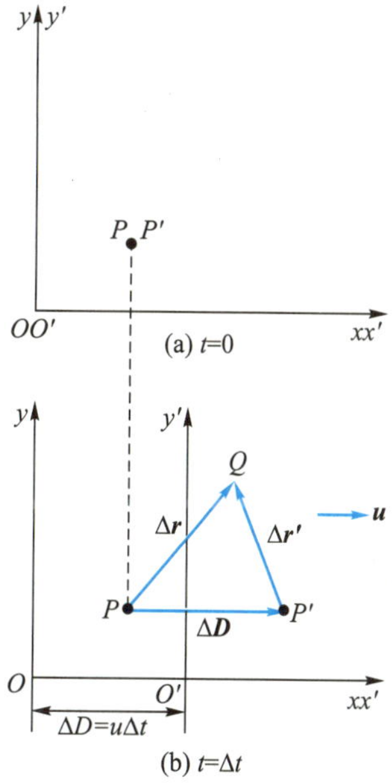

图 1-20 质点在相对作匀速直线运动的两个坐标系中的位移

(1-18)，有

$$\frac{\Delta \boldsymbol{r}}{\Delta t}=\frac{\Delta \boldsymbol{r}'}{\Delta t}+\boldsymbol{u}$$

取 $\Delta t \to 0$ 时的极限值，得

$$\frac{\mathrm{d}\boldsymbol{r}}{\mathrm{d}t}=\frac{\mathrm{d}\boldsymbol{r}'}{\mathrm{d}t}+\boldsymbol{u}$$

即

$$\boldsymbol{v}=\boldsymbol{v}'+\boldsymbol{u} \tag{1-19}$$

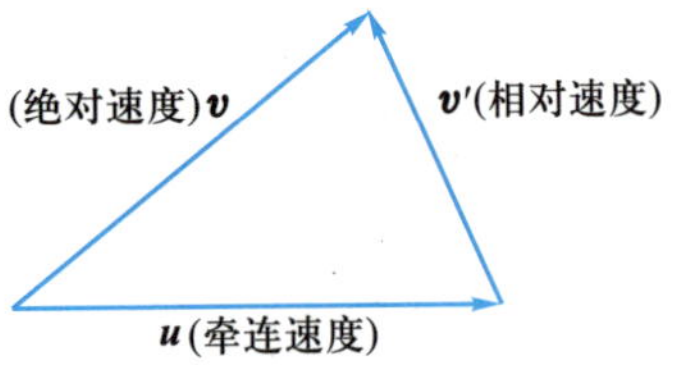

图 1-21　速度的相对性

式中 $\boldsymbol{u}$ 为 S′系相对 S 系的速度，$\boldsymbol{v}'$为质点相对 S′系的速度，$\boldsymbol{v}$ 为质点相对 S 系的速度.上式的物理意义是:质点相对 S 系的速度等于它相对 S′系的速度与 S′系相对 S 系的速度之矢量和(图 1-21).

习惯上，我们常把视为静止的参考系 S 作为基本参考系，把相对 S 系运动的参考系 S′作为运动参考系.这样，质点相对基本参考系 S 的速度 $\boldsymbol{v}$ 叫做绝对速度，质点相对运动参考系 S′的速度 $\boldsymbol{v}'$叫做相对速度，而运动参考系 S′相对基本参考系 S 的速度 $\boldsymbol{u}$ 叫做牵连速度.于是式(1-19)可理解为:质点相对基本参考系的绝对速度 $\boldsymbol{v}$，等于运动参考系相对基本参考系的牵连速度 $\boldsymbol{u}$ 与质点相对运动参考系的相对速度 $\boldsymbol{v}'$之矢量和.例如，在匀速前进的平板车上，一人在车上行走.取地面为基本参考系，车为运动参考系，如果车相对地的速度(即牵连速度)为 $\boldsymbol{v}_{\mathrm{TG}}$，人对车的速度(即相对速度)为$\boldsymbol{v}_{\mathrm{MT}}$，那么人对地的速度(即绝对速度)$\boldsymbol{v}_{\mathrm{MG}}$为

$$\boldsymbol{v}_{\mathrm{MG}}=\boldsymbol{v}_{\mathrm{MT}}+\boldsymbol{v}_{\mathrm{TG}} \tag{1-20}$$

式中 M、G 和 T 分别代表人、地和车.

游戏:生死时速

式(1-19)给出了在两个以恒定的速度作相对运动的参考系中质点的速度与参考系的关系.该式即质点的速度变换关系式，叫做伽利略速度变换式，需要指出的是，当质点的速度接近光速时，伽利略速度变换式就不适用了.此时速度的变换应当遵循洛伦兹速度变换式①.

例

如图 1-22 所示，一实验者 A 在以 10 m · s^{-1}的速率沿水平轨道前进的平板车上控制一台弹射器.此弹射器以与车前进的反方向呈 60°角斜向上射出一弹丸.此时站在地面上的另一实验者 B 看到弹丸竖直向上运动.求弹丸上升的高度.

① 洛伦兹速度变换式将在本书下册第十五章第 15-2 节中讨论.

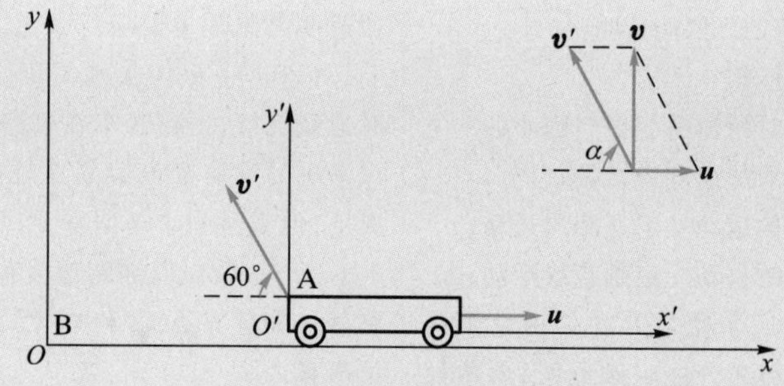

图 1-22

解 设地面参考系为 S 系，其坐标系为 Oxy，平板车参考系为 S′系，其坐标系为 $O'x'y'$，且 S′系以速率 $u=10\ \mathrm{m\cdot s^{-1}}$ 沿 Ox 轴正方向相对 S 系运动.由图中所选定的坐标系可知，在 S′系中的实验者 A 射出的弹丸，其速度 $\boldsymbol{v}'$ 在 x'、y' 轴上的分量分别为 v_x' 和 v_y'.它们与抛射角 α 的关系为

$$\tan\alpha=\frac{|v_y'|}{|v_x'|} \tag{1}$$

若以 $\boldsymbol{v}$ 表示弹丸相对 S 系的速度，则它在 x、y 轴上的分量分别为 v_x 和 v_y.由伽利略速度变换式（1-19）及题意可得

$$v_x=u+v_x' \tag{2}$$

$$v_y=v_y' \tag{3}$$

由于 S 系中（地面上）的实验者 B 看到弹丸是竖直向上运动的，故 $v_x=0$.于是，由式（2）得

$$v_x'=-u=-10\ \mathrm{m\cdot s^{-1}}$$

另由式（3）和式（1）可得

$$|v_y|=|v_y'|=|v_x'\tan\alpha|=10\tan 60°\ \mathrm{m\cdot s^{-1}}=17.3\ \mathrm{m\cdot s^{-1}}$$

由匀变速直线运动公式可得，弹丸上升的高度为

$$y=\frac{v_y^2}{2g}=15.3\ \mathrm{m}$$

复习自测题

问题

1-1 在一艘内河轮船中，两个旅客有这样的对话：

甲：我静静地坐在这里好半天了，我一点也没有运动.

乙：不对，你看看窗外，河岸上的物体都飞快地向后掠去，船在飞快地前进，你也在很快地运动.

试把他们讲话的含义阐述得确切一些.究竟旅客甲是运动的，还是静止的？你是如何理解运动和静止这两个概念的？

1-2 已知质点的运动方程为 $\boldsymbol{r}=x(t)\boldsymbol{i}+y(t)\boldsymbol{j}$，有人说其速度和加速度分别为

$$v=\frac{\mathrm{d}r}{\mathrm{d}t},\quad a=\frac{\mathrm{d}^2r}{\mathrm{d}t^2}$$

式中 $r=\sqrt{x^2+y^2}$.你说对吗？

1-3 一质点作匀速率圆周运动，取其圆心为坐标原点.试问：质点的位矢与速度、位矢与加速度、速度与加速度的方向之间有何关系？

1-4 在《关于两门新科学的对话》一书中，伽利略写道：“仰角（即抛射角）比 45°增大或减小一个相等

角度的抛体，其射程是相等的."你能证明吗？

1-5 下列说法是否正确？

(1) 质点作圆周运动时的加速度指向圆心；

(2) 匀速率圆周运动的加速度为常量；

(3) 只有法向加速度的运动一定是圆周运动；

(4) 只有切向加速度的运动一定是直线运动.

1-6 质点作速率为 v、半径为 R 的匀速率圆周运动.质点通过四分之一和二分之一圆周时，就两种情况试问：位移大小是多少？路程是多少？速度大小变化是多少？速度变化大小是多少？

1-7 在地球的赤道上，一质点随地球自转的加速度为 a_E；而此质点随地球绕太阳公转的加速度为 a_S.设地球绕太阳的轨迹可视为圆形.你知道这两个加速度之比是多少吗？

1-8 一只鸟在水平面上沿直线以恒定速率相对地面飞行，一辆汽车在公路上行驶.在什么情况下，汽车上的观察者观察到鸟是静止不动的？在什么情况下，他观察到小鸟似乎往回飞？

1-9 两位以恒定速度作相对运动的观察者，观测某一物体的位移和速度，所测得的结果相同吗？请解释之.

1-10 两个质点分别以初速度 $\boldsymbol{v}_{10}$ 和 $\boldsymbol{v}_{20}$ 被抛出，$\boldsymbol{v}_{10}$ 和 $\boldsymbol{v}_{20}$ 在同一平面内且与水平面的夹角分别为 θ_1 和 θ_2.有人说，在任意时刻，两个质点的相对速度是一个常量.你说对吗？

习题

1-1 质点作曲线运动，在时刻 t 的位矢为 $\boldsymbol{r}$，速度为 $\boldsymbol{v}$，速率为 v，在时间间隔 Δt 内的位移为 $\Delta\boldsymbol{r}$，路程为 Δs，位矢大小的变化量为 Δr（或 $\Delta|\boldsymbol{r}|$），平均速度为 $\overline{\boldsymbol{v}}$，平均速率为 $\overline{v}$.

(1) 根据上述情况，则一般有（　　）.

(A) $|\Delta\boldsymbol{r}|=\Delta s=\Delta r$

(B) $|\Delta\boldsymbol{r}|\neq\Delta s\neq\Delta r$，当 $\Delta t\to0$ 时有 $|\mathrm{d}\boldsymbol{r}|=\mathrm{d}s\neq\mathrm{d}r$

(C) $|\Delta\boldsymbol{r}|\neq\Delta r\neq\Delta s$，当 $\Delta t\to0$ 时有 $|\mathrm{d}\boldsymbol{r}|=\mathrm{d}r\neq\mathrm{d}s$

(D) $|\Delta\boldsymbol{r}|\neq\Delta s\neq\Delta r$，当 $\Delta t\to0$ 时有 $|\mathrm{d}\boldsymbol{r}|=\mathrm{d}r=\mathrm{d}s$

(2) 根据上述情况，则必有（　　）.

(A) $|\boldsymbol{v}|=v$，$|\overline{\boldsymbol{v}}|=\overline{v}$　　(B) $|\boldsymbol{v}|\neq v$，$|\overline{\boldsymbol{v}}|\neq\overline{v}$

(C) $|\boldsymbol{v}|=v$，$|\overline{\boldsymbol{v}}|\neq\overline{v}$　　(D) $|\boldsymbol{v}|\neq v$，$|\overline{\boldsymbol{v}}|=\overline{v}$

1-2 一运动质点在某瞬时的位矢为 $\boldsymbol{r}(x,y)$，对其速度的大小有四种意见，即

(1) $\dfrac{\mathrm{d}r}{\mathrm{d}t}$；(2) $\dfrac{\mathrm{d}\boldsymbol{r}}{\mathrm{d}t}$；(3) $\dfrac{\mathrm{d}s}{\mathrm{d}t}$；(4) $\sqrt{\left(\dfrac{\mathrm{d}x}{\mathrm{d}t}\right)^2+\left(\dfrac{\mathrm{d}y}{\mathrm{d}t}\right)^2}$.

下述判断正确的是（　　）.

(A) (1)、(2)是正确的

(B) 只有(2)是正确的

(C) (2)、(3)是正确的

(D) (3)、(4)是正确的

1-3 质点作曲线运动，$\boldsymbol{r}$ 表示位置矢量，$\boldsymbol{v}$ 表示速度，$\boldsymbol{a}$ 表示加速度，s 表示路程，a_t 表示切向加速度的大小.有下列表达式：(1) $\mathrm{d}v/\mathrm{d}t=a$；(2) $\mathrm{d}r/\mathrm{d}t=v$；(3) $\mathrm{d}s/\mathrm{d}t=v$；(4) $|\mathrm{d}\boldsymbol{v}/\mathrm{d}t|=a_t$.下述判断正确的是（　　）.

(A) (1)、(4)是正确的

(B) (2)、(4)是正确的

(C) 只有(2)是正确的

(D) 只有(3)是正确的

1-4 一质点在作圆周运动，则（　　）.

(A) 切向加速度一定改变，法向加速度也改变

(B) 切向加速度可能不变，法向加速度一定改变

(C) 切向加速度可能不变，法向加速度不变

(D) 切向加速度一定改变，法向加速度不变

1-5 质点自原点沿 x 轴正方向（正东方向）运动了 3 m 后，又向北偏西方向沿直线运动了 5 m，刚好与 y 轴相交于点 P，试求其路程和位移.

1-6 质点沿 y 轴作直线运动，其位置随时间的变化规律为

$$y=5t^2\quad(\text{SI 单位})$$

试求：(1) 2～2.1 s，2～2.001 s，2～2.000 01 s 各时间间隔内的平均速度；(2) $t=2$ s 时的瞬时速度.

1-7 已知质点沿 x 轴作直线运动，其运动方程为 $x=2+6t^2-2t^3$（SI 单位）.求：(1) 质点在运动开始后 4.0 s 内位移的大小；(2) 质点在该时间间隔内所通过的路程；(3) $t=4$ s 时质点的速度和加速度.

1-8 已知质点的运动方程为 $\boldsymbol{r}=2t\boldsymbol{i}+(2-t^2)\boldsymbol{j}$（SI 单位）.求：(1) 质点的运动轨迹方程；(2) $t=0$ 及

$t=2$ s 时质点的位矢；(3) $t=0$ 到 $t=2$ s 时间间隔内质点的位移 $\Delta\boldsymbol{r}$ 和径向增量 Δr.

1-9 质点的运动方程为 $x=-10t+30t^2$ 和 $y=15t-20t^2$ (SI 单位). 试求：(1) 初速度的大小和方向；(2) 加速度的大小和方向.

1-10 一升降机以加速度 $1.22\ \mathrm{m\cdot s^{-2}}$ 上升，当上升速度为 $2.44\ \mathrm{m\cdot s^{-1}}$ 时，有一螺丝自升降机的天花板上松脱，天花板与升降机的底面相距 2.74 m. 求：(1) 螺丝从天花板落到底面所需要的时间；(2) 螺丝相对升降机外固定柱子的下降距离.

1-11 质点沿直线运动，加速度 $a=4-t^2$ (SI 单位). 当 $t=3$ s 时，$x=9$ m，$v=2\ \mathrm{m\cdot s^{-1}}$，求质点的运动方程.

1-12 一石子从空中由静止下落，由于有空气阻力，石子并非作自由落体运动. 现已知加速度 $a=A-Bv$，式中 A、B 为常量. 试求石子的速度和运动方程.

1-13 一质点具有恒定加速度 $\boldsymbol{a}=(6\boldsymbol{i}+4\boldsymbol{j})\ \mathrm{m\cdot s^{-2}}$. 在 $t=0$ 时，其速度为零，位置矢量为 $\boldsymbol{r}_0=10\ \mathrm{m}\boldsymbol{i}$. (1) 求在任意时刻的速度和位置矢量；(2) 求质点在 Oxy 平面上的轨迹方程，并画出轨迹的示意图.

1-14 质点在 Oxy 平面内运动，其运动方程为 $\boldsymbol{r}=2.0t\boldsymbol{i}+(19.0-2.0t^2)\boldsymbol{j}$ (SI 单位). 求：(1) 质点的轨迹方程；(2) $t_1=1.0$ s 到 $t_2=2.0$ s 时间间隔内的平均速度；(3) $t_1=1.0$ s 时的速度及切向和法向加速度；(4) $t=1.0$ s 时质点所在处轨迹的曲率半径 ρ.

1-15 一气球以匀速率 v_0 从地面上升. 由于风的影响，它获得了一个水平速度 $v_x=by$ (式中 b 为常量，y 为上升高度). 求：(1) 气球的运动方程；(2) 气球的水平偏离距离与高度的关系 $x(y)$.

1-16 飞机以 $100\ \mathrm{m\cdot s^{-1}}$ 的速度沿水平直线飞行，当离地面高为 100 m 时，驾驶员要把物品空投到前方某一地面目标处. 问：(1) 此时目标在飞机正下方前多远？(2) 投放物品时，驾驶员看目标的视线和水平线成何角度？(3) 物品投出 2.0 s 后，它的法向加速度和切向加速度各为多少？

1-17 为迎接香港回归，特技演员柯受良于 1997 年 6 月 1 日在壶口驾车飞越黄河. 如图所示，他驾车从跑道东端启动，到达跑道终端时速度为 $150\ \mathrm{km\cdot h^{-1}}$，他随即以仰角 $\alpha=5°$ 冲出，飞越距离达 57 m，安全着落在西岸木桥上. 问：(1) 他飞车跨越黄河用了多长时间？(2) 若起飞点高出河面 10 m，他驾车飞行的最高点与河面的距离为多少？(3) 西岸木桥和起飞点的高度差为多少？

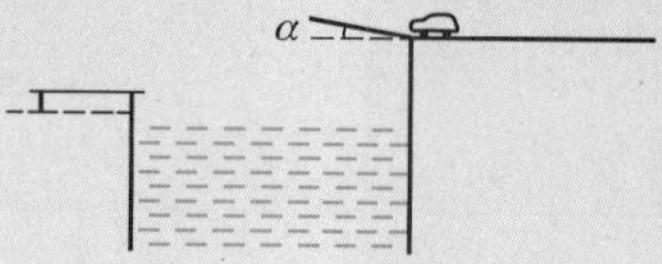

习题 1-17 图

*1-18 如图所示，从山坡底端将小球抛出，已知该山坡有恒定倾角 $\alpha=30°$，球的抛射角 $\beta=60°$. 设球被抛出手的速率 $v_0=19.6\ \mathrm{m\cdot s^{-1}}$，忽略空气阻力，问球落在山坡上离山坡底端的距离为多少？此过程经历多长时间？

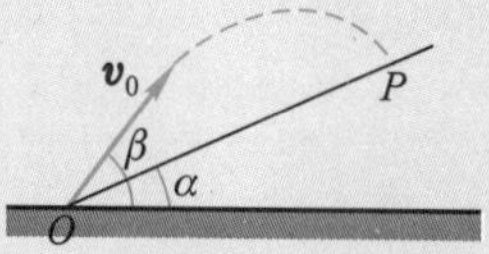

习题 1-18 图

1-19 一质点沿半径为 R 的圆周按规律 $s=v_0t-\dfrac{1}{2}bt^2$ 运动，式中 v_0、b 都是常量. (1) 求 t 时刻质点的总加速度；(2) 问 t 为何值时总加速度在数值上等于 b？(3) 当加速度达到 b 时，质点已沿圆周运动了多少圈？

1-20 一半径为 0.50 m 的飞轮在启动时的短时间内，其角速度与时间的平方成正比. 在 $t=2.0$ s 时测得轮缘一点的速度值为 $4.0\ \mathrm{m\cdot s^{-1}}$. 求：(1) 该轮在 $t'=0.5$ s 时的角速度，轮缘一点的切向加速度和总加速度；(2) 该点在 2.0 s 内所转过的角度.

1-21 一质点在半径为 0.10 m 的圆周上运动，其角位置为 $\theta=2+4t^3$ (SI 单位). (1) 求在 $t=2.0$ s 时质点的法向加速度和切向加速度；(2) 当切向加速度的大小恰等于总加速度大小的一半时，θ 值为多少？(3) 当 t 为多少时，法向加速度和切向加速度的值相等？

1-22 在无风的下雨天，一列火车以 $v_1=20.0\ \mathrm{m\cdot s^{-1}}$ 的速度匀速前进，车内的旅客看见玻璃窗外的雨滴和竖直线成 75° 角下降. 求雨滴下落的速度 v_2. (设下降的雨滴作匀速运动.)

*1-23 如图所示，一辆汽车在雨中沿直线行驶，其速率为 v_1，雨滴下落的速度方向偏于竖直方向之前 θ 角，速率为 v_2. 若车后有一长方形物体，问车速 v_1 为多大时，此物体正好不会被雨水淋湿？

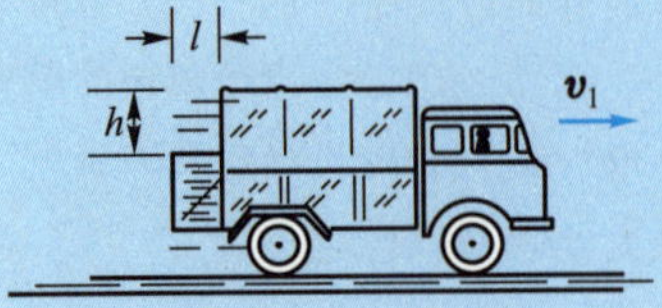

习题 1-23 图

第一章习题答案

第二章　牛顿运动定律

上一章我们曾指出，位置矢量和速度是描述质点运动状态的量，加速度则是表示质点运动状态变化的量，但没有涉及质点运动状态发生变化的原因.而质点运动状态的变化，则是与作用在质点上的力有关的，这部分内容属于牛顿运动定律涉及的范畴.以牛顿运动定律为基础建立起来的描述宏观物体运动规律的动力学理论，称为牛顿力学.本章将概括地阐述牛顿运动定律的内容及其在质点运动方面的初步应用.

预习自测题

牛顿(Isaac Newton，1643—1727)，杰出的英国物理学家，经典物理学的奠基人.他的不朽巨著《自然哲学的数学原理》总结了前人和自己关于力学以及微积分学方面的研究成果，其中含有牛顿运动定律和万有引力定律，以及质量、动量、力和加速度等概念.在光学方面，他说明了色散的起因，发现了色差及牛顿环，他还提出了光的微粒说.

牛顿

2-1　牛顿运动定律

一、牛顿第一定律

文档：牛顿

按照古希腊哲学家亚里士多德(Aristotle，公元前 384—前 322)的说法，静止是物体的自然状态；地面是重物的自然处所；要使物体以某一速度作匀速运动，必须有力对它作用才行；离开地面的物体最终要回到地面.在亚里士多德看来，这确实是真理.人们的确看到，在水平面上运动的物体最后都要趋于静止，从地面上抛出的石子最终都要落回地面.在亚里士多德以后的漫长岁月中，这个概念一直被不少人所接受.直到 17 世纪，伽利略指出，物体沿水平面滑动趋于静止是有摩擦力作用在物体上的缘故.他从实验中总结出，在略去摩擦力的情况下，如果没有外力的作用，物

动画：牛顿第一定律

体将以恒定的速度运动下去.力不是维持物体运动的原因，而是使物体运动状态改变的原因.

牛顿继承和发展了伽利略的见解，于 1687 年用概括性的语言在他的名著《自然哲学的数学原理》中写道：任何物体都要保持其静止或匀速直线运动状态，直到其他物体对它作用，迫使它改变运动状态.这就是牛顿第一定律.现在我们常将牛顿第一定律表示为

$$\boldsymbol{F}=0\text{ 时},\quad \boldsymbol{v}=\text{常矢量} \tag{2-1}$$

牛顿第一定律表明，物体具有保持运动状态不变的性质，这个性质称为惯性，故牛顿第一定律亦称为惯性定律.正因为物体具有惯性，所以，要使其运动状态发生变化就必须有其他物体对它作用.然而，自然界中完全不受其他物体作用的物体是不存在的，因此，牛顿第一定律不能简单地用实验直接加以验证.

我们已经明确，任何物体的运动状态都是相对某个参考系而言的.如果物体在某参考系中，不受其他物体作用而保持静止或匀速直线运动状态，那么也就是说在这个参考系中惯性定律是成立的，所以这个参考系就称为惯性系.若有另一参考系以恒定速度相对惯性系运动，显然，该参考系也是惯性系.但是，若某参考系相对惯性系作加速运动，则该参考系就是非惯性系了.[1]虽然地球有自转和绕太阳的公转，但在研究地球表面附近物体的运动时，地球的自转加速度和绕太阳公转的加速度都比较小，故地球虽不是严格的惯性系，但仍可近似视为惯性系.

二、牛顿第二定律

物体在运动时总具有速度.我们把物体的质量 m 与其运动速度 $\boldsymbol{v}$ 的乘积叫做物体的动量，用 $\boldsymbol{p}$ 表示，即

$$\boldsymbol{p}=m\boldsymbol{v} \tag{2-2}$$

动量 $\boldsymbol{p}$ 显然也是一个矢量，其方向与速度 $\boldsymbol{v}$ 的方向相同.与速度可表示物体的运动状态一样，动量也是描述物体运动状态的量，但动量比速度的含义更为广泛，意义更为重要.当外力作用于物体时，物体动量要发生改变.牛顿第二定律阐明了作用于物体的外力与物体动量变化的关系.

牛顿第二定律表明，物体动量随时间的变化率 $\mathrm{d}\boldsymbol{p}/\mathrm{d}t$ 等于作

① 较详细的讨论，请参阅本章第 2-5 节中的“非惯性系和惯性力”.

用于物体的合外力 $\boldsymbol{F}(=\sum \boldsymbol{F}_i)$，即

$$\boldsymbol{F}=\frac{\mathrm{d}\boldsymbol{p}}{\mathrm{d}t}=\frac{\mathrm{d}(m\boldsymbol{v})}{\mathrm{d}t} \tag{2-3a}$$

当物体在低速情况下运动时，即物体的运动速度 v 远小于光速 $c(v \ll c)$ 时，物体的质量可以视为不依赖于速度的常量. 于是上式可写成

$$\boldsymbol{F}=m\frac{\mathrm{d}\boldsymbol{v}}{\mathrm{d}t} \quad 或 \quad \boldsymbol{F}=m\boldsymbol{a} \tag{2-3b}$$

应当指出，若运动物体的速度 v 接近于光速 c，物体的质量就依赖于其速度了，即 $m(v)$①，此时式(2-3b)将不成立. 在直角坐标系中，上式也可写成

$$\boldsymbol{F}=m\frac{\mathrm{d}\boldsymbol{v}}{\mathrm{d}t}=m\frac{\mathrm{d}v_x}{\mathrm{d}t}\boldsymbol{i}+m\frac{\mathrm{d}v_y}{\mathrm{d}t}\boldsymbol{j}+m\frac{\mathrm{d}v_z}{\mathrm{d}t}\boldsymbol{k}$$

即

$$\boldsymbol{F}=ma_x\boldsymbol{i}+ma_y\boldsymbol{j}+ma_z\boldsymbol{k} \tag{2-3c}$$

式(2-3)是牛顿第二定律的数学表达式，又称为牛顿力学的动力学方程.

动画：牛顿第二定律

牛顿第二定律是牛顿力学的核心，应用它解决问题时必须注意以下几点：

（1）牛顿第二定律只适用于质点的运动. 物体作平动时，物体的运动可看作质点的运动，质点的质量就是整个物体的质量. 前面已经说过，以后如不特别指明，在论及物体的平动时，都是把物体当作质点来处理的.

（2）牛顿第二定律所表示的合外力与加速度之间的关系是瞬时对应的关系.

（3）当几个外力同时作用于物体时，其合外力 $\boldsymbol{F}$ 所产生的加速度 $\boldsymbol{a}$，与每个外力 $\boldsymbol{F}_i$ 所产生加速度 $\boldsymbol{a}_i$ 的矢量和是一样的，这就是力的叠加原理.

由式(2-3c)可得，牛顿第二定律的数学表达式在直角坐标系 Ox、Oy 和 Oz 轴上的分量式分别为

$$F_x=ma_x, \quad F_y=ma_y, \quad F_z=ma_z \tag{2-4}$$

式中 F_x、F_y 和 F_z 分别表示作用在物体上所有的外力在 Ox、Oy 和 Oz 轴上的分量之和；a_x、a_y 和 a_z 分别表示物体加速度在 Ox、Oy

① 关于在高速运动情况下质量依赖于速度的论述，请参阅本书上册第四章第 4-6 节，较详细的阐述请参阅本书下册第十五章第 15-5 节.

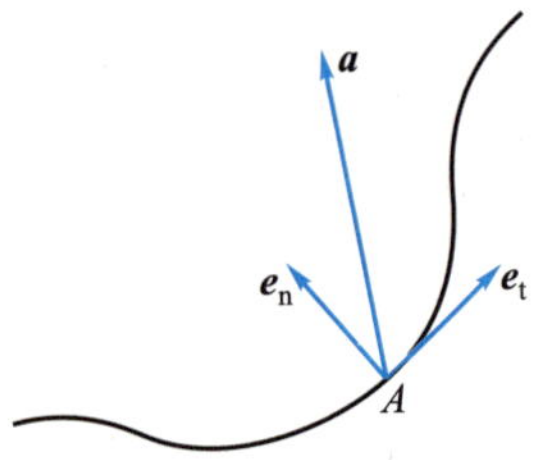

图 2-1 自然坐标系

和 Oz 轴上的分量.

当质点在平面上作曲线运动时,我们可取如图2-1 所示的自然坐标系,$\boldsymbol{e}_n$ 为法向单位矢量,$\boldsymbol{e}_t$ 为切向单位矢量.质点在点 A 的加速度 $\boldsymbol{a}$ 在自然坐标系的两个相互垂直方向上的分矢量分别为 $\boldsymbol{a}_t$ 和 $\boldsymbol{a}_n$.若点 A 处曲线的曲率半径为ρ,则质点在平面上作曲线运动时,牛顿第二定律可写成

$$\boldsymbol{F}=m\boldsymbol{a}=m(\boldsymbol{a}_t+\boldsymbol{a}_n)=m\frac{\mathrm{d}v}{\mathrm{d}t}\boldsymbol{e}_t+m\frac{v^2}{\rho}\boldsymbol{e}_n \tag{2-5a}$$

若以 $\boldsymbol{F}_t$ 和 $\boldsymbol{F}_n$ 分别代表合外力 $\boldsymbol{F}$ 在切向和法向的分矢量,则有

$$\begin{cases}\boldsymbol{F}_t=m\boldsymbol{a}_t=m\dfrac{\mathrm{d}v}{\mathrm{d}t}\boldsymbol{e}_t\\[2mm]\boldsymbol{F}_n=m\boldsymbol{a}_n=m\dfrac{v^2}{\rho}\boldsymbol{e}_n\end{cases} \tag{2-5b}$$

式中 $\boldsymbol{F}_t$ 叫做切向力,$\boldsymbol{F}_n$ 叫做法向力(或向心力);$\boldsymbol{a}_t$ 和 $\boldsymbol{a}_n$ 相应地叫做切向加速度和法向加速度.

三、牛顿第三定律

两个物体之间的作用力 $\boldsymbol{F}$ 和反作用力 $\boldsymbol{F}'$,沿同一直线,大小相等,方向相反,分别作用在两个物体上.这就是牛顿第三定律,其数学表达式为

$$\boldsymbol{F}=-\boldsymbol{F}' \tag{2-6}$$

牛顿第三定律说明力具有物体间相互作用的性质.运用牛顿第三定律分析物体受力情况时必须注意以下两点:

(1) 作用力和反作用力互以对方为自己存在的条件,同时产生,同时消灭,任何一方都不能孤立地存在.

(2) 作用力和反作用力是分别作用在两个物体上的.它们属于同种性质的力.例如作用力是万有引力,那么反作用力也一定是万有引力.

2-2 物理量的单位和量纲

在历史上，物理量的单位制有很多种，这不仅给工农业生产、人们生活带来诸多不便，而且也不规范，不利于国际交流. 1984 年 2 月 27 日，国务院发布关于在我国统一实行法定计量单位的命令.本书采用以国际单位制（SI）①为基础的我国法定计量单位.

国际单位制规定，力学的基本量是长度、质量和时间，并规定：长度的基本单位名称为“米”，单位符号为 m；质量的基本单位名称为“千克”，单位符号为 kg；时间的基本单位名称为“秒”，单位符号为 s.其他力学物理量都是导出量.

按照上述基本量和基本单位的规定，速度的单位名称为“米每秒”，符号为 $m\cdot s^{-1}$；角速度的单位名称为“弧度每秒”，符号为 $rad\cdot s^{-1}$；加速度的单位名称为“米每二次方秒”，符号为 $m\cdot s^{-2}$；角加速度的单位名称为“弧度每二次方秒”，符号为 $rad\cdot s^{-2}$；力的单位名称为“牛顿”，简称“牛”，符号为 N，$1\ N=1\ kg\cdot m\cdot s^{-2}$. 其他物理量的单位名称、符号，以后将陆续介绍.

在物理学中，导出量与基本量之间的关系可以用量纲来表示.我们用 L、M 和 T 分别表示长度、质量和时间三个基本量的量纲，其他力学量 Q 的量纲与基本量量纲之间的关系可按下列形式表示出来：

$$\dim Q = L^{p}M^{q}T^{s}$$

例如，速度的量纲是 LT^{-1}，角速度的量纲是 T^{-1}，加速度的量纲是 LT^{-2}，角加速度的量纲是 T^{-2}，力的量纲是 MLT^{-2}，等等.

由于只有量纲相同的物理量才能相加减或用等号连接，所以只要考察等式两端各项量纲是否相同，就可初步校验等式的正确性.例如在第一章第 1-2 节的例 3 中，我们得到球体在液体中下落的速度公式为 $v=v_0e^{(-1.0\ s^{-1})t}$，其中 $e^{(-1.0\ s^{-1})t}$ 的量纲为 1，故等式两边的量纲均为 LT^{-1}.因此，我们可初步认为上式是正确的，这就是量纲检查法.这种方法在求解问题和科学实验中经常用到.同学们应当学会在求证、解题过程中使用量纲来检查所得结果.

① 在国际单位制中，包括时间、长度、质量在内共有 7 个基本量，关于它们的单位名称及符号以及导出量的单位名称及符号，请参阅本书附录二.

2-3 几种常见的力

在动力学中,分析物体的受力情况是十分重要的.力学中常见到的力有弹性力、摩擦力、万有引力等,它们分属不同性质的力,弹性力和摩擦力属接触力,而万有引力属场力.下面我们来介绍弹性力、摩擦力和万有引力.

一、万有引力

开普勒

文档:开普勒

17 世纪初,德国天文学家开普勒(J.Kepler,1571—1630)通过分析第谷·布拉赫(Tycho Brahe,1546—1601)观察行星所得的大量数据,提出了行星绕太阳作椭圆轨道运动的开普勒定律.牛顿继承前人的研究成果,通过深入研究,提出了著名的万有引力定律.这个定律指出,天体之间,地球与地球表面附近的物体之间,以及所有物体与物体之间都存在着一种相互吸引的力,所有这些力都遵循同一规律.这种相互吸引的力叫做万有引力.万有引力定律可表述为:在两个相距为 r,质量分别为 m_1、m_2 的质点间有万有引力,其方向沿着它们的连线,其大小与它们的质量乘积成正比,与它们之间距离 r 的二次方成反比,即

$$F=G\frac{m_1m_2}{r^2} \tag{2-7a}$$

式中 G 为一普适常量,称为引力常量.引力常量最早是由英国物理学家卡文迪什(H.Cavendish,1731—1810)于 1798 年由实验测出的.一般计算时,引力常量取 $G=6.67\times10^{-11}\ \mathrm{N\cdot m^2\cdot kg^{-2}}$.

用矢量形式表示,万有引力定律可写成

$$\boldsymbol{F}=-G\frac{m_1m_2}{r^2}\boldsymbol{e}_r \tag{2-7b}$$

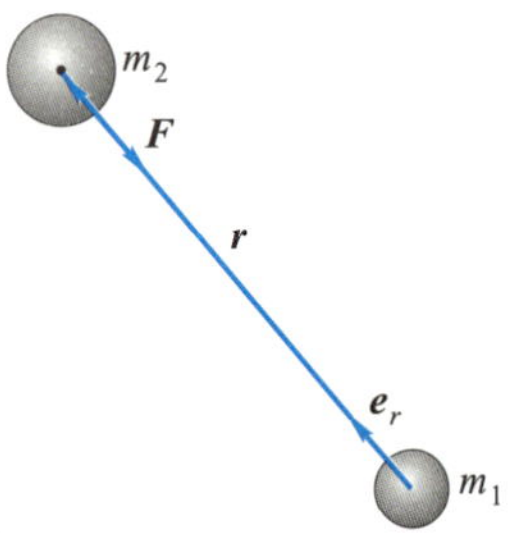

图 2-2 万有引力

如果以由 m_1 指向 m_2 的有向线段为 m_2 的位矢 $\boldsymbol{r}$,那么沿位矢方向的单位矢量 $\boldsymbol{e}_r$ 等于 $\boldsymbol{r}/r$.而上式中的负号则表示 m_1 施于 m_2 的万有引力的方向始终与沿位矢的单位矢量 $\boldsymbol{e}_r$ 的方向相反(图 2-2).

应该注意,万有引力定律中的 $\boldsymbol{F}$ 是两个质点之间的引力.若欲求两个物体间的引力,则必须把每个物体分成很多小部分,并把每个小部分看成一个质点,然后计算所有这些质点间的相互作用力.从数学上讲,这个计算通常是一个积分问题.计算表明,对于两个密度均匀的球体,它们之间的引力可以直接用式(2-7)来计算,这时 r 表示两球体球心间的距离.也就是说,这两个球体之间的引力与把球的质量视为集中于球心(即把球当作质点来处理)的引力是一样的.①

重力 通常我们把地球对地面附近物体的万有引力叫做重力,用符号 $\boldsymbol{P}$ 表示,其方向通常是指向地球中心的.重力的测量值又称为重量.在重力 $\boldsymbol{P}$ 的作用下,物体具有的加速度叫做重力加速度 $\boldsymbol{g}$,即

$$\boldsymbol{g}=\frac{\boldsymbol{P}}{m}$$

若以 m_E 表示地球的质量,r 表示地球中心与物体之间的距离,则由式(2-7)可得

$$g=\frac{Gm_E}{r^2}$$

在地球表面附近,物体与地球中心之间的距离 r 与地球的平均半径 R_E 相差很小,即 $r-R_E \ll R_E$.故上式可近似表示为

$$g=\frac{Gm_E}{R_E^2} \tag{2-8}$$

已知 $G=6.67\times10^{-11}\ \mathrm{N\cdot m^2\cdot kg^{-2}}$,由附录三可查得 $m_E=5.97\times10^{24}\ \mathrm{kg}$,$R_E=6.37\times10^6\ \mathrm{m}$,代入上式有 $g=9.81\ \mathrm{m\cdot s^{-2}}$.一般计算时,地球表面附近的重力加速度取 $g=9.8\ \mathrm{m\cdot s^{-2}}$.

顺便指出,由附录三有关月球的质量和半径的数值,可以算出月球表面附近的重力加速度约为 $1.62\ \mathrm{m\cdot s^{-2}}$,亦即近似等于地球表面重力加速度的1/6.因此,习惯于在地面行走的人到了月球以后,就会显著地感觉失重了.

二、弹性力

在力学中,弹性力是由物体形变而产生的.由于形变的原因不同,有因弹簧被拉伸或压缩而产生的弹性力②;也有把物体放在支承面上,产生的作用在支承面上的正压力和作用在物体上的

① 这个问题在历史上曾称为牛顿命题,它曾困扰了牛顿近20年.为解决这类变量的数学计算问题,牛顿发明了微积分,从而使著名的牛顿命题得到了解决.同学们如有兴趣,想知道这些物体间的引力是如何计算的,可参阅马文蔚《物理学》(第七版)上册第四章第4-8节“万有引力的牛顿命题”.

② 参阅本书上册第三章第3-5节中的“弹性力做功”和第五章第5-1节中的“弹簧振子”.

支持力;还有绳索被拉紧时在绳索内部横截面上产生的张力等.

下面简述一下有关张力的概念.我们知道绳索松弛时,绳索内任意两相邻部分之间是没有拉力的.然而,当绳索受到其他物体所施外力作用而被拉紧后,在绳索内任意两相邻部分之间就存在着一对大小相等、方向相反的相互作用力 $\boldsymbol{F}_{\mathrm{T}}$ 和 $\boldsymbol{F}'_{\mathrm{T}}$,这是一对拉力,称为张力.若绳索的质量较与之相作用的物体的质量轻得多时,则可以近似认为绳索内任意两横截面处的张力是相等的.但是,如果绳索的质量和与之相作用的物体的质量可以比较,那么绳索内各横截面处的张力就不再相等了.所以说,拉紧的绳索内各处的张力是否相等,应视具体情况而定.本书所涉及的被拉紧的绳索问题,如不特别指明,绳索都当作是细而轻的,绳索上各处的张力都是相等的.

三、摩擦力

两个互相接触的物体间有相对滑动的趋势但尚未相对滑动时,在接触面上便产生阻碍发生相对滑动的力,这个力称为静摩擦力.把物体放在一水平面上,有一外力 $\boldsymbol{F}$ 沿水平面作用在物体上,若外力 $\boldsymbol{F}$ 较小,物体尚未滑动,这时静摩擦力 $\boldsymbol{F}_{\mathrm{f0}}$ 与外力 $\boldsymbol{F}$ 大小相等,方向则与 $\boldsymbol{F}$ 相反.随着 $\boldsymbol{F}$ 的增大静摩擦力 $\boldsymbol{F}_{\mathrm{f0}}$ 也相应地增大,直到 $\boldsymbol{F}$ 增大到某一值时,物体相对平面即将滑动,这时静摩擦力达到最大值,称为最大静摩擦力 $\boldsymbol{F}_{\mathrm{f0m}}$.实验表明,最大静摩擦力的值与物体的正压力 F_{N} 成正比,即

$$F_{\mathrm{f0m}}=\mu_0 F_{\mathrm{N}} \tag{2-9}$$

式中 μ_0 叫做静摩擦因数.静摩擦因数与两接触物体的材料性质以及接触面的状况有关,而与接触面的大小无关.应强调指出,在一般情况下,静摩擦力总是满足下述关系的:

$$F_{\mathrm{f0}}\leqslant F_{\mathrm{f0m}}$$

物体在平面上滑动时,所受摩擦力叫做滑动摩擦力 $\boldsymbol{F}_{\mathrm{f}}$,其方向总是与物体相对平面运动的方向相反,其大小也是与物体的正压力 $\boldsymbol{F}_{\mathrm{N}}$ 成正比的,即

$$F_{\mathrm{f}}=\mu F_{\mathrm{N}} \tag{2-10}$$

式中 μ 叫做动摩擦因数.μ 与两接触物体的材料性质、接触面的状况、温度、湿度等有关,还与两接触物体的相对速度有关.在相对

速度不太大时，为计算简单起见，我们可以认为动摩擦因数 μ 略小于静摩擦因数 μ_0；在一般计算时，除非特别指明，我们可认为它们是近似相等的，即 $\mu \approx \mu_0$.

摩擦产生的影响有利弊两个方面.所有机器的运动部分都有摩擦，它既磨损机器又浪费能量，而且摩擦会使机器局部温度升高，从而降低机器的精度，这是摩擦有害的一面.为此，我们必须设法减少摩擦，通常是在产生有害摩擦的部位涂上润滑油，或者以滚动替代滑动以减少摩擦，或者改变摩擦材料的性能等.此外，摩擦也是生产和生活中所必需的.很难想象，没有摩擦的自然界会是什么情况，人的行走、车轮的滚动、货物借助皮带输送机的传输等，都是依赖于摩擦才能进行的.下节所举的例 5 中的绳索与圆柱体之间的摩擦，在日常生产和生活中是经常遇到的.

2-4 牛顿运动定律的应用举例

牛顿运动定律是物体作机械运动时所遵守的基本定律，它在实践中有广泛的应用.本节将举例说明如何应用牛顿运动定律来分析问题和解决问题.求解质点动力学问题一般分为两类，一是已知质点的受力情况，求解质点的运动状态；另一是已知质点的运动状态，求解作用于质点的力.

为了运用牛顿运动定律顺利地求解质点动力学问题，我们必须注意以下几点：先要正确分析质点的受力情况，并把它们图示出来；在作示力图时，要把所研究的对象从与其相关联的物体中隔离出来.这就是“隔离体”“分析力”“示力图”.

在此基础上，我们还应根据题目所给的已知条件选定恰当的坐标系或坐标轴；根据牛顿运动定律列出每一隔离体的运动方程；然后，对这些运动方程求解.求解时，最好先求出物理量符号的解，再代入已知数值进行运算.这就是“选取坐标”“列出方程”“符号求解”“数值计算”.这样既简单明晰，又可避免不必要的计算.

例 1 阿特伍德[①]机

如图 2-3 所示，一根细绳跨过定滑轮，在细绳两侧各悬挂质量分别为 m_1 和 m_2 的物体，且 $m_1>m_2$.假设

① 阿特伍德（G.Atwood，1746—1807）在剑桥三一学院任教时于 1784 年发明了阿特伍德机（后称）.通过这个例题，读者对求解动力学问题时，采用“隔离体、分析力、示力图、选取坐标、列出方程……”方法的理解会有所加深.

滑轮的质量①与细绳的质量均略去不计，滑轮与细绳间无滑动以及与轮轴的摩擦力略去不计.(1) 试求重物释放后，物体的加速度和细绳的张力；(2) 试求物体的运动方程；(3) 若将上述装置固定在如图 2-4 所示的电梯顶部，当电梯以加速度 $\boldsymbol{a}$ 相对地面竖直向上运动时，试求两物体相对电梯的加速度和细绳的张力.

视频：一个古老的例题——阿特伍德机的作用

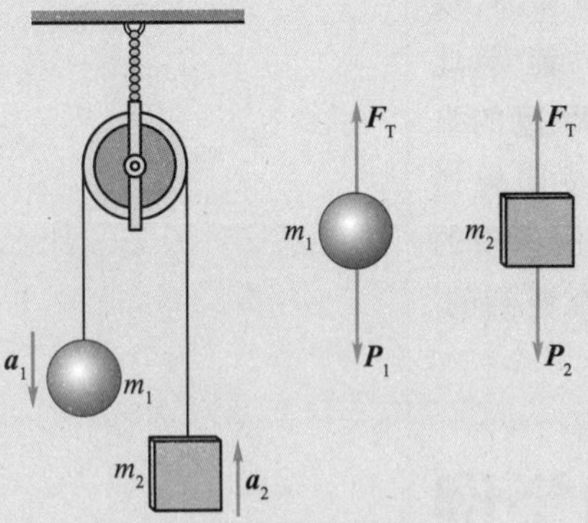

图 2-3

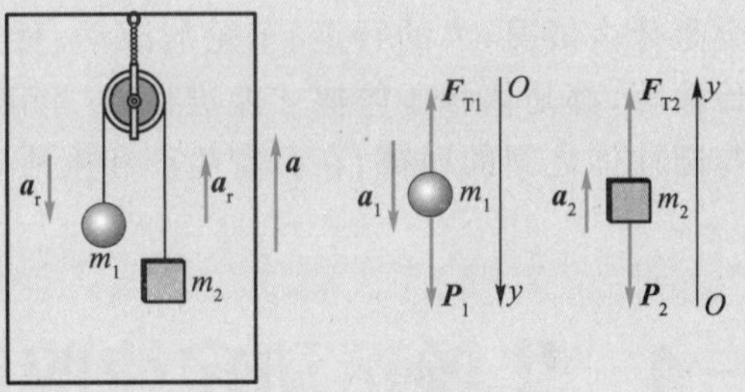

图 2-4

解 (1) 选取地面为惯性参考系，并作如图 2-3 所示的示力图，取竖直向下为 y 轴正方向.考虑到可忽略细绳和滑轮质量的条件，细绳作用在两物体上的力 F_{T1}、F_{T2} 与细绳的张力 F_T 应相等，即 $F_{T1}=F_{T2}=F_T$.由图示可知加速度 $\boldsymbol{a}_1=\boldsymbol{a}_2=\boldsymbol{a}$，则根据牛顿第二定律，有

$$m_1 g-F_T=m_1 a$$

$$F_T-m_2 g=m_2 a$$

联立以上两式求解，可得两物体的加速度的大小和细绳的张力分别为

$$a=\frac{m_1-m_2}{m_1+m_2}g,\quad F_T=\frac{2m_1 m_2}{m_1+m_2}g \tag{1}$$

(2) 考虑到细绳在运动中是不伸长的，则两物体加速度的值应相等.物体的加速度大小为

$$a=\frac{\mathrm{d}v}{\mathrm{d}t}$$

变形后，并将式(1)代入，由已知起始条件：$t=0$ 时，$v=0$，积分

$$\int_0^v \mathrm{d}v=\int_0^t a\mathrm{d}t=\int_0^t \frac{m_1-m_2}{m_1+m_2}g\mathrm{d}t$$

可得

$$v=\frac{m_1-m_2}{m_1+m_2}gt \tag{2}$$

又由 $v=\mathrm{d}y/\mathrm{d}t$ 及起始条件 $t=0$ 时，$y=0$，可得

$$y=\frac{m_1-m_2}{2(m_1+m_2)}gt^2 \tag{3}$$

这就是阿特伍德机中物体的运动学方程.

(3) 仍选取地面为惯性参考系，电梯相对地面的加速度为 $\boldsymbol{a}$.如图 2-4 所示，如果以 $\boldsymbol{a}_r$ 为物体 1 相对电梯的加速度，那么物体 1 相对地面的加速度为 $\boldsymbol{a}_1=\boldsymbol{a}_r+\boldsymbol{a}$.由牛顿第二定律，有

$$\boldsymbol{P}_1+\boldsymbol{F}_{T1}=m_1\boldsymbol{a}_1$$

按图中所选的坐标系，考虑到物体 1 被限制在 y 轴上运动，且 $a_1=a_r-a$，故上式写为

$$m_1 g-F_T=m_1 a_1=m_1(a_r-a) \tag{4}$$

① 若滑轮的质量不能略去不计，则这个问题将如何求解呢？读者可参阅本书上册第四章第 4-2 节中的例 1.

细绳的长度不变，故物体 2 相对电梯的加速度的大小也是 a_r，物体 2 相对地面的加速度为 $\boldsymbol{a}_2$. 按图中所选的坐标系，有 $a_2=a_r+a$. 于是，物体 2 的动力学方程为

$$F_T-m_2g=m_2a_2=m_2(a_r+a) \tag{5}$$

由式(4)和式(5)，可得物体 1 和 2 相对电梯的加速度的大小为

$$a_r=\frac{m_1-m_2}{m_1+m_2}(g+a)$$

将上式代入式(4)，得细绳的张力为

$$F_T=\frac{2m_1m_2}{m_1+m_2}(g+a) \tag{6}$$

例 2

设有一辆质量为 $m=2\ 500$ kg 的汽车，在平直的高速公路上以 120 km · h^{-1} 的速度行驶. 若欲使汽车平稳地停下来，则驾驶员启动刹车装置，刹车阻力是随时间线性增加的，即 $F_f=-bt$，其中 $b=3\ 500$ N · s^{-1}. 试问此车经过多长时间才停下来？

解　设汽车在 $t=0$ 时刻以速度 $v_0=120$ km · h^{-1} = 33.3 m · s^{-1} 沿 Ox 轴正方向行驶，它在行驶过程中所受的刹车阻力为 $F_f=-bt$，式中负号表示阻力与 Ox 轴正方向相反. 由牛顿第二定律.

$$F_f=ma$$

可得汽车刹车时的加速度为

$$a=-\frac{b}{m}t$$

可见汽车的加速度是时间的函数，即 $a=a(t)$，汽车在作变加速直线运动. 由于刹车阻力的作用，设在时刻 t，汽车的速度 $v=0$，即汽车停下来. 由加速度的定义 $a=\mathrm{d}v/\mathrm{d}t$，可得

$$\int_{v_0}^{0}\mathrm{d}v=\frac{1}{m}\int_0^t(-bt)\,\mathrm{d}t$$

由上式可解得汽车停止前行驶的时间为

$$t=\left(\frac{2v_0}{b}m\right)^{1/2}=6.90\ \mathrm{s}$$

请读者自己计算在 6.90 s 时间里，汽车行进了多长的路程.

例 3　雨滴的终极速度

设半径为 r、质量为 m 的雨滴，从高空某处以速度 140 m · s^{-1} 落下（约相当于声速的 2/5）. 如果这样的雨滴密集地打在人的身上，将会对人造成很大的伤害. 幸好，大气对雨滴的阻力作用，使得雨滴的落地速度大为减小，并使雨滴匀速地落向地面，该速度也叫做终极速度. 空气对雨滴的阻力 F_f 与很多因素有关. 作为一般计算，我们常用从实验中得到的经验公式，即 $F_f=0.87r^2v^2$①（SI 单位），式中 r 和 v 分别是雨滴的半径和速度的值. 试求雨滴的半径 r 分别为 0.5 mm、1.0 mm 和 1.5 mm 时的终极速度.

解　作为近似计算，我们视雨滴为一球体. 它在大气中要受到重力 $\boldsymbol{P}$、浮力 $\boldsymbol{F}'$ 和阻力 $\boldsymbol{F}_f$ 的作用. 由牛顿第二定律，有

$$P-F'-F_f=m\frac{\mathrm{d}v}{\mathrm{d}t}$$

若 ρ_1 是雨滴的密度，ρ_2 是空气的密度，则可得

① 经验公式是依据一定的条件从实验中得出的，它对实践和理论是有意义的. 读者应重视这种从实验出发研究问题的方法.

$$\frac{4}{3}\pi r^3\rho_1 g-\frac{4}{3}\pi r^3\rho_2 g-0.87r^2v^2=m\frac{dv}{dt} \quad (1)$$

上式化简后得

$$\frac{4}{3}\pi r^3(\rho_1-\rho_2)g-0.87r^2v^2=m\frac{dv}{dt} \quad (2)$$

当雨滴在空气阻力作用下以恒定的速度下落时，其加速度为零，即 $dv/dt=0$.这样式(2)中的速度就是雨滴的终极速度 v_T.于是，可得

$$v_T=\left[\frac{4\pi r^3(\rho_1-\rho_2)g}{3\times0.87r^2}\right]^{1/2}=\left[\frac{4\pi(\rho_1-\rho_2)g}{2.61}r\right]^{1/2} \quad (3)$$

从式中可以明显看出，当雨滴和空气的密度分别为 $\rho_1=10^3\ kg\cdot m^{-3}$ 和 $\rho_2=1\ kg\cdot m^{-3}$ 时，雨滴的终极速度 v_T 与雨滴半径的 1/2 次方成正比.因此，不同半径的雨滴有不同的终极速度，雨滴半径越大其终极速度也越大.例如，当 $r=0.5$ mm 时，由式(3)可算得雨滴的终极速度为 $4.85\ m\cdot s^{-1}$，对半径分别为 1.0 mm 和 1.5 mm 的雨滴，它们的终极速度分别为 $6.86\ m\cdot s^{-1}$ 和 $8.41\ m\cdot s^{-1}$.

应当注意，上面关于雨滴在空气中终极速度的计算，是在忽略诸如温度、压强、雨滴表面形状和表面蒸发等很多因素的情况下得出的，所以所得结果只是近似值.即使如此，它在理论上和实践中仍然是很有意义的.

例 4 高台跳水游泳池水的深度[①]

为保证跳水运动员(图 2-5)从 10 m 高台跳入游泳池中的安全，规范要求水深必须在 4.50~5.00 m 之间.为什么要作这样的规定呢？

图 2-5 跳水运动员

解 设运动员从 10 m 高台起跳到落水前作自由落体运动，他到达水面时的速度 $v_0=(2gh)^{1/2}=14.0\ m\cdot s^{-1}$.运动员入水后，要受到重力、浮力和阻力的作用.考虑到人的密度与水的密度相近，故重力与浮力的大小相等，而方向相反.所以运动员入水后，仅受到水的阻力作用.

设运动员在水中所受到的水的阻力公式为 $F_r=b\rho Av^2/2$.式中 b 为水的阻力系数，$b=0.50$，水的密度 $\rho=10^3\ kg\cdot m^{-3}$，$A$ 为运动员的身体与运动方向相垂直的截面积，对一般身材的运动员取 $A=0.08\ m^2$.取水面入水点为坐标原点 O，以竖直向下为 Oy 轴正方向，且令 $k=b\rho A/2$，则水对运动员的阻力公式可写为

$$F_r=m\frac{dv}{dt}=-kv^2 \quad (1)$$

由于 $dy=vdt$，上式可写成

$$\frac{dv}{v}=-\frac{k}{m}dy$$

两边取积分，并按起始条件，在 $y=0$ 时，$v=v_0$，在 $y=y$ 时，$v=v$，有

$$\int_{v_0}^{v}\frac{dv}{v}=-\frac{k}{m}\int_0^y dy$$

得

$$y=\frac{m}{k}\ln\frac{v_0}{v} \quad (2)$$

如果该运动员的质量为 $m=50$ kg，且在水中的速度减小到 $v=2.0\ m\cdot s^{-1}$ 的安全速度之际翻身，并以脚蹬池底上浮，那么将已知数值代入式(2)可算得 $y=4.86$ m.因此，标准的 10 m 高台跳水游泳池的设计规范要求是能保证运动员的安全的.

① 此例题取自马文蔚等主编《物理学原理在工程技术中的应用》(第四版)之“跳台跳水游泳池的深度”(高等教育出版社，2015 年).与此相关的问题可参阅同书的“降落伞和跳伞塔”，此外，“雨滴下落的加速度”也是一个值得讨论的问题.

跳台跳水游泳池的深度　降落伞和跳伞塔　雨滴下落的加速度

*例 5

如图 2-6(a)所示，一绳索围绕在圆柱上，绳索绕圆柱的张角为 θ，绳索与圆柱间的静摩擦因数为 μ_0. 求绳索处于滑动的边缘时，绳两端的张力 F_{TA} 和 F_{TB} 之间的关系. 设绳索的质量略去不计.

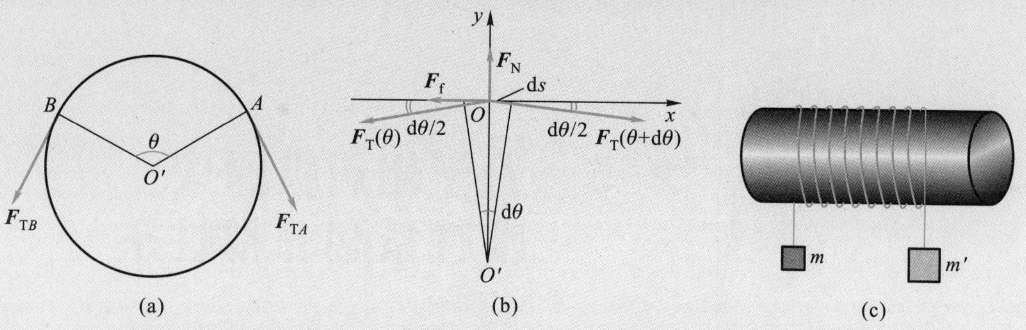

图 2-6

解 如图 2-6(b)所示，在绕于圆柱的绳索 AB 上，取一微小段绳索 ds，其相对圆心的张角为 $d\theta$. 设 ds 两端的张力分别为 $\boldsymbol{F}_T(\theta)$ 和 $\boldsymbol{F}_T(\theta+d\theta)$，圆柱对 ds 的支持力为 $\boldsymbol{F}_N$. 当圆柱有顺时针旋转的趋势时，圆柱对 ds 的摩擦力为 $\boldsymbol{F}_f$. 由于绳索的质量略去不计，故 ds 所受重力亦不予考虑.

由题意知，绳索处于滑动边缘，所以绳索的加速度 $\boldsymbol{a}=0$. 取图 2-6(b)所示的 Ox 轴和 Oy 轴，根据牛顿第二定律，微小段绳索 ds 在 Ox 轴和 Oy 轴上的分量式分别为

$$F_T(\theta+d\theta)\cos\frac{d\theta}{2}-F_T(\theta)\cos\frac{d\theta}{2}-F_f=0 \quad (1)$$

$$-F_T(\theta+d\theta)\sin\frac{d\theta}{2}-F_T(\theta)\sin\frac{d\theta}{2}+F_N=0 \quad (2)$$

此外，由静摩擦力的定义，有

$$F_f=\mu_0 F_N \quad (3)$$

考虑到 ds 相对圆心 O' 的张角 $d\theta$ 很小，则 $\sin\frac{d\theta}{2}\approx\frac{d\theta}{2}$，$\cos\frac{d\theta}{2}\approx 1$，以及 $F_T(\theta+d\theta)-F_T(\theta)=dF_T$，故式(1)和式(2)分别可写为

$$dF_T=F_f=\mu_0 F_N \quad (4)$$

$$\frac{1}{2}dF_T d\theta+F_T d\theta=F_N \quad (5)$$

上式中略去二阶无限小量 $d\theta dF_T$，则由式(4)和式(5)解得

$$\int_{F_{TB}}^{F_{TA}}\frac{dF_T}{F_T}=\mu_0\int_0^{\theta}d\theta$$

即

$$F_{TB}=F_{TA}e^{-\mu_0\theta} \quad (6)$$

上式表明，由于绳索与圆柱间存在摩擦力，所以，绳索两端的张力之比 $\frac{F_{TB}}{F_{TA}}$ 是随张角 θ 按指数规律而变化的. 对于绳索与圆柱间的静摩擦因数 $\mu_0=0.25$ 来说，当绳索绕半圈时($\theta=\pi$)，$\frac{F_{TB}}{F_{TA}}=e^{-0.25\pi}=0.46$；当绳索绕 1 圈时($\theta=2\pi$)，$\frac{F_{TB}}{F_{TA}}=e^{-0.25\times2\pi}=0.21$；当绳索绕 5 圈时($\theta=10\pi$)，$\frac{F_{TB}}{F_{TA}}=e^{-0.25\times10\pi}=0.000\ 39$.

如果把绳的端点 A 与一负荷相连接，F_{TA} 为负荷所引起的张力，而绳的端点 B 与拉力相连接，F_{TB} 为拉力所引起的张力，那么，由上述数值可以看出，绳索绕在圆柱上的圈数越多，F_{TB} 比 F_{TA} 就小得越多. 人们常将这个道理用于工农业生产和日常生活之中. 例如，为了使轮船平稳地停靠在码头上，人们常将缆绳在桩柱上多绕几圈；又如，欲把重物挂在屋内梁柱的钉子上，有经验的人总是把系有重物的绳索先在梁柱上绕几圈，等等. 你能举几个这方面的例子吗?

在如图 2-6(c)所示的圆柱上绕有 n 圈绳索. 绳索与圆柱之间的静摩擦因数仍为 0.25. 如果我们在绳索的两端分别悬挂质量为 $m'=1\ 000\ g$ 和 $m=10\ g$ 的两个物体，并使之平衡，你知道 n 至少为多少吗?

(n 大约是 3 圈,你算算看.)

从式(6)还可以看出,如果绳索与圆柱间的摩擦可略去不计,即 $\mu_0=0$,那么 $F_{TB}=F_{TA}$.这时跨过光滑圆柱的轻绳中各处的张力均相等.如不特别指明,本章所讨论的有关绳索跨过滑轮的问题,都不计及绳索与滑轮间的相对滑动.

*2-5 力学相对性原理 惯性系和非惯性系

牛顿运动定律不是在任何参考系中都适用的.下面先讨论力学相对性原理.

一、力学相对性原理

设有两个参考系 S($Oxyz$)和 S′($O'x'y'z'$),它们对应的坐标轴相互平行,且 Ox 轴与 Ox'轴相重合(图 2-7).其中 S 系是惯性系,S′系以恒定的速度 $\boldsymbol{u}$,沿 Ox 轴正方向相对 S 系作匀速直线运动,所以 S′系也是惯性系.若有一质点 P 相对 S′系的速度为 $\boldsymbol{v}'$,相对 S 系的速度为$\boldsymbol{v}$,则由第 1-4 节中关于速度相对性的讨论可知,它们之间的关系为

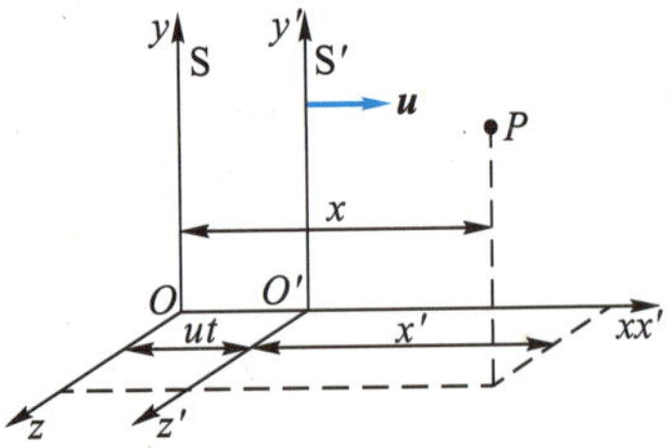

图 2-7 相对作匀速直线运动的两个参考系

$$\boldsymbol{v}=\boldsymbol{v}'+\boldsymbol{u}$$

将上式对时间 t 求导数,并考虑到 $\boldsymbol{u}$ 为常量,可得

$$\frac{\mathrm{d}\boldsymbol{v}}{\mathrm{d}t}=\frac{\mathrm{d}\boldsymbol{v}'}{\mathrm{d}t}$$

即

$$\boldsymbol{a}=\boldsymbol{a}' \tag{2-11}$$

上式表明,当惯性系 S′以恒定的速度相对惯性系 S 作匀速直线运动时,质点在这两个惯性系中的加速度是相同的.由于 S′系也是惯性系,质点所受的力为 $\boldsymbol{F}'=m\boldsymbol{a}'$.考虑到 $\boldsymbol{a}'=\boldsymbol{a}$,所以

$$\boldsymbol{F}=m\boldsymbol{a}=m\boldsymbol{a}'=\boldsymbol{F}' \tag{2-12}$$

这就是说,在这两个惯性系中,牛顿第二定律的数学表达式也具有相同形式①,即

① 这里的力学相对性原理是属于牛顿力学或经典力学范畴的,也就是指物体的运动是低速(即 $v\ll c$)的情形.在高速的情况下,运动物体将遵守狭义相对论的相对性原理.这将在本书下册第十五章第 15-2 节中讨论.

$$\boldsymbol{F}=m\boldsymbol{a} \tag{2-13}$$

在此我们再次强调：相对惯性系作匀速直线运动的一切参考系都是惯性系.地球或固定在地球上的物体可作为惯性系，相对地面作匀速直线运动的物体也可作为惯性系.当由惯性系 S 变换到惯性系 S′时，牛顿运动方程的形式不变.换句话说，在所有惯性系中，牛顿运动定律都是等价的.对于不同惯性系，牛顿力学的规律都具有相同的形式，在一惯性系内部所做的任何力学实验，都不能确定该惯性系相对其他惯性系是否在运动.这个原理叫做力学相对性原理或伽利略相对性原理.

二、非惯性系和惯性力

1. 非惯性系

上面我们已指出牛顿运动定律适用于惯性系.现在来介绍非惯性系的概念.

如图 2-8 所示，在火车车厢的光滑桌面上放一个小球，小球与桌面之间的摩擦力略去不计.当火车相对地面以匀速直线运动时，车厢内的观察者 A 看到小球静止在桌面上，而站在地面路基旁的观察者 B 则看到小球作匀速直线运动.这时，无论是以车厢或者以地面为参考系，牛顿运动定律都是适用的，因为小球在水平方向没有受到外力作用，它应保持静止或匀速直线运动状态.但当车厢突然以加速度 $\boldsymbol{a}_0$ 沿 Ox 轴正方向相对地面参考系作加速运动时，站在车厢里的乘客 A 发现小球以 $-\boldsymbol{a}_0$ 的加速度相对桌面（车厢）运动，即小球沿 Ox 轴负方向作加速运动；对此，观察者 A 百思不得其解，观察者 A 认为既然小球在 Ox 轴负方向没有受到外力作用，那么它怎么会沿 Ox 轴负方向作加速度为 $-\boldsymbol{a}_0$ 的运动呢？然而，站在以地面为参考系的路基旁的观察者 B 却认为，这件事是很好理解的.观察者 B 认为，小球与桌面之间非常光滑，它们之间的摩擦力若略去不计，则小球在 Ox 轴负方向上没有受到外力作用，所以当车厢（桌面）相对地面参考系作加速运动时，小球相对地面参考系就仍应保持原有运动状态，而作加速运动的只是车厢（桌面）而已.显然，由于地面参考系是惯性系，在这个惯性系中一切力学现象都可由牛顿运动定律给予说明，即牛顿运动定律是适用的；而在相对地面作加速运动的车厢（桌面）参考系中的力学现象不能从牛顿运动定律获得说明，甚至与牛顿运动定律相抵触，即牛顿运动定律是不适用的.我们把在其中牛顿运动定律不适用的参考系称为非惯性系.由此可见，相对惯性系作加速运动的参考系是非惯性系.亦即，牛顿运动定律只适用于惯性系，而不适用于非惯性系.

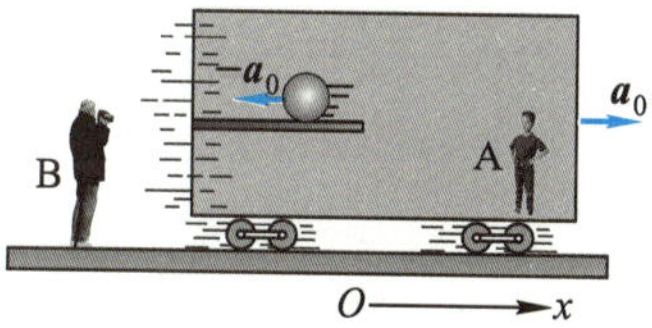

图 2-8 非惯性系

2. 惯性力

在实际问题中，有不少属于非惯性系的力学问题，对这些问题我们该如何处理呢？为了仍可方便地运用牛顿运动定律求解非惯性系中的力学问题，人们引入惯性力.

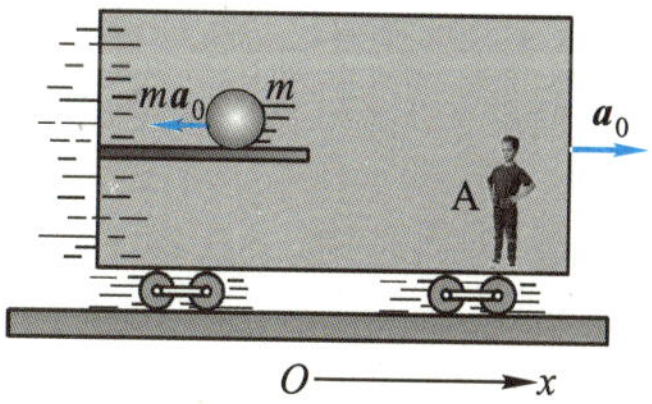

图 2-9 惯性力

如图 2-9 所示，当火车以加速度 $\boldsymbol{a}_0$ 沿 Ox 轴正方向相对地面参考系运动时，以车中的观察者来看，在光滑桌面上的小球以加速度 $-\boldsymbol{a}_0$ 沿 Ox 轴负方向运动.如果我们设想有一个惯性力作用在质量为 m 的小球上,并认为这个惯性力为 $\boldsymbol{F}_i=-m\boldsymbol{a}_0$,那么对火车这个非惯性系也可应用牛顿第二定律了.这就是说,对处于加速度为 $\boldsymbol{a}_0$ 的火车中的观察者来说,他认为有一个大小等于 ma_0,方向与 $\boldsymbol{a}_0$ 相反的惯性力作用在小球上.

一般来说,如果作用在物体上的力含有惯性力 $\boldsymbol{F}_i$,那么牛顿第二定律的数学表达式为

$$\boldsymbol{F}+\boldsymbol{F}_i=m\boldsymbol{a} \tag{2-14}$$

或

$$\boldsymbol{F}-(m\boldsymbol{a}_0)=m\boldsymbol{a}$$

式中 $\boldsymbol{a}_0$ 是非惯性系相对惯性系的加速度,$\boldsymbol{a}$ 是物体相对非惯性系的加速度,$\boldsymbol{F}$ 是物体所受到的除惯性力以外的合外力.

*例 动力摆

动力摆可用来测定车辆的加速度.在如图 2-10 所示的车厢内,有一根质量可略去不计的细棒,其一端固连在车厢的顶部,另一端系一小球.当列车以加速度 $\boldsymbol{a}$ 行驶时,细杆偏离竖直线成 α 角.试求加速度大小 a 与摆角 α 之间的关系.

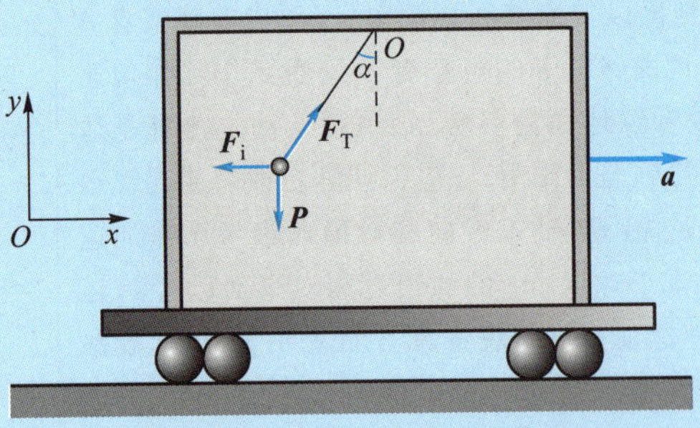

图 2-10 动力摆

解 设以加速度 $\boldsymbol{a}$ 运动的车厢为参考系,此参考系为非惯性系.在此非惯性系中的观察者认为,当细棒的摆角为 α 时,小球受到重力 $\boldsymbol{P}$、拉力 $\boldsymbol{F}_T$ 和惯性力 $\boldsymbol{F}_i=-m\boldsymbol{a}$的作用.由于小球处于平衡状态,所以有如下方程:

$$m\boldsymbol{g}+\boldsymbol{F}_T-m\boldsymbol{a}=0$$

上式在 Ox 轴和 Oy 轴上的分量式为

$$F_T\cos\alpha-mg=0,\quad F_T\sin\alpha-ma=0$$

解得

$$a=g\tan\alpha$$

一般来说,车辆的加速度不是很大.若 $\alpha<5°$,则上式可写为 $a\approx g\alpha$.这样由摆角即可方便地测出车辆的加速度.

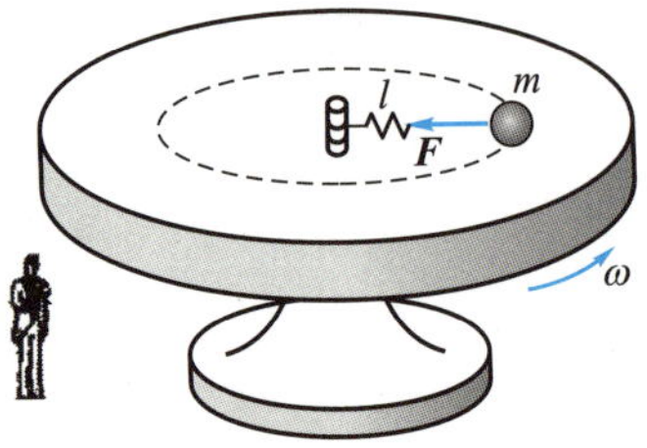

下面我们来介绍惯性离心力的概念.如图 2-11 所示,在水平放置的转台上,一轻弹簧一端连转台中心,另一端连一质量为 m 的小球.设转台平面非常光滑,它与小球和弹簧的摩擦力均可略去不计.转台可绕垂直于转台中心的竖直轴以匀角速度 ω 转动.有两个观察者,一个站在地面上(处在惯性系中),另一个相对转台静止并随转台一起转动(处在非惯性系中).当转台转动时,站在地面上的观察者观察到弹簧被拉长.这时,弹簧对小球作用的弹性力 $\boldsymbol{F}$ 为指向转台中心的向心力.该向心力的大小为 $ml\omega^2$.从牛顿第二定

律来说，这一点是很好理解的，在向心力作用下，小球作匀速率圆周运动. 而相对转台静止的另一个观察者，虽也观察到弹簧被拉长，有力 $\boldsymbol{F}$ 沿向心方向作用在小球上，但小球却相对转台静止不动，这就不好理解了. 为什么有力作用在小球上，小球却静止不动呢？于是这个观察者认为，要使小球保持平衡的事实仍然遵从牛顿第二定律，就必须想象有一个与向心力方向相反、大小相等的力作用在小球上. 这个力 $\boldsymbol{F}_i$ 叫做惯性离心力，$\boldsymbol{F}_i$ 的大小即 $ml\omega^2$. 应当注意，向心力和惯性离心力都是作用在同一小球上的，它们不是作用力和反作用力. 也就是说，它们不服从牛顿第三定律.

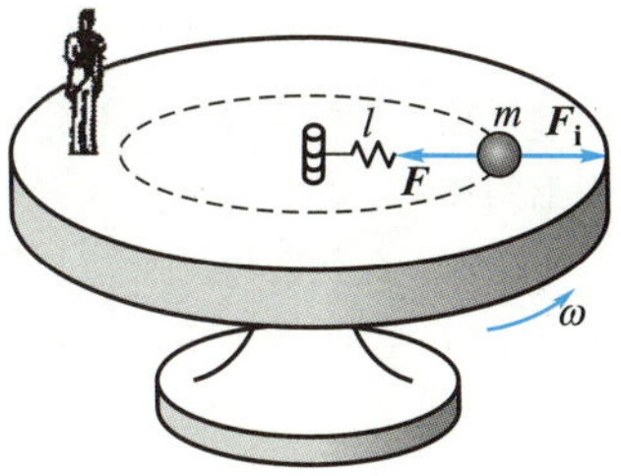

图 2-11 惯性离心力

复习自测题

问题

2-1 一车辆沿弯曲公路运动. 试问作用在车辆上的力的方向是指向道路外侧，还是指向道路内侧①？

2-2 一质量略去不计的轻绳跨过无摩擦的定滑轮. 一只猴子抓住绳的一端，绳的另一端悬挂一个质量和高度均与猴子相等的镜子. 开始时，猴子与镜子在同一水平面上. 猴子为了不看到镜中的猴像，它作了下面三项尝试：(1) 向上爬；(2) 向下爬；(3) 松开绳子自由下落. 这样猴子是否就看不到它在镜中的像了？

2-3 如图所示，轻绳与定滑轮间的摩擦力可略去不计，且 $m_1 = 2m_2$. 若使质量为 m_2 的两个物体绕公共竖直轴转动，则两边能否保持平衡？

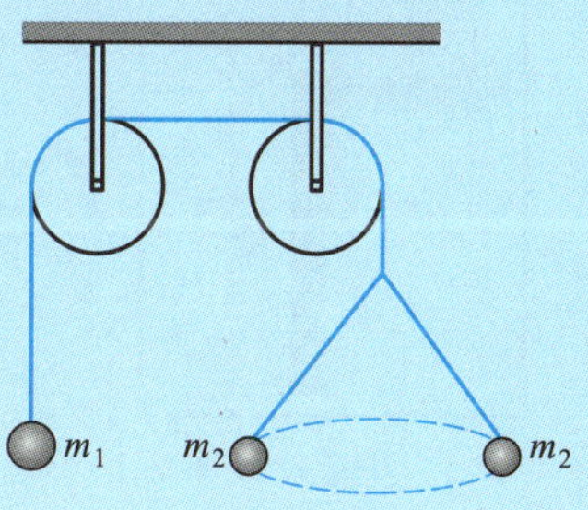

问题 2-3 图

2-4 冬天，人走在冰面稍微熔化的道路上，较之走在冰面没有熔化的道路上要滑得多. 这是什么缘故？

2-5 一辆重型车与一辆轻型车以相同的速率在水平路面上滑行. 若使它们只依靠滑行而不用刹车装置停下来，则谁滑行的路程较长呢？

2-6 如图所示，一半径为 R 的木桶以角速度 ω 绕其轴线转动. 有一人紧贴在木桶壁上，人与木桶间的静摩擦因数为 μ_0. 你知道在什么情形下，人会紧贴在木桶壁上而不掉下来吗？

问题 2-6 图

① 关于这个问题的较详细的讨论，可参阅马文蔚等主编《物理学原理在工程技术中的应用》(第四版) 之“外轨超高”(高等教育出版社，2015 年).

外轨超高

2-7 一人站在电梯中的磅秤上,在什么情况下,他的视重为零?在什么情况下,他的视重大于他在地面上的体重?

2-8 在升降机中有一只乌龟,如图所示.在什么情况下,乌龟会“飘浮”在空中?

2-9 为了使宇航员能适应太空中的失重状态,你能设计一种用来训练宇航员适应失重状态的实验装置吗?

问题 2-8 图

习题

2-1 如图所示,质量为 m 的物体用平行于斜面的细线连接并置于光滑的斜面上.若斜面向左方作加速运动,当物体刚脱离斜面时,它的加速度的大小为(　　).

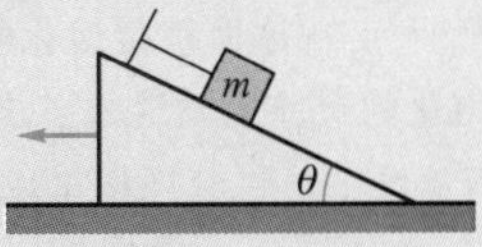

习题 2-1 图

(A) $g\sin\theta$　　(B) $g\cos\theta$

(C) $g\tan\theta$　　(D) $g\cot\theta$

2-2 用水平力 $\boldsymbol{F}_N$ 把一个物体压着靠在粗糙的竖直墙面上保持静止.当 $\boldsymbol{F}_N$ 逐渐增大时,物体所受的静摩擦力 $\boldsymbol{F}_f$ 的大小(　　).

(A) 不为零,但保持不变

(B) 随 $\boldsymbol{F}_N$ 成正比地增大

(C) 开始随 $\boldsymbol{F}_N$ 增大,达到某一最大值后,就保持不变

(D) 无法确定

2-3 一段路面水平的公路,转弯处轨道半径为 R,汽车轮胎与路面间的摩擦因数为 μ.要使汽车不至于发生侧向打滑,汽车在该处的行驶速率(　　).

(A) 不得小于 $\sqrt{\mu gR}$

(B) 必须等于 $\sqrt{\mu gR}$

(C) 不得大于 $\sqrt{\mu gR}$

(D) 还应由汽车的质量 m 决定

2-4 一物体沿固定圆弧形光滑轨道由静止下滑,在下滑过程中,(　　).

(A) 它的加速度方向永远指向圆心,其速率保持不变

(B) 它受到的轨道的作用力的大小不断增加

(C) 它受到的合外力大小变化,方向永远指向圆心

(D) 它受到的合外力大小不变,其速率不断增加

*2-5 图示系统置于以 $a=g/4$ 的加速度上升的升降机内,A、B 两物体质量相同且均为 m,A 所在的桌面是水平的,绳子和定滑轮质量均不计.若忽略滑轮轴上和桌面上的摩擦,并不计空气阻力,则绳中张力为(　　).

(A) $\dfrac{5}{8}mg$　　(B) $\dfrac{1}{2}mg$

(C) mg　　(D) $2mg$

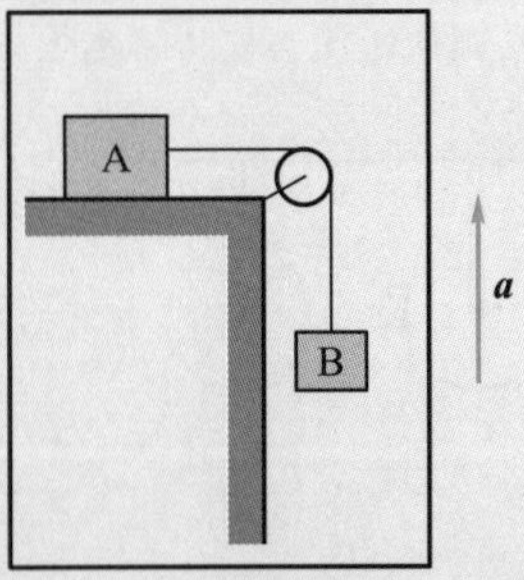

习题 2-5 图

2-6 图示为一斜面,倾角为 α,底边 AB 长为 $l=2.1\ \text{m}$,质量为 m 的物体从斜面顶端由静止开始向下滑动,物体与斜面间的摩擦因数为 $\mu=0.14$.试问,当 α 为何值时,物体在斜面上下滑的时间最短?其值为多少?

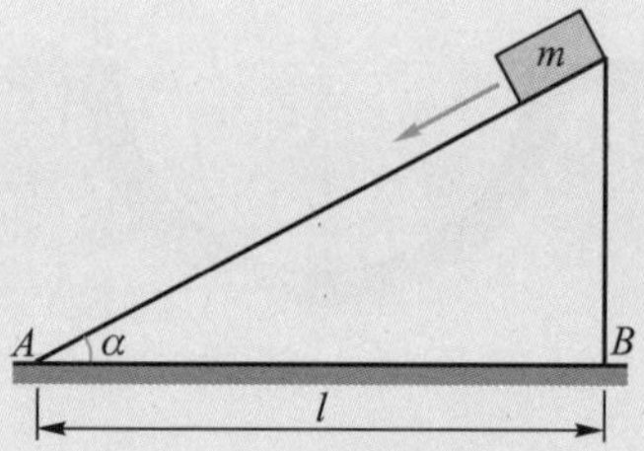

习题 2-6 图

2-7 工地上有一吊车，将甲、乙两块混凝土预制板吊起送至高空．甲块板质量为 $m_1=2.00\times10^2$ kg，乙块板质量为 $m_2=1.00\times10^2$ kg．设吊车、框架和钢丝绳的质量不计．试求下述两种情况下，钢丝绳所受的张力以及乙块板对甲块板的作用力：(1) 两块板以 10.0 $m\cdot s^{-2}$ 的加速度上升；(2) 两块板以 1.0 $m\cdot s^{-2}$ 的加速度上升．从本题的结果，你能体会到起吊重物时必须缓慢加速的道理吗？

2-8 如图所示，已知两物体 A、B 的质量均为 $m=3.0$ kg，物体 A 以加速度 $a=1.0$ $m\cdot s^{-2}$ 运动，求物体 B 与桌面间的摩擦力．(设滑轮与连接绳的质量不计．)

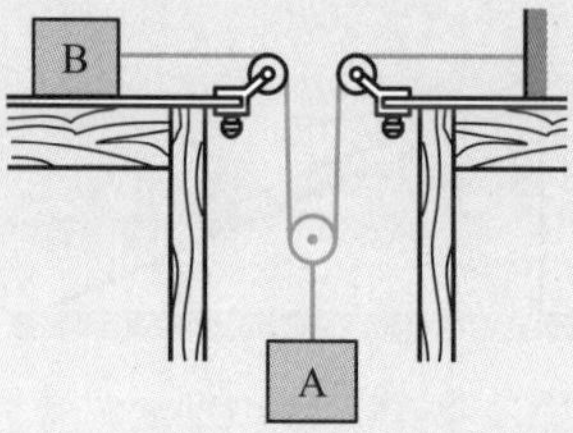

习题 2-8 图

2-9 质量为 m' 的长平板以速度 v' 在光滑平面上作直线运动，现将质量为 m 的木块轻轻平稳地放在长平板上，板与木块之间的动摩擦因数为 μ，问木块在长平板上滑行多远才能达到与板相同的速度？

2-10 在一只半径为 R 的半球形碗内，有一个质量为 m 的小钢球，当小钢球以角速度 ω 在水平面内沿碗内壁作匀速率圆周运动时，它距碗底有多高？

2-11 在如图所示的轻滑轮上跨有一轻绳，绳的两端连接着质量分别为 1 kg 和 2 kg 的物体 A 和 B．现以 50 N 的恒力 $\boldsymbol{F}$ 向上提滑轮的轴，若不计滑轮质量及滑轮与轻绳间的摩擦，问 A 和 B 的加速度各为多少？

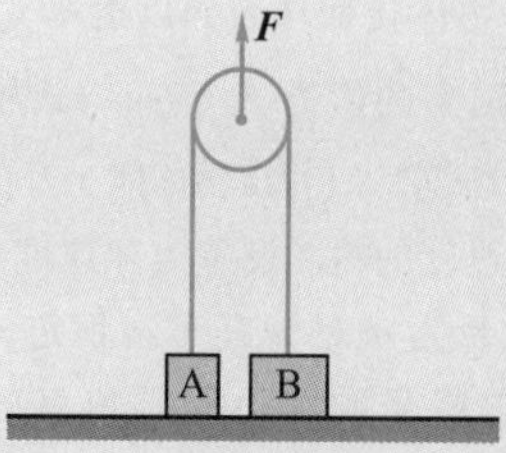

习题 2-11 图

2-12 一质量为 50 g 的物体挂在一弹簧末端后，弹簧伸长一段距离后静止，经扰动后物体作上下振动．若以物体静平衡位置为坐标原点，竖直向下为 Oy 轴正方向，测得其运动规律按余弦形式变化，即 $y=0.20\cos(5t+\pi/2)$ (SI 单位)．(1) 试求作用于该物体上的合外力的大小；(2) 证明作用在物体上的合外力大小与物体离开平衡位置的距离 y 成正比．

2-13 一质量为 10 kg 的质点在力 F 的作用下沿 Ox 轴作直线运动，已知 $F=120t+40$ (SI 单位)．在 $t=0$ 时，质点位于 $x=5.0$ m处，其速度为 $v_0=6.0$ $m\cdot s^{-1}$．求质点在任意时刻的速度和位置．

2-14 轻型飞机连同驾驶员总质量为 1.0×10^3 kg．飞机以 55.0 $m\cdot s^{-1}$ 的速率在水平跑道上着陆后，驾驶员开始制动．若阻力与时间成正比，比例系数 $\alpha=5.0\times10^2$ $N\cdot s^{-1}$，空气对飞机的升力不计，求：(1) 10 s 后飞机的速率；(2) 飞机着陆后 10 s 内滑行的距离．

*2-15 质量为 m 的跳水运动员，从 10.0 m 高台上由静止跳下落入水中．高台与水面距离为 h，跳水运动员可视为质点，略去空气阻力．运动员入水后竖直下沉，水对其阻力为 bv^2，其中 b 为一常量．若以水面上一点为坐标原点，竖直向下为 Oy 轴正方向，(1) 求运动员在水中的速率 v 与 y 的函数关系；(2) 若 $b/m=0.40$ m^{-1}，则跳水运动员在水中下沉多少距离后才能使其速率 v 减少到入水速率 v_0 的 1/10？(假定跳水运动员在水中所受的浮力与所受的重力大小恰好相等．)

2-16 如图所示，质量为 m 的小球与弹性系数为 k 的轻弹簧构成弹簧振子系统．开始时，弹簧处于原长，小球静止．现以恒力 $\boldsymbol{F}$ 向右(在弹簧的弹性限度内)拉小球，若小球与水平面间的摩擦因数为 μ，求小球向右运动的最大距离．

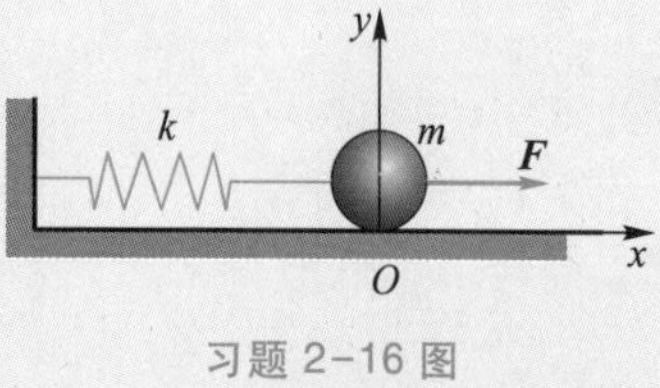

习题 2-16 图

2-17 一物体自地球表面以速率 v_0 竖直上抛.假定空气对物体阻力的值为 $F_r=kmv^2$,式中 m 为物体的质量,k 为常量.试求:(1) 该物体能上升的高度;(2) 物体返回地面时速度的值.(设重力加速度为常量.)

2-18 质量为 m 的摩托车在恒定的牵引力 F 的作用下工作,它所受的阻力与其速率的二次方成正比,它能达到的最大速率是 v_m.试计算摩托车从静止加速到 $v_m/2$ 所需的时间以及所经过的路程.

2-19 如图所示,一质量为 m 的小球被系于长为 L 的轻绳的一端,绳的另一端悬挂在天花板上.小球与绳组成一单摆,可在竖直平面内运动.设开始时,将小球摆线拉到与竖直方向的夹角为 θ_0,然后由静止释放.试求小球的运动速度以及绳中张力与夹角 θ 的关系.

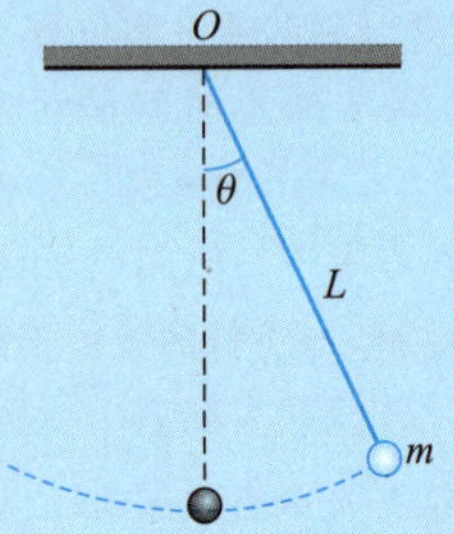

习题 2-19 图

2-20 一质量为 m 的小球最初位于如图所示的点 A,然后沿半径为 r 的光滑圆轨道 $ADCB$ 下滑.试求小球到达点 C 时的角速度和对圆轨道的作用力.

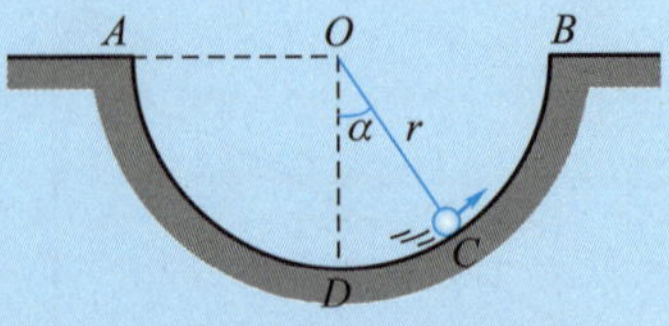

习题 2-20 图

2-21 光滑的水平桌面上放置一半径为 R 的固定圆环,物体紧贴环的内侧作圆周运动,其摩擦因数为 μ.开始时物体的速率为 v_0,求:(1) t 时刻物体的速率;(2) 当物体速率从 v_0 减少到 $v_0/2$ 时,物体所经历的时间及经过的路程.

*2-22 在卡车车厢底板上放一木箱,该木箱距车厢前沿挡板的距离 $L=2.0$ m.已知刹车时卡车的加速度 $a=7.0\ \mathrm{m\cdot s^{-2}}$,设刹车一开始木箱就开始滑动,求该木箱撞上挡板时相对卡车的速率.(设木箱与底板间的动摩擦因数 $\mu=0.50$.)

2-23 如图所示,将质量为 m 的小球用细线挂在倾角为 θ 的光滑斜面上.(1) 若斜面以加速度 $\boldsymbol{a}$ 沿图示方向运动,求细线的张力及小球对斜面的正压力;(2) 当加速度 $\boldsymbol{a}$ 取何值时,小球刚可以离开斜面?

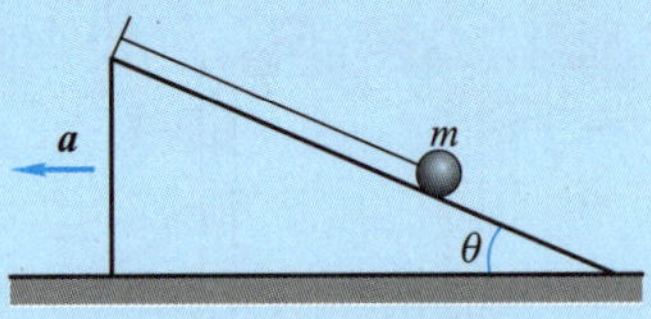

习题 2-23 图

第二章习题答案

第三章　动量守恒定律和能量守恒定律

牛顿第二定律指出，在外力作用下，质点的运动状态要发生改变，获得加速度.然而力不仅作用于质点，更普遍地说是作用于质点系的.此外，力作用于质点或者质点系往往还持续一段时间，或者持续一段距离，这就是力对时间的累积作用或力对空间的累积作用.在这两种累积作用中，质点或质点系的动量、动能或能量将发生变化或转移.在一定条件下，质点系内的动量或能量将保持守恒.动量守恒定律和能量守恒定律不仅适用于机械运动，而且适用于物理学中的各种运动形式.可以这样说，它们是自然界中已知的一些基本守恒定律中的两个.本章的主要内容有：质点和质点系的动量定理和动能定理，外力与内力、保守力与非保守力等概念，以及动量守恒定律、机械能守恒定律和能量守恒定律.

预习自测题

3-1　质点和质点系的动量定理

一、冲量　质点的动量定理

在上一章中，牛顿第二定律的表述形式为

$$\boldsymbol{F}=\frac{\mathrm{d}\boldsymbol{p}}{\mathrm{d}t}=\frac{\mathrm{d}(m\boldsymbol{v})}{\mathrm{d}t}$$

上式可写成

$$\boldsymbol{F}\mathrm{d}t=\mathrm{d}\boldsymbol{p}=\mathrm{d}(m\boldsymbol{v})$$

在低速运动的牛顿力学范围内，质点的质量可视为是不变的，故 $\mathrm{d}(m\boldsymbol{v})$ 可写成 $m\mathrm{d}\boldsymbol{v}$.此外，一般来说，作用在质点上的力是随时间而改变的，即力是时间的函数，$\boldsymbol{F}=\boldsymbol{F}(t)$.考虑到以上两点，在时间

间隔 $\Delta t=t_2-t_1$ 内，上式的积分为

$$\int_{t_1}^{t_2}\boldsymbol{F}(t)\,\mathrm{d}t=\boldsymbol{p}_2-\boldsymbol{p}_1=m\boldsymbol{v}_2-m\boldsymbol{v}_1 \tag{3-1}$$

式中 $\boldsymbol{v}_1$ 和 $\boldsymbol{p}_1$ 是质点在时刻 t_1 的速度和动量，$\boldsymbol{v}_2$ 和 $\boldsymbol{p}_2$ 是质点在时刻 t_2 的速度和动量. $\int_{t_1}^{t_2}\boldsymbol{F}(t)\,\mathrm{d}t$ 为力对时间的积分，称为力的冲量，它是改变物体运动状态的量，也是矢量，用符号 $\boldsymbol{I}$ 表示. 式(3-1)的物理意义是：在给定的时间间隔内，力作用在质点上的冲量，等于质点在此时间内动量的增量. 这就是质点的动量定理. 一般来说，冲量的方向并不与动量的方向相同，而是与动量增量的方向相同.

式(3-1)是质点动量定理的矢量表达式，在直角坐标系中，其分量式为

$$\begin{cases} I_x=\int_{t_1}^{t_2}F_x\,\mathrm{d}t=mv_{2x}-mv_{1x} \\ I_y=\int_{t_1}^{t_2}F_y\,\mathrm{d}t=mv_{2y}-mv_{1y} \\ I_z=\int_{t_1}^{t_2}F_z\,\mathrm{d}t=mv_{2z}-mv_{1z} \end{cases} \tag{3-2}$$

显然，质点在某一轴线上的动量增量，仅与该质点在此轴线上所受力的冲量有关.

下面简单说明一下动量 $\boldsymbol{p}$ 的物理意义. 从动量定理可以知道，在相等的冲量作用下，不同质量的物体，其速度的变化是不相同的，但其动量的变化却是一样的，所以从过程角度来看，动量 $\boldsymbol{p}$ 比速度 $\boldsymbol{v}$ 更确切地反映了物体的运动状态. 因此，物体作机械运动时，动量 $\boldsymbol{p}$ 和位矢 $\boldsymbol{r}$ 是描述物体运动状态的状态参量.

二、质点系的动量定理

上面我们讨论了质点的动量定理. 然而在许多问题中还需研究由一些质点构成的质点系的动量变化与作用在质点系上的力之间的关系.

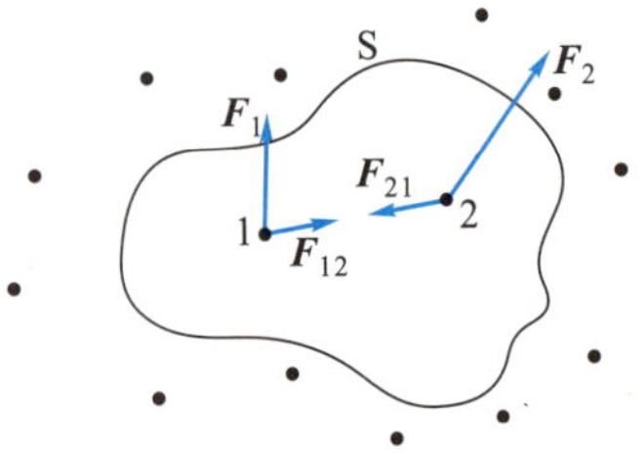

图 3-1 质点系的内力和外力

如图 3-1 所示，在系统 S 内有两个质点 1 和 2，它们的质量分别为 m_1 和 m_2. 系统外的质点对它们作用的力称为外力，系统

内质点间的相互作用力则称为内力.设作用在质点上的外力分别是 $\boldsymbol{F}_1$ 和 $\boldsymbol{F}_2$,而两质点间相互作用的内力分别为 $\boldsymbol{F}_{12}$ 和 $\boldsymbol{F}_{21}$.根据质点的动量定理,在时间间隔 $\Delta t=t_2-t_1$ 内,两质点所受力的冲量和动量增量分别为

$$\int_{t_1}^{t_2}(\boldsymbol{F}_1+\boldsymbol{F}_{12})\mathrm{d}t=m_1\boldsymbol{v}_1-m_1\boldsymbol{v}_{10}$$

和

$$\int_{t_1}^{t_2}(\boldsymbol{F}_2+\boldsymbol{F}_{21})\mathrm{d}t=m_2\boldsymbol{v}_2-m_2\boldsymbol{v}_{20}$$

将上两式相加,有

$$\int_{t_1}^{t_2}(\boldsymbol{F}_1+\boldsymbol{F}_2)\mathrm{d}t+\int_{t_1}^{t_2}(\boldsymbol{F}_{12}+\boldsymbol{F}_{21})\mathrm{d}t$$

$$=(m_1\boldsymbol{v}_1+m_2\boldsymbol{v}_2)-(m_1\boldsymbol{v}_{10}+m_2\boldsymbol{v}_{20}) \tag{3-3}$$

由牛顿第三定律知 $\boldsymbol{F}_{12}=-\boldsymbol{F}_{21}$,故上式写为

$$\int_{t_1}^{t_2}(\boldsymbol{F}_1+\boldsymbol{F}_2)\mathrm{d}t=(m_1\boldsymbol{v}_1+m_2\boldsymbol{v}_2)-(m_1\boldsymbol{v}_{10}+m_2\boldsymbol{v}_{20})$$

上式表明,作用于两质点组成的系统的合外力的冲量等于系统内两质点动量之和的增量,亦即系统动量的增量.

上述结论容易推广到由 n 个质点所组成的系统.如果系统内含有 n 个质点,那么式(3-3)可改写为

$$\int_{t_1}^{t_2}\left(\sum_{i=1}^{n}\boldsymbol{F}_i^{\mathrm{ex}}\right)\mathrm{d}t+\int_{t_1}^{t_2}\left(\sum_{i=1}^{n}\boldsymbol{F}_i^{\mathrm{in}}\right)\mathrm{d}t$$

$$=\sum_{i=1}^{n}m_i\boldsymbol{v}_i-\sum_{i=1}^{n}m_i\boldsymbol{v}_{i0}$$

考虑到内力总是成对出现,且大小相等、方向相反,故其矢量和必为零,即 $\sum\limits_{i=1}^{n}\boldsymbol{F}_i^{\mathrm{in}}=0$.设作用于系统的合外力用 $\boldsymbol{F}^{\mathrm{ex}}$ 表示,且系统的初动量和末动量各为 $\boldsymbol{p}_0$ 和 $\boldsymbol{p}$,那么上式可改写为

$$\int_{t_1}^{t_2}\boldsymbol{F}^{\mathrm{ex}}\mathrm{d}t=\sum_{i=1}^{n}m_i\boldsymbol{v}_i-\sum_{i=1}^{n}m_i\boldsymbol{v}_{i0} \tag{3-4a}$$

或

$$\boldsymbol{I}=\boldsymbol{p}-\boldsymbol{p}_0 \tag{3-4b}$$

上式表明,作用于系统的合外力的冲量等于系统动量的增量.这就是质点系的动量定理.

如同质点的动量定理一样,我们也可将上式写成像式(3-2)

那样的分量式.

需要强调指出:作用于系统的合外力是作用于系统内每一质点的外力的矢量和.只有外力才对系统的动量变化有贡献,而系统的内力(系统内各质点间的相互作用)是不能改变整个系统的动量的,这是牛顿第三定律的直接结果.利用这个道理我们来研究几个物体组成的系统的动力学问题就可化繁为简了.

在无限小的时间间隔内,质点系的动量定理可写成

$$\boldsymbol{F}^{\mathrm{ex}}\mathrm{d}t=\mathrm{d}\boldsymbol{p}$$

或

$$\boldsymbol{F}^{\mathrm{ex}}=\frac{\mathrm{d}\boldsymbol{p}}{\mathrm{d}t} \tag{3-4c}$$

上式表明,作用于质点系的合外力等于质点系的动量随时间的变化率.

在人造地球卫星的定轨和运行过程中,人们常常需要纠正同步卫星的运行轨道.近来,人们采用一种叫做离子推进器①的系统所产生的推力,使卫星能保持在适当的方位上.其基本原理就是质点系的动量定理.

关于动量的相对性和动量定理不变性的讨论

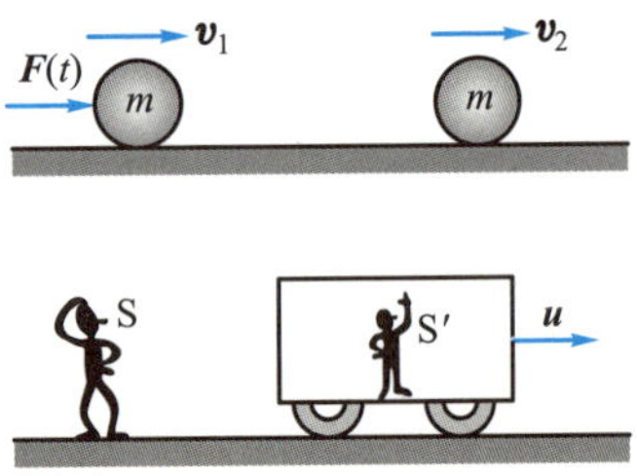

图 3-2 动量定理的不变性

牛顿运动定律曾指出,质点运动时其速度是随惯性系的选取而有所差异的,因此,在某一时刻,运动物体的动量也是相对不同的惯性系而不相同的.如图3-2所示,一质量为 m 的小球在光滑平面上沿直线运动,在外力 $\boldsymbol{F}(t)$ 的持续作用下,位于地面惯性系 S 的观察者观测到,在时间间隔 $\Delta t=t_2-t_1$ 内,小球的速度由 $\boldsymbol{v}_1$ 增至 $\boldsymbol{v}_2$,其动量亦相应地由 $m\boldsymbol{v}_1$ 增至 $m\boldsymbol{v}_2$.那么,以速度 $\boldsymbol{u}$ 相对地面作匀速直线运动的车厢作为惯性系 S′,其中的观察者观测到,此小球的速度和动量先后分别为 $(\boldsymbol{v}_1-\boldsymbol{u})$ 和 $m(\boldsymbol{v}_1-\boldsymbol{u})$、$(\boldsymbol{v}_2-\boldsymbol{u})$ 和 $m(\boldsymbol{v}_2-\boldsymbol{u})$.显然在这两个惯性系中所测得的小球的动量是不相同的.这就是动量的相对性.然而,无论是对 S 系的观察者,还是对 S′系的观察者,小球动量的增量都是相同的,均为 $m\boldsymbol{v}_2-m\boldsymbol{v}_1$.所以,无论对 S 系还是 S′系,动量定理的形式相同,即

$$\int_{t_1}^{t_2}\boldsymbol{F}\mathrm{d}t = m\boldsymbol{v}_2-m\boldsymbol{v}_1$$

这说明,小球的动量是随惯性系的选取而有所差异的,但动量定理的形式却是相同的,这就是动量定理的不变性.在下面将要讲述的动能定理是否也具有不变性呢? 读者可试予论证.

① 参阅马文蔚等主编《物理学原理在工程技术中的应用》(第四版)之“离子推进器”(高等教育出版社,2015年).

离子推进器

例 1

如图 3-3 所示，一质量为 0.05 kg、速率为10 m · s^{-1}的钢球，以与钢板法线呈45°角的方向撞击在钢板上，并以相同的速率和角度弹回来.设钢球与钢板的碰撞时间为0.05 s，求在此碰撞时间内钢板所受的平均冲力.

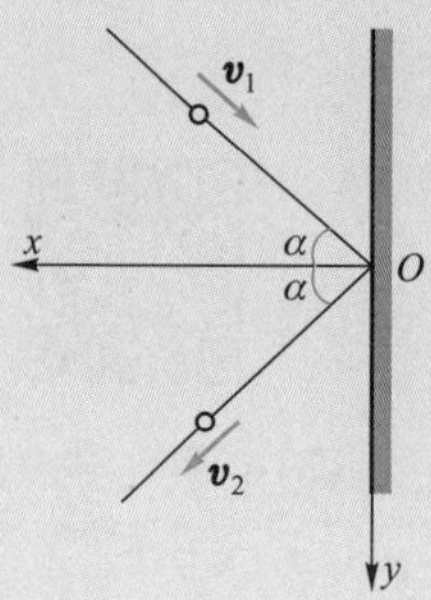

图 3-3

解　由题意知 $v_1=v_2=v=10\ \text{m}\cdot\text{s}^{-1}$，按图中所选定的坐标系，$\boldsymbol{v}_1$ 和 $\boldsymbol{v}_2$ 均在 Oxy 平面内，故 $\boldsymbol{v}_1$ 在 Ox 轴和 Oy 轴上的分量为 $v_{1x}=-v\cos\alpha$，$v_{1y}=v\sin\alpha$，$\boldsymbol{v}_2$ 在 Ox 轴和 Oy 轴上的分量为 $v_{2x}=v\cos\alpha$，$v_{2y}=v\sin\alpha$.由动量定理的分量式(3-2)可得，在碰撞过程中钢球所受的冲量为

$$\overline{F}_x\Delta t=mv_{2x}-mv_{1x}=2mv\cos\alpha$$

$$\overline{F}_y\Delta t=mv_{2y}-mv_{1y}=0$$

因此，钢球所受的平均冲力为

$$\overline{F}=\overline{F}_x=\frac{2mv\cos\alpha}{\Delta t}$$

若令 $\overline{\boldsymbol{F}}'$表示钢球对钢板的平均冲力，并忽略钢球重力，则由牛顿第三定律有 $\overline{\boldsymbol{F}}=-\overline{\boldsymbol{F}}'$，即钢球对钢板的平均冲力与钢板对钢球的平均冲力大小相等、方向相反，故有

$$\overline{F}'=\frac{2mv\cos\alpha}{\Delta t}$$

代入已知数值，得

$$\overline{F}'=14.1\ \text{N}$$

$\overline{\boldsymbol{F}}'$的方向与 Ox 轴正方向相反.在第七章第 7-3 节中讨论理想气体压强公式的方法，与本例题中的讨论方法相似.

例 2

一长为 l、密度均匀的柔软链条，其质量线密度为 λ.现将其卷成一堆放在地面上(图 3-4)，若手握链条的一端，以匀速率 v 将其上提.当链条一端被提离地面高度为 y 时，求手的提力.

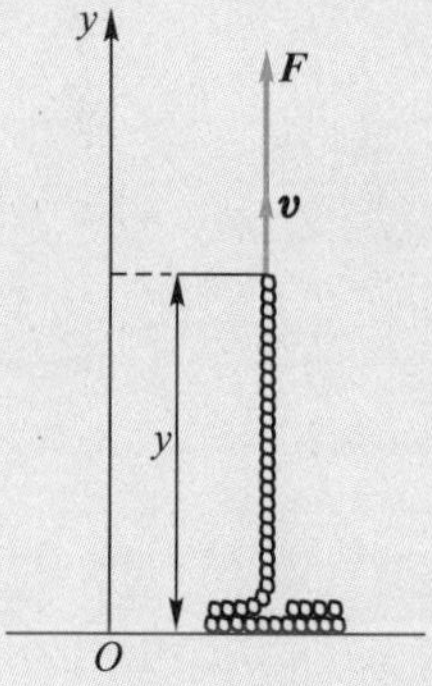

图 3-4

解　取地面为惯性参考系，地面上一点为坐标原点 O，竖直向上为 Oy 轴正方向，以整个链条为一系统.设在时刻 t，链条一端距原点的高度为 y，其速率为 v.由于在地面部分的链条的速度为零，故在时刻 t，链条的动量为

$$\boldsymbol{p}(t)=\lambda yv\boldsymbol{j}$$

由于 λ 和 v 均为常量，故链条的动量随时间的变化率为

$$\frac{\mathrm{d}\boldsymbol{p}}{\mathrm{d}t}=\lambda v\frac{\mathrm{d}y}{\mathrm{d}t}\boldsymbol{j}=\lambda v^2\boldsymbol{j} \quad (1)$$

作用于整个链条上的外力，有手的提力 $\boldsymbol{F}$，重力 $\lambda y\boldsymbol{g}$ 和 $\lambda(l-y)\boldsymbol{g}$ 以及地面对长为 $l-y$ 的链条的支持力 $\boldsymbol{F}_N$.其中 $\boldsymbol{F}_N$ 与 $\lambda(l-y)\boldsymbol{g}$ 的大小相等、方向相反，所以系统所受的合外力为

$$\boldsymbol{F}+\lambda y\boldsymbol{g}=(F-\lambda yg)\boldsymbol{j} \quad (2)$$

由式(1)和式(2)及动量定理得

$$(F-\lambda yg)\boldsymbol{j}=\lambda v^2\boldsymbol{j}$$

即

$$F=\lambda v^2+\lambda yg \quad (3)$$

这个例题属于已知运动状态求作用力的问题.

3-2 动量守恒定律

动画:爆炸中的动量守恒

从式(3-4)可以看出,当系统所受合外力为零,即 $\boldsymbol{F}^{ex}=0$ 时,系统的总动量的增量亦为零,即 $\boldsymbol{p}-\boldsymbol{p}_0=0$.这时系统的总动量保持不变,即

$$\boldsymbol{p}=\sum_{i=1}^{n} m_i \boldsymbol{v}_i=\text{常矢量} \tag{3-5a}$$

这就是动量守恒定律,它的表述为:当系统所受合外力为零时,系统的总动量将保持不变.式(3-5a)是动量守恒定律的矢量式.在直角坐标系中,其分量式为

$$\begin{cases} p_x=\sum m_i v_{ix}=C_1 & (F_x^{ex}=0) \\ p_y=\sum m_i v_{iy}=C_2 & (F_y^{ex}=0) \\ p_z=\sum m_i v_{iz}=C_3 & (F_z^{ex}=0) \end{cases} \tag{3-5b}$$

式中 C_1、C_2 和 C_3 均为常量.

在应用动量守恒定律时应该注意以下几点:

(1) 在动量守恒定律中,系统的动量是守恒量或不变量.由于动量是矢量,故系统的总动量不变是指系统内各物体动量的矢量和不变,而不是指其中某一个物体的动量不变.此外,各物体的动量还必须相对于同一惯性系.

(2) 系统的动量守恒是有条件的.这个条件就是系统所受的合外力必须为零.然而,有时系统所受的合外力虽不为零,但与系统的内力相比较,外力远小于内力,这时可以略去外力对系统的作用,认为系统的动量是守恒的.像碰撞、打击、爆炸等这类问题,一般都可以这样来处理,这是因为参与碰撞的物体的相互作用时间很短,相互作用内力很大,而一般的外力(如空气阻力、摩擦力或重力)与内力相比较,可忽略不计.所以在碰撞过程中,可认为参与碰撞的物体系统的总动量保持不变.

(3) 如果系统所受合外力的矢量和并不为零,但合外力在某个坐标轴上的分矢量为零,那么此时,系统的总动量虽不守恒,但在该坐标轴上的分动量却是守恒的.这一点对处理某些问题是很有用的.

(4) 动量守恒定律是物理学最普遍、最基本的定律之一.动量守恒定律虽然是从表述宏观物体运动规律的牛顿运动定律导

出的，但近代的科学实验和理论分析都表明：在自然界中，大到天体间的相互作用，小到质子、中子、电子等微观粒子间的相互作用都遵守动量守恒定律；而在原子、原子核等微观领域中，牛顿运动定律却是不适用的．因此，动量守恒定律比牛顿运动定律更加基本，它与能量守恒定律一样，是自然界中最普遍、最基本的定律之一．

例 1

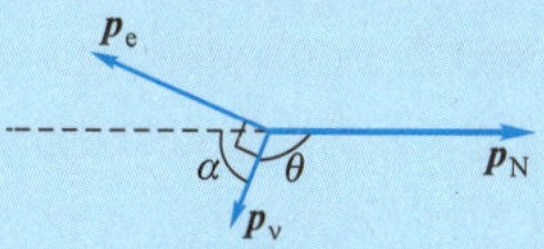

图 3-5

如图 3-5 所示，设有一个静止的原子核，衰变辐射出一个电子和一个中微子①后成为一个新的原子核．已知电子和中微子的运动方向相互垂直，且电子的动量为 1.2×10^{-22} kg · m · s^{-1}，中微子的动量为 6.4×10^{-23} kg · m · s^{-1}．问新的原子核的动量的大小和方向如何？

解 以 $\boldsymbol{p}_e$、$\boldsymbol{p}_\nu$ 和 $\boldsymbol{p}_N$ 分别代表电子、中微子和新原子核的动量，且 $\boldsymbol{p}_e$ 与 $\boldsymbol{p}_\nu$ 相互垂直．在原子核衰变的短暂时间内，粒子间的内力远大于外界作用于该粒子系统上的外力，故粒子系统在衰变前后的动量是守恒的．考虑到原子核在衰变前是静止的，所以衰变后电子、中微子和新原子核的动量之和亦应为零，即

$$\boldsymbol{p}_e+\boldsymbol{p}_\nu+\boldsymbol{p}_N=0$$

由于 $\boldsymbol{p}_e$ 与 $\boldsymbol{p}_\nu$ 垂直，所以有

$$p_N=(p_e^2+p_\nu^2)^{1/2}$$

代入已知数值，得

$$p_N=1.36\times10^{-22}\ \text{kg} \cdot \text{m} \cdot \text{s}^{-1}$$

图 3-5 中的 α 角为

$$\alpha=\arctan\frac{p_e}{p_\nu}=61.9°$$

或者新原子核的动量 $\boldsymbol{p}_N$ 与中微子的动量 $\boldsymbol{p}_\nu$ 之间的夹角为

$$\theta=180°-61.9°=118.1°$$

① 中微子简介

中微子是组成自然界的粒子之一，其符号为 ν，它不带电、质量极小，有极强的穿透物质的能力．它充满整个宇宙．W．泡利于 1930 年研究原子核的 β 衰变的能量和动量守恒的问题时，提出应当存在一个中性粒子．1932 年费米把这个设想中的粒子称为中微子．但由于它与其他物质间的作用极其微弱，直到 1956 年才被美国物理学家莱因斯（F．Reines，1918—1998）从比较直接的实验中观察到．为此，莱因斯获得了 1995 年诺贝尔物理学奖．为什么时隔近 40 年，莱因斯才获得诺贝尔奖呢？这是由于中微子的质量极小，且与其他物质的作用极其微弱，以至于在很长时间内，难以发现它的踪迹．当时一些物理学家在寻找中微子，但均未获得结果．泡利甚至说中微子是永远找不到的．

1941 年在西南联合大学任教的我国物理学家王淦昌，在《物理评论》上发表了《探测中微子的一个建议》，文中提出寻找中微子的实验方案．次年美国物理学家艾伦根据王淦昌的建议进行实验，初步证实了中微子的存在，但并不很理想．1952 年艾伦又和罗德巴合作，成功地证实了中微子的存在．但中微子与其他粒子的作用，数年后才由克莱因发现．从中微子之谜，到中微子的发现，历经了几代人的努力．直到现在，中微子的全貌仍未完全揭开，即使如此，它对天文学、宇宙学等方面的研究仍有贡献．不仅如此，人们还在遐想如何利用中微子的特有性质为人类服务．这将预示又一次科学革命春天的到来．这是泡利所未曾想到的．

王淦昌

文档：王淦昌

例 2

如图 3-6 所示，一枚返回式火箭以 $2.5\times10^{3}\ \mathrm{m\cdot s^{-1}}$ 的速率相对惯性系 S 沿 Ox 轴正方向飞行.设空气阻力不计.现控制系统使火箭分离为两部分，前部分是质量为 100 kg 的仪器舱，后部分是质量为 200 kg 的火箭容器.若仪器舱相对火箭容器的水平速率为 $1.0\times10^{3}\ \mathrm{m\cdot s^{-1}}$，求仪器舱和火箭容器相对惯性系的速度.

解 在图中，S 系（$Oxyz$）为惯性系.设 $\boldsymbol{v}$ 为分离前火箭相对惯性系 S 的速度，$\boldsymbol{v}_1$ 和 $\boldsymbol{v}_2$ 分别为火箭分离后，仪器舱和火箭容器相对惯性系 S 的速度，$\boldsymbol{v}'$ 为分离后仪器舱相对火箭容器的速度.取火箭容器为惯性系 S′（$O'x'y'z'$），则 $\boldsymbol{v}_2$ 也就是 S′系沿 xx' 轴相对 S 系运动的速度.由相对运动的速度公式，有

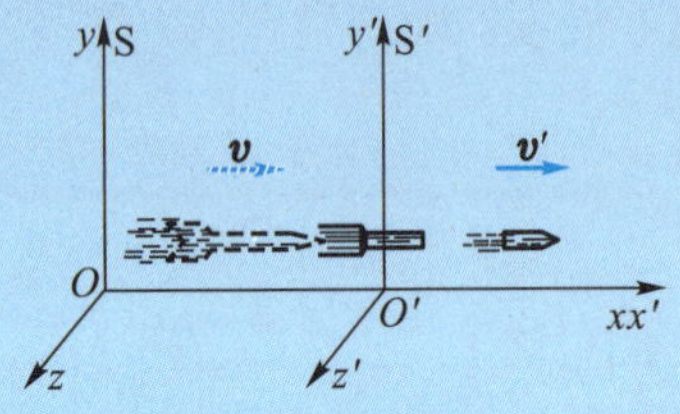

图 3-6

$$\boldsymbol{v}_1=\boldsymbol{v}_2+\boldsymbol{v}'$$

由于 $\boldsymbol{v}_1$、$\boldsymbol{v}_2$ 和 $\boldsymbol{v}'$ 都在同一方向上，故上式写为

$$v_1=v_2+v'$$

在火箭分离前后，它未受到 xx' 轴方向的外力作用，所以沿 xx' 轴方向动量守恒，有

$$(m_1+m_2)v=m_1v_1+m_2v_2$$

解以上两式，得

$$v_2=v-\frac{m_1}{m_1+m_2}v'$$

代入数值，有

$$v_2=2.17\times10^{3}\ \mathrm{m\cdot s^{-1}}$$

$$v_1=3.17\times10^{3}\ \mathrm{m\cdot s^{-1}}$$

式中 v_1 和 v_2 都为正值，可知它们的速度方向相同，且与 $\boldsymbol{v}$ 同向.只不过火箭分离后，仪器舱的速率变大，而火箭容器的速率却变小了，从而实现了动量的转移.

*3-3 火箭飞行原理

2020 年 7 月 23 日在中国海南文昌航天发射场，我国用长征五号遥四运载火箭将 5 吨左右的火星探测器“天问一号”发射升空。发射地球气象卫星、载人航天飞船、深空宇宙探测器等航天飞行器都离不开推力强大的火箭.本节简略地介绍火箭飞行的原理.火箭在发射和运行过程中，内部的燃料发生爆炸性的燃烧，火箭尾部喷射出大量与火箭运动方向相反的速度很大的粒子流，火箭从而获得向上（前）的反冲推动力.

天问一号

如图 3-7 所示，在时刻 t，火箭（即系统）的质量（包括所携带的燃料）为 m'，它相对某惯性系（如地面）的速度为 $\boldsymbol{v}$；在时间间隔 $t\sim t+\mathrm{d}t$ 内，火箭中有质量为 $\mathrm{d}m$ 的燃料燃烧成为粒子流，并相对火箭以速度（亦称喷射速度）$\boldsymbol{u}$ 喷射出去，此时系统就包括火箭主体和刚喷射出的粒子流.在时刻 $t+\mathrm{d}t$，火箭相对某惯性系（地面）的速度为 $\boldsymbol{v}+\mathrm{d}\boldsymbol{v}$，而粒子流相对该惯性系（地面）的速度则为 $\boldsymbol{v}+\mathrm{d}\boldsymbol{v}+\boldsymbol{u}$.如果略去作用于系统的外力（如重力），那么系统的动量是守恒的，

于是有

$$m'\boldsymbol{v}=(m'-\mathrm{d}m)(\boldsymbol{v}+\mathrm{d}\boldsymbol{v})+\mathrm{d}m(\boldsymbol{v}+\mathrm{d}\boldsymbol{v}+\boldsymbol{u})$$

考虑到 $\boldsymbol{v}$ 与 $\boldsymbol{u}$ 的方向相反，并取 $\boldsymbol{v}$ 的方向为正方向，则上式可写成

$$m'v=(m'-\mathrm{d}m)(v+\mathrm{d}v)+\mathrm{d}m(v+\mathrm{d}v-u)$$

化简上式并略去二阶微分量 $\mathrm{d}m\mathrm{d}v$ 后，得

$$m'\mathrm{d}v-u\mathrm{d}m=0$$

上面已提到，我们所选的系统包括火箭主体和喷射出的粒子流，所以随着粒子流从火箭喷出，粒子流的质量在增加，而火箭主体的质量却在减少，显然，$-\mathrm{d}m'=\mathrm{d}m$.这样上式可写成

$$\mathrm{d}v=-u\frac{\mathrm{d}m'}{m'}$$

如果设粒子流的喷射速率 u 为常量，且 $t=0$ 时，火箭主体的质量为 m_0'，速度为 $\boldsymbol{v}_0$，在 $t=t$ 时，火箭主体的质量为 m'，速度为 $\boldsymbol{v}$，那么对上式积分得

$$\int_{v_0}^{v}\mathrm{d}v=-u\int_{m_0'}^{m'}\frac{\mathrm{d}m'}{m'}$$

有

$$v=v_0-u\ln\frac{m'}{m_0'}=v_0+u\ln\frac{m_0'}{m'} \qquad (3-6)$$

式中 m_0'/m' 叫做质量比.显然，火箭的质量比越大，粒子流的喷射速率越大，火箭获得的速度也越大.

然而，仅靠增加单级火箭的质量比或增大粒子流的喷射速率来提高火箭的飞行速度是不够的.为了把飞行器发射升空，人们必须采用多级火箭.下面简述三级火箭.

若质量比用符号 N 表示，则第一、第二、第三级火箭的质量比可分别为 $N_1=m_0'/m_1'$，$N_2=m_1''/m_2'$，$N_3=m_2''/m_3'$.那么由式(3-6)可得，各级火箭中的燃料燃烧完后火箭的速率各为

$$v_1=u\ln N_1,\quad v_2=v_1+u\ln N_2,\quad v_3=v_2+u\ln N_3$$

所以，第三级火箭中的燃料燃烧完后，火箭的速率为

$$v_3=u(\ln N_1+\ln N_2+\ln N_3) \qquad (3-7)$$

若火箭粒子流的喷射速率 $u=2.5\ \mathrm{km\cdot s^{-1}}$，每一级的质量比分别是 $N_1=4$，$N_2=3$，$N_3=2$，则由式(3-7)可算得 $v_3=7.93\ \mathrm{km\cdot s^{-1}}$.这个速率已达人造地球卫星的入轨速率①.实际上，上述计算只是一种估算，若计及燃料用完后储存燃料的容器脱落时引起的火箭主体速度的改变，计算还要复杂一点.

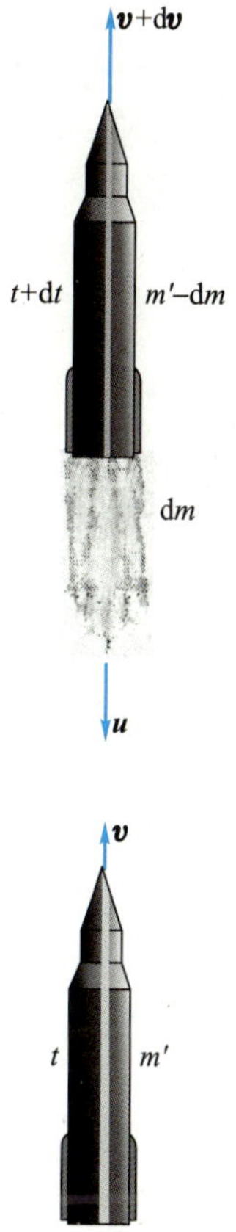

图 3-7 火箭飞行原理

长征五号遥四运载火箭发射

视频：从火箭的发射谈动量迁移问题

① 有关人造地球卫星入轨速率的讨论，可参阅马文蔚等主编《物理学原理在工程技术中的应用》(第四版)之“同步卫星的发射”(高等教育出版社，2015 年).

同步卫星的发射

3-4 动能定理

一、功

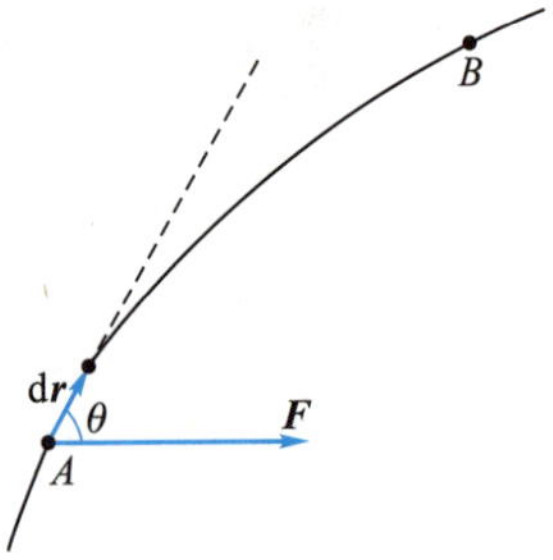

图 3-8 功的定义

一质点在力的作用下沿路径 AB 运动，如图 3-8 所示. 质点在力 $\boldsymbol{F}$ 作用下发生元位移 $\mathrm{d}\boldsymbol{r}$，$\boldsymbol{F}$ 与 $\mathrm{d}\boldsymbol{r}$ 间的夹角为 θ. 功的定义为：力在位移方向的分量与该位移大小的乘积. 按此定义，力 $\boldsymbol{F}$ 所做的元功为

$$\mathrm{d}W = F\cos\theta\,|\mathrm{d}\boldsymbol{r}| \tag{3-8a}$$

如果用 $\mathrm{d}s$ 表示 $|\mathrm{d}\boldsymbol{r}|$，即 $\mathrm{d}s = |\mathrm{d}\boldsymbol{r}|$，那么上式也可写成

$$\mathrm{d}W = F\cos\theta\,\mathrm{d}s \tag{3-8b}$$

从上式可看出，当 $90° > \theta > 0°$ 时，功为正值，即力对质点做正功；当 $90° < \theta \leqslant 180°$ 时，功为负值，即力对质点做负功.

由于力 $\boldsymbol{F}$ 和位移 $\mathrm{d}\boldsymbol{r}$ 均为矢量，按矢量的标积定义①，式(3-8a)等号右边为 $\boldsymbol{F}$ 与 $\mathrm{d}\boldsymbol{r}$ 的标积，即

$$\mathrm{d}W = \boldsymbol{F}\cdot\mathrm{d}\boldsymbol{r} \tag{3-8c}$$

上式表明，虽然力和位移都是矢量，但它们的标积——功却是标量.

如果把式(3-8a)写成 $\mathrm{d}W = F(|\mathrm{d}\boldsymbol{r}|\cos\theta)$，那么功的定义也可以说成：质点的位移在力方向的分量和力的大小的乘积. 这个叙述显然与前述功的定义是等效的. 在具体问题中采用哪一种叙述，视方便而定.

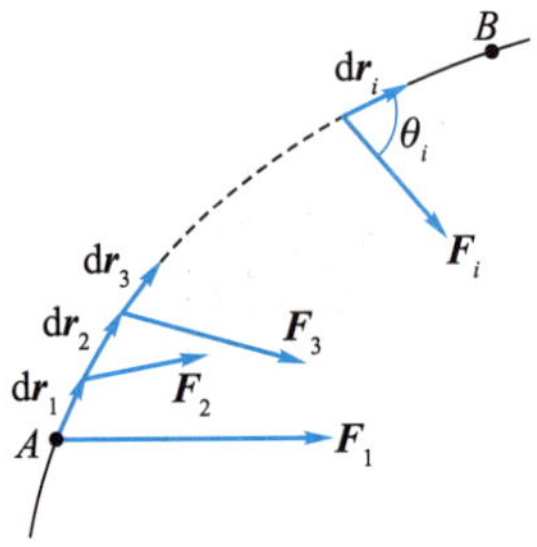

图 3-9 变力的功

若有一质点沿图 3-9 所示的路径由点 A 运动到点 B，则在此过程中作用于质点上的力的大小和方向都在改变. 为求得在此过程中变力所做的功，我们把路径分成很多段元位移，使得在这些元位移中，力可近似看成是不变的. 于是，质点从点 A 移到点 B 时，变力所做的功应等于力在每段元位移上所做元功的代数和，即

$$W = \int \mathrm{d}W = \int_A^B \boldsymbol{F}\cdot\mathrm{d}\boldsymbol{r} = \int_A^B F\cos\theta\,\mathrm{d}s \tag{3-9a}$$

① 参阅本书附录一中矢量的标积式(10).

上式就是变力做功的表达式.

功常用图示法来计算.如图 3-10 所示,图中曲线表示 $F\cos\theta$ 随路径变化的函数关系.曲线下面的面积的代数值等于变力所做的功.

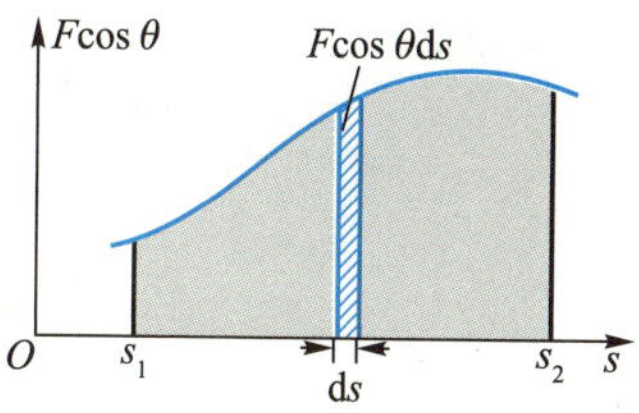

图 3-10 变力做功的图示

在直角坐标系中,$\boldsymbol{F}$ 和 $\mathrm{d}\boldsymbol{r}$ 都是坐标 x、y、z 的函数,即

$$\boldsymbol{F}=F_x\boldsymbol{i}+F_y\boldsymbol{j}+F_z\boldsymbol{k}$$

和

$$\mathrm{d}\boldsymbol{r}=\mathrm{d}x\boldsymbol{i}+\mathrm{d}y\boldsymbol{j}+\mathrm{d}z\boldsymbol{k}$$

因此式(3-9a)亦可写成①

$$W=\int_A^B\boldsymbol{F}\cdot\mathrm{d}\boldsymbol{r}=\int_A^B(F_x\mathrm{d}x+F_y\mathrm{d}y+F_z\mathrm{d}z) \qquad (3-9b)$$

式(3-9b)是变力做功的另一数学表达式,它与式(3-9a)是等同的.

若有几个力同时作用在质点上,则它们所做的功是多少呢?设有 $\boldsymbol{F}_1,\boldsymbol{F}_2,\boldsymbol{F}_3,\cdots,\boldsymbol{F}_i,\cdots$作用在质点上,它们的合力为$\boldsymbol{F}=\boldsymbol{F}_1+\boldsymbol{F}_2+\boldsymbol{F}_3+\cdots+\boldsymbol{F}_i+\cdots$.由功的定义式(3-9a)可知,此合力所做的功为

$$W=\int\boldsymbol{F}\cdot\mathrm{d}\boldsymbol{r}=\int(\boldsymbol{F}_1+\boldsymbol{F}_2+\boldsymbol{F}_3+\cdots+\boldsymbol{F}_i+\cdots)\cdot\mathrm{d}\boldsymbol{r}$$

由矢量标积的分配律②,上式可写为

$$W=\int\boldsymbol{F}_1\cdot\mathrm{d}\boldsymbol{r}+\int\boldsymbol{F}_2\cdot\mathrm{d}\boldsymbol{r}+\int\boldsymbol{F}_3\cdot\mathrm{d}\boldsymbol{r}+\cdots+\int\boldsymbol{F}_i\cdot\mathrm{d}\boldsymbol{r}+\cdots$$

即

$$W=W_1+W_2+W_3+\cdots+W_i+\cdots \qquad (3-10)$$

式(3-10)表明,合力对质点所做的功,等于每个分力所做的功的代数和.显然,上述结果是依据力的叠加原理(即力的独立作用原理)得出的.

焦耳

文档:焦耳

在国际单位制中,力的单位是 N,位移的单位是 m,所以功的单位是 N·m,我们把这个单位称为焦耳③,简称焦,符号为 J.功的量纲为 $\mathrm{ML^2T^{-2}}$.

在生产实践中,重要的是要知道功对时间的变化率.我们把功随时间的变化率叫做功率,用 P 表示,则有

$$P=\frac{\mathrm{d}W}{\mathrm{d}t}$$

① 计算中用到 $\boldsymbol{i}\cdot\boldsymbol{i}=\boldsymbol{j}\cdot\boldsymbol{j}=\boldsymbol{k}\cdot\boldsymbol{k}=1$,$\boldsymbol{i}\cdot\boldsymbol{j}=\boldsymbol{j}\cdot\boldsymbol{k}=\boldsymbol{k}\cdot\boldsymbol{i}=0$,可参阅本书附录一中矢量的积分式(22).

② 参阅本书附录一中矢量的标积分配律式(12).

③ 功这个物理量的单位名称定为“焦耳”,是为了纪念著名的英国发明家焦耳(J.P.Joule,1818—1889).

利用式(3-8c),可得

$$P=\frac{\mathrm{d}W}{\mathrm{d}t}=\boldsymbol{F}\cdot\frac{\mathrm{d}\boldsymbol{r}}{\mathrm{d}t}=\boldsymbol{F}\cdot\boldsymbol{v}=Fv\cos\theta \tag{3-11}$$

在国际单位制中,功率的单位名称为瓦特①,简称瓦,符号为W.1 kW = 10^3 W.

例 1

质量为 2 kg 的物体由静止出发沿直线运动,作用在物体上的力为 $F=6t$(SI 单位).试求在头 2 s 内,此力对物体所做的功.

解 从题意,只知道作用在物体上的力是时间的函数,而不知道力与坐标的函数关系式 $F(x)$.为了能用式(3-9)来计算此变力所做的功,我们必须找到变量 x 与 t 之间的关系,以便统一变量进行积分.由 $F=6t$ 和牛顿第二定律 $F_x=ma_x$,有

$$a_x=\frac{F_x}{m}=3t$$

按加速度的定义,上式改写为

$$\mathrm{d}v=3t\mathrm{d}t$$

另由题意知,在 $t_0=0$ 时,$v_0=0$,于是积分

$$\int_{v_0}^{v_x}\mathrm{d}v=\int_0^t 3t\mathrm{d}t$$

可得

$$v_x=1.5t^2$$

又按速度的定义,上式改写为

$$\mathrm{d}x=1.5t^2\mathrm{d}t$$

于是在头 2 s 内,力 F 所做的功为

$$W=\int F\mathrm{d}x=\int_0^2 9t^3\mathrm{d}t=36.0(\mathrm{J})$$

二、质点的动能定理

下面我们从力对空间累积作用的效果,得出力对质点做功与质点动能变化之间的关系.

如图 3-11 所示,一质量为 m 的质点在合力 $\boldsymbol{F}$ 作用下,自点 A 沿曲线移动到点 B,它在点 A 和点 B 的速率分别为 v_1 和 v_2.设作用在元位移 $\mathrm{d}\boldsymbol{r}$ 上的合力 $\boldsymbol{F}$ 与 $\mathrm{d}\boldsymbol{r}$ 之间的夹角为 θ.由式(3-8)可得,合力 $\boldsymbol{F}$ 对质点所做的元功为

$$\mathrm{d}W=\boldsymbol{F}\cdot\mathrm{d}\boldsymbol{r}=F\cos\theta|\mathrm{d}\boldsymbol{r}|$$

由牛顿第二定律及切向加速度 a_t 的定义,有

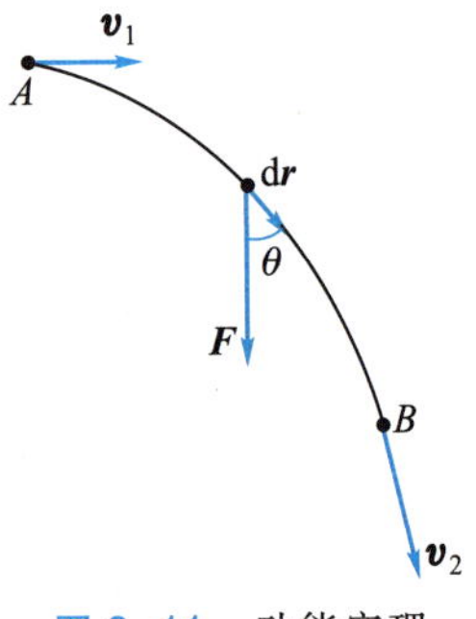

图 3-11 动能定理

① 功率这个物理量的单位名称定为“瓦特”,是为了纪念著名的英国发明家瓦特(J.Watt,1736—1819).

$$F\cos\theta = ma_t = m\frac{\mathrm{d}v}{\mathrm{d}t}$$

考虑到 $|\mathrm{d}\boldsymbol{r}| = \mathrm{d}s$，而 $\mathrm{d}s$ 是元位移的值，故有 $\mathrm{d}s = v\mathrm{d}t$，可得

$$\mathrm{d}W = m\frac{\mathrm{d}v}{\mathrm{d}t}\mathrm{d}s = mv\mathrm{d}v$$

于是，在质点自点 A 移至点 B 这一过程中，合力 $\boldsymbol{F}$ 所做的总功为

$$W = \int_{v_1}^{v_2} mv\mathrm{d}v = \frac{1}{2}mv_2^2 - \frac{1}{2}mv_1^2 \tag{3-12a}$$

式中 $\frac{1}{2}mv^2$ 是与质点的运动状态有关的量，叫做质点的动能，用 E_k 表示. 这样，$E_{k1} = \frac{1}{2}mv_1^2$ 和 $E_{k2} = \frac{1}{2}mv_2^2$ 分别表示质点在起始和终了位置时的动能. 式(3-12a)可写成

$$W = E_{k2} - E_{k1} \tag{3-12b}$$

上式表明，合力对质点所做的功等于质点动能的增量. 这个结论就叫做质点的动能定理. E_{k1} 称为初动能，而 E_{k2} 称为末动能.

关于质点的动能定理还应说明以下两点.

(1) 功与动能之间的联系和区别. 只有合力对质点做功，才能使质点的动能发生变化. 功是能量变化的量度，由于功是与在力的作用下质点的位置移动过程有关的，故功是一个过程量. 而动能则是取决于质点的运动状态的，故它是运动状态的函数.

(2) 与牛顿第二定律一样，动能定理也适用于惯性系. 此外，在不同的惯性系中，质点的位移和速度是不同的，因此，功和动能依赖于惯性系的选取，但对不同的惯性系，动能定理的形式相同.

动能的单位和量纲与功的单位和量纲相同.

应该指出，应用动能定理时要计算力的线积分，故必须知道质点的运动路径. 然而在许多情况下，这往往又是十分困难的. 值得高兴的是，有些力的线积分与积分路径无关，只与质点的起始和终了位置有关，这些力就是下一节要讲到的保守力.

例 2

如图 3-12 所示，一质量为 1.0 kg 的小球系在长为 1.0 m 的细绳下端，绳的上端固定在天花板上.起初把绳子放在与竖直线成 $\theta_0=30°$ 角处，然后放手使小球沿圆弧下落.试求绳与竖直线成 $\theta=10°$ 角时小球的速率.

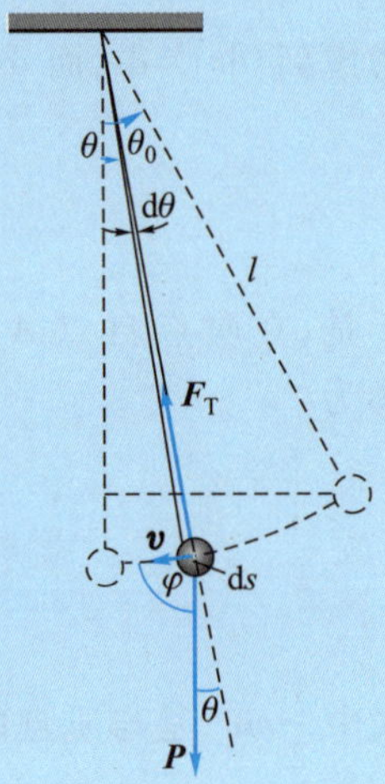

图 3-12

解 设小球的质量为 m，细绳长为 l，在起始时刻细绳与竖直线的夹角为 θ_0，小球的速率 $v_0=0$.在某一时刻细绳与竖直线的夹角为 θ，小球的速率为 v，小球受到绳的拉力 $\boldsymbol{F}_{\mathrm{T}}$ 和重力 $\boldsymbol{P}$ 的作用.由功的计算式(3-8)可知，在合力作用下，小球在圆弧上有无限小位移 $\mathrm{d}\boldsymbol{s}$ 时，合力 $\boldsymbol{F}$ 做的元功为

$$\mathrm{d}W=\boldsymbol{F}\cdot\mathrm{d}\boldsymbol{s}=\boldsymbol{F}_{\mathrm{T}}\cdot\mathrm{d}\boldsymbol{s}+\boldsymbol{P}\cdot\mathrm{d}\boldsymbol{s} \tag{1}$$

由于 $\boldsymbol{F}_{\mathrm{T}}$ 的方向始终与小球运动方向垂直，故 $\boldsymbol{F}_{\mathrm{T}}\cdot\mathrm{d}\boldsymbol{s}=0$，而

$$\boldsymbol{P}\cdot\mathrm{d}\boldsymbol{s}=P\cos\varphi\mathrm{d}s$$

式中 φ 为 $\boldsymbol{P}$ 与 $\mathrm{d}\boldsymbol{s}$ 之间的夹角，由于 $\varphi+\theta=\pi/2$，所以

$$\boldsymbol{P}\cdot\mathrm{d}\boldsymbol{s}=P\sin\theta\mathrm{d}s$$

从图 3-12 可知，位移 $\mathrm{d}\boldsymbol{s}$ 的大小 $\mathrm{d}s=-l\mathrm{d}\theta$.于是式(1)可写成

$$\mathrm{d}W=\boldsymbol{P}\cdot\mathrm{d}\boldsymbol{s}=-mgl\sin\theta\mathrm{d}\theta$$

在摆角由 θ_0 变为 θ 的过程中，合力做的功为

$$W=-mgl\int_{\theta_0}^{\theta}\sin\theta\mathrm{d}\theta=mgl(\cos\theta-\cos\theta_0) \tag{2}$$

由动能定理式(3-12)，得

$$W=mgl(\cos\theta-\cos\theta_0)=\frac{1}{2}mv^2-\frac{1}{2}mv_0^2$$

由题意知，$v_0=0$，故绳与竖直线成 θ 角时，小球的速率为

$$v=\sqrt{2gl(\cos\theta-\cos\theta_0)} \tag{3}$$

把已知数值 $l=1.0\ \mathrm{m}$，$\theta_0=30°$，$\theta=10°$ 代入上式，得

$$v=1.53\ \mathrm{m\cdot s^{-1}}$$

3-5 保守力与非保守力 势能

上一节我们介绍了作为机械运动能量之一的动能.本节将介绍另一种机械能——势能.为此，我们将从万有引力、重力、弹性力以及摩擦力等力的做功特点出发，引出保守力和非保守力的概念，然后介绍引力势能、重力势能和弹性势能.

一、万有引力、重力、弹性力做功的特点

1. 万有引力做功

如图 3-13 所示，有两个质量分别为 m 和 m' 的质点，其中质点 m' 固定不动①，m 经任一路径由点 A 运动到点 B. 若取 m' 的位置为坐标原点 O，则 A、B 两点对 m' 的距离分别为 r_A 和 r_B. 设在某一时刻，质点 m 距质点 m' 的距离为 r，其位矢为 $\boldsymbol{r}$，这时质点 m 受到质点 m' 的万有引力为

$$\boldsymbol{F}=-G\frac{m'm}{r^2}\boldsymbol{e}_r$$

式中 $\boldsymbol{e}_r$ 为沿位矢 $\boldsymbol{r}$ 的单位矢量. 当 m 沿路径有元位移 $\mathrm{d}\boldsymbol{r}$ 时，万有引力做的元功为

$$\mathrm{d}W=\boldsymbol{F}\cdot\mathrm{d}\boldsymbol{r}=-G\frac{m'm}{r^2}\boldsymbol{e}_r\cdot\mathrm{d}\boldsymbol{r}$$

从图 3-13 中可以看出

$$\boldsymbol{e}_r\cdot\mathrm{d}\boldsymbol{r}=|\boldsymbol{e}_r||\mathrm{d}\boldsymbol{r}|\cos\theta=|\mathrm{d}\boldsymbol{r}|\cos\theta=\mathrm{d}r$$

于是，可得

$$\mathrm{d}W=-G\frac{m'm}{r^2}\mathrm{d}r$$

所以，质点 m 从点 A 沿任一路径到达点 B 的过程中，万有引力做的总功为

$$W=\int\mathrm{d}W=-Gm'm\int_{r_A}^{r_B}\frac{1}{r^2}\mathrm{d}r$$

即

$$W=Gm'm\left(\frac{1}{r_B}-\frac{1}{r_A}\right)\tag{3-13}$$

上式表明，当质点的质量 m' 和 m 给定时，万有引力做的功只取决于质点的起始和终了位置（r_A 和 r_B），而与所经过的路径无关. 这是万有引力做功的一个重要特点.

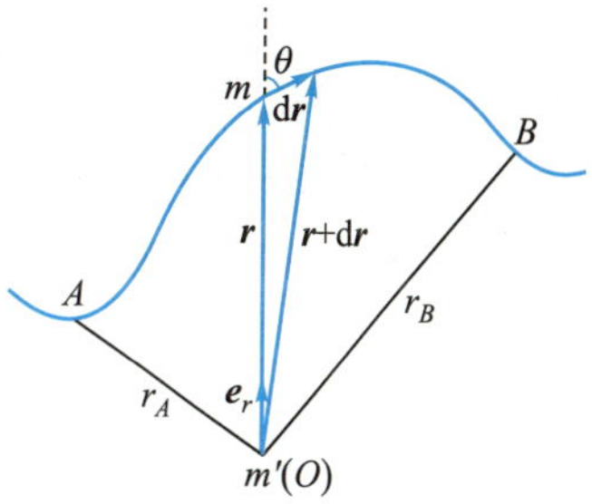

图 3-13 万有引力做功

① 在一般情况下，m' 和 m 都是运动的，但若 $m'\gg m$，我们就可以把质量为 m' 的质点看成是不动的.

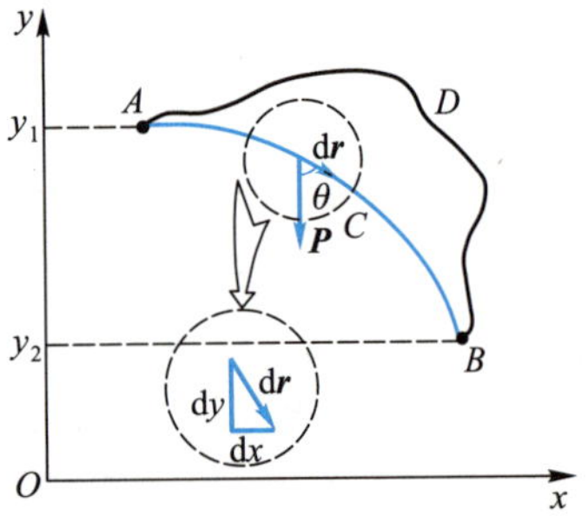

图 3-14 重力沿任意路径对物体做功

2. 重力做功

如图 3-14 所示，设在地球表面附近，有一个质量为 m 的质点，在重力作用下从点 A 沿路径 ACB 至点 B，点 A 和点 B 距地面的高度分别为 y_1 和 y_2. 因为质点运动的路径为一曲线，所以重力和质点运动方向之间的夹角是不断变化的. 我们把路径 ACB 分成许多元位移. 在元位移 $d\boldsymbol{r}$ 中，重力 $\boldsymbol{P}$ 做的元功为

$$dW=\boldsymbol{P}\cdot d\boldsymbol{r}$$

若质点在平面内运动，按图 3-14 所选坐标系，并取地面上某一点为坐标原点 O，则有

$$d\boldsymbol{r}=dx\boldsymbol{i}+dy\boldsymbol{j}$$

且 $\boldsymbol{P}=-mg\boldsymbol{j}$. 于是，可得

$$dW=-mg\boldsymbol{j}\cdot(dx\boldsymbol{i}+dy\boldsymbol{j})=-mgdy$$

所以，质点由点 A 移至点 B 的过程中，重力做的总功为

$$W=\int dW=-mg\int_{y_1}^{y_2}dy$$

即

$$W=-(mgy_2-mgy_1) \tag{3-14}$$

若从点 A 沿路径 ADB 至点 B，显然结果是一样的. 上述结果表明，重力做的功只与质点的起始和终了位置（y_A 和 y_B）有关，而与所经过的路径无关. 这是重力做功的一个重要特点. 实际上，重力做功只是万有引力在近地表小范围内做功的特例，因而其与路径的无关性与万有引力做功一致.

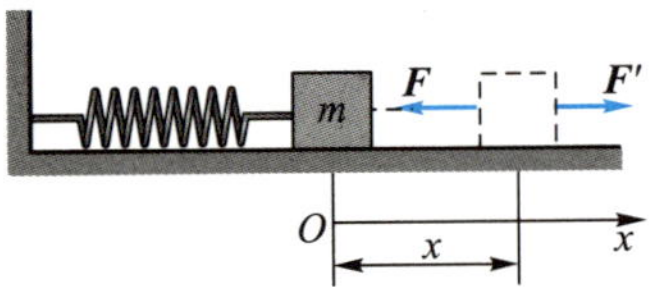

图 3-15 弹簧的伸长

3. 弹性力做功

图 3-15 所示是一放置在光滑平面上的弹簧，弹簧的一端固定，另一端与一质量为 m 的物体相连接. 当弹簧在水平方向不受外力作用时，它将不发生形变，此时物体位于点 O（即位于 $x=0$ 处），这个位置叫做平衡位置. 现以平衡位置 O 为坐标原点，向右为 Ox 轴正向.

若物体受到沿 Ox 轴正向的外力 $\boldsymbol{F}'$ 作用，弹簧将沿 Ox 轴正向被拉长，弹簧的伸长量为 x. 根据胡克定律，在弹性限度内，弹簧的弹性力 $\boldsymbol{F}$ 与弹簧的伸长量 x 之间的关系为

$$\boldsymbol{F}=-kx\boldsymbol{i}$$

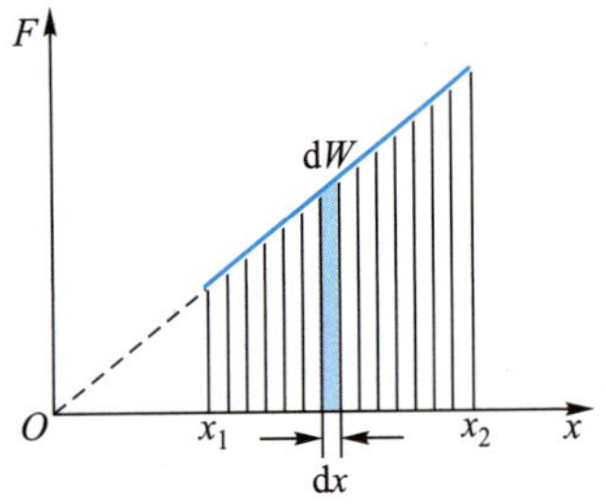

图 3-16 弹性力做功

式中 k 称为弹簧的弹性系数. 在弹簧被拉长的过程中，弹性力是变力（图 3-16）. 但弹簧位移为 $d\boldsymbol{x}$ 时的弹性力 $\boldsymbol{F}$ 可近似看成是不

变的.于是,弹簧位移为 d$\boldsymbol{x}$ 时,弹性力做的元功为

$$\mathrm{d}W=\boldsymbol{F}\cdot\mathrm{d}\boldsymbol{x}=-kx\boldsymbol{i}\cdot\mathrm{d}x\boldsymbol{i}$$

$$=-kx\mathrm{d}x\boldsymbol{i}\cdot\boldsymbol{i}=-kx\mathrm{d}x$$

这样,弹簧的伸长量由 x_1 变到 x_2 时,弹性力做的总功就等于各个元功之和,在数值上等于图 3-16 所示梯形的面积.由积分计算可得

$$W=\int\mathrm{d}W=-k\int_{x_1}^{x_2}x\mathrm{d}x$$

即

$$W=-\left(\frac{1}{2}kx_2^2-\frac{1}{2}kx_1^2\right)\qquad(3-15)$$

从式(3-15)可以看出,对在弹性限度内具有给定弹性系数的弹簧来说,弹性力做的功只由弹簧的起始和终了位置(x_1 和 x_2)决定,而与弹性形变的过程无关.这一特点与重力做功和万有引力做功的特点是相同的.

二、保守力与非保守力

从上述对重力、万有引力和弹性力做功的讨论中可以看出,它们所做的功只与质点(或弹簧)的始、末位置有关,而与路径无关.这是它们做功的一个共同特点.我们把具有这种特点的力称为保守力.除了上面所讲的万有引力、重力和弹性力是保守力外,电荷间相互作用的库仑力也是保守力.

然而,在物理学中并非所有的力都具有做功与路径无关这一特点,例如常见的摩擦力,它所做的功就与路径有关,路径越长,摩擦力做的功也越大.显然,摩擦力就不具有保守力做功的特点.另外,还有一些力做功也与路径有关,例如磁场对电流作用的安培力,它做的功也与路径有关.我们把这种做功与路径有关的力称为非保守力.摩擦力就是力学中常见的非保守力.

如图 3-17(a)所示,设一物体在保守力作用下自点 A 沿路径 ACB 到达点 B,或沿路径 ADB 到达点 B.根据保守力做功与路径无关的特点,有

$$W_{ACB}=W_{ADB}=\int_{ACB}\boldsymbol{F}\cdot\mathrm{d}\boldsymbol{r}=\int_{ADB}\boldsymbol{F}\cdot\mathrm{d}\boldsymbol{r}\qquad(3-16)$$

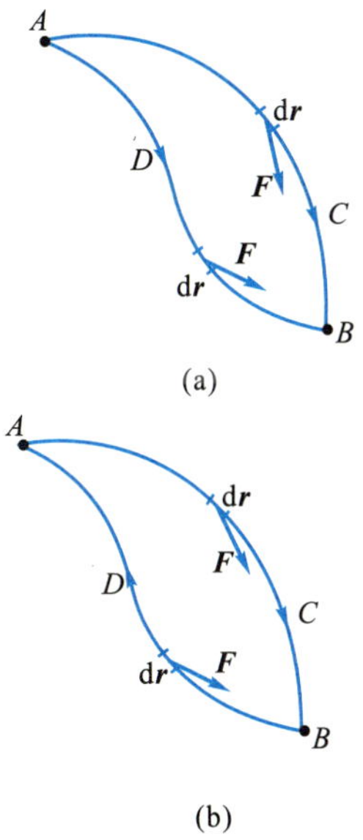

图 3-17 保守力做功

显然，此积分结果只是 A、B 两点位置的函数.如果物体沿如图 3-17(b)所示的闭合路径 $ACBDA$ 运动一周，那么保守力对物体做的功为

$$W=\oint_l \boldsymbol{F}\cdot \mathrm{d}\boldsymbol{r}[1]=\int_{ACB}\boldsymbol{F}\cdot \mathrm{d}\boldsymbol{r}+\int_{BDA}\boldsymbol{F}\cdot \mathrm{d}\boldsymbol{r}$$

由于 $$\int_{BDA}\boldsymbol{F}\cdot \mathrm{d}\boldsymbol{r}=-\int_{ADB}\boldsymbol{F}\cdot \mathrm{d}\boldsymbol{r}$$

所以，上式改写为

$$W=\oint_l \boldsymbol{F}\cdot \mathrm{d}\boldsymbol{r}=\int_{ACB}\boldsymbol{F}\cdot \mathrm{d}\boldsymbol{r}-\int_{ADB}\boldsymbol{F}\cdot \mathrm{d}\boldsymbol{r}$$

由式(3－16)知，上式为

$$W=\oint_l \boldsymbol{F}\cdot \mathrm{d}\boldsymbol{r}=0 \tag{3-17}$$

上式表明，物体沿任意闭合路径运动一周时，保守力对它所做的功为零.式(3-17)是反映保守力做功特点的数学表达式.所以，我们可以说，保守力做功与路径无关的特点与保守力沿任意闭合路径一周做功为零的特点是一致的，也是等效的.

三、势能　势能曲线

从上面关于万有引力、重力和弹性力做功的讨论中，我们知道这些力做功均只与物体的始、末位置有关(这些力称为保守力)，为此，可以引入势能的概念.我们把与物体位置有关的能量称为物体的势能，用符号 E_p 表示.于是，三种势能分别为

$$\begin{cases}\text{引力势能} & E_\mathrm{p}=-G\dfrac{m'm}{r}\\ \text{重力势能} & E_\mathrm{p}=mgy[2]\\ \text{弹性势能} & E_\mathrm{p}=\dfrac{1}{2}kx^2\end{cases}$$

式(3-13)、式(3-14)和式(3-15)可统一写成

① 对闭合路径的积分是线积分，在数学上用符号 $\oint_l$ 表示.

② 地球表面附近物体的重力势能为 mgy，其本质仍是引力势能，可由引力势能公式导得.

$$W=-(E_{p2}-E_{p1})=-\Delta E_p \qquad (3-18)$$

上式表明,保守力对物体做的功等于物体势能增量的负值.

为加深对势能的物理含义的理解,我们需强调指出:①势能是状态的函数.在不同保守力作用的情况下,尽管势能的表达式各不相同,但都与所经历的路径无关,所以说,势能是坐标的单值函数,即 $E_p=E_p(x,y,z)$.②势能的相对性.势能的值与势能零点的选取有关.虽然原则上说势能零点的选取是任意的,但一般选取物体位于地面的重力势能为零;两物体相距无限远时,万有引力势能为零;弹簧处于自然状态时,弹性势能为零.③势能是属于系统的.势能是由系统内各物体间保守力的作用而存在的,所以说,势能是属于系统的.撇开系统谈单个物体的势能是没有意义的.例如,重力势能是属于物体和地球所组成的系统的.应当注意,平常叙述时,我们常将物体和地球系统的重力势能说成是物体的重力势能,这只是叙述上的简便而已,其实它是属于物体和地球系统的.万有引力势能和弹性势能也是如此.

当势能零点确定后,势能便仅是物体所在位置的坐标的函数.依此函数画出的势能随坐标变化的曲线,称为势能曲线.图 3-18(a)是重力势能曲线.图 3-18(b)是弹性势能曲线,该曲线是过原点的抛物线,原点为弹簧处于自然状态的位置,该处势能为零.图 3-18(c)是引力势能曲线,从图中可以看出,当 $r\to\infty$ 时,引力势能趋于零.

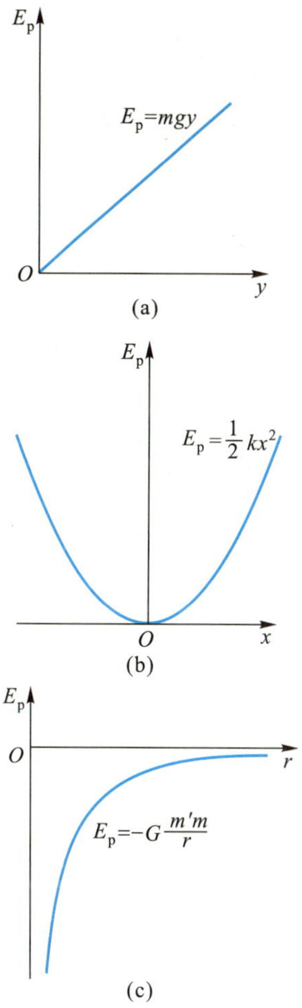

图 3-18 势能曲线

3-6 功能原理 机械能守恒定律

前面我们讨论了质点机械运动的能量——动能和势能,以及合力对质点做功引起质点动能改变的动能定理.可是,在许多实际问题中,我们需要研究由许多质点所构成的系统.这时系统内的质点,既受到系统内各质点之间相互作用的内力,又可能受到系统外的质点对系统内质点作用的外力.例如把弹簧和与弹簧相连接的物体视为一个系统时,弹簧与物体间的作用力为内力,而空气对弹簧和物体的阻力为外力.

一、质点系的动能定理

设一系统内有 n 个质点，作用于各个质点的力所做的功分别为$W_1,W_2,W_3,\cdots$，使各质点由初动能 $E_{k10},E_{k20},E_{k30},\cdots$改变为末动能 $E_{k1},E_{k2},E_{k3},\cdots$.由质点的动能定理式(3-12)，可得

$$W_1=E_{k1}-E_{k10}$$

$$W_2=E_{k2}-E_{k20}$$

$$W_3=E_{k3}-E_{k30}$$

$$\cdots\cdots\cdots\cdots$$

将以上各式相加，有

$$\sum_{i=1}^{n}W_i=\sum_{i=1}^{n}E_{ki}-\sum_{i=1}^{n}E_{ki0} \tag{3-19}$$

式中 $\sum\limits_{i=1}^{n}E_{ki0}$ 是系统内 n 个质点的初动能之和，$\sum\limits_{i=1}^{n}E_{ki}$ 是这些质点的末动能之和，$\sum\limits_{i=1}^{n}W_i$ 则是作用在 n 个质点上的力所做的功之和.因此，上式的物理意义是：作用于质点系的力所做的功等于该质点系的动能增量.这也叫做质点系的动能定理.

正如前面所说，系统内的质点所受的力，既有来自系统外的外力，也有来自系统内各质点间相互作用的内力，因此，作用于质点系的力所做的功 $\sum W_i$，应是一切外力对质点系所做的功 $\sum W_i^{ex}=W^{ex}$ 与质点系内一切内力所做的功 $\sum W_i^{in}=W^{in}$ 之和，即

$$\sum_{i=1}^{n}W_i=\sum_{i=1}^{n}W_i^{ex}+\sum_{i=1}^{n}W_i^{in}=W^{ex}+W^{in}$$

这样式(3－19)亦可写成

$$W^{ex}+W^{in}=\sum_{i=1}^{n}E_{ki}-\sum_{i=1}^{n}E_{ki0} \tag{3-20}$$

这是质点系动能定理的另一数学表达式，它表明，质点系的动能的增量等于作用于质点系的一切外力做的功与一切内力做的功之和.

二、质点系的功能原理

进一步分析,作用于质点系的力有保守力与非保守力之分,因此,若以 W_{c}^{in} 表示质点系内各保守内力做功之和,以 W_{nc}^{in} 表示质点系内各非保守内力做功之和,则质点系内一切内力所做的功应为

$$W^{in} = W_{c}^{in} + W_{nc}^{in}$$

此外,从式(3 - 18)已知,系统内保守力做的功等于系统势能增量的负值,因此,质点系内各保守内力所做的功应为

$$W_{c}^{in} = -\left(\sum_{i=1}^{n} E_{pi} - \sum_{i=1}^{n} E_{pi0}\right)$$

考虑了以上两点,式(3 - 20)可写为

$$W^{ex} + W_{nc}^{in} = \left(\sum_{i=1}^{n} E_{ki} + \sum_{i=1}^{n} E_{pi}\right) - \left(\sum_{i=1}^{n} E_{ki0} + \sum_{i=1}^{n} E_{pi0}\right) \tag{3-21}$$

在力学中,动能和势能统称为机械能.若以 E_0 和 E 分别表示质点系的初机械能和末机械能,即

$$E_0 = \sum_{i=1}^{n} E_{ki0} + \sum_{i=1}^{n} E_{pi0}, \quad E = \sum_{i=1}^{n} E_{ki} + \sum_{i=1}^{n} E_{pi}$$

则式(3 - 21)可写成

$$W^{ex} + W_{nc}^{in} = E - E_0 \tag{3-22}$$

上式表明,质点系的机械能的增量等于外力与非保守内力做的功之和.这就是质点系的功能原理.

在应用式(3-22)求解问题时应当注意,W^{ex} 是作用在质点系内各质点上的外力所做的功之和,W_{nc}^{in} 则是非保守内力对质点系内各质点所做的功之和.

此外,我们还应知道功和能量是有密切联系的,但又是有区别的.功总是和能量的变化或转化过程相联系,功是能量变化或转化的一种量度.而能量代表质点系统在一定状态下所具有的做功本领,它和质点系统的状态有关,对机械能来说,它与质点系统的机械运动状态(即位置和速度)有关.

三、机械能守恒定律

从质点系的功能原理式(3-22)可以看出，当 $W^{ex}=0$ 和 $W^{in}_{nc}=0$ 时，有

$$E=E_0 \tag{3-23}$$

即

$$\sum E_{ki}+\sum E_{pi}=\sum E_{ki0}+\sum E_{pi0} \tag{3-24}$$

动画：运动物体的动能与势能的转化

它的物理意义是，当作用于质点系的外力和非保守内力均不做功时，质点系的总机械能是守恒的。这就是机械能守恒定律。

机械能守恒定律的数学表达式(3-24)还可以写成

$$\sum E_{ki}-\sum E_{ki0}=-\left(\sum E_{pi}-\sum E_{pi0}\right)$$

即

$$\Delta E_k=-\Delta E_p \tag{3-25}$$

可见，在满足上述机械能守恒的条件下，质点系内的动能和势能之间可以相互转化，但动能和势能之和却是不变的，所以说，在机械能守恒定律中，机械能是不变量或守恒量。而质点系内的动能和势能之间的转化是通过质点系内的保守力做功(W^{in}_{c})来实现的。①

例 1

如图 3-19 所示，一雪橇从高度为 50 m 的山顶上点 A 沿冰道由静止下滑，山顶到山下的坡道长为 500 m。雪橇滑至山下点 B 后，又沿水平冰道继续滑行，滑行若干米后停止在 C 处。若雪橇与冰道的摩擦因数为 0.050，求此雪橇沿水平冰道滑行的路程。点 B 附近可视为连续弯曲的滑道，略去空气阻力的作用。

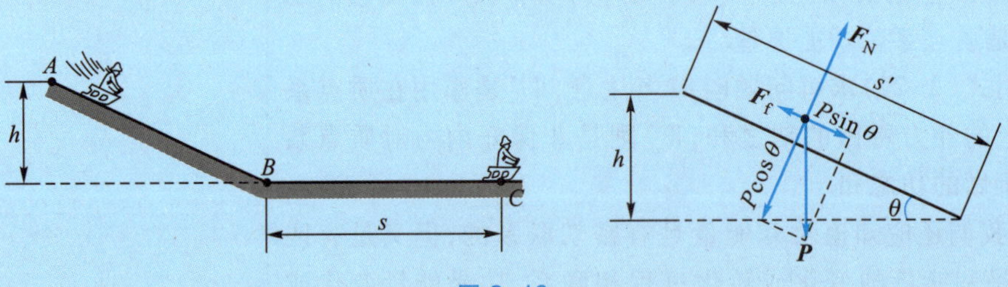

图 3-19

① 荡秋千是运用机械能守恒定律的一个很好的例子，可参阅马文蔚等主编《物理学原理在工程技术中的应用》(第四版)之“关于荡秋千的能量分析”(高等教育出版社，2015 年)。

关于荡秋千的能量分析

解 如把雪橇、冰道和地球视为一个系统，由于略去空气阻力对雪橇的作用，所以作用于雪橇的力只有重力 $\boldsymbol{P}$、支持力 $\boldsymbol{F}_N$ 和摩擦力 $\boldsymbol{F}_f$. 只有保守内力（重力）和非保守内力（摩擦力）做功，没有外力做功. 故由功能原理可知，雪橇在下滑过程中，摩擦力所做的功为

$$W=W_1+W_2=(E_{p2}+E_{k2})-(E_{p1}+E_{k1}) \quad (1)$$

式中 W_1 和 W_2 分别为雪橇沿斜坡下滑和沿水平冰道运动时摩擦力做的功；E_{p1} 和 E_{k1} 为雪橇在山顶时的势能和动能，E_{p2} 和 E_{k2} 为雪橇静止在水平冰道上的势能和动能. 如选水平冰道处的势能为零，由题意可知，$E_{p1}=mgh$，$E_{k1}=0$，$E_{p2}=0$，$E_{k2}=0$，于是由上式有

$$W_1+W_2=-mgh \quad (2)$$

另由功的定义式(3-9)，有

$$W_1=\int \boldsymbol{F}\cdot \mathrm{d}\boldsymbol{r}=-\int_A^B F_f \mathrm{d}r=-\int_A^B \mu mg\cos\theta \mathrm{d}r$$

因为斜坡的坡度很小（$\cos\theta\approx 1$），所以

$$W_1=-\mu mgs'$$

而

$$W_2=\int \boldsymbol{F}\cdot \mathrm{d}\boldsymbol{r}=-\mu mgs$$

把上述结果代入式(2)得

$$s=\frac{h}{\mu}-s'$$

从题意知，$h=50$ m，$\mu=0.050$，$s'=500$ m，代入上式得，雪橇沿水平冰道滑行的路程为

$$s=500 \text{ m}$$

应当指出，这个题目也可以应用牛顿第二定律先求出加速度，再利用匀变速直线运动公式解出，但运算步骤要略繁一点，读者不妨一试.

例 2

已知地球的半径 $R_E\approx 6.4\times 10^3$ km. 今有一质量为 $m=3.0\times 10^3$ kg 的人造地球卫星从半径为 $2R_E$ 的圆形轨道上，经图 3-20 所示的半椭圆形轨道变轨至半径为 $4R_E$ 的另一个圆形轨道上. 点 a 和点 b 处的椭圆形轨道与圆形轨道的切线一致，但点 a 处的圆形轨道不是椭圆形轨道的曲率圆. 试问：卫星在变轨过程中获得了多少能量？

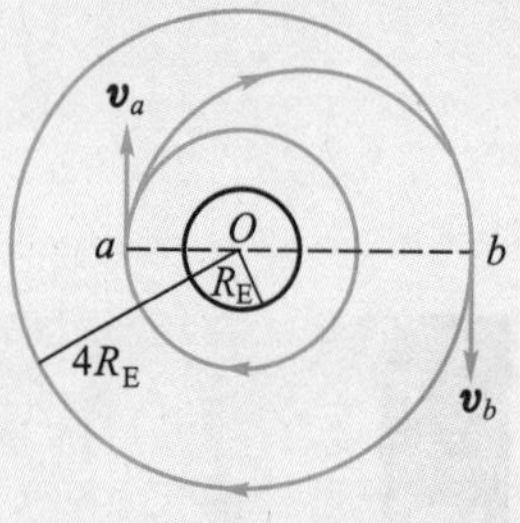

图 3-20

解 设卫星在半径为 $2R_E$ 的轨道上点 a 处运行的速率为 v_a，所受的向心力由万有引力提供，由牛顿第二定律可得

$$G\frac{m_E m}{(2R_E)^2}=\frac{mv_a^2}{2R_E}$$

式中 m 为卫星的质量，$Gm_E/R_E^2=g$，为重力加速度. 由上式可得 $v_a=(gR_E/2)^{1/2}$，则卫星在点 a 处的机械能为

$$E_a=\frac{1}{2}mv_a^2-G\frac{m_E m}{2R_E}=-\frac{1}{4}mgR_E \quad (1)$$

同样可以求得，卫星变轨至半径为 $4R_E$ 的圆形轨道时，在点 b 处运行的速率为 $v_b=(gR_E/4)^{1/2}$，其机械能为

$$E_b=\frac{1}{2}mv_b^2-G\frac{m_E m}{4R_E}=-\frac{1}{8}mgR_E \quad (2)$$

于是，由式(1)和式(2)可得，卫星经变轨从点 a 到点 b 的过程中获得的能量为 $\Delta E=E_b-E_a=mgR_E/8$. 代入已知数值得 $\Delta E=2.35\times 10^{10}$ J. 这个能量是由卫星上的小火箭提供的.

*四、宇宙速度

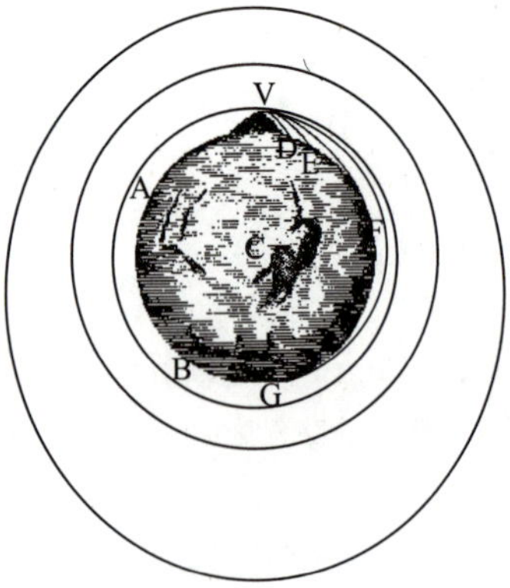

牛顿的《自然哲学的数学原理》中的插图

众所周知，人造地球卫星和人造行星是人类认识宇宙的重要工具.但怎样才能把物体抛向太空，使之成为人造地球卫星或人造行星呢？这取决于抛体的初速度.有趣的是，在 1687 年出版的牛顿的著作《自然哲学的数学原理》中有一幅插图.这幅图指出抛体的运动轨迹取决于抛体的初速度，它预示着发射人造地球卫星的可能性，当然这种可能性在当时只是理论上的.270 年后，人类才把理论上的人造地球卫星变成了现实.

1. 人造地球卫星 第一宇宙速度

设地球的平均半径为 R_E、质量为 m_E.在地面上有一质量为 m 的抛体，以初速度 v_1 竖直向上发射，到达距地面高度为 h 时，以速率 v 绕地球作匀速率圆周运动.如略去大气对抛体的阻力，抛体至少应具有多大的初速度才能成为地球卫星？如把抛体与地球作为一个系统，系统的机械能守恒.于是，由式(3-24)有

$$E=\frac{1}{2}mv_1^2-\frac{Gm_Em}{R_E}=\frac{1}{2}mv^2-\frac{Gm_Em}{R_E+h} \tag{1}$$

上式可写成

$$v_1^2=v^2-2\frac{Gm_E}{R_E+h}+2\frac{Gm_E}{R_E} \tag{2}$$

又由牛顿第二定律和万有引力定律，有

$$m\frac{v^2}{R_E+h}=\frac{Gm_Em}{(R_E+h)^2} \tag{3}$$

上式可写成

$$v^2=\frac{Gm_E}{R_E+h} \tag{4}$$

将式(4)代入式(2)，且已知地球表面附近的重力加速度 $g=Gm_E/R_E^2$，得

$$v_1=\sqrt{gR_E\left(2-\frac{R_E}{R_E+h}\right)}$$

上式给出了人造地球卫星由地面发射的速度 v_1 与其所应达到的高度之间的关系.卫星发射的速度越大，所能达到的高度 h 就越大.

上式中 $R_E=6.37\times10^6$ m，显然，对于地球表面附近的人造地球卫星有 $R_E>>h$，故上式可简化为

$$v_1=\sqrt{gR_E}\doteq7.9\ \mathrm{km\cdot s^{-1}}$$

这就是在地面上发射人造地球卫星所需达到的最小速度，通常称为第一宇宙速度.

“神舟”十五号飞船

2. 人造行星 第二宇宙速度

如果抛体的发射速度继续增大，致使抛体与地球之间的距离增加到趋于无限远时，我们可认为抛体已脱离地球引力的作用范围.抛体成为太阳系的人造行星.在这种情况下，抛体在地球引力作用下的引力势能为零，

即 $E_{p\infty}=0$.若此时抛体的动能也为零,即 $E_{k\infty}=0$,则抛体在距地球无限远处的总机械能为$E_{\infty}=E_{p\infty}+E_{k\infty}=0$.这就是说,在抛体从地面飞行到刚脱离地球引力作用的过程中,抛体以自己的动能克服引力而做功,从而把动能转化为引力势能.由于略去了阻力以及其他星体的作用力所做的功,所以机械能应守恒,由式(3-24)有

$$E=\frac{1}{2}mv_2^2-\frac{Gm_{E}m}{R_{E}}=E_{k\infty}+E_{p\infty}=0$$

式中 v_2 是使抛体脱离地球引力作用范围,在地面发射时抛体所必须具有的最小发射速度.这个速度又称为第二宇宙速度.

由上式可得,第二宇宙速度为

$$v_2=\sqrt{\frac{2Gm_{E}}{R_{E}}}=\sqrt{2gR_{E}}=\sqrt{2}v_1=11.2\ \mathrm{km\cdot s^{-1}}$$

显然,抛体只要具有不小于 $11.2\ \mathrm{km\cdot s^{-1}}$ 的发射速度,就可脱离地球引力作用.这是用能量观点来讨论这类问题最显著的一个优点.

3. 飞出太阳系 第三宇宙速度

上面讲述了从地球表面发射的抛体达到或超过第二宇宙速度以后,将环绕太阳成为太阳系中的一颗人造行星.如果我们继续增加从地球表面发射抛体的速度,并使之能脱离太阳引力的束缚而飞出太阳系,那么这个速度称为第三宇宙速度,用 v_3 来表示.

显然,要使抛体脱离太阳系的束缚,必须先脱离地球引力的束缚,然后再脱离太阳引力的束缚.这就是说,抛体脱离地球引力束缚后还要具有足够大的动能才能实现飞出太阳系的目的.

首先讨论抛体脱离地球引力场的情形.我们把地球和抛体作为一个系统,并取地球为参考系.设从地球表面发射一个速度为 v_3 的抛体,其动能为 $mv_3^2/2$,引力势能为$-Gm_{E}m/R_{E}$.当抛体脱离地球引力的束缚后,它相对地球的速度为 v'.按机械能守恒定律,有

$$\frac{1}{2}mv_3^2-G\frac{m_{E}m}{R_{E}}=\frac{1}{2}mv'^2 \tag{1}$$

为求 v',取太阳为参考系,此抛体距太阳的距离为 r_{S},相对太阳的速度为 $\boldsymbol{v}_3'$.由相对速度公式(1-19)可知,抛体相对太阳的速度 $\boldsymbol{v}_3'$应当等于抛体相对地球的速度 $\boldsymbol{v}'$与地球相对太阳的速度 $\boldsymbol{v}_{E}$之和,即

$$\boldsymbol{v}_3'=\boldsymbol{v}'+\boldsymbol{v}_{E}$$

若 $\boldsymbol{v}'$与 $\boldsymbol{v}_{E}$方向相同,则抛体相对太阳的速度最大,此时有

$$v_3'=v'+v_{E} \tag{2}$$

此后,抛体在太阳的引力作用下飞行,其引力势能为$-Gm_{S}m/r_{S}$,动能为 $mv_3'^2/2$,其中 m_{S} 为太阳的质量,故抛体要脱离太阳引力的作用,其机械能至少是

$$\frac{1}{2}mv_3'^2-G\frac{m_{S}m}{r_{S}}=0 \tag{3}$$

由式(2)和式(3),有

$$v'=v_3'-v_E=\left(\frac{2Gm_S}{r_S}\right)^{1/2}-v_E \quad (4)$$

如果设地球绕太阳的运动轨道近似为一个圆,那么由于抛体与地球的运动方向相同,且都只受太阳引力的作用,所以可以认为此时抛体至太阳的距离 r_S,即地球圆轨道的半径.于是由牛顿第二定律有

$$G\frac{m_S m_E}{r_S^2}=m_E\frac{v_E^2}{r_S}$$

上式可写成

$$v_E=\left(G\frac{m_S}{r_S}\right)^{1/2}$$

把上式代入式(4),得

$$v'=(\sqrt{2}-1)\left(G\frac{m_S}{r_S}\right)^{1/2}$$

从附录三可查得 $m_S=1.99\times10^{30}$ kg,$r_S=1.50\times10^{11}$ m,故计算得 $v'=12.3\ \mathrm{km\cdot s^{-1}}$.将 v'的值代入式(1),有

$$v_3=\left(v'^2+2G\frac{m_E}{R_E}\right)^{1/2}$$

式中 $m_E=5.97\times10^{24}$ kg,$R_E=6.37\times10^{6}$ m,因此第三宇宙速度为 $v_3=16.7\ \mathrm{km\cdot s^{-1}}$.

“火星探路者”俯视火星

“好奇号”火星探测器

“新视野号”俯视冥王星

“祝融号”火星车

自 1957 年世界上第一颗人造地球卫星上天以来.1961 年苏联宇航员加加林乘坐宇宙飞船环绕地球一周,人类首次进入了太空.1969 年 7 月美国“阿波罗”11 号宇宙飞船首次实现载人登月.1976 年美国“海盗”1 号宇宙飞船成功登上火星,发回 5 万多张照片和大量探测数据.1997 年 7 月 4 日,美国“火星探路者”探测器又在火星上着陆,并用火星车在火星表面采集样品,拍摄照片.有关资料表明,在几十亿年以前火星上非常可能发生过特大洪水.然而,火星上是否真的有过液态水,甚至有过生命,仍然是一个有待进一步考察研究的问题.2011 年 11 月 26 日由多国参加研制的“好奇号”火星探测器由美国宇航局发射,并于 2012 年 8 月 6 日成功登上火星.该探测器再次发现火星上有大的古老河床迹象,并在火星的岩石粉末中发现氮、氢、氧、磷、碳等元素和地层中的冻冰成分.这更增加了人类登上火星并在上面生活的可能性.希望不久人类在火星居住的愿望能够变为现实.

2015 年 7 月,美国“新视野号”飞船飞抵遥远的冥王星附近,对其进行了近距离的探测,并有了许多新的发现,如冥王星的北极覆盖着氮冰等组成的极冠.“新视野号”的探测表明人类的视野已经到达了太阳系的外围.

值得一提的是,2021 年 5 月 22 日,中国自主研发的“祝融号”火星车已安全驶离火星着陆平台,到达火星表面,开始巡视探测.

4. 黑洞简介

黑洞是一种天体,其质量和密度极大,以致黑洞的引力场非常强.在黑

洞的事件视界内，光都要被它捕获，这也就是说，只有运动速度大于光速的物体才能逃脱.然而狭义相对论告诉我们，任何物体的速度都不能大于光速，所以任何物体都不能逃离黑洞的视界.下面我们来估算一下，质量为 m 的黑洞的视界半径 r 有多大.由第二宇宙速度的公式可知，其视界半径（亦称史瓦西半径）为

$$r_S=\frac{2Gm}{v_2^2}$$

若要使以光速 c 运动的物体能逃离黑洞的视界，则物体距黑洞中心的距离应大于 r_S.

为了对黑洞的视界半径有点数量级的概念，下面我们举几个例子.地球的质量约为 6×10^{24} kg，若它成为黑洞，由上式可得其视界半径 $r_S\approx0.9$ cm，也就是说地球的半径较 1 cm 要小.你能想象出黑洞的致密程度了吗？太阳的质量约为 2×10^{30} kg，若它也成为黑洞，其视界半径也只有3 km左右，而它的密度至少是现在太阳密度的 10^{16}倍.

黑洞的概念最早是由印度裔美国天体物理学家钱德拉塞卡（S. Chandrasekhar，1910—1995）提出的，他早期从事恒星内部结构理论的研究.他计算出，当白矮星的质量大于太阳质量的 1.44 倍后，它将坍塌为中子星或黑洞.由于在天体物理学方面的贡献，50 多年后的 1983 年他获得了诺贝尔物理学奖.至于黑洞的名称，则是由美国物理学家惠勒（J.A.Wheeler，1911—2008）提出的.

黑洞是怎样形成的呢？较普遍的说法是，当恒星演化到晚期时，它的热核反应耗尽了中心的燃料氢核，在引力作用下，核心开始坍塌，最后形成体积小、密度大的星体.其中质量小一点的恒星主要演化为白矮星，质量大一点的恒星可能演化为中子星.质量再大一点的恒星，根据天体物理学家的计算，物质将不可阻挡地向中心集中，直到体积趋于无限小，而密度趋于无限大.该星体巨大的引力使得经过它的光都被吸收，这就是所谓黑洞的“隐身术”.既然人们无法直接观察到黑洞，那么科学家又是怎样认识黑洞的呢？因为有些恒星发出的光，虽然不是朝向地球的，但由于黑洞的引力作用部分光线经过附近时发生弯曲，所以光能到达地球，这样我们就可以看到黑洞后面的恒星了.2005 年 3 月 21 日美国密歇根大学的天体物理学家借助钱德拉 X 射线望远镜首次发现了一个中等质量的黑洞，其质量约为太阳质量的 1 万倍，它距地球约为 3 200 光年.

在电影《星际穿越》中，就有关于黑洞的故事情节，读者可看一看.

钱德拉 X 射线望远镜发现的黑洞

3-7 碰撞

两物体在碰撞过程中，它们之间相互作用的内力较之其他物体对它们作用的外力要大得多，因此，在研究两物体间的碰撞问题时，我们可将其他物体对它们作用的外力忽略不计.如果在碰撞后，两物体的动能之和完全没有损失，那么这种碰撞叫做完全

弹性碰撞.实际上,在两物体碰撞时,由于非保守力作用,机械能会转化为热能、声能、化学能等其他形式的能量,或者其他形式的能量会转化为机械能,这种碰撞就是非弹性碰撞.若两物体在非弹性碰撞后以同一速度运动,则这种碰撞叫做完全非弹性碰撞.下面通过举例来讨论完全非弹性碰撞和完全弹性碰撞.

例 1

图 3-21 所示的冲击摆,是一种测量子弹速率的装置.图中木块的质量为 m_2,被悬挂在细绳的下端.一质量为 m_1 的子弹以速率 v_1 沿水平方向射入木块中后,子弹与木块将一起摆至高度为 h 处.试求此子弹射入木块前的速率.

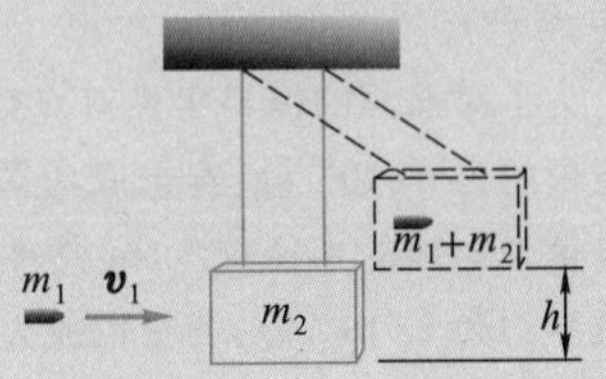

图 3-21 完全非弹性碰撞的例子

解 整个过程可分为两步来分析.第一步是:子弹射入木块并停止在木块内,此过程属于完全非弹性碰撞,故机械能不守恒而沿水平方向的动量守恒;第二步是:子弹随木块一起摆至最高位置,在此过程中,如果把子弹、木块和地球作为一个系统,并略去空气阻力,那么系统的机械能守恒,木块在子弹的冲击下获得的动能转化为重力势能.如果以 v_2 表示子弹进入木块后与木块一起运动的速率,那么据以上分析可得

$$m_1v_1=(m_1+m_2)v_2 \tag{1}$$

及

$$\frac{1}{2}(m_1+m_2)v_2^2=(m_1+m_2)gh \tag{2}$$

由式(1)和式(2),可解得

$$v_1=\frac{m_1+m_2}{m_1}(2gh)^{1/2} \tag{3}$$

由上式可见,若分别测出 m_1、m_2 和 h,就可计算出子弹的速率了.如果 $m_1=5.0\times10^{-3}$ kg,$m_2=2.0$ kg,$h=3.0\times10^{-2}$ m,那么可求得 $v_1=307\ \mathrm{m\cdot s^{-1}}$,$v_2=0.767\ \mathrm{m\cdot s^{-1}}$.

例 2

如图 3-22 所示,设有两个质量分别为 m_1 和 m_2,速度分别为 $\boldsymbol{v}_{10}$ 和 $\boldsymbol{v}_{20}$ 的弹性小球作对心碰撞,两球的速度方向相同.若碰撞是完全弹性的,求碰撞后的速度 $\boldsymbol{v}_1$ 和 $\boldsymbol{v}_2$.

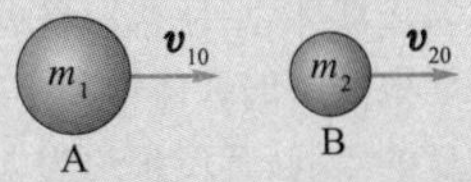

图 3-22 完全弹性碰撞的例子

解 由动量守恒定律得

$$m_1\boldsymbol{v}_{10}+m_2\boldsymbol{v}_{20}=m_1\boldsymbol{v}_1+m_2\boldsymbol{v}_2 \tag{1}$$

由完全弹性碰撞条件得

$$\frac{1}{2}m_1v_{10}^2+\frac{1}{2}m_2v_{20}^2=\frac{1}{2}m_1v_1^2+\frac{1}{2}m_2v_2^2 \tag{2}$$

式(1)可改写为

$$m_1(v_{10}-v_1)=m_2(v_2-v_{20}) \tag{3}$$

式(2)可改写为

$$m_1(v_{10}^2-v_1^2)=m_2(v_2^2-v_{20}^2) \tag{4}$$

由式(3)、式(4)可解得

$$v_{10}+v_1=v_2+v_{20}$$

或

$$v_{10}-v_{20}=v_2-v_1 \tag{5}$$

式(5)表明,碰撞前两球相互趋近的相对速度 $v_{10}-v_{20}$ 等于碰撞后它们相互分开的相对速度 v_2-v_1.

从式(3)和式(5),可解出

$$
\begin{cases}
v_1=\dfrac{(m_1-m_2)v_{10}+2m_2v_{20}}{m_1+m_2} \\[2ex]
v_2=\dfrac{(m_2-m_1)v_{20}+2m_1v_{10}}{m_1+m_2}
\end{cases} \tag{6}
$$

讨论:(1) 若 $m_1=m_2$,从式(6)可得

$$v_1=v_{20},\quad v_2=v_{10}$$

即两个质量相同的小球碰撞后相互交换速度.

(2) 若 $m_2 \gg m_1$,且 $v_{20}=0$,从式(6)可得

$$v_1\approx -v_{10},\quad v_2\approx 0$$

即碰撞后,质量为 m_1 的小球将以同样大小的速率,从质量为 m_2 的大球上反弹回来,而大球几乎保持静止.皮球对墙壁的碰撞,以及气体分子和容器壁的碰撞都属于这种情形.

(3) 若 $m_2 \ll m_1$,且 $v_{20}=0$,从式(6)可得

$$v_1\approx v_{10},\quad v_2\approx 2v_{10}$$

这个结果表示:一个质量很大的球体,当它与质量很小的球体相碰撞时,它的速度不发生显著改变,但质量很小的球却以近似两倍于大球体的速度向前运动.

例 3

设在宇宙中有密度为 ρ 的尘埃,这些尘埃相对惯性参考系是静止的.一质量为 m_0 的宇宙飞船以初速度 v_0 穿过宇宙尘埃,由于尘埃粘贴到飞船上,飞船的速度发生改变.求飞船的速度与其在尘埃中飞行时间的关系.为便于计算,设想飞船的外形是截面积为 S 的圆柱体(图 3-23).

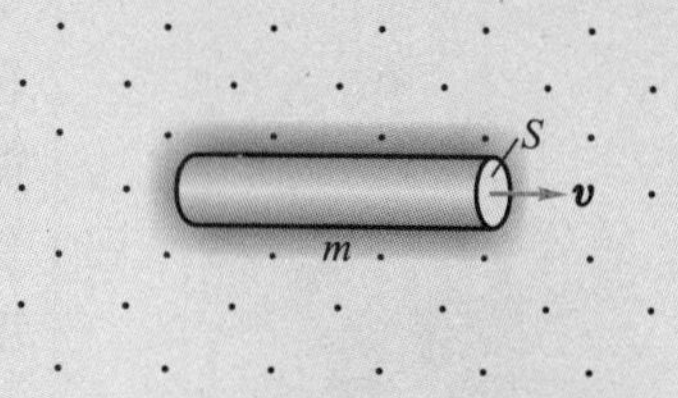

图 3-23

解 按题设条件,我们可认为尘埃与飞船作完全非弹性碰撞,并把尘埃与飞船作为一个系统.考虑到飞船在自由空间飞行,无外力作用在这个系统上,因此系统的动量守恒.如果以 m_0 和 v_0 表示飞船进入尘埃前(即 $t=0$)的质量和速度,m 和 v 表示飞船在尘埃中(即时刻 t)的质量和速度,那么由动量守恒有

$$m_0v_0=mv \tag{1}$$

此外,在时间间隔 $t \sim t+\mathrm{d}t$ 内,由于飞船与尘埃间作完全非弹性碰撞,粘在飞船上尘埃的质量即飞船所增加的质量,为

$$\mathrm{d}m=\rho Sv\mathrm{d}t \tag{2}$$

由式(1)有

$$\mathrm{d}m=-\frac{m_0v_0}{v^2}\mathrm{d}v$$

从而得

$$\rho Sv\mathrm{d}t=-\frac{m_0v_0}{v^2}\mathrm{d}v$$

由已知条件,对上式积分

$$-\int_{v_0}^{v}\frac{\mathrm{d}v}{v^3}=\frac{\rho S}{m_0v_0}\int_0^t\mathrm{d}t$$

得

$$\frac{1}{2}\left(\frac{1}{v^2}-\frac{1}{v_0^2}\right)=\frac{\rho S}{m_0v_0}t$$

有

$$v=\left(\frac{m_0}{2\rho Sv_0t+m_0}\right)^{1/2}v_0$$

显然,飞船在尘埃中飞行的时间越长,其速度就越低.

1999 年 2 月美国发射“星尘号”飞船,其任务是搜集彗星尘埃,2006 年 1 月 15 日飞船返回地球.这是人类首次将彗星尘埃带回地球.据估计,在胡萝卜状气凝胶内,有多达百万颗尘埃粒子.这也许会有助于研究宇宙和地球生命的起源.

“星尘号”飞船搜集彗星尘埃的想象图

3-8 能量守恒定律

文档：中微子的发现

在机械能守恒定律那一节中，我们知道，如果外力和非保守内力都不做功，那么系统内的动能和势能之间是可以相互转化的，其和是守恒的.但是，如果系统内部除重力和弹性力等保守内力做功外，还有摩擦力等非保守内力做功，那么系统的机械能就要与其他形式的能量发生转化.

在长期的生产生活和科学实验中，人们总结出一条重要的结论：对于一个与自然界无任何联系的系统来说，系统内各种形式的能量是可以相互转化的，但是不论如何转化，能量既不能产生，也不能被消灭.这一结论叫做能量守恒定律，它是自然界的基本定律之一.能量是这一守恒定律的不变量或守恒量，在能量守恒定律中，系统的能量是不变的，但能量的各种形式之间却可以相互转化.例如机械能、电能、热能、光能以及分子能、原子能、核能等等能量之间都可以相互转化.应当指出，在能量转化的过程中，能量的变化常用功来量度.在机械运动范围内，功是机械能变化的唯一量度.但是，不能把功与能量等同起来，功是和能量转化过程联系在一起的，而能量只和系统的状态有关，是系统状态的函数.

亥姆霍兹

亥姆霍兹（H.Von Helmhotz，1821—1894），德国物理学家和生理学家.他在 J.P.焦耳和 J.R.迈耶的能量守恒研究的基础上，于 1847 年发表了《论力（即现称能量）守恒》的演讲，首先以数学方式系统地阐述了自然界中各种运动形式之间都遵守能量守恒这条规律.这对近代物理学的发展起了很大作用，所以说亥姆霍兹是能量守恒定律的创立者之一.

*3-9 质心 质心运动定理

一、质心

如图 3-24 所示，一人向空中斜抛出一块三角板，在板上总有一点 C，其运动轨迹与一质点被斜抛时的抛物线轨迹一样，这个特殊点称为三角板的质心.可见，就平动而言，板的质量似乎集中于质心这一点上.下面分别讨论质心位置的确定和质心的运动定理.

在如图 3-25 所示的直角坐标系中,有 n 个质点组成的质点系,其质心位置可由下式确定:

$$\boldsymbol{r}_C=\frac{m_1\boldsymbol{r}_1+m_2\boldsymbol{r}_2+\cdots+m_i\boldsymbol{r}_i+\cdots}{m_1+m_2+\cdots+m_i+\cdots}=\frac{\sum_{i=1}^{n}m_i\boldsymbol{r}_i}{m'} \tag{3-26a}$$

式中 m' 为质点系内各质点质量的总和;$\boldsymbol{r}_i$ 为第 i 个质点对原点 O 的位矢,$\boldsymbol{r}_C$ 为质心对原点 O 的位矢,它在 Ox 轴、Oy 轴和 Oz 轴上的分量,即质心在 Ox 轴、Oy 轴和 Oz 轴上的坐标,分别为

$$x_C=\frac{\sum_{i=1}^{n}m_ix_i}{m'},\quad y_C=\frac{\sum_{i=1}^{n}m_iy_i}{m'},\quad z_C=\frac{\sum_{i=1}^{n}m_iz_i}{m'} \tag{3-26b}$$

对于质量连续分布的物体,我们可把物体分成许多质量元 dm,式(3-26b)中的求和 $\sum m_ix_i$,可用积分 $\int x\mathrm{d}m$ 来替代.于是,质心的坐标为

$$x_C=\frac{1}{m'}\int x\mathrm{d}m,\quad y_C=\frac{1}{m'}\int y\mathrm{d}m,\quad z_C=\frac{1}{m'}\int z\mathrm{d}m \tag{3-26c}$$

对于密度均匀、形状对称分布的物体,其质心都在它的几何中心处,例如圆环的质心在圆环中心,球的质心在球心等.

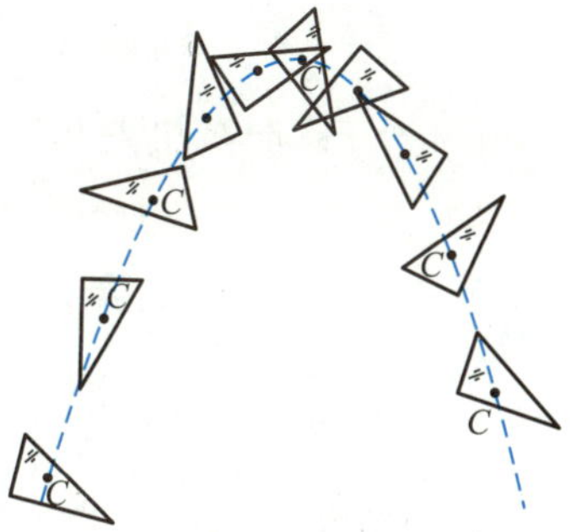

图 3-24 质心

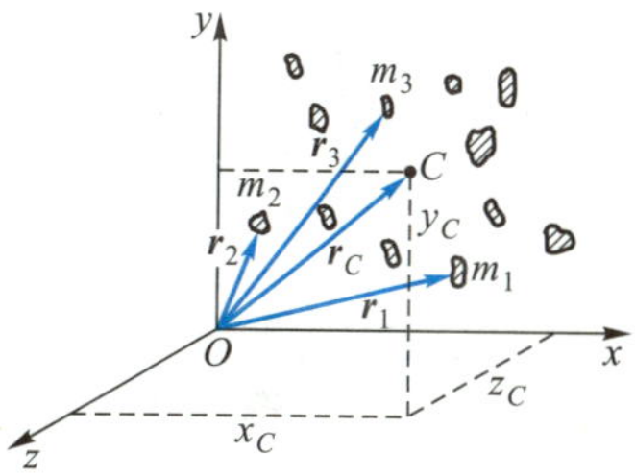

图 3-25 质心位置的确定

例 1

水分子(H_2O)由两个氢原子和一个氧原子构成,它的结构如图 3-26 所示.每个氢原子与氧原子之间的距离均为 $d=1.0\times10^{-10}$ m,氢原子与氧原子两条连线之间的夹角为 $\theta=104.6°$.求水分子的质心.

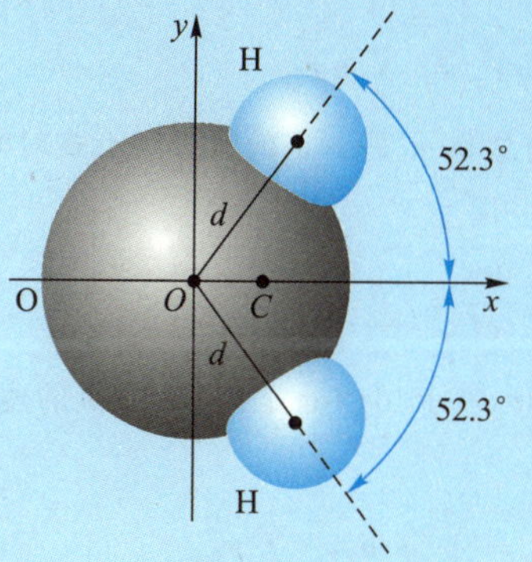

图 3-26

解 选如图所示的坐标系.由于氧原子的中心位于坐标原点 O,两个氢原子对 x 轴对称,所以质心 C 在 y 轴上的坐标 $y_C=0$.利用式(3-26)可得,质心 C 在 x 轴上的坐标为

$$x_C=\frac{\sum m_ix_i}{\sum m_i}=\frac{m_{\mathrm{H}}d\sin37.7°+m_{\mathrm{O}}\times0+m_{\mathrm{H}}d\sin37.7°}{m_{\mathrm{H}}+m_{\mathrm{O}}+m_{\mathrm{H}}}$$

关于氢原子和氧原子的质量 m_{H} 和 m_{O},如以 u(原子质量单位①)为单位计算,$m_{\mathrm{H}}=1.0$ u,$m_{\mathrm{O}}=16$ u.把已知数值代入,得

① 在原子物理学中,规定碳-12(^{12}C)原子的质量为 12 u.氢原子和氧原子的质量以 ^{12}C 为标准,根据实验测得 $m_{\mathrm{H}}=1.0$ u,$m_{\mathrm{O}}=16$ u.根据国际科学理事会(ISC)国际数据委员会(CODATA)2018 年的国际推荐值,1 u = 1.660 539 066 60(50)×10^{-27} kg,一般计算时取 1.66×10^{-27} kg.

$$x_C = 6.8\times10^{-12}\ \mathrm{m}$$

即质心处于图 3-26 中 $y=0, x=6.8\times10^{-12}$ m 处，其位矢为 $\boldsymbol{r}_C = 6.8\times10^{-12}\mathrm{m}\boldsymbol{i}$.

例 2

求半径为 R 的匀质半薄球壳的质心.

解 选如图 3-27 所示的坐标系.由于球壳对 Oy 轴对称，质心显然位于图中的 Oy 轴上.在半球壳上取一圆环，圆环所在的平面与 Oy 轴垂直.圆环的面积为 $\mathrm{d}S = 2\pi R\sin\theta R\mathrm{d}\theta$.设匀质薄球壳的质量面密度为 σ，则圆环的质量为

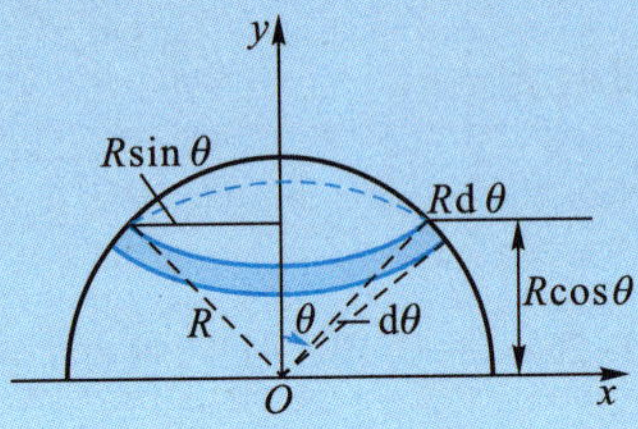

图 3-27

$$\mathrm{d}m = \sigma 2\pi R^2 \sin\theta\mathrm{d}\theta$$

由式(3-26c)可得匀质薄球壳的质心处于

$$y_C = \frac{\int y\mathrm{d}m}{m'} = \frac{\int y\sigma 2\pi R^2\sin\theta\mathrm{d}\theta}{\sigma 2\pi R^2}$$

从图 3-27 中可见，$y = R\cos\theta$，所以上式可写为

$$y_C = R\int_0^{\pi/2}\cos\theta\sin\theta\mathrm{d}\theta = \frac{1}{2}R$$

即质心位于 $y_C = R/2$ 处，其位矢为 $\boldsymbol{r} = (R/2)\boldsymbol{j}$.

二、质心运动定理

在如图 3-25 所示的质点系中，式(3-26a)可写成

$$m'\boldsymbol{r}_C = \sum_{i=1}^{n} m_i\boldsymbol{r}_i$$

考虑到质点系内各质点质量的总和 m' 是一定的，因此，上式对时间的一阶导数为

$$m'\frac{\mathrm{d}\boldsymbol{r}_C}{\mathrm{d}t} = \sum_{i=1}^{n} m_i\frac{\mathrm{d}\boldsymbol{r}_i}{\mathrm{d}t} \tag{3-27}$$

式中 $\mathrm{d}\boldsymbol{r}_C/\mathrm{d}t$ 是质心的速度，用 $\boldsymbol{v}_C$ 表示，$\mathrm{d}\boldsymbol{r}_i/\mathrm{d}t$ 是第 i 个质点的速度，用 $\boldsymbol{v}_i$ 表示，故上式写为

$$m'\boldsymbol{v}_C = \sum_{i=1}^{n} m_i\boldsymbol{v}_i = \sum_{i=1}^{n}\boldsymbol{p}_i \tag{3-28}$$

上式表明，系统内各质点的动量的矢量和等于系统质心的速度乘以系统的质量.

前面在讨论质点系的动量定理时已经讲过，系统内各质点间相互作用的内力的矢量和为零，即 $\sum_{i=1}^{n}\boldsymbol{F}_i^{\mathrm{in}} = 0$.因此，作用在系统上的合力就等于合外

力，即 $\boldsymbol{F}^{ex}=\sum_{i=1}^{n}\boldsymbol{F}_i^{ex}$. 于是由式(3-28)得

$$\boldsymbol{F}^{ex}=\sum_{i=1}^{n}\frac{\mathrm{d}\boldsymbol{p}_i}{\mathrm{d}t}=m'\frac{\mathrm{d}\boldsymbol{v}_C}{\mathrm{d}t}=m'\boldsymbol{a}_C \qquad (3-29)$$

上式表明，作用在系统上的合外力等于系统的总质量乘以系统质心的加速度.它与牛顿第二定律在形式上完全相同，只是系统的质量集中于质心，在合外力作用下，质心以加速度 $\boldsymbol{a}_C$ 运动.通常我们把式(3-29)作为质心运动定理的数学表达式.

利用质心运动定理求解多粒子体系的物理问题时，会带来许多方便①.

例 3

设有一质量为 $2m$ 的弹丸，从地面斜抛出去，它在最高点处爆炸成质量相等的两个碎片(图 3-28)，其中一个碎片竖直自由下落，另一个碎片水平抛出，它们同时落地.试问第二个碎片落地点在何处？

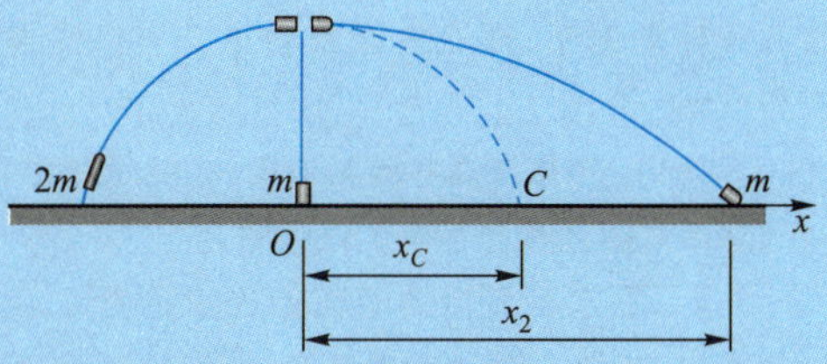

图 3-28

解 考虑弹丸为一个系统，空气阻力略去不计.爆炸前和爆炸后弹丸质心的运动轨迹都在同一抛物线上，这就是说，爆炸以后两碎片质心的运动轨迹仍沿爆炸前弹丸的抛物线运动轨迹.取第一个碎片的落地点为坐标原点 O，水平向右为 Ox 轴正向.设 m_1 和 m_2 为第一个和第二个碎片的质量，且 $m_1=m_2=m$；x_1 和 x_2 为两个碎片同时落地时距原点 O 的距离，x_C 为两个碎片落地时它们的质心距原点 O 的距离.由图可知 $x_1=0$，于是从式(3-26)可得

$$x_C=\frac{m_1x_1+m_2x_2}{m_1+m_2}$$

由于 $m_1=m_2=m$，由上式有

$$x_2=2x_C$$

即第二个碎片与第一个碎片落地点的水平距离为碎片的质心与第一个碎片水平距离的两倍.这个问题虽也可用第一章的质点运动学方法来求解，但要复杂一点，读者不妨一试.

复习自测题

① 参阅马文蔚等主编《物理学原理在工程技术中的应用》(第四版)之"汽车的驱动与制动"(高等教育出版社，2015 年).

汽车的驱动与制动

问题

3-1 假使你处在摩擦可略去不计的覆盖着冰的湖面上，周围又无其他可利用的工具，你怎样依靠自身的努力返回湖岸呢？

3-2 质点系的动量守恒，是否意味着该系统中，一部分质点的速率变大时，另一部分质点的速率一定会变小？

3-3 两质点间的相互作用力(1)能否影响各自的动量状态？为什么？请举例说明；(2)能否影响两者的总动量状态？为什么？请举例说明.

3-4 在大气中，打开充气气球下方的塞子，让空气从气球中冲出，气球可在大气中上升.如果在真空中打开气球的塞子，那么气球也会上升吗？请说明其道理.

3-5 一物体自高空落至地面，在此过程中，物体与地球系统的动量守恒吗？试说明之.

3-6 在水平光滑的平面上放一长为 L、质量为 m' 的小车，车的一端站有质量为 m 的人，人和车都是静止不动的.人以速率 v 相对地面从车的一端走向另一端，在此过程中，人和小车相对地面各移动了多少距离？

3-7 人从大船上容易跳上岸，而从小舟上不容易跳上岸，这是为什么？

3-8 质点的动量和动能是否与惯性系的选取有关？功是否与惯性系有关？质点的动量定理和动能定理是否与惯性系有关？请举例说明.

3-9 若 $dW=\boldsymbol{F}\cdot d\boldsymbol{r}=0$，则是否 $\boldsymbol{F}=0$，$d\boldsymbol{r}=0$？请说明之.

3-10 设人造地球卫星绕地球作匀速率圆周运动，那么，地球作用在卫星上的引力所做的功是多少呢？

3-11 某人从一楼到二楼，既可乘自动扶梯，也可乘厢式电梯.在这两种情况下，万有引力对他做的功是否相同？

3-12 关于质点系的动能定理，有人认为可以这样得到，即："在质点系内，由于各质点间相互作用的力(内力)总是成对出现的，它们大小相等、方向相反，因而所有内力做的功相互抵消.这样质点系的总动能增量等于外力对质点系做的功."显然这与式(3-20)所表述的质点系的动能定理不符.错误出在哪里呢？

3-13 有两个同样的物体，处于同一位置，其中一个水平抛出，另一个沿斜面无摩擦地自由滑下.问哪一个物体先到达地面？到达地面时两者的速率是否相等？

3-14 两辆相同的轻型汽车，以相同的速率相向运动.设两车发生的碰撞是完全弹性碰撞.若此轻型汽车以相同的速率撞向一堵厚实的墙，墙可看作是不动的.对轻型汽车来说，哪种碰撞对车造成的破坏更大些？请说明之.

习题

3-1 对质点系有以下几种说法：(1)质点系总动量的改变与内力无关；(2)质点系总动能的改变与内力无关；(3)质点系机械能的改变与保守内力无关.下述判断正确的是(　　).

(A) 只有(1)是正确的

(B) (1)、(2)是正确的

(C) (1)、(3)是正确的

(D) (2)、(3)是正确的

3-2 有两个倾角不同、高度相同、质量一样的斜面放在光滑的水平面上，斜面是光滑的.有两个一样的物块分别从这两个斜面的顶点由静止开始滑下，则(　　).

(A) 物块到达斜面底端时的动量相等

(B) 物块到达斜面底端时的动能相等

(C) 物块和斜面(以及地球)组成的系统，机械能不守恒

(D) 物块和斜面组成的系统在水平方向上动量守恒

3-3 对功的概念有以下几种说法：(1)保守力做正功时，系统内相应的势能增加；(2)质点运动经一闭合路径，保守力对质点做的功为零；(3)作用力和反作用力大小相等、方向相反，所以两者所做的功的代数和必为零.下述判断正确的是(　　).

(A) (1)、(2)是正确的

(B) (2)、(3)是正确的

(C) 只有(2)是正确的

(D) 只有(3)是正确的

3-4 如图所示，质量分别为 m_1 和 m_2 的物体 A 和 B 置于光滑桌面上，A 和 B 之间连有一轻弹簧.另有质量分别为 m_1 和 m_2 的物体 C 和 D 分别置于物体 A 和 B 之上，且物体 A 和 C、B 和 D 之间的摩擦因数均不为零.首先用外力沿水平方向相向推压 A 和 B，使弹簧被压缩，然后撤掉外力，则在 A 和 B 弹开的过程中，对 A、B、C、D 以及弹簧组成的系统，(　　).

(A) 动量守恒，机械能守恒

(B) 动量不守恒，机械能守恒

(C) 动量不守恒，机械能不守恒

(D) 动量守恒，机械能不一定守恒

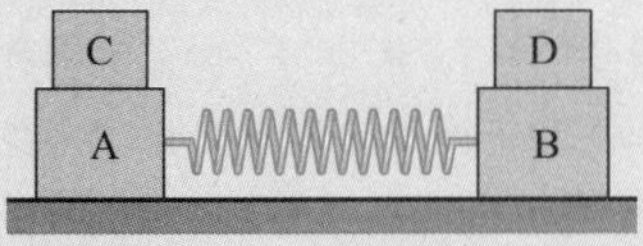

习题 3-4 图

3-5 如图所示，子弹射入放在水平光滑地面上静止的木块后穿出.以地面为参考系，下列说法中正确的是(　　).

(A) 子弹减少的动能转化为木块的动能

(B) 子弹-木块系统的机械能守恒

(C) 子弹减少的动能等于子弹克服木块阻力所做的功

(D) 子弹克服木块阻力所做的功等于这一过程中产生的热

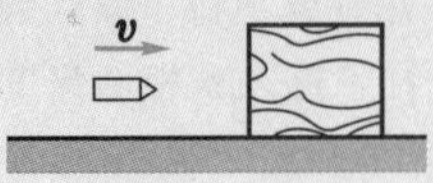

习题 3-5 图

3-6 一架以 $3.0\times10^2\ \mathrm{m\cdot s^{-1}}$ 的速率水平飞行的飞机，与一只身长为 0.20 m、质量为 0.50 kg 的飞鸟相碰.设碰撞后飞鸟的尸体与飞机具有同样的速度，而原来飞鸟对于地面的速率甚小，可以忽略不计.试估计飞鸟对飞机的冲击力(碰撞时间可用飞鸟身长被飞机速率相除来估算). 根据本题的计算结果，你对于高速运动的物体(如飞机、汽车)与通常情况下不足以引起危害的物体(如飞鸟、小石子)相碰后会产生什么后果的问题有些什么体会?

3-7 质量为 m 的物体，由水平面上点 O 以初速度 $\boldsymbol{v}_0$ 抛出，$\boldsymbol{v}_0$ 与水平面成仰角 α.若不计空气阻力，求：(1) 物体从发射点 O 到最高点的过程中，重力的冲量；(2) 物体从发射点 O 到落回至同一水平面的过程中，重力的冲量.

3-8 合外力 $F_x=30+4t$(SI 单位)作用在质量 $m=10$ kg 的物体上，(1) 求在开始 2 s 内此力的冲量；(2) 若冲量 $I=300\mathrm{N\cdot s}$，求此力作用的时间；(3) 若物体的初速度大小 $v_1=10\ \mathrm{m\cdot s^{-1}}$，方向与 $\boldsymbol{F}_x$ 相同，在 $t=6.86$ s 时，求此物体的速度大小 v_2.

3-9 高空作业时系安全带是非常必要的.假如一质量为 51.0 kg 的人，在操作时不慎从高空竖直跌落下来，由于安全带的保护，最终他被悬挂起来.已知此时人离原处的距离为 2.0 m，安全带弹性缓冲作用的时间为 0.50 s，求安全带对人的平均冲力.

3-10 质量为 m 的小球在力 $F=-kx$ 作用下运动.已知 $x=A\cos\omega t$，其中 k、ω、A 均为正常量，求在 $t=0$ 到 $t=\dfrac{\pi}{2\omega}$ 时间间隔内小球动量的增量.

3-11 一只质量为 $m=0.11$ kg 的垒球以 $v_1=17\ \mathrm{m\cdot s^{-1}}$ 的水平速率被扔向打击手，球经球棒击出后，具有如图所示的方向且大小为 $v_2=34\ \mathrm{m\cdot s^{-1}}$.若球与棒的接触时间为 0.025 s，(1) 求棒对该球平均作用力的大小；(2) 问垒球手至少对球做了多少功?

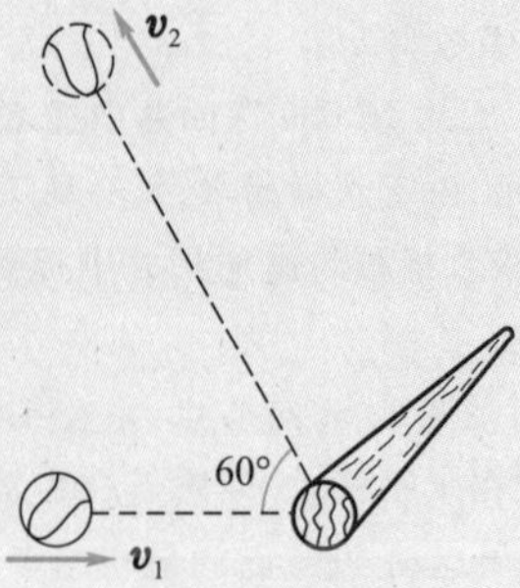

习题 3-11 图

3-12 如图所示，在水平地面上，有一横截面积为 $S=0.20\ \mathrm{m^2}$ 的直角弯管，管中有流速为 $v=3.0\ \mathrm{m\cdot s^{-1}}$ 的水通过，求弯管所受力的大小和方向.

3-13 A、B 两船在平静的湖面上平行相向航行，当两船擦肩相遇时，两船各自向对方平稳地传递 50 kg 的重物，结果是 A 船停了下来，而 B 船以 $3.4\ \mathrm{m\cdot s^{-1}}$ 的速度继续向前驶去.A、B 两船原来的质量分别为 0.5×

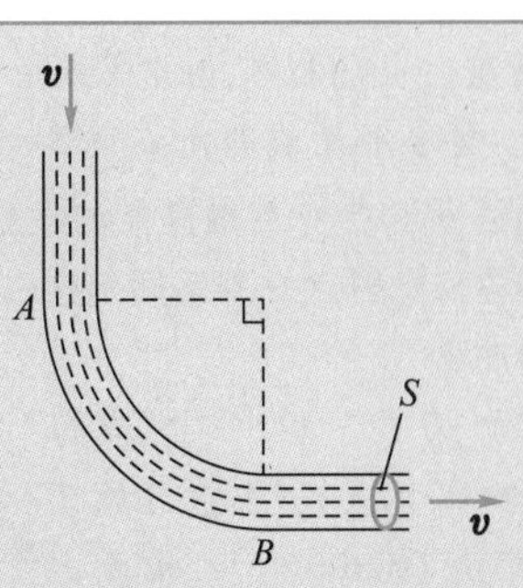

习题 3-12 图

10^3 kg 和1.0×10^3 kg,求在传递重物前两船的速度.(忽略水对船的阻力.)

3-14 质量为 m'的人手里拿着一个质量为 m 的物体,此人以与水平面成 α 角的速度 $\boldsymbol{v}_0$ 向前跳去.当他到达最高点时,他将物体以相对于人为 $\boldsymbol{u}$ 的水平速度向后抛出.问:由于此人抛出物体,他跳跃的距离增加了多少?(假设人可视为质点.)

3-15 一位质量为 $m_1=80$ kg 的宇航员在舱外作业时推进器失灵.此时,该宇航员在飞船后 $s=30$ m 处,且与飞船同速飞行.为了回到飞船,宇航员将其随身携带的一个质量为 $m_2=0.5$ kg 的扳手以相对于飞船为 $u=20$ m·s^{-1}的速率反向扔出.问宇航员多久以后回到了飞船?

3-16 一物体在介质中按规律 $x=ct^3$ 作直线运动,c 为一常量.设介质对物体的阻力正比于速度的二次方.试求物体由 $x_0=0$ 运动到 $x=l$ 时阻力所做的功.(已知阻力系数为 k.)

3-17 一人从 10.0 m 深的井中提水,起始桶中装有 10.0 kg 的水,由于水桶漏水,每升高 1.00 m 要漏去 0.20 kg 的水.求水桶被匀速地从井中提到井口的过程中,人所做的功.

3-18 一质量为 m 的质点,系在细绳的一端,绳的另一端固定在水平面上.该质点在粗糙水平面上作半径为 r 的圆周运动.设质点的最初速率是 v_0,当运动一周时,其速率为 $v_0/2$.(1) 求摩擦力做的功;(2) 求动摩擦因数;(3) 问在静止以前质点运动了多少圈?

3-19 一辆以恒定速率 v 运动的汽车可看作一横截面积为 A 的圆柱.假设空气中尘埃粒子都是悬浮不动的,且车前进方向上的空气全部会黏附在车前.设空气密度为 ρ,则在这个模型中,汽车为克服空气阻力而损耗的功率是多少?

*3-20 如图所示,A 和 B 两块板用一轻弹簧连接起来,它们的质量分别为 m_1 和 m_2.问在 A 板上需加多大的压力,方可使力停止作用后,恰能使 A 在跳起来时 B 稍被提起?(设弹簧的弹性系数为 k.)

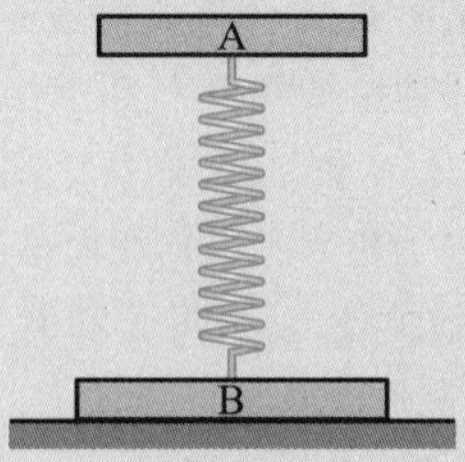

习题 3-20 图

3-21 如图所示,一质量为 m 的木块静止在光滑水平面上,一质量为 $m/2$ 的子弹沿水平方向以速率 v_0 射入木块一段距离 L(此时木块滑行距离恰为 s)后留在木块内.(1) 木块与子弹的共同速率为 v,问此过程中木块和子弹的动能各变化了多少?(2) 问子弹与木块间的摩擦阻力对子弹和木块各做了多少功?(3) 证明这一对摩擦阻力所做的功的代数和就等于其中一个摩擦阻力沿相对位移 L 所做的功;(4) 证明这一对摩擦阻力所做的功的代数和就等于子弹-木块系统总机械能的减少量(亦即转化为热的那部分能量).

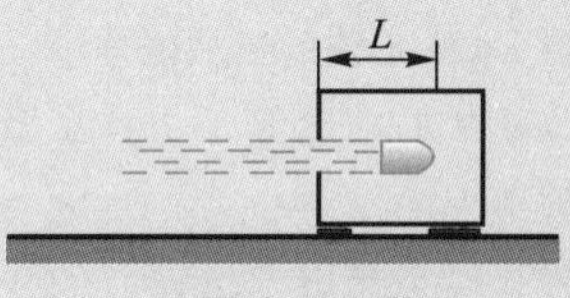

习题 3-21 图

3-22 一人用铁锤把钉子敲入墙面木板.设木板对钉子的阻力与钉子进入木板的深度成正比.若第一次敲击时,能把钉子钉入木板 1.00×10^{-2} m,第二次敲击时,保持第一次敲击的速度,则第二次能把钉子钉入多深?

3-23 一质量为 m 的人造地球卫星,沿半径为 $3R_E$ 的圆轨道运动,R_E 为地球的半径.已知地球的质量为 m_E,求:(1) 卫星的动能;(2) 卫星的引力势能;(3) 卫星的机械能.

3-24 如图所示,天文观测台有一半径为 R 的半球形屋面,有一冰块从光滑屋面的最高点由静止沿屋面滑下,若摩擦力略去不计,求此冰块离开屋面的位置以及在该位置时的速度.

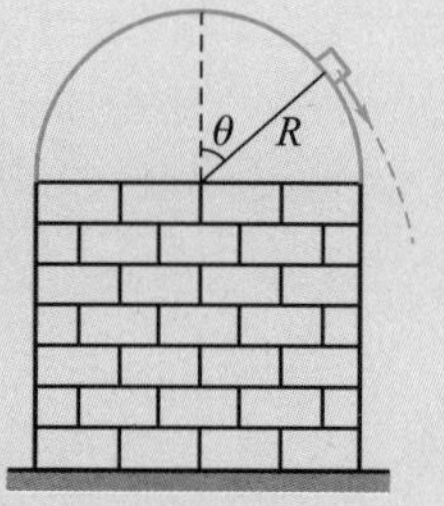

习题 3-24 图

3-25 如图所示，质量为 $m=0.20$ kg 的小球放在位置 A 时，弹簧被压缩 $\Delta l=7.5\times10^{-2}$ m.小球从位置 A 由静止被释放，然后在弹簧的弹性力作用下，小球沿轨道 $ABCD$ 运动.小球与轨道间的摩擦不计. 已知 $\widehat{BCD}$ 为半径 $r=0.15$ m 的半圆弧，AB 相距为 $2r$，求弹簧弹性系数的最小值.

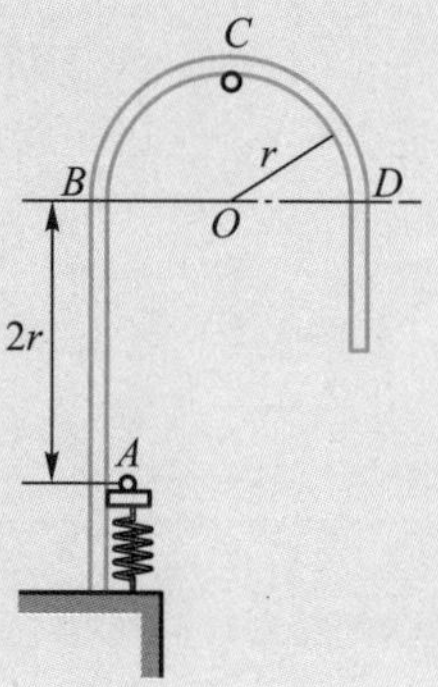

习题 3-25 图

3-26 如图所示，质量为 m、速度为 v 的钢球，射向质量为 m'的靶.靶中心有一小孔，内有弹性系数为 k 的弹簧，此靶最初处于静止状态，但可在水平面上作无摩擦滑动.求子弹射入靶内弹簧后，弹簧的最大压缩长度.

习题 3-26 图

3-27 质量为 m 的子弹穿过如图所示的摆锤后，速率由 v 减少到 $v/2$.已知摆锤的质量为 m'，摆线长度为 l，如果摆锤能在竖直平面内完成一个完全的圆周运动，那么子弹速度的最小值应为多少？

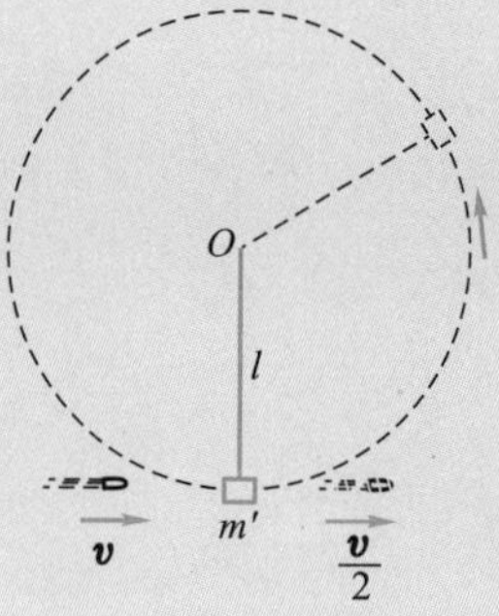

习题 3-27 图

3-28 两质量相同的物体发生碰撞.已知碰撞前两物体的速度分别为 $-v_0\boldsymbol{i}$ 和 $v_0\boldsymbol{j}$，碰撞后一物体的速度为 $-\frac{1}{2}v_0\boldsymbol{i}$.(1) 求碰撞后另一物体的速度 $\boldsymbol{v}$；(2) 问碰撞中两物体损失的机械能共为多少？

3-29 质量为 7.2×10^{-23} kg，速率为 6.0×10^{7} m · s^{-1} 的粒子 A，与另一个质量为其一半而静止的粒子 B 发生二维完全弹性碰撞，碰撞后粒子 A 的速率为 5.0×10^{7} m · s^{-1}.求：(1) 粒子 B 的速率及相对粒子 A 原来速度方向的偏转角；(2) 粒子 A 的偏转角.

*3-30 如图所示，一质量为 m'的物块放置在斜面的最底端 A 处，斜面固定在地面上，倾角为小角度 α，高度为 h，物块与斜面的动摩擦因数为 μ（μ 较小）.今有一质量为 m 的子弹以速度 $\boldsymbol{v}_0$ 沿水平方向射入物块并留在其中，且使物块沿斜面向上滑动，求物块滑出顶端时的速度大小.

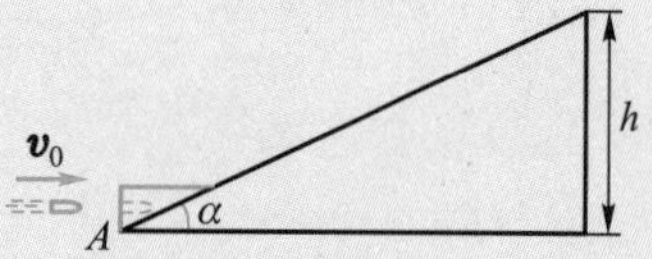

习题 3-30 图

*3-31 如图所示，一质量为 m 的小球从内壁为半球形的容器边缘点 A 滑下.设容器质量为 m'，半径为 R，内壁光滑，并放置在摩擦可以忽略的水平桌面上.开始时小球和容器都处于静止状态，当小球沿内壁滑到容器底部的点 B 时，小球受到向上的支持力为多大？

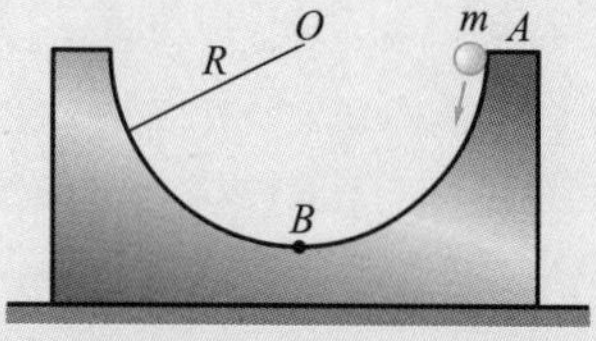

习题 3-31 图

第三章习题答案

第四章 刚体和流体的运动

前几章中，我们讲述了质点这个理想模型的运动规律. 在很多情况下，我们常可以把物体看作只有质量而不计及其形状和大小的质点. 当然，把物体视为质点是有条件的. 一般来说，物体在运动过程中，其运动情况要复杂得多，有时物体的形状发生变化，或者物体的大小发生变化，或者两者兼而有之，显然，在此情况下，我们就不能把物体视为质点了. 然而，即使物体在运动过程中，其形状和大小均不变化，但各点的运动情况各不相同，这时也不能把物体当作质点来处理.

预习自测题

一般来说，在外力作用下，物体的形状和大小是要发生变化的，但如果在外力作用下，物体的形状和大小不发生变化，也就是说，组成物体的任意两质点间的距离始终保持恒定，那么这种理想化了的物体叫做刚体. 实际上，若在外力作用下，物体的形状和大小变化甚微，以至可以略去不计，则这种物体也可近似看作刚体. 在力学中，刚体是质点之外的又一个理想模型.

由于刚体是由许多质点构成的特殊系统，所以我们仍可以用质点的运动规律来加以研究，从而使牛顿力学的研究范围从质点向刚体拓展开来，并对两者的研究方法、基本概念和规律的相似性有较深入的理解. 本章主要讨论刚体绕定轴转动，其主要内容有：角速度、角加速度、转动惯量、力矩、转动动能和角动量等物理量，以及转动定律和角动量守恒定律；最后简介流体动力学，经典力学的成就和局限性.

4-1 刚体的定轴转动

一、刚体的平动与转动

平动与转动是刚体运动的基本形式. 如图 4-1(a) 所示，在刚

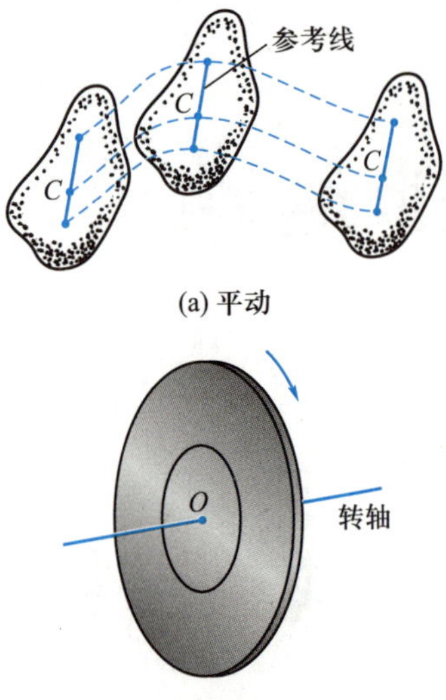

(a) 平动

(b) 转动

图 4-1 刚体的平动与转动

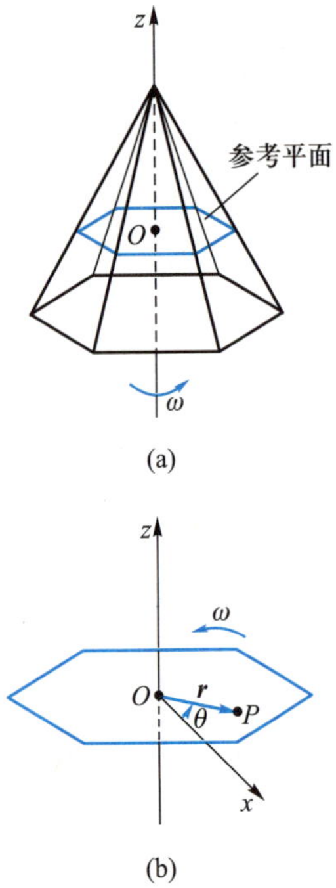

(a)

(b)

图 4-2 刚体绕定轴转动

体内任意两点之间取一参考线.当刚体运动时,若刚体中所有点的运动轨迹都相同,或者说刚体中的参考线总是保持平行,则刚体的这种运动就称为平动.如图 4-1(b)所示,当刚体绕一直线转动时,刚体上所有的点都绕此直线作圆周运动,这条直线称为转轴.若转轴的位置和取向是固定不变的,这种转轴称为固定转轴,此时刚体的运动称为刚体绕定轴转动(如车床上工件的转动).若刚体转动时转轴的位置或取向是随时间而改变的,则刚体在作非定轴转动(如陀螺的运动).

二、刚体绕定轴转动的角速度和角加速度

1. 角速度

刚体绕定轴转动的一个显著特点是:刚体上所有的点都绕转轴作圆周运动,而且所有点对转轴都有相同的角速度和角加速度,并且在给定的时间内都转过相等的角度.但由于各点相对转轴的位置不同,它们的速度、加速度和位移却不尽相同.因此,为了方便,我们讨论如图 4-2(a)所示的刚体绕定轴 Oz 的转动情况,在刚体内取如图 4-2(b)所示的参考平面,此参考平面是过点 O 并垂直于转轴 Oz 的任意平面.我们在此平面上取一参考线,且把此线作为 Ox 轴.这样,刚体的方位可由原点 O 到参考平面上任一点 P 的位矢 $\boldsymbol{r}$ 与 Ox 轴的夹角 θ 来确定.角 θ 也称为角坐标.当刚体绕定轴转动时,θ 也随时间 t 改变,即 $\theta=\theta(t)$.

如图 4-3 所示,有一刚体绕定轴 Oz 转动.在时刻 t 刚体上点 P 的位矢 $\boldsymbol{r}$ 对 Ox 轴的角坐标为 θ,经历 $\mathrm{d}t$ 时间后,其角坐标为$\theta+\mathrm{d}\theta$.第 1-3 节圆周运动中我们曾定义角速度的大小为

$$\omega=\frac{\mathrm{d}\theta}{\mathrm{d}t} \tag{4-1}$$

由上述讨论可知,这就是绕 Oz 轴转动的刚体的角速度的大小.我们知道,机械运动的特征是具有鲜明的方向性,同样,对绕定轴转动的刚体,我们怎样才能辨认转动的方向呢?下面就来讨论如何用角速度表示转动的方向问题.

刚体绕定轴 Oz 转动时,它既可顺时针转动,也可逆时针转动.关于这一点我们很容易从图4-4中看出.图中两圆盘角速度的

大小是相等的，但转动方向是相反的.为统一起见，我们取逆时针转动的角速度为正值（即$\omega>0$）；顺时针转动的角速度为负值（即$\omega<0$）.因此两圆盘的角速度是不同的.要强调指出，只有刚体在绕定轴转动的情况下，转动方向才可用角速度的正负来表示.①

2. 角加速度

刚体绕定轴转动时，若在时刻t_1，其角速度为ω_1，在时刻t_2，其角速度为ω_2，则在时间间隔$\Delta t=t_2-t_1$内，角速度的增量为$\Delta\omega=\omega_2-\omega_1$.当$\Delta t$趋于零时，$\Delta\omega/\Delta t$的极限值为刚体绕定轴转动的角加速度$\alpha$，即

$$\alpha=\frac{\mathrm{d}\omega}{\mathrm{d}t} \tag{4-2}$$

由上述讨论可知，这就是绕Oz轴转动的刚体的角加速度的大小.绕定轴转动刚体的角加速度α的方向，也可由其正负来表示.在图4-5(a)所示的情况下，角速度ω_2的方向与ω_1的方向相同，且$\omega_2>\omega_1$，那么$\Delta\omega>0$，角加速度α为正值，刚体作加速转动；在图4-5(b)所示的情况下，ω_2的方向虽与ω_1的方向相同，但$\omega_2<\omega_1$，于是$\Delta\omega<0$，角加速度α为负值，刚体作减速转动.

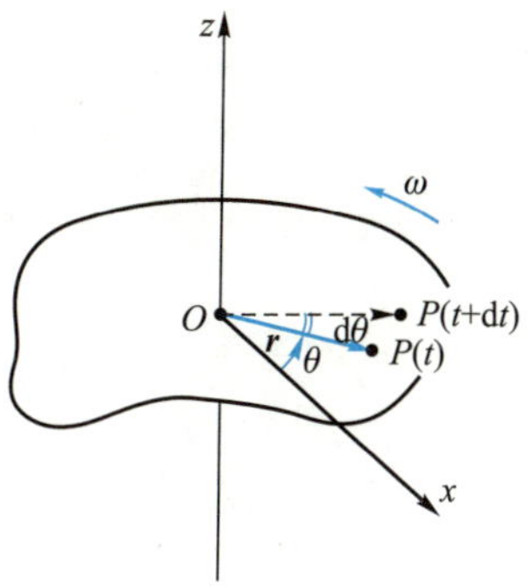

图 4-3 角速度

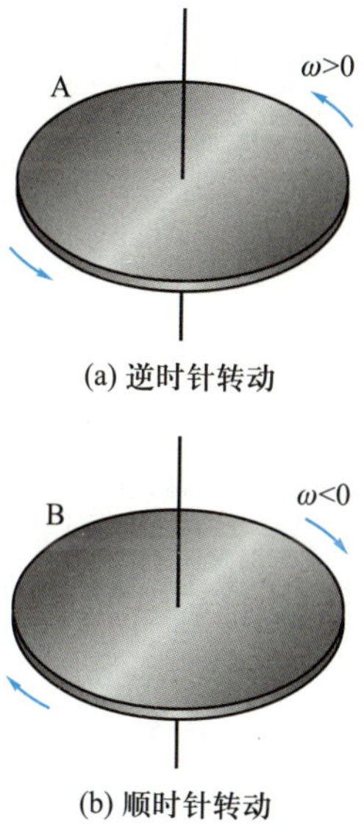

图 4-4 绕定轴转动的刚体用ω的正负来表示其转动方向

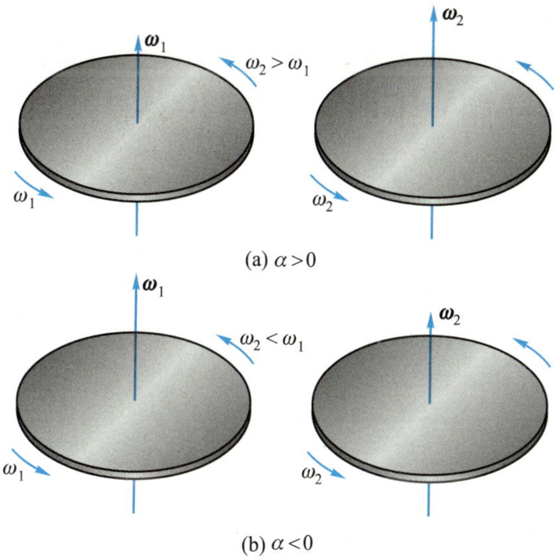

图 4-5 角加速度

至于角加速度为常量的绕定轴转动的刚体，其运动学方程的形式与第一章圆周运动的式(1-17)是一样的，即

① 在转轴的取向不固定的情况下（如旋转陀螺），转动方向不能用角速度的正负来区分，而应用角速度矢量来表示.读者可参阅马文蔚《物理学》（第七版）上册第104页（高等教育出版社，2020年）.

$$\begin{cases}\omega=\omega_0+\alpha t\\ \omega^2=\omega_0^2+2\alpha(\theta-\theta_0)\\ \theta=\theta_0+\omega_0 t+\dfrac{1}{2}\alpha t^2\end{cases} \tag{4-3}$$

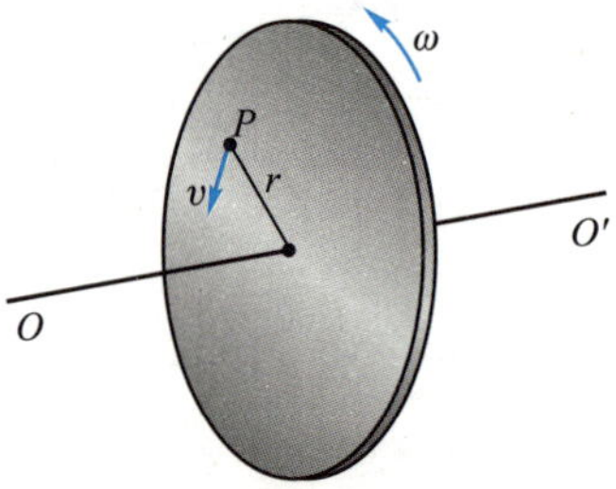

图 4-6 角量与线量的关系

刚体绕定轴转动时，刚体上的任意点都绕定轴作圆周运动，故描述刚体运动状态的角量与线量之间的关系，都可用第一章第1-3节圆周运动中相应角量与线量的关系来表述.在图4-6中，刚体绕定轴 OO' 以角速度 ω 转动，点 P 的线速度 v 与 ω 之间的关系为

$$v=r\omega \tag{4-4}$$

显然，距转轴越远的点，线速度越大.至于点 P 的切向加速度和法向加速度，其分别为

$$a_t=r\alpha,\quad a_n=r\omega^2 \tag{4-5}$$

同样，距转轴越远的点，切向加速度和法向加速度也越大.

例 1

一飞轮半径为 0.2 m，转速为 150 r·min^{-1}，因受到制动而均匀减速，经 30 s 后停止转动.试求：(1) 角加速度和在此时间内飞轮所转的圈数；(2) 制动开始后 $t=6$ s 时飞轮的角速度；(3) $t=6$ s 时飞轮边缘上一点的线速度、切向加速度和法向加速度.

解 (1) 由题意知

$$\omega_0=\frac{2\pi\times150}{60}=5\pi\ \text{rad}\cdot\text{s}^{-1}$$

$t=30$ s 时，$\omega=0$.设 $t=0$ 时，$\theta_0=0$.由于飞轮作匀减速运动，由式(4-2)得

$$\alpha=\frac{\omega-\omega_0}{t}=-\frac{\pi}{6}\ \text{rad}\cdot\text{s}^{-2}$$

上式中"-"号表示 α 的方向与 ω_0 的方向相反.而飞轮在 30 s 内转过的角度为

$$\theta=\frac{\omega^2-\omega_0^2}{2\alpha}=75\pi\ \text{rad}$$

于是，飞轮所转的圈数为

$$N=\frac{\theta}{2\pi}=37.5$$

(2) $t=6$ s 时，飞轮的角速度的大小为

$$\omega=\omega_0+\alpha t=4\pi\ \text{rad}\cdot\text{s}^{-1}$$

(3) 由式(4-4)得，$t=6$ s 时飞轮边缘上一点的线速度的大小为

$$v=r\omega=2.5\ \text{m}\cdot\text{s}^{-1}$$

由式(4-5)得，该点的切向加速度和法向加速度的大小为

$$a_t=r\alpha=-0.105\ \text{m}\cdot\text{s}^{-2}$$

$$a_n=r\omega^2=31.6\ \text{m}\cdot\text{s}^{-2}$$

例 2

在高速旋转的微型电动机里，一圆柱形转子可绕垂直其横截面并通过中心的转轴旋转.开始启动时，其角速度为零.启动后其转速 n 随时间变化的关系为 $n=n_m(1-e^{-t/\tau})$，式中 n_m 称为正常转速，其值为 $n_m=540\ r\cdot s^{-1}$，$\tau=2.0\ s$.求：(1) $t=6.0\ s$时电动机转子的转速；(2) 启动后，电动机转子在 $t=6.0\ s$ 时间内转过的圈数；(3) 转子角加速度随时间变化的规律.

解 (1) 由已知条件，并将 $t=6.0\ s$ 代入式 $n=n_m(1-e^{-t/\tau})$ 中，可得

$$n=0.95n_m=513\ r\cdot s^{-1}$$

可见，此电动机转子只经过 6.0 s 的时间就达到正常转速 n_m 的 95%了.也就是说，启动 6.0 s 后就可认为此微型电动机已正常运行了.

(2) 电动机转子在 6.0 s 时间内转过的圈数为

$$N=\int_0^{6s} n\mathrm{d}t=\int_0^{6s} n_m(1-e^{-t/\tau})\mathrm{d}t=2.21\times10^3$$

(3) 角速度与转速之间的关系为 $\omega=2\pi n$.由已知条件可得，电动机转子转动的角加速度为

$$\alpha=\mathrm{d}\omega/\mathrm{d}t=2\pi\mathrm{d}n/\mathrm{d}t=2\pi n_m e^{-t/\tau}/\tau$$
$$=540\pi e^{-t/2}\ rad\cdot s^{-2}$$

从上式可以看出，$t=0$ 时角加速度为 $540\pi\ rad\cdot s^{-2}$，随着时间的增加，角加速度按指数衰减，到 $t=6.0\ s$ 时，角加速度已减小到起始值的 5%了.这时电动机已趋于稳定运行状态.

4-2 力矩 转动定律 转动惯量

在上一节里，我们只讨论了刚体定轴转动的运动学问题.这一节，我们将讨论刚体定轴转动的动力学问题，即研究刚体获得角加速度的原因以及刚体绕定轴转动时所遵守的定律.为此，我们先引进力矩这个物理量.

一、力矩

经验告诉我们，对绕定轴转动的刚体来说，外力对刚体转动的影响，不仅与力的大小有关，而且还与力的作用点的位置和力的方向有关.例如，用同样大小的力推门，当作用点靠近门轴时，不容易把门推开；当作用点远离门轴时，就容易把门推开；当力的作用线通过门轴时，就不能把门推开.我们用力矩这个物理量来描述力对刚体转动的作用.

AR：天平

图 4-7 是刚体的一个横截平面，它可绕通过点 O 且垂直于

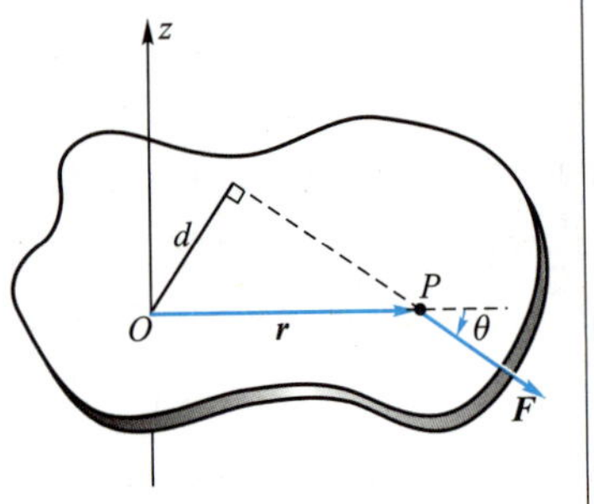

图 4-7 力矩

该平面的转轴 Oz 旋转.作用在刚体内点 P 上的力 $\boldsymbol{F}$ 亦在此平面内①.从转轴与截面的交点 O 到力 $\boldsymbol{F}$ 的作用线的垂直距离 d 叫做力对转轴的力臂.力的大小 F 和力臂 d 的乘积,就叫做力 $\boldsymbol{F}$ 对转轴的力矩,用 M 表示,即

$$M=Fd \tag{4-6a}$$

由图 4-7 可以看出,$\boldsymbol{r}$ 为由点 O 到力 $\boldsymbol{F}$ 的作用点 P 的位矢,θ 为位矢 $\boldsymbol{r}$ 与力 $\boldsymbol{F}$ 之间的夹角.由于 $d=r\sin\theta$,所以上式可写为

$$M=Fr\sin\theta \tag{4-6b}$$

应当指出,力矩不仅有大小,而且有方向.力矩的矢量性可由矢量的矢积定义②来表示.力矩矢量 $\boldsymbol{M}$ 为位矢 $\boldsymbol{r}$ 和力 $\boldsymbol{F}$ 的矢积,即

$$\boldsymbol{M}=\boldsymbol{r}\times\boldsymbol{F} \tag{4-7}$$

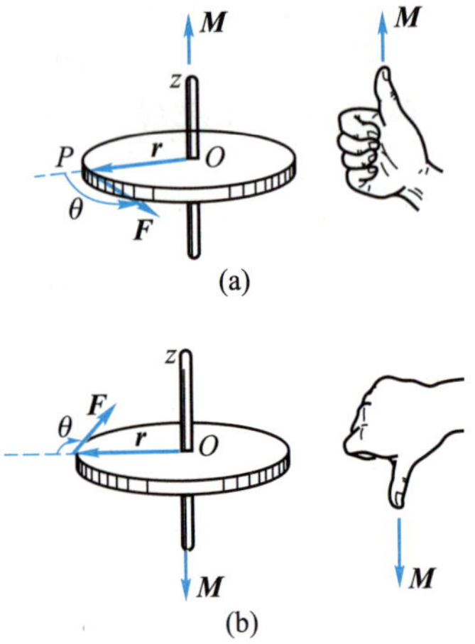

图 4-8 确定力矩方向的右手螺旋定则

$\boldsymbol{M}$ 的大小为

$$M=Fr\sin\theta$$

$\boldsymbol{M}$ 的方向垂直于 $\boldsymbol{r}$ 与 $\boldsymbol{F}$ 所构成的平面,也可由图 4-8 所示的右手螺旋定则确定:把右手拇指伸直,其余四指弯曲,弯曲的方向是由位矢 $\boldsymbol{r}$ 通过小于 180°的角 θ 转向力 $\boldsymbol{F}$ 的方向,这时拇指所指的方向就是力矩的方向.

对定轴转动来说,用矢积表示力矩的方向,与先规定转动正方向再按力矩的正负来确定力矩的方向是一致的.

如图 4-9 所示,如果有三个外力同时作用在一个绕定轴转动的刚体上,而且这几个外力都在与转轴相垂直的平面内,那么它们的合外力矩等于这几个外力矩的代数和,即

$$M=-F_1r_1\sin\theta_1+F_2r_2\sin\theta_2+F_3r_3\sin\theta_3$$

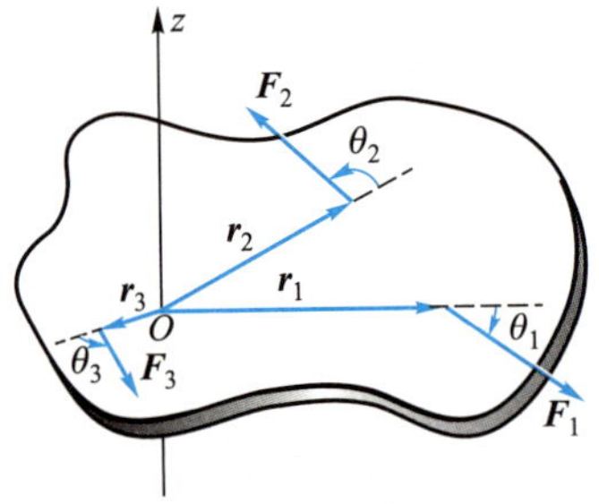

图 4-9 三个力同时作用在绕定轴转动的刚体上

若 $M>0$,则合外力矩的方向沿 Oz 轴正向;若 $M<0$,则合外力矩的方向与 Oz 轴正向相反.

在国际单位制中,力矩的单位名称为牛顿米,符号为 N · m.力矩的量纲为 $\mathrm{ML^2T^{-2}}$.

上面我们仅讨论了作用在刚体上的外力的力矩,而实际上,刚体内各质元间还有内力作用,在讨论刚体的定轴转动时,这些

① 如果作用在刚体上的外力不在此平面内,那么 $\boldsymbol{F}$ 应当理解为外力在平面内的分矢量,只有该分矢量才对刚体转动产生影响.

② 参阅本书附录一中矢量的矢积式(14).

内力的力矩要不要计算呢?

在图 4-10 中,刚体由 n 个质元组成,其中第 1 个质元和第 2 个质元间的相互作用力在与转轴 Oz 垂直的平面内的分力各为 $\boldsymbol{F}'_{12}$ 和 $\boldsymbol{F}'_{21}$,它们大小相等、方向相反,且在同一直线上,即 $\boldsymbol{F}'_{12}=-\boldsymbol{F}'_{21}$.如果取刚体为一系统,那么这两个力属系统内力.从图 4-10 中可以看出,$r_1\sin\theta_1=r_2\sin\theta_2=d$.这两个力对转轴 Oz 的合内力矩为

$$M=M_{21}-M_{12}=F'_{21}r_2\sin\theta_2-F'_{12}r_1\sin\theta_1=0$$

上述结果表明,沿同一作用线的大小相等、方向相反的两个作用力对转轴的合力矩为零.

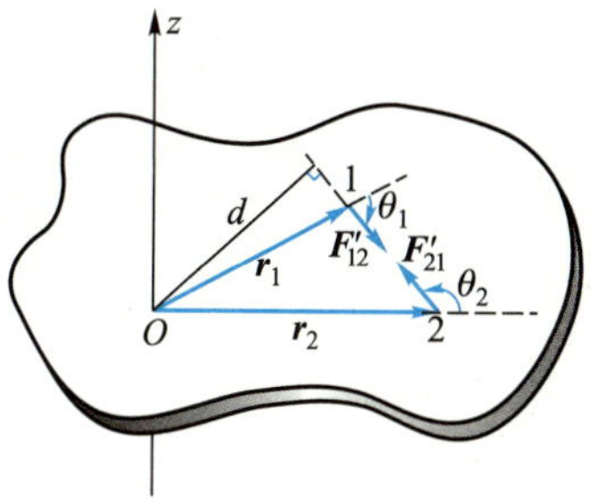

图 4-10 内力对转轴的力矩

由于刚体内质元间的作用力总是成对出现的,并遵守牛顿第三定律,所以刚体内各质元间的作用力对转轴的合内力矩亦应为零,即

$$M=\sum M_{ij}=0$$

二、转动定律

绕定轴转动的刚体,其角速度的变化与作用在刚体上的力矩有关.上面已经指出,刚体内各质元间的内力矩之和为零.因此,我们只需讨论外力矩和角加速度之间的关系.

如图 4-11 所示,一刚体在直角坐标系中绕通过点 O 且垂直于平面的 Oz 轴转动.此刚体可看作是由无限多个线度非常小的质元 Δm 所组成的,其中每一个质元都绕 Oz 轴作圆周运动.设作用在质元 Δm_i 上的外力和内力的切向分量为 $\boldsymbol{F}_{it}$,其切向加速度为 $\boldsymbol{a}_t$.由牛顿第二定律有

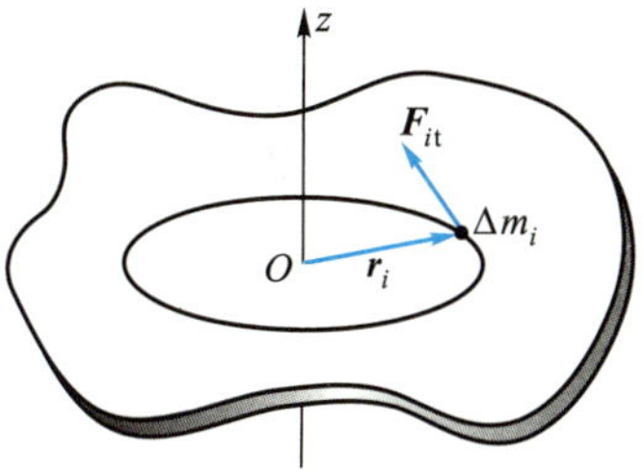

图 4-11 导出转动定律用图

$$\boldsymbol{F}_{it}=\Delta m_i\boldsymbol{a}_t$$

力 $\boldsymbol{F}_{it}$ 对 Oz 轴的力矩为

$$M_i=r_iF_{it}=\Delta m_ia_tr_i$$

已知线加速度和角加速度之间的关系为 $a_t=r\alpha$,则上式可写成

$$M_i=r_i^2\Delta m_i\alpha$$

虽然刚体上每一质元的线加速度不相同,但是它们的角加速度却是相同的.若令刚体上各质元对 Oz 轴所受的合外力矩为 $M=\sum M_i$(注意,该求和的内力矩项为零,只剩下外力矩项),则由上式可得

$$M=\sum r_i^2\Delta m_i\alpha=\alpha\sum r_i^2\Delta m_i \tag{4-8}$$

显然，式中 $\sum r_i^2\Delta m_i$ 只与刚体的形状、质量分布以及转轴的位置有关.也就是说，它只与绕定轴转动的刚体本身的性质和转轴的位置有关，称为转动惯量，用符号 J 表示，于是有

$$J=\sum r_i^2\Delta m_i \tag{4-9}$$

若刚体上质元是连续分布的，则转动惯量为 $J=\int r^2\mathrm{d}m$ ，于是式(4-8)可写为

$$M=J\alpha \tag{4-10}$$

上式表明，刚体绕定轴转动时，刚体的角加速度与它所受的合外力矩成正比，与刚体的转动惯量成反比，这个关系叫做刚体绕定轴转动时的转动定律，简称转动定律.

三、转动惯量

把转动定律式(4-10)与描述质点运动的牛顿第二定律式(2-3b)相比较可以看出，两者形式相似：合外力矩 M 与合外力 F 相对应，转动惯量 J 与质量 m 相对应，角加速度 α 与加速度 a 相对应.因此，转动惯量的物理意义可以这样理解：当以相同的力矩分别作用在两个绕定轴转动的刚体上时，转动惯量大的刚体所获得的角加速度小，即角速度改变得慢，也就是保持原有转动状态的惯性大；反之，转动惯量小的刚体所获得的角加速度大，即角速度改变得快，也就是保持原有转动状态的惯性小.因此我们可以说，转动惯量是描述刚体在转动中的惯性大小的物理量.

在国际单位制中，转动惯量的单位名称为千克二次方米，符号为 $\mathrm{kg\cdot m^2}$.转动惯量的量纲为 $\mathrm{ML^2}$.

必须指出，只有几何形状简单、质量连续且均匀分布的刚体，才能用积分的方法计算它们的转动惯量.对于任意刚体的转动惯量，人们通常是用实验的方法去测定.表 4-1 列出了几种刚体的转动惯量，读者可从中选择计算.

表 4-1 几种刚体的转动惯量

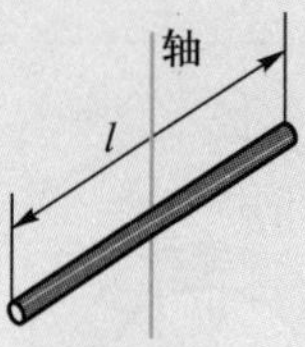 细棒 （转动轴通过中心且与棒垂直） $J=\frac{ml^2}{12}$ (a)	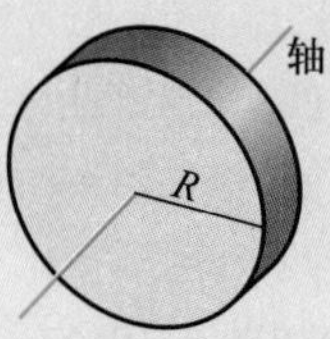 圆柱体 （转动轴沿几何轴） $J=\frac{mR^2}{2}$ (b)	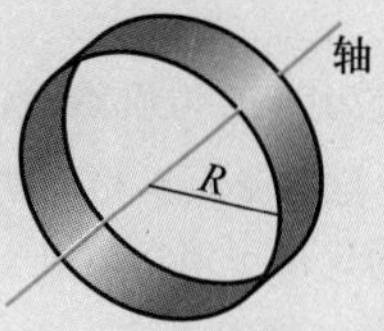 薄圆环 （转动轴沿几何轴） $J=mR^2$ (c)
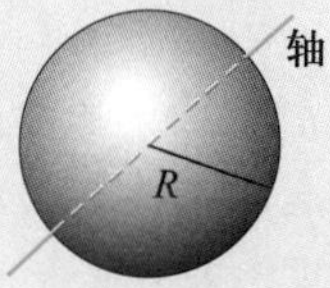 球体 （转动轴沿球的任一直径） $J=\frac{2mR^2}{5}$ (d)	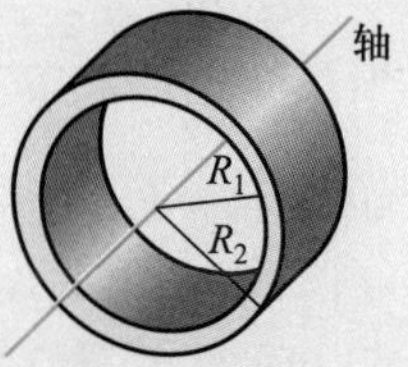 圆筒 （转动轴沿几何轴） $J=\frac{m}{2}(R_2^2+R_1^2)$ (e)	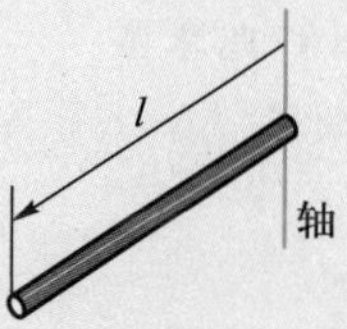 细棒 （转动轴通过棒的一端且与棒垂直） $J=\frac{ml^2}{3}$ (f)

例 1

如图 4-12 所示，一半径为 R、质量为 m'的匀质圆盘，可绕通过盘心 O 且垂直盘面的水平轴转动.转轴与圆盘之间的摩擦略去不计.圆盘上绕有轻而细的绳索，绳的一端固定在圆盘上，另一端系有质量为 m 的物体.试求物体下落时的加速度、绳中的张力和圆盘的角加速度.

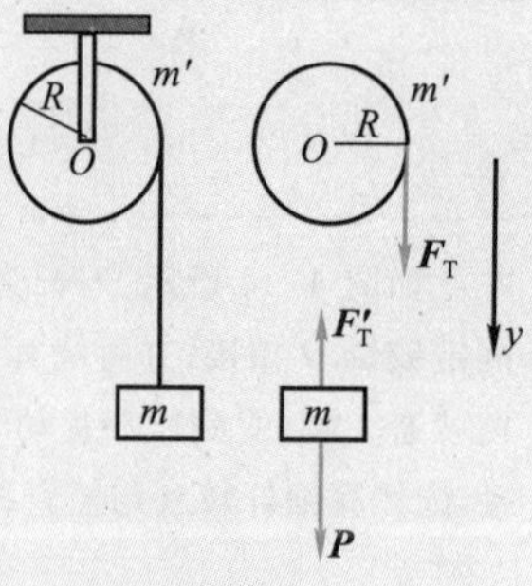

图 4-12

解 如图所示，绳索作用在圆盘和物体上的力分别为 $\boldsymbol{F}_T$ 和 $\boldsymbol{F}'_T$，考虑到绳索的质量远小于圆盘的质量，故 $F_T=F'_T$.物体受到张力 $\boldsymbol{F}'_T$和重力 $\boldsymbol{P}$ 的作用，若取竖直向下的方向为 y 轴的正向，则有

$$mg-F_T=ma_y \tag{1}$$

作用在圆盘上的力矩为 $M=F_TR$，圆盘的转动惯量为$J=m'R^2/2$.由转动定律得

$$F_TR=J\alpha=\frac{1}{2}m'R^2\alpha \tag{2}$$

式中，$R\alpha=a_y$，故由式(2)可得

$$F_T=\frac{1}{2}m'a_y \tag{3}$$

由式(1)、式(2)和式(3)可求得物体下落时的加速度、绳中的张力和圆盘的角加速度分别为

$$a_y=\frac{2m}{2m+m'}g,\quad F_T=\frac{m'}{2m+m'}mg,\quad \alpha=\frac{2m}{(2m+m')R}g$$

例 2

如图 4-13 所示，一半径为 R、质量为 m 的匀质圆盘，以角速度 ω_0 绕通过盘心 O 且垂直盘面的轴转动.若有一个与圆盘大小相同的粗糙平面（俗称刹车片）挤压此转动圆盘，则有正压力 F_N 均匀地作用在圆盘上，从而使其转动逐渐变慢.设正压力 F_N 和刹车片与圆盘间的动摩擦因数 μ 均已被实验测出，试问经历多长时间圆盘才停止转动？

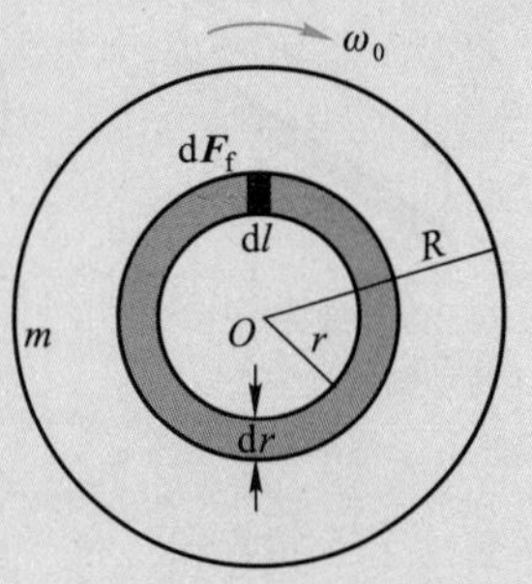

图 4-13

解 由题意知，圆盘所受的压力是均匀的，转动圆盘的面积为 πR^2，故圆盘单位面积上所受的压力为 $F_N/(\pi R^2)$.在转动圆盘上距轴 O 为 r 处取一长为 dl、宽为 dr 的面积元，在刹车片的作用下，该面积元所受的摩擦力的大小为 $dF_f=\mu F_N dl dr/\pi R^2$.此摩擦力对轴 O 的摩擦力矩的大小为 $r dF_f$，因此有

$$r dF_f=\frac{\mu F_N r dl dr}{\pi R^2}$$

摩擦力矩的方向与角速度 ω_0 的方向相反.于是，刹车片对距轴 O 为 $r\sim r+dr$ 的圆环作用的摩擦力矩大小为

$$dM=\frac{\mu F_N r dr}{\pi R^2}\int_0^{2\pi r}dl=\frac{\mu F_N}{\pi R^2}2\pi r^2 dr=\frac{2\mu F_N}{R^2}r^2 dr$$

那么刹车片对整个圆盘作用的摩擦力矩大小为

$$M=\int dM=\int_0^R\frac{2\mu F_N}{R^2}r^2 dr=\frac{2}{3}\mu R F_N \qquad (1)$$

已知圆盘的转动惯量为 $J=mR^2/2$，故在摩擦力矩的作用下，圆盘的角速度 ω 将逐渐减小.由转动定律和式(1)可得，圆盘的角加速度的大小为

$$\alpha=\frac{M}{J}=\frac{4}{3}\frac{\mu F_N}{mR} \qquad (2)$$

从上式明显看出，由于 μ、F_N、m 和 R 均是给定的，α 也是一个常量，所以由匀变速转动公式以及式(2)可得，圆盘停止转动所经历的时间为

$$t=\frac{\omega_0}{\alpha}=\frac{3}{4}\frac{mR\omega_0}{\mu F_N}$$

例 3

如图 4-14 所示，一长为 l、质量为 m 的匀质细杆竖直放置，其下端与一固定铰链 O 相接，并可绕其自由转动.由于此竖直放置的细杆处于非稳定平衡状态，当其受到微小扰动时，细杆将在重力作用下由静止开始绕铰链 O 转动.试计算细杆转到与竖直线呈 θ 角时的角加速度和角速度.

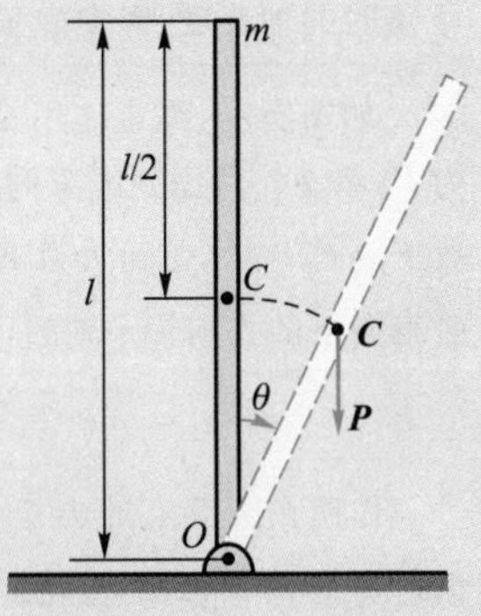

图 4-14

解 细杆受到两个力作用，一个是重力 $\boldsymbol{P}$，另一个是铰链对细杆的约束力 $\boldsymbol{F}_N$.而 $\boldsymbol{F}_N$ 始终是通过铰链 O 的，其力矩为零.由于细杆是匀质的，所以重力 $\boldsymbol{P}$ 可视为作用于杆的质心.以铰链 O 为转轴，当杆与竖直线成 θ 角时，重力 $\boldsymbol{P}$ 对转轴 O 的重力矩为 $mgl\sin\theta/2$.故由转动定律得

$$mgl\sin\theta/2=J\alpha$$

式中细杆绕转轴 O 的转动惯量为 $J=\frac{1}{3}ml^2$.于是,细杆转到与竖直线成 θ 角时的角加速度为

$$\alpha=\frac{3g}{2l}\sin\theta$$

由角加速度定义,有

$$\frac{d\omega}{dt}=\frac{3g}{2l}\sin\theta$$

进行如下变换:

$$\frac{d\omega}{d\theta}\frac{d\theta}{dt}=\frac{3g}{2l}\sin\theta$$

由于 $\omega=d\theta/dt$,上式可写为

$$\omega d\omega=\frac{3g}{2l}\sin\theta d\theta$$

对上式积分,并利用初始条件:$t=0$ 时,$\theta_0=0,\omega_0=0$,得

$$\int_0^\omega \omega d\omega=\frac{3g}{2l}\int_0^\theta \sin\theta d\theta$$

积分后化简得,细杆转到与竖直线成 θ 角时的角速度为

$$\omega=\sqrt{\frac{3g}{l}(1-\cos\theta)}$$

*例 4

如图 4-15 所示,一斜面长为 $l=1.5$ m,与水平面的夹角为 $\theta=5°$.两个物体分别静止地位于斜面的顶端,然后由顶端沿斜面向下滚动.一个物体是质量为 m_1、半径为 R_1 的实心圆柱体;另一个物体是质量为 m_2、半径为 $R_2\approx R_1=R$ 的薄壁圆柱筒.试问它们分别从斜面顶端滚到斜面底端,各经历多长时间?

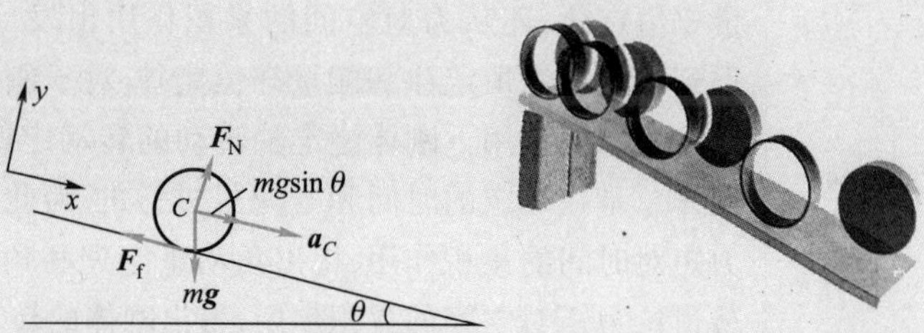

图 4-15

解 由于实心圆柱体和薄壁圆柱筒的质量密度都是均匀的,所以它们的质心 C 都在轴线上.只是两者的形状不同,故它们的转动惯量并不相等.如图所示,它们受到重力 $\boldsymbol{P}$、支持力 $\boldsymbol{F}_N$ 和摩擦力 $\boldsymbol{F}_f$ 的作用.

物体沿斜面的滚动,可看成是两种运动构成的.一种是质心的平动,另一种是物体绕通过质心的转轴所作的转动.刚体定轴转动定律对这种转动也适用.由第三章质心运动定理式(3-29)可得

$$mg\sin\theta-F_f=ma_C \quad (1)$$

以过质心 C 且垂直于纸平面的轴为转轴,其外力矩为 $M=F_fR$.于是,由转动定律得

$$F_fR=J\alpha \quad (2)$$

式中 J 和 α 分别为对通过质心 C 的转轴的转动惯量和角加速度.对滚动刚体来说,质心的加速度 a_C 与刚体表面的线加速度 a 相等,即 $a=a_C$.由角量与线量的关系有 $a=a_C=R\alpha$,把它代入上式有

$$F_f=\frac{Ja}{R^2} \quad (3)$$

把式(3)代入式(1),得

$$ma=mg\sin\theta-\frac{Ja}{R^2}$$

化简后,可求得

$$a=\frac{mgR^2\sin\theta}{mR^2+J} \quad (4)$$

从式(4)可以看出，在 m、θ 和 R 给定的条件下，质心的加速度取决于转动惯量 J，转动惯量越大，其加速度越小. 已知实心圆柱体的转动惯量为 $J_1=m_1R_1^2/2$，薄壁圆柱筒的转动惯量为 $J_2=m_2R_2^2$. 把它们代入式(4)可得，实心圆柱体的加速度 a_1 和薄壁圆柱筒的加速度 a_2 分别为

$$a_1=\frac{2}{3}g\sin\theta,\quad a_2=\frac{1}{2}g\sin\theta \tag{5}$$

果然，如刚才所说，实心圆柱体的加速度大于薄壁圆柱筒的加速度. 由匀变速直线运动公式容易求得，它们到达斜面底端所经历的时间分别为

$$t_1=\left(\frac{2l}{a_1}\right)^{1/2},\quad t_2=\left(\frac{2l}{a_2}\right)^{1/2}$$

代入已知数值可得：$t_1=2.3\ \mathrm{s}$，$t_2=2.6\ \mathrm{s}$. 实心圆柱体比薄壁圆柱筒先到达斜面底端.

4-3 角动量 角动量守恒定律

在第三章中，我们研究了力对改变质点运动状态所起的作用. 我们曾从力对时间的累积作用出发，引出动量定理，从而得到动量守恒定律；还从力对空间的累积作用出发，引出动能定理，从而得到机械能守恒定律和能量守恒定律. 对于刚体，上一节我们讨论了在外力矩作用下刚体绕定轴转动的转动定律，同样，力矩作用于刚体总是在一定的时间和空间里进行的. 为此，这一节我们将讨论力矩对时间的累积作用，得出角动量定理和角动量守恒定律；下一节讨论力矩对空间的累积作用，得出刚体的转动动能定理.

一、质点的角动量和刚体的角动量

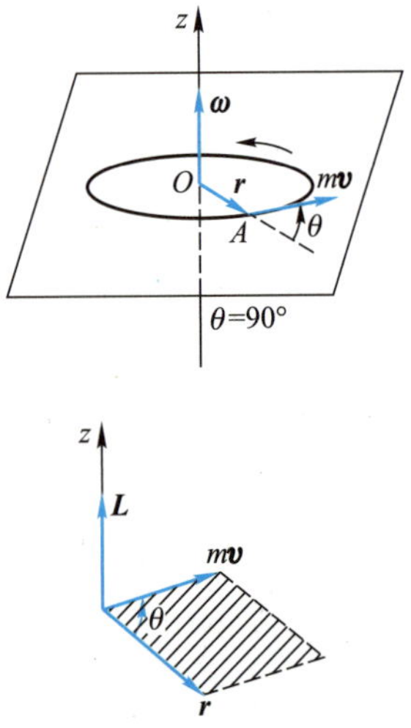

图 4-16 质点作圆周运动时的角动量

1. 质点的角动量

如图 4-16 所示，在与 Oz 轴垂直的平面 S 上，一质量为 m 的质点在作半径为 r 的圆周运动，在某时刻位于点 A. 质点相对于点 O 的位矢为 $\boldsymbol{r}$，其速度为 $\boldsymbol{v}$（动量为 $\boldsymbol{p}=m\boldsymbol{v}$），且 $\boldsymbol{r}$ 与 $\boldsymbol{v}$ 是相互垂直的. 我们定义，质点 m 对点 O 的角动量为

$$\boldsymbol{L}=\boldsymbol{r}\times\boldsymbol{p}=\boldsymbol{r}\times m\boldsymbol{v} \tag{4-11}$$

显然，角动量是一个矢量，由矢量的矢积运算法则知，角动量的大小为

$$L=rmv\sin\theta \tag{4-12}$$

式中 θ 为 $\boldsymbol{r}$ 与 $\boldsymbol{v}$(或 $\boldsymbol{p}$)之间小于 180°的夹角.因为质点绕点 O 作圆周运动时,$\boldsymbol{r}$ 与 $\boldsymbol{v}$ 之间的夹角 $\theta=90°$,所以由上式可得质点对点 O 的角动量的大小为

$$L=rmv=mr^2\omega \tag{4-13}$$

式中 ω 为质点绕 Oz 轴转动的角速度.至于角动量 $\boldsymbol{L}$ 的方向,其垂直于如图所示的 $\boldsymbol{r}$ 和 $\boldsymbol{v}$ 构成的平面,并遵守右手螺旋定则:右手拇指伸直,当四指由 $\boldsymbol{r}$ 经小于 180°的角 θ 转向 $\boldsymbol{v}$(或 $\boldsymbol{p}$)时,拇指的指向就是 L 的方向.

应当指出,式(4-11)及式(4-12)虽然是从讨论质点作圆周运动时得出的,实际上它们适用于质点对任意参考点的角动量的计算.而式(4-13)只适用于圆周运动,故式(4-11)和式(4-12)的适用范围更广泛些.

2. 刚体绕定轴转动的角动量

如图 4-17 所示,一刚体以角速度 ω 绕定轴 Oz 转动.刚体上所有质元都以相同的角速度 ω 绕定轴 Oz 作圆周运动.由式(4-13)知,质元 Δm_i 在定轴 Oz 方向的角动量为 $r_i\Delta m_i v_i=\Delta m_i r_i^2\omega$.于是刚体上所有质元在定轴 Oz 方向的角动量,即刚体绕定轴 Oz 转动的角动量为

$$L=\sum \Delta m_i r_i^2\omega=\left(\sum \Delta m_i r_i^2\right)\omega$$

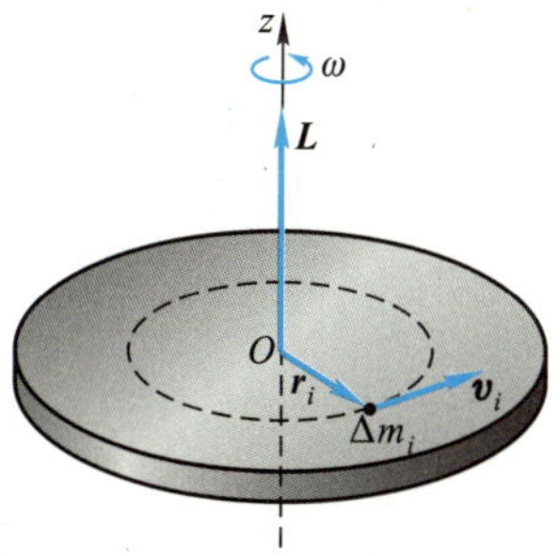

图 4-17 刚体对定轴的角动量

式中$\left(\sum \Delta m_i r_i^2\right)$为刚体绕定轴 Oz 的转动惯量 J.于是刚体对定轴 Oz 的角动量为

$$L=J\omega \tag{4-14}$$

二、刚体定轴转动的角动量定理

将式(4-14)对时间求一阶导数,可得

$$\frac{\mathrm{d}L}{\mathrm{d}t}=\frac{\mathrm{d}(J\omega)}{\mathrm{d}t}$$

将上式与刚体绕定轴转动的转动定律式(4-10)相比较,并考虑到 $\alpha=\mathrm{d}\omega/\mathrm{d}t$,可以得出

$$M=\frac{\mathrm{d}(J\omega)}{\mathrm{d}t}=\frac{\mathrm{d}L}{\mathrm{d}t} \tag{4-15}$$

上式表明,刚体绕定轴转动时,作用于刚体上的合外力矩 M 等于刚体绕此定轴的角动量 L 随时间的变化率.

设一转动惯量为 J 的刚体绕定轴转动，在合外力矩 M 的作用下，在 $\Delta t(=t_2-t_1)$ 时间间隔内，其角速度由 ω_1 变为 ω_2. 由式(4-15)积分得

$$\int_{t_1}^{t_2} M\mathrm{d}t=\int_{L_1}^{L_2}\mathrm{d}L=L_2-L_1=J\omega_2-J\omega_1 \tag{4-16a}$$

式中 $\int_{t_1}^{t_2} M\mathrm{d}t$ 是合外力矩与作用时间的乘积，叫做力矩对给定轴的冲量矩，又叫角冲量.

在国际单位制中，角动量的单位名称为千克二次方米每秒，符号为 $\mathrm{kg\cdot m^2\cdot s^{-1}}$，量纲为 $\mathrm{M\cdot L^2\cdot T^{-1}}$. 冲量矩的单位名称为牛顿米秒，符号为 $\mathrm{N\cdot m\cdot s}$，量纲亦为 $\mathrm{M\cdot L^2\cdot T^{-1}}$. 两者的量纲虽相同，但它们的物理意义却不相同.

如果物体在转动过程中，其内部各质元相对于转轴的位置发生了变化，那么物体的转动惯量 J 也必然随时间变化. 若在 Δt 时间间隔内，转动惯量由 J_1 变为 J_2，则式(4-16a)中的 $J\omega_1$ 应改为 $J_1\omega_1$，而 $J\omega_2$ 应改为 $J_2\omega_2$. 于是下面的关系式是成立的，即

$$\int_{t_1}^{t_2} M\mathrm{d}t=J_2\omega_2-J_1\omega_1 \tag{4-16b}$$

式(4-16)表明，当转轴给定时，作用于物体上的冲量矩等于物体角动量的增量. 这一结论叫做角动量定理. 它与质点的动量定理在形式上很相似.

三、刚体定轴转动的角动量守恒定律

由式(4-16)可以看出，当合外力矩为零时，可得

$$J\omega=\text{常量} \tag{4-17}$$

这就是说，如果物体所受的合外力矩等于零，或者不受外力矩的作用，物体的角动量保持不变. 这个结论叫做角动量守恒定律.

动画：直升机角动量守恒

必须指出，上面得出角动量守恒定律的过程受到刚体、定轴等条件的限制，但角动量守恒定律的适用范围却远远超出这些限制.

许多现象都可以用角动量守恒定律来说明. 如在图 4-18 中，一人坐在能绕竖直轴转动的凳子上(摩擦忽略不计). 开始时，人

平举两臂，两手各握一哑铃，并使人与凳一起以一定的角速度旋转.由于在水平面内没有外力矩作用，人与凳的角动量之和应当保持不变.因此，当人放下两臂使转动惯量变小时，人与凳的转动角速度就会增大.跳水运动员常在空中先把手臂和腿蜷缩起来，以减小转动惯量而增大转动角速度，在快到水面时，则又把手臂、腿伸直，以增大转动惯量而减小转动角速度，并以一定的角度落入水中.

图 4-18 角动量守恒定律的演示

在太空飞行的航天器经常需要调整飞行姿态，人们曾在“旅行者”2 号航天器上做过如图 4-19 所示的实验.图中的航天器内有一可控制转速的飞轮，如把航天器和飞轮视为一个系统，并设想系统没有受外力矩作用，系统的角动量为零.若此时飞轮不旋转，航天器也不会旋转，并保持原有的飞行姿态.然而，若欲使航天器改变飞行方向，此时可使飞轮按图 4-19(a)所示的方向旋转起来，则由角动量守恒定律可知，此时航天器的转动方向与飞轮的旋转方向相反.当航天器的姿态调整到需要的位置后，再使飞轮停止旋转，航天器就稳定在图4-19(b)所示的方向了.

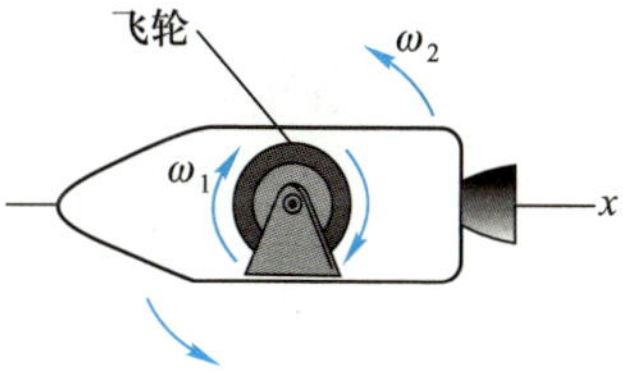

(a)

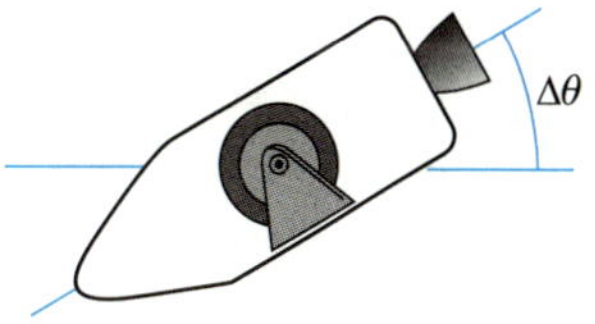

(b)

图 4-19 航天器的调姿

最后还应再次指出，前面提到的角动量守恒定律、动量守恒定律和能量守恒定律，都是在不同的理想化条件(如质点、刚体……)下，用经典的牛顿力学原理“推证”出来的.但它们的使用范围，却远远超出原有条件的限制.它们不仅适用于牛顿力学所研究的宏观、低速(远小于光速)领域，而且通过相应的扩展和修正后也适用于牛顿力学失效的微观、高速(接近光速)领域，即量子力学和相对论.这就充分说明，上述三条守恒定律有其时空特征，是近代物理学的基础，是更为普适的物理定律.

例 1

如图 4-20 所示，有两个转动惯量分别为 J_1 和 J_2 的圆盘 A 和 B. A 是机器的飞轮，B 是用以改变飞轮转速的离合器的圆盘.开始时，它们分别以角速度 ω_1 和 ω_2 绕水平轴转动.然后，两圆盘在沿水平轴方向的外力作用下，啮合为一体，其角速度为 ω.求啮合后的两圆盘的角速度 ω.

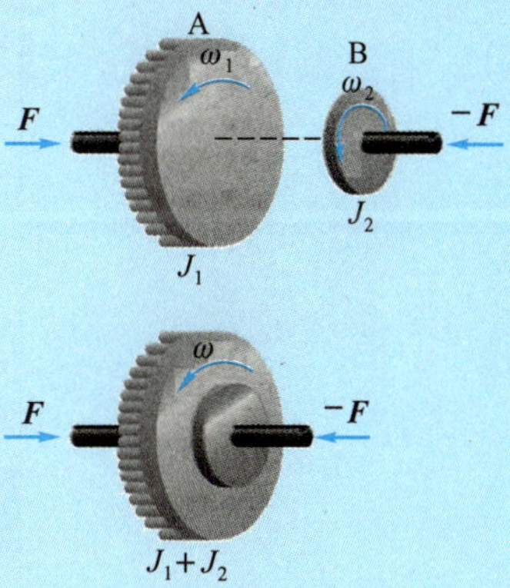

图 4-20

解 取两圆盘为一个系统，它们啮合后的转动惯量为 $J=J_1+J_2$，角速度为 ω.在它们啮合的过程中，相互之间作用的摩擦力矩为系统的内力矩.内力矩对系统的角动量没有影响.而作用在两圆盘上的外力又是沿轴向，所以外力矩为零.基于上述原因，系统中两圆盘在啮合的过程中，角动量是守恒的，则有

$$J_1\omega_1+J_2\omega_2=(J_1+J_2)\omega$$

因此，啮合后两圆盘的角速度为

$$\omega=\frac{J_1\omega_1+J_2\omega_2}{J_1+J_2}=\frac{J_1+\dfrac{\omega_2}{\omega_1}J_2}{J_1+J_2}\omega_1$$

通过调节不同的 ω_2 值就能使飞轮 A 获得不同的 ω.当 $\omega_2>\omega_1$ 时，离合器圆盘可使飞轮转速加大；当 $\omega_2<\omega_1$ 时，离合器圆盘可使飞轮转速减小.实际飞轮转速的变化就是在这一次次啮合的过程中迭代变化的.

例 2

如图 4-21 所示，一杂技演员 M 由距水平跷板高为 h 处自由下落到跷板的一端 A，并把跷板另一端的演员 N 弹了起来.设跷板是匀质的，长度为 l，质量为 m'，支撑点在板的中部点 C，跷板可绕点 C 在竖直平面内转动，演员 M、N 的质量都是 m.假定演员 M 落在跷板上，与跷板的碰撞是完全非弹性碰撞，问演员 N 可弹起多高？

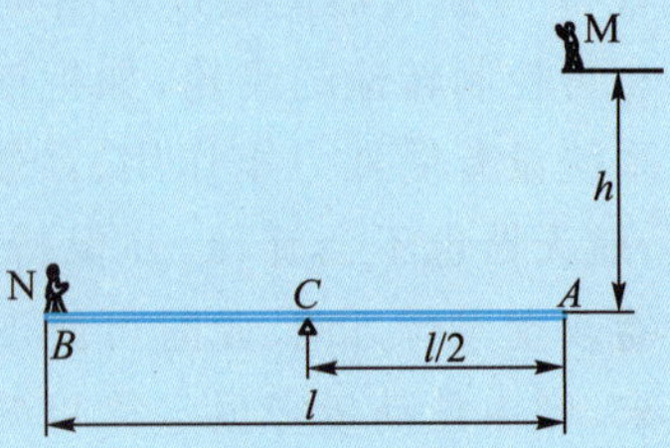

图 4-21

解 为使讨论简化，演员可视为质点.演员 M 落在板 A 处的速率为 $v_M=(2gh)^{1/2}$，这个速率也就是演员 M 与板 A 处刚碰撞时的速率，此时演员 N 的速率为 $v_N=0$.在碰撞后的瞬时，演员 M、N 具有相同的线速率 u，其值为 $u=l\omega/2$，ω 为演员和跷板绕点 C 的角速度.现把演员 M、N 和跷板作为一个系统，并以通过点 C 且垂直纸平面的轴为转轴.由于 M、N 两演员的质量相等，所以当演员 M 碰撞板 A 处时，作用在系统上的合外力矩为零，故系统的角动量守恒，有

$$mv_M\frac{l}{2}=J\omega+2mu\frac{l}{2}=J\omega+\frac{1}{2}ml^2\omega$$

式中 J 为跷板的转动惯量.若把跷板看成是窄长条形状的，则 $J=m'l^2/12$.于是由上式可得

$$\omega=\frac{mv_M\dfrac{l}{2}}{\dfrac{1}{12}m'l^2+\dfrac{1}{2}ml^2}=\frac{6m(2gh)^{1/2}}{(m'+6m)l}$$

因此演员 N 将以速率 $u=l\omega/2$ 弹起，达到的高度为

$$h'=\frac{u^2}{2g}=\frac{l^2\omega^2}{8g}=\left(\frac{3m}{m'+6m}\right)^2h$$

4-4 力矩做功 刚体绕定轴转动的动能定理

一、力矩做功

质点在外力作用下发生位移时，我们说力对质点做了功.当刚体在外力矩的作用下绕定轴转动而发生角位移时，我们就说力

矩对刚体做了功.这就是力矩的空间累积作用.

如图 4-22 所示,设刚体在切向力 $\boldsymbol{F}_t$ 的作用下,绕转轴 OO' 转过的角位移为 $d\theta$.这时外力 $\boldsymbol{F}_t$ 的作用点的位移大小为 $ds = rd\theta$.根据功的定义,力 $\boldsymbol{F}_t$ 在这段位移内所做的功为

$$dW = F_t ds = F_t r d\theta$$

由于力 $\boldsymbol{F}_t$ 对转轴的力矩为 $M = F_t r$,所以

$$dW = M d\theta$$

上式表明,外力矩所做的元功 dW 等于力矩 M 与角位移 $d\theta$ 的乘积.

若力矩的大小和方向都不变,则当刚体在此力矩作用下转过角 θ 时,力矩所做的功为

$$W = \int_0^\theta dW = M\int_0^\theta d\theta = M\theta \tag{4-18}$$

即恒力矩对绕定轴转动的刚体所做的功,等于力矩的大小与转过的角度的乘积.

如果作用在绕定轴转动的刚体上的力矩是变化的,那么,变力矩所做的功为

$$W = \int M d\theta \tag{4-19}$$

应当指出,式(4-18)和式(4-19)中的 M 也可是作用在绕定轴转动刚体上诸外力的合力矩.故上述两式也可理解为合外力矩对刚体所做的功.在第三章第 3-6 节中曾指出,质点系的动能的增量是作用在质点系上所有外力和质点系内所有内力做功的结果.然而对刚体来说,虽然任意两质元间亦有作用力与反作用力这一对内力,但两质元间却没有相对位移,故内力矩不做功.所以刚体内力矩做功的总和也就为零了.因此绕定轴转动的刚体,其转动动能的增量就等于合外力矩所做的功.

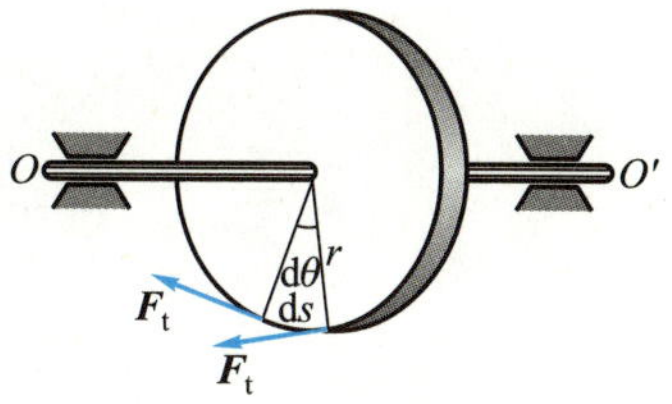

图 4-22 力矩做功

二、力矩的功率

我们知道,力对质点做功的快慢是用单位时间力对质点做功的多少来表示的.同样,我们用单位时间内力矩对刚体所做功的多少来表示力矩做功的快慢,并把它称为力矩的功率,用 P 表示.

设刚体在恒力矩作用下绕定轴转动,在时间间隔 dt 内转过

$d\theta$ 角，则力矩的功率为

$$P=\frac{dW}{dt}=M\frac{d\theta}{dt}=M\omega \tag{4-20}$$

即力矩的功率等于力矩与角速度的乘积.当功率一定时，转速越低，力矩越大；反之，转速越高，力矩越小.

三、转动动能

刚体可看成是由许许多多的质元所组成的.刚体的转动动能等于各质元动能的总和.设刚体上各质元的质量与线速率分别为 $\Delta m_1,\Delta m_2,\cdots,\Delta m_i$ 与 $v_1,v_2,\cdots,v_i$，各质元到转轴的垂直距离分别为 $r_1,r_2,\cdots,r_i$，当刚体以角速率 ω 绕定轴转动时，第 i 个质元的动能为

$$\frac{1}{2}\Delta m_i v_i^2=\frac{1}{2}\Delta m_i r_i^2\omega^2$$

则整个刚体的动能为

$$E_k=\sum_i\frac{1}{2}\Delta m_i r_i^2\omega^2=\frac{1}{2}\left(\sum_i\Delta m_i r_i^2\right)\omega^2$$

式中 $\sum_i\Delta m_i r_i^2$ 为刚体的转动惯量，故

$$E_k=\frac{1}{2}J\omega^2 \tag{4-21}$$

即刚体绕定轴转动的转动动能等于刚体的转动惯量与角速度二次方的乘积的一半.这与质点的动能 $E_k=\frac{1}{2}mv^2$ 在形式上是相同的.

四、刚体绕定轴转动的动能定理

设在合外力矩 M 的作用下，刚体绕定轴转过角位移 $d\theta$，则合外力矩对刚体所做的元功为

$$dW=Md\theta$$

由转动定律 $M=J\alpha=J\frac{d\omega}{dt}$，上式亦可写成

$$\mathrm{d}W = J\frac{\mathrm{d}\omega}{\mathrm{d}t}\mathrm{d}\theta = J\frac{\mathrm{d}\theta}{\mathrm{d}t}\mathrm{d}\omega = J\omega\mathrm{d}\omega$$

若设上式中的 J 为常量，在时间间隔 Δt 内，合外力矩对刚体做功，使得刚体的角速度从 ω_1 变到 ω_2，则合外力矩对刚体所做的功为

$$W = \int \mathrm{d}W = J\int_{\omega_1}^{\omega_2}\omega\mathrm{d}\omega$$

即

$$W = \frac{1}{2}J\omega_2^2 - \frac{1}{2}J\omega_1^2 \tag{4-22}$$

上式表明，合外力矩对绕定轴转动的刚体所做的功等于刚体转动动能的增量. 这就是刚体绕定轴转动的动能定理.①

为了便于理解刚体绕定轴转动的规律性，我们必须注意规律形式和研究思路的类比方法. 下面我们把质点运动与刚体定轴转动的一些重要物理量和重要公式类比，列成表 4-2 供大家使用.

表 4-2 质点运动与刚体定轴转动对照表

质点运动	刚体定轴转动
速度 $\boldsymbol{v} = \frac{\mathrm{d}\boldsymbol{r}}{\mathrm{d}t}$	角速度 $\omega = \frac{\mathrm{d}\theta}{\mathrm{d}t}$
加速度 $\boldsymbol{a} = \frac{\mathrm{d}\boldsymbol{v}}{\mathrm{d}t}$	角加速度 $\alpha = \frac{\mathrm{d}\omega}{\mathrm{d}t}$
力 $\boldsymbol{F}$	力矩 M
质量 m	转动惯量 $J = \int r^2 \mathrm{d}m$
动量 $\boldsymbol{p} = m\boldsymbol{v}$	角动量 $L = J\omega$

视频：单杠运动中有关转速、受力的模型选择及计算

例 1

有一台吊扇，第一挡转速为 $n_1 = 7\ \mathrm{r\cdot s^{-1}}$，第二挡转速为 $n_2 = 10\ \mathrm{r\cdot s^{-1}}$. 吊扇叶片转动时要受到阻力矩 M_f 的作用，一般来说，阻力矩与转速之间的关系要由实验测定，但作为近似计算，我们取阻力矩与角速度之间的关系为 $M_\mathrm{f} = k\omega^2$，其中系数 $k = 2.74\times10^{-4}\ \mathrm{N\cdot m\cdot rad^{-2}\cdot s^2}$.(1) 试求：吊扇的电机在这两种转速下所消耗的功率；(2) 设吊扇由静止匀加速地达到第二挡转速经历的时间为 5 s，则在此时间内阻力矩做了多少功？

① 在研究车辆的运动时，不是都能把车辆当作质点看待的. 在许多情形下，我们必须考虑车轮的转动动能和车辆的载重. 读者如有兴趣，可参阅马文蔚等主编《物理学原理在工程技术中的应用》(第四版) 之“重车和空车同时到吗？”和“单杠运动中旋转的有关物理问题”(高等教育出版社，2015 年).

重车和空车同时到吗？

单杠运动中旋转的有关物理问题

解 (1) 由刚体绕定轴转动时力矩做功的功率公式可知,吊扇叶片按一挡和二挡转动时阻力矩的功率分别为

$$P_1 = M_{f1}\omega_1 = k\omega_1^3 = k(2\pi n_1)^3 = 23.3\ \mathrm{W}$$

$$P_2 = M_{f2}\omega_2 = k\omega_2^3 = k(2\pi n_2)^3 = 67.9\ \mathrm{W}$$

可见,吊扇的转速从 $7\ \mathrm{r\cdot s^{-1}}$ 增加到 $10\ \mathrm{r\cdot s^{-1}}$,也就是说转速只增加了$\frac{1}{2}$不到,而消耗的功率却几乎增加了 2 倍多.因此,在没有特别需要的情况下,人们应尽可能降低吊扇的转速,这对节省能源是十分有益的.

(2) 由于吊扇的角速度是由静止匀加速增大的,所以其角加速度 $\alpha = \omega/t = 2\pi n_2/5$.阻力矩在时间 t 内所做的功为

$$W = \int M_{f2}\mathrm{d}\theta = \int k\omega^3 \mathrm{d}t = \int k\alpha^3 t^3 \mathrm{d}t$$

于是可得

$$W = k\alpha^3\int_0^t t^3 \mathrm{d}t = \frac{1}{4}k\alpha^3 t^4$$

把已知数值代入可得,在 $t = 5\ \mathrm{s}$ 内阻力矩做的功为 $W = 84.8\ \mathrm{J}$.

例 2

如图 4-23 所示,一长为 l、质量为 m' 的细杆可绕支点 O 自由转动.一质量为 m、速率为 v 的子弹射入细杆内距支点为 a 处,使杆的偏转角变为 30°.问子弹的初速率为多少?

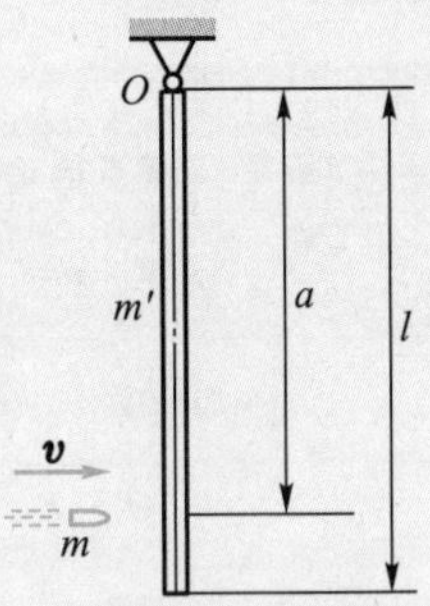

图 4-23

解 子弹和细杆可看作一个系统,系统所受的外力有重力和轴对细杆的约束力.在子弹射入细杆的极短时间内,重力和约束力均通过支点 O,因此它们对支点 O 的力矩均为零,系统的角动量应当守恒.于是有

$$mva = \left(\frac{1}{3}m'l^2 + ma^2\right)\omega \qquad (1)$$

子弹射入细杆后,细杆在摆动过程中只有重力做功,如以子弹、细杆和地球为一系统,则此系统机械能守恒.于是有

$$\frac{1}{2}\left(\frac{1}{3}m'l^2 + ma^2\right)\omega^2$$
$$= mga(1-\cos 30°) + m'g\frac{l}{2}(1-\cos 30°) \qquad (2)$$

解式(1)和式(2),得

$$v = \frac{1}{ma}\sqrt{\frac{g}{6}(2-\sqrt{3})(m'l+2ma)(m'l^2+3ma^2)}$$

例 3

如图 4-24 所示,有一根长为 l、质量为 m 的均匀细棒,棒的一端可绕通过点 O 并垂直于纸平面的轴转动,棒的另一端有一质量为 m 的小球.开始时,细棒静止地处于水平位置 A.当细棒转过角 θ 到达位置 B 时,其角速度为多少?

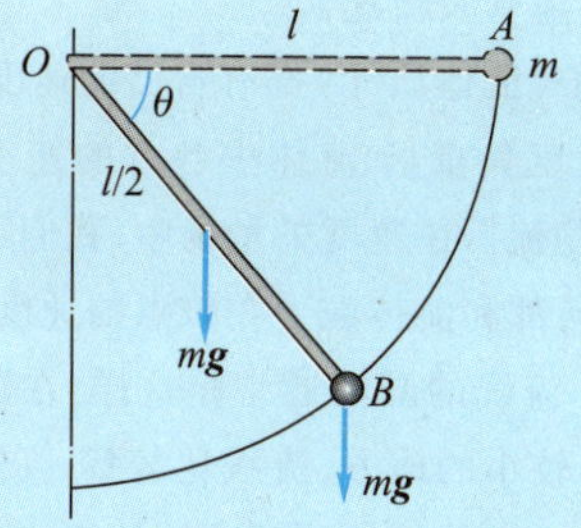

图 4-24

解 由题意知，细棒和小球在转动过程中其形状是不改变的，也就是说它们的转动惯量是一常量.对通过点 O 的轴来说，它们的转动惯量应为细棒的转动惯量 J_1 与小球的转动惯量 J_2 之和，即

$$J=J_1+J_2=\frac{1}{3}ml^2+ml^2=\frac{4}{3}ml^2 \quad (1)$$

以连有小球的细棒和地球为一个系统，并取棒在水平位置时的重力势能为零，即 $E_{pA}=0$.若略去转轴阻力矩做功，则棒在转动过程中机械能守恒，即细棒和小球的转动动能和重力势能之和为一常量，有

$$E_{pB}+E_{kB}=E_{pA}+E_{kA}=0 \quad (2)$$

式中 E_{kB} 和 E_{pB} 分别为

$$E_{kB}=\frac{1}{2}J\omega^2=\frac{2}{3}ml^2\omega^2$$

$$E_{pB}=-\left(mg\frac{l}{2}\sin\theta+mgl\sin\theta\right)=-\frac{3}{2}mgl\sin\theta$$

把以上两式代入式(2)可得，细棒转到位置 B 时，其角速度为

$$\omega=\frac{3}{2}(g\sin\theta/l)^{1/2}$$

*4-5 流体动力学简介

一、理想流体的运动与规律

至此，我们已经研究过的物体运动，不外乎物体相对于其他物体的移动，或者是刚体绕定轴的转动.实际上同一物体的各部分之间也可以相对运动.我们把一种连续的、无限大的、彼此能相对运动的物体，称为连续介质.连续介质可能是弹性固体，在这种情况下，介质中各部分之间可能发生静态切变，也可能发生振动、波动（见第五章、第六章）；也可能是连续的不可压缩的液体，液体可以流动；当然也还可能是气体（见第七章、第八章），气体不仅可以流动，还可以被压缩.在力学中研究流体运动的部分，叫做流体动力学.本节主要介绍不可压缩的液体的流动.

1. 流体的基本性质及描述

（1）理想流体的定义

在研究流体运动时，在大多数情况下，我们可以近似地认为，液体是不可压缩的；并且可以假设，其中液层和液层之间的相对移动并不引起摩擦力（即认为不存在内摩擦或黏性）.这种不可压缩而且没有黏性的流体，叫做理想流体.

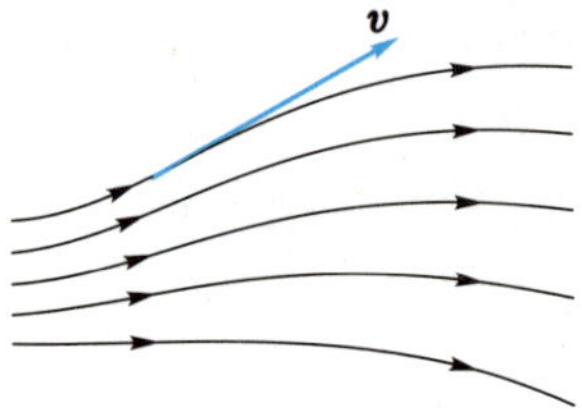

图 4-25 流线的画法

(2) 流体运动的描述(流线、流管及流速)

流体运动时,每一个流体粒子(流体质元)都有自己的速度矢量.整个流体粒子的速度分布就构成一个速度矢量场.流体中各点的速度不随时间而变的流动,称为稳定流动,简称“稳流”.在速度矢量场中,我们可以人为地画出一些线,线上每一点的切线方向都和流体粒子在该点的速度方向一致,如图 4-25 所示.这样的线叫做流线.流线的画法通常是这样:在流体流速较大的地方,流线比较密;在流体流速较小的地方,流线比较稀.流体在稳定流动时,流线与流体粒子的运动轨迹一致,并保持流线的连续性不变.图 4-26 是流体分别流过圆柱形、平板形以及鱼形截面的物体的流线图.从图中显示的连续流线可判断,流体是以稳流的方式通过上述物体的.实际上,当流体以较大速度流过一般物体,特别是物体端截面为平面时,流体会出现紊乱情况,即流速会出现突变、旋转等,表现在流线上就是流线会断裂、回旋,如图 4-27 所示.

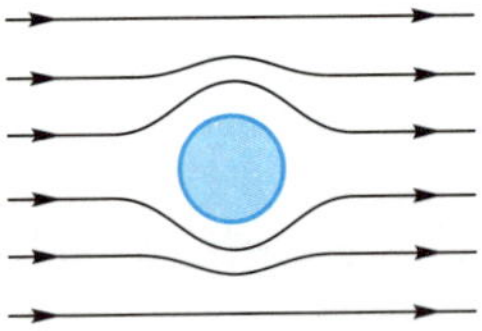

(a)

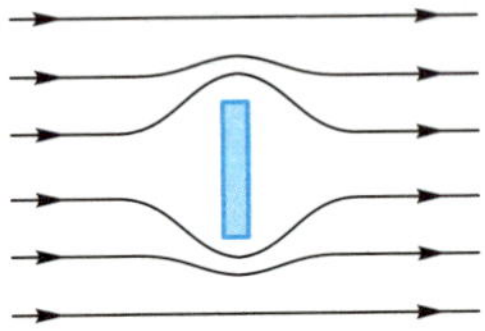

(b)

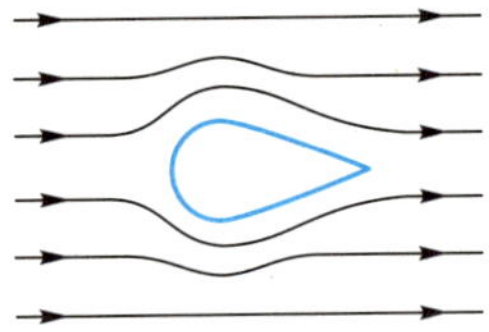

(c)

图 4-26 流体的流线

在稳定流动的流体中,以一组连续分布的流线为边界线,这些流线包围的那一部分流体叫做流管.因为流线就是流体粒子的运动轨迹,每一点都有确定的流速,所以流线不能相交,即位于流管内任意一横截面上的一切粒子,在流动中将继续在该流管中运动而不逸出管外,同样也没有任何管外粒子进入管内.

2. 基本规律

(1) 流体连续性方程

我们取一流管,并任意截取两个垂直于流线的截面,其面积记作 ΔS_1 和 ΔS_2,如图 4-28 所示.设 v_1、v_2 分别为所取截面 ΔS_1 和 ΔS_2 处流体流速的平均值(注:若截面无限小,它们就是截面上粒子的速度).单位时间内流过截面 ΔS_1 和 ΔS_2 的流体体积分别为 $\Delta S_1 v_1$ 和 $\Delta S_2 v_2$,对于不可压缩的流体来说,流过截面 ΔS_1 和 ΔS_2 的流体体积相同,由此即得

$$\Delta S_1 v_1 = \Delta S_2 v_2 \tag{4-23}$$

只要流体稳定流动,式(4-23)就对任意垂直截面都成立.于是对于一个流管,就可以普遍地写出

$$\Delta S v = 常量 \tag{4-24}$$

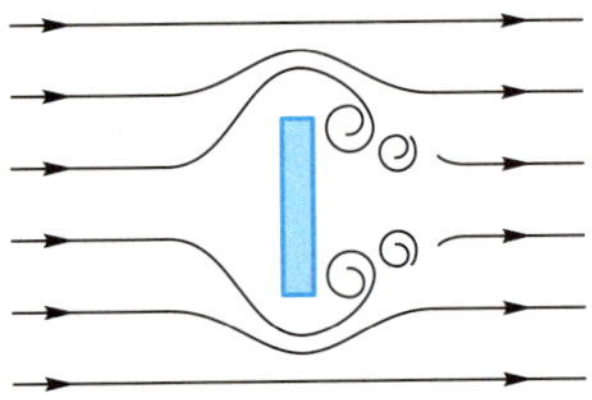

图 4-27 紊流

也就是说,对于给定的流管,不可压缩的流体的流速和流管截面积的乘积是一个常量.这一关系式叫做流体连续性方程.

按照流体连续性方程,在流管较粗的地方,流体流得较慢;在流管较细的地方,流体流得较快.因此,在一个流管粗细不均匀的流体中,流体有加速度.

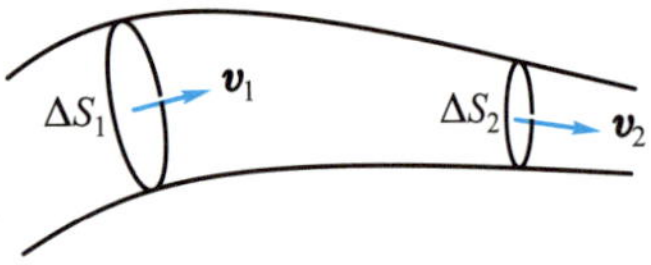

图 4-28 流管

(2) 伯努利方程

从流体中划分出一微小质元 Δm,以这部分流体为对象,画出其流管,如图 4-29 所示.这部分流体先流过流管的截面 ΔS_1,后流过流管的截面 ΔS_2.在截面 ΔS_1 处,流体速度为 v_1,压强为 p_1;在截面 ΔS_2 处,速度为 v_2,压强为 p_2.假设流管并不处于同一水平位置而具有一定的高度差,我们用 h_1、

h_2 分别代表截面 ΔS_1、ΔS_2 所在处的高度.质量为 Δm 的流体依次流过截面 ΔS_1、ΔS_2 时,由于流体是理想情况,所以,这部分流体只受到来自流体内部其他部分沿流速方向作用在 Δm 上的压力差(该压力差随位置改变),该压力差所做的功等价于截面 ΔS_1、ΔS_2 之间的所有流体在 Δt 时间内,作用在截面 ΔS_1、ΔS_2 两处的压力差所做的功.其中 Δt 是 Δm 经过截面 ΔS_1 所需的时间.由连续性方程式(4-23)或式(4-24)知,Δm 经过截面 ΔS_2 的时间也一定是 Δt.下面我们求在 Δt 时间内,截面 ΔS_1、ΔS_2 内所有流体受到的压力差做的功 W.设在 Δt 时间内,Δm 分别经过截面 ΔS_1、ΔS_2 的距离为 Δl_1、Δl_2,作用在截面 ΔS_1、ΔS_2 上的压强分别为 p_1、p_2,则

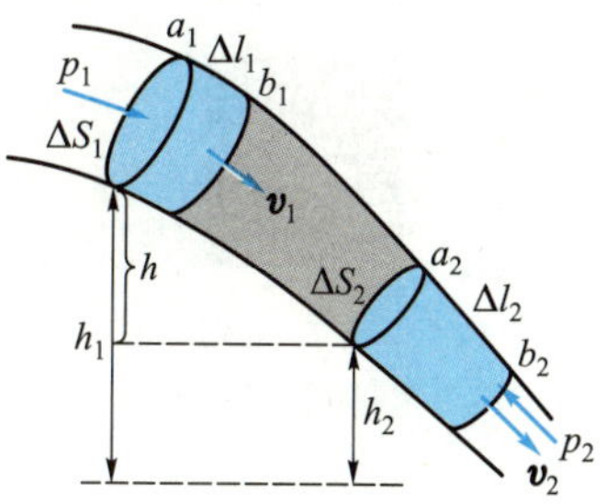

图 4-29 推导伯努利方程用图

$$W=p_1\Delta S_1\Delta l_1-p_2\Delta S_2\Delta l_2 \tag{4-25}$$

由连续性方程式(4-23)可知

$$\Delta S_1\Delta l_1=\Delta S_2\Delta l_2=\Delta V$$

式中 ΔV 是 Δm 对应的体积.因此式(4-25)可写为

$$W=(p_1-p_2)\Delta V \tag{4-26}$$

这样我们就可以很容易地列出 Δm 从截面 ΔS_1 运动到截面 ΔS_2 的过程中的功能关系:

$$E_2-E_1=W \tag{4-27}$$

能量 E_1、E_2 是流体质元 Δm 分别处于截面 ΔS_1、ΔS_2 时的动能和势能之和,即

$$E_1=\frac{\Delta mv_1^2}{2}+\Delta mgh_1$$

$$E_2=\frac{\Delta mv_2^2}{2}+\Delta mgh_2$$

将上式及式(4-26)一同代入式(4-27),并注意$\dfrac{\Delta m}{\Delta V}$就是流体的密度 ρ,可得

$$\frac{\rho v_1^2}{2}+\rho gh_1+p_1=\frac{\rho v_2^2}{2}+\rho gh_2+p_2 \tag{4-28}$$

上述方程是由瑞士物理学家和数学家丹尼尔·伯努利(D.Bernoulli,1700—1782)于 1738 年由实验推理得出的,因此这一方程称为伯努利方程.方程中表现出的压强、速度以及高度之间的大小规律又称为伯努利定律.实际上,伯努利定律是反映能量守恒的,因为压强可以看作单位体积流体的内能.

若流管水平放置($h_1=h_2$),则伯努利方程变为

$$\frac{\rho v_1^2}{2}+p_1=\frac{\rho v_2^2}{2}+p_2 \tag{4-29}$$

文档:伯努利

视频：坐列车过隧道的体验

由式(4-29)可看到速度与压强的关联，即速度小的地方，压强大，而速度大的地方压强小．显然，流体中的压强不能简单地与静态液体中的压强 $p=\rho gh$ 一致．

上述伯努利方程的适用条件是：首先，流体是理想流体(不可压缩和非黏性)；其次，流体是稳定流动的；最后，方程对同一流管中的各个不同点成立．但在解决实际问题时，往往前两个要求可以近似处理，唯有最后一个要求必须满足，否则不好比较相应的关系．

二、伯努利方程的应用

伯努利方程在流体中的作用是非常重要的，它不仅在液体中适用，而且在气体中也基本适用．下面的例子既是实际的应用，也是原理性的介绍．伯努利方程有很广泛的应用．

1．喷雾器

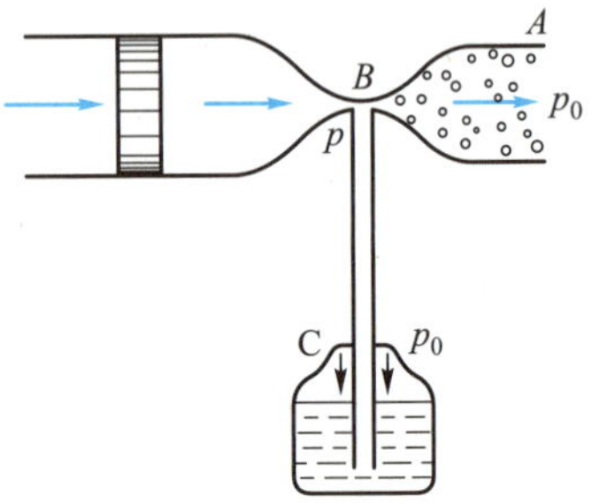

图 4-30　喷雾器

喷雾器的构造如图 4-30 所示．由于水平管中的活塞向右运动，管中产生气流，在截面积大的 A 处，速度小，压强近似等于大气压 p_0，在截面积缩小的 B 处，速度大，压强 p 小于大气压 p_0．结果是，储液器 C 中的液面上的大气压 p_0，就将液体压上去，在 B 处混入气流，液体被吹散成雾，由喷嘴喷出．内燃机的挥发器、农药喷雾器以及香水和沐浴液的压缩喷口等都是利用这个原理制成的．

2．小孔流速

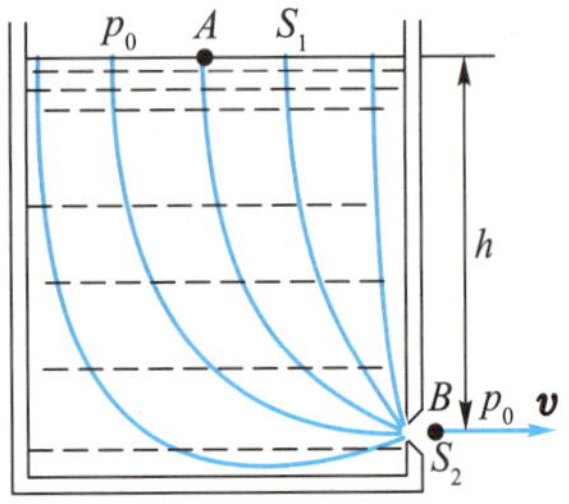

图 4-31　小孔流速

设在大容器的水面下方 h 处的器壁上有一小孔，水由此处流出，如图 4-31所示．因为容器截面积 S_1 比小孔面积 S_2 大得多，水面下降极缓，在短时间内高度差 h 几乎不发生改变．水的流动可看作理想流体的稳定流动．我们取流线 AB，点 A 在水面上，压强可视为大气压 p_0，速度可视为 0．若取过点 B 的水平面作为参照面，点 A 的高度为 h；点 B 的压强近似为 p_0，高度为 0，流速为 v_2．将这 6 个量代入式(4-28)得

$$v_2=\sqrt{2gh}$$

这个结果是在理想流体的假设下求出的．实际上，由于内摩擦力的作用，流出的速度较 $\sqrt{2gh}$ 要小 1%～2%．

3．流量计

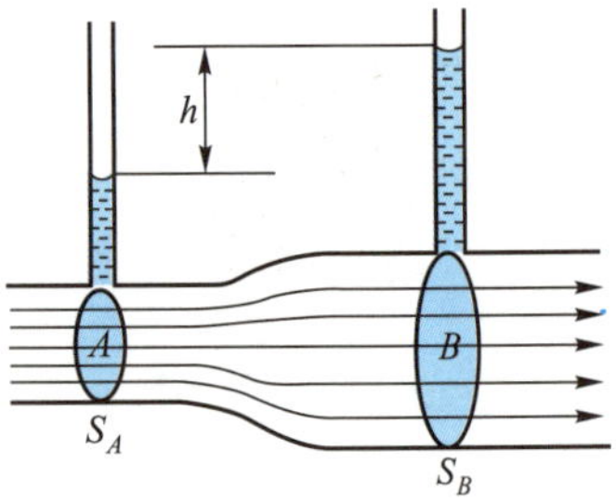

图 4-32　流量计

大河、大江和大坝放水都需要测量流量，人们可用流量计测量．最简单的流量计是用一根粗细不均匀的管子做成的(图 4-32)．在测量时人们把它水平地放置在待测河道(或管道等)中，从它上面的压强示数就可求出流体的流量．

如图 4-32 所示，A、B 两处截面积不同．由于流量计是水平放置的，所以中间的一根细流管是水平的，将伯努利方程应用到这一细流管中的点 A 和点 B，即得

$$p_A+\frac{1}{2}\rho v_A^2=p_B+\frac{1}{2}\rho v_B^2$$

由于同一截面上各处流速相等，而且流线是彼此平行的，所以根据连续性方程有

$$v_A S_A=v_B S_B$$

从以上两式可得，流体流经“流量计”的流量为

$$Q=v_A S_A=v_B S_B=\sqrt{\frac{2(p_A-p_B)S_A^2S_B^2}{\rho(S_A^2-S_B^2)}}$$

若以 h 表示连接在 A、B 两处的两支管内流体表面的高度差，由于两支管内的流体静止，且 A、B 两点竖直方向上无加速度（流线平行），所以 A、B 两点的压强由各自的水柱高产生，即 $p_A-p_B=-\rho gh$，则上式可写为

$$Q=\sqrt{\frac{2ghS_A^2S_B^2}{S_B^2-S_A^2}} \tag{4-30}$$

由此，测得 h 后，即可利用式(4-30)求出流体流经“流量计”的流量.最后，若待测河道的水流截面积为 S'（往往是估测值），则总流量 Q' 为

$$Q'=\frac{S'}{S_A}Q \tag{4-31}$$

将式(4-30)的计算值代入式(4-31)，人们即可估测出大河、大江和大坝放水时的流量.

严格来说，伯努利方程不适用于黏性液体，因为黏性力做功，使流管内部的一部分能量转化为热能.但是，实际上只有对于黏性极大的液体，伯努利方程才不适用.水这一类流体实际上可以足够精确地满足伯努利方程.此外，伯努利方程用于气体一类的流体时，会有一系列有趣的现象发生，例如飞行体的升力、旋转球的弧线运动等.

动画：伯努利方程

*4-6 经典力学的成就和局限性

前述的质点力学和刚体力学都是在牛顿运动定律的基础上建立起来的.此外，在牛顿运动定律基础上人们还建立了诸如流体力学、弹性力学、结构力学等多门工程力学学科.所有这些在理论体系上都属于牛顿力学或经典力学的范畴.经典力学在物理学中较早地发展成为理论严密、体系完整、应用广泛的一门学科，并且还是经典电磁学和经典统计力学的基础.因此，经典力学的应用极为广泛，取得的成就也非常巨大.它曾促进了蒸汽机和电动机的发明，为产业革命和电力技术革命奠定了基础.当今科学技术发展很快，尤其是智能技术

和信息技术正飞速发展,而材料科学已深入到分子和原子层次,形成了所谓纳米材料技术.然而时至今日,小到微型机器人,大到宇宙飞船,经典力学还是极为重要的基础之一.而且可以肯定,在今后科学技术的发展中,它仍将发挥不可替代的作用.

但是,在经典力学不断取得辉煌成就的同时,在物理学的发展中,特别是从20世纪初叶以来,人们就已发现一些现象是与经典力学的一些概念和定律相抵触的.这说明经典力学只具有相对的真理性,或者说经典力学是有局限性的.

一、经典力学只适用于处理物体的低速运动问题,而不能用于处理高速运动问题

经典力学把时间和空间看作是彼此无关的;把时间和空间的基本属性也看作与物质的运动没有任何关系,而是绝对的、永远不变的.这就是所谓经典力学中的"绝对时间"和"绝对空间"的观点,也称为牛顿绝对时空观.

但是,随着物理学的发展,特别是19世纪末新的实验发现,使经典力学和经典电磁理论遇到了很大的困难,牛顿的绝对时空观和建立在这一基础上的经典力学开始陷入了无法解决某些问题的困境.

在这种情况下,20世纪初的1905年,爱因斯坦提出了狭义相对论.这一理论描述了一种新的时空观,认为时间和空间是相互联系的,而且时间的流逝和空间的延拓也与物质和运动有不可分割的联系.例如运动物体的长度和所经历的时间,就与它相对于惯性系的运动速度有密切的关联,这种关联在物体的速度 v 接近光速 c 时尤为显著①.下面我们仅概略地介绍几个力学中的物理量在高速运动与低速运动时的差异.

1. 高速运动时速度的相对性

如图4-33所示,有两个惯性参考系S和S′,它们的 Ox 轴和 Ox' 轴相重合,Oy 轴与 Oy' 轴相平行,Oz 轴与 Oz' 轴亦平行.其中S′系沿 Ox 轴以速度 v 相对S系运动.若在S′系中有一质点 P,以速度 u'_x 沿 Ox' 轴运动,则这个质点在S系中沿 Ox 轴运动的速度 u_x 是多少呢?按照爱因斯坦的狭义相对论可知②

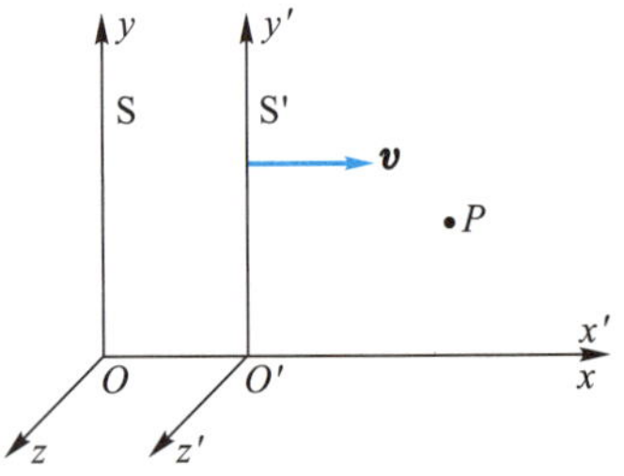

图4-33 速度的相对性

$$u_x=\frac{u'_x+v}{1+\dfrac{u'_x v}{c^2}} \tag{4-32}$$

式中 c 为光速.上式为狭义相对论的速度变换式,也称为洛伦兹速度变换式.

① 参阅本书下册第十五章第15-2节中的"狭义相对论的基本原理"和"洛伦兹变换式".

② 参阅本书下册第十五章第15-2节中的"洛伦兹速度变换式".

如果质点 P 在 S′系中的速度远小于光速，即 $u'_x \ll c$，那么式(4-32)中，$1+(u'_x v)/c^2 \approx 1$. 于是，由式(4-32)可得

$$u_x = u'_x + v \tag{4-33}$$

此式即第一章第 1-4 节所提到的伽利略速度变换式.它是洛伦兹速度变换式在 $u'_x \ll c$ 时的近似情形.这也表明，经典力学关于不同惯性参考系间的速度变换式，只能近似地适用于质点的速度远小于光速时的低速运动情况.

2. 高速运动时的动量和质量

在经典力学中，质量为 m_0、速度为 v 的质点，其动量为 $p = m_0 v$. 但是，当质点的速度 v 接近于光速 c 时，爱因斯坦的狭义相对论则指出，质点的动量应为

$$p = \frac{m_0 v}{\left(1-\dfrac{v^2}{c^2}\right)^{1/2}} \tag{4-34}$$

若质点的速度 v 远小于光速 c，即 $v \ll c$，则上式中的二项式 $\left(1-\dfrac{v^2}{c^2}\right)^{-1/2} \approx 1$①. 于是，由式(4-34)可得，在远小于光速的低速运动情况下，质点的动量为

$$p = m_0 v \tag{4-35}$$

这就是经典力学中的动量表达式.它是在 $v \ll c$ 时，狭义相对论性动量式(4-34)的近似情形.

由式(4-34)还可知，质点在高速运动时的质量为

$$m = \frac{m_0}{\left(1-\dfrac{v^2}{c^2}\right)^{1/2}} \tag{4-36}$$

式中 m_0 称为静质量，m 可称为动质量或相对论性质量.从式(4-36)可以看出，质点的质量是依赖于其运动速度的，也就是说，物质的基本属性是与运动紧密相连的.只有在 $v \ll c$ 时，$m \approx m_0$，质点的质量才可近似视为常量.然而，现代高能粒子加速器可使电子、质子等微观粒子的速度达到 $0.8c$ 以上，这时粒子的质量就必须用式(4-36)来表述了.

3. 质量与能量之间的关系

从狭义相对论还可以得出另一重要结果，即质量与能量的关系：

$$E = mc^2 \tag{4-37}$$

① 二项式 $(1-x^2)^{-1/2}$ 在 $x^2 \ll 1$ 的情形下，可展开为 $\left(1+\dfrac{1}{2}x^2+\dfrac{1\times3}{2\times4}x^4+\dfrac{1\times3\times5}{2\times4\times6}x^6+\cdots\right)$. 现 $x = v/c$，且 $v \ll c$，所以可有 $(1-v^2/c^2)^{-1/2} \approx 1$.

式中 E 是物体的能量，m 是物体的质量，c 是光速. 上式又可写成

$$m=\frac{E}{c^2}$$

这个关系式深刻地反映了物质与其运动的不可分割性：有质量必有能量，有能量必有质量，任何物质都具有质量和与之相对应的能量.

由式(4-37)可得，物体的质量有 Δm 的变化时，其能量的相应变化为

$$\Delta E=c^2\Delta m \tag{4-38}$$

下面我们举一个例子，以说明上式的应用. 设太阳向外辐射的功率为 4×10^{26} $\mathrm{J\cdot s^{-1}}$，那么太阳因对外辐射而每秒减少的质量为

$$\Delta m=\frac{\Delta E}{c^2}=\frac{4\times10^{26}}{(3\times10^8)^2}\mathrm{kg}\approx4\times10^9\ \mathrm{kg}$$

这样，每年太阳因辐射而减少的质量约为 1.3×10^{17} kg. 据估计太阳的质量约为 2.0×10^{30} kg，那么，因对外辐射能量，太阳在 1 年内减少的质量与原有质量的比率约为 6.5×10^{-14}. 可见，太阳因辐射而每年减少的质量是很少很少的，或者说若太阳一直按此规模向外辐射，它将能持续 10^{13} 年以上.

二、确定性与随机性

经典力学的研究对象是宏观低速运动的物体，遵循的研究思想是确定论. 所谓确定论是指：如果我们知道物体初始的运动状态（即 $\boldsymbol{r}_0$ 和 $\boldsymbol{v}_0$），又知道物体在运动过程中的受力情况，那么，就可以根据牛顿运动定律列出物体的运动方程，从而可以确知物体在任意时刻的运动状态（即 $\boldsymbol{r}$ 和 $\boldsymbol{v}$）. 换句话说，经典力学认为，运动物体今后的行为，是由过去（或现在）的运动状态以及物体所受的作用力决定的，这就是牛顿力学（或经典力学）的确定性. 事实上，确定性取得了大量令人激动的成就，特别是对哈雷彗星回归时间的预测、海王星的发现、宇宙飞船与空间站的对接和返回地球等这样一系列的大课题，都得到完美的解决. 正因为经典力学的确定性取得了如此辉煌的成就，在相当长的一段时期里，特别是 19 世纪中叶以前，许多人认为牛顿力学确定性的观点是绝无疑义的.

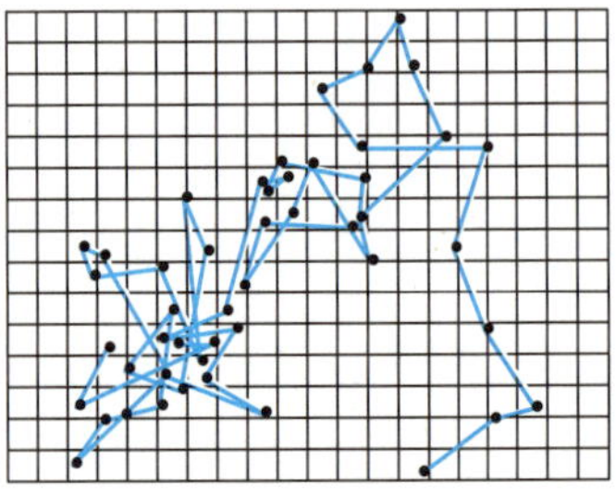

图 4-34 藤黄粒子在水中运动的随机性

然而事实上，物体的运动并非都是只按照确定性进行的，在许多情况下，物体的运动还表现出相当明显的偶然性、随机性. 表现物体运动随机性的最典型的例子是布朗运动. 图 4-34 是藤黄粒子在水中运动的轨迹图线. 从图中可看到藤黄粒子的轨迹是一些无规则的折线. 这表明，藤黄粒子的运动除了与其初始运动状态以及所受的浮力、黏性力有关外，更重要的是与水分子对其的碰撞有关. 由于水分子对藤黄粒子碰撞的偶然性，藤黄粒子因碰撞而受到冲力的大小和方向也都具有偶然性. 这就告诉我们，藤黄粒子在水中运动轨迹的无规性，既反映了确定性，又反映了随机性，或者说藤黄粒子的运动既不是完全确定性的，也不是完全随机性的. 由此可见，自然界

存在的运动应是确定性和随机性兼而有之的.人们把确定性运动具有的这种不确定性的现象称为混沌①.

在自然界中混沌现象是很普遍的.例如,给定摆长的单摆的运动是遵守牛顿力学方程的,但其运动在一定的条件下受偶然因素的影响会产生不确定性②;甚至有人说墨西哥的飓风,也许只是由于一只蝴蝶拍一下翅膀而引起的.混沌虽是 20 世纪 60 年代才被提出的,然而混沌的研究对象却已远远超出物理学的范围.生物学、天文学、社会学等领域内的一些现象都显示出混沌的存在.

三、能量的连续性与能量量子化

经典力学是在研究宏观物体(在 $v \ll c$ 时)的机械运动时总结出来的.在经典力学中,物体的运动状态是用它的位置和动量(或速度)来描述的,而且物体的位置和动量在任何时刻都可具有各种可能的数值,即它们的变化是连续的.由此可知,在经典力学中,物体的能量变化亦是连续的.这就是经典力学的能量连续性.在生活中,这方面的例子很多.如图 4-35 所示,一单摆开始时其摆角为 θ_0,然后任其自由摆动.由于在运动过程中受到空气阻力等耗散力的影响,单摆的能量连续不断地减少,从而使其摆角也连续不断地减小,直至能量全部耗散掉,摆角变为零.

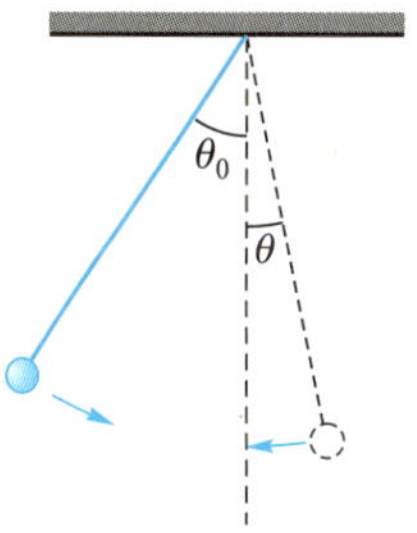

图 4-35 经典力学的单摆能量的连续性

1900 年,能量连续性遇到有力的挑战.普朗克在说明黑体辐射的规律时,就首先冲破了能量连续性这一传统观念的束缚,提出了能量量子化的设想③.他认为频率为 ν 的一维振子的能量,只能是其基元能量 $h\nu$ 的整数倍,即

$$E=nh\nu,\quad n=0,1,2,3,\cdots \tag{4-39}$$

式中 h 称为普朗克常量.按照普朗克的说法,频率为 ν 的一维振子的能量是不连续的,一份一份的,即量子化的.普朗克运用上述设想解决了当时经典物理学遇到的一个重大难题——“紫外灾难”.1905 年,爱因斯坦在研究光与物质相互作用时,他更前进了一步,提出光是由光量子组成的学说,并指出光量子的能量为 $\varepsilon=h\nu$.不久,光量子就被改称为光子了.爱因斯坦据此圆满地解释了光电效应现象.不久,1913 年,玻尔提出了原子的能级概念,并据此解释了氢原子光谱的规律性.这是运用能量量子化思想和光子学说的重大成果.

能量量子化是微观粒子的重要性质之一.它指出经典力学不能用来描述像电子、光子、质子等微观粒子的运动.这样,继狭义相对论之后,德布罗意、薛定谔等人的工作逐步建立了符合微观粒子特点的新的力学——量子

① 有关这方面的知识,可参阅蔡枢等编《大学物理(当代物理前沿专题部分)》(第 2 版)之“混沌现象”(高等教育出版社,2004 年).

② 有关大角度单摆所引起的混沌现象,可参阅马文蔚《物理学》(第七版)下册第九章第 9-8 节.

③ 参阅本书下册第十六章第 16-1 节.

力学①.

综上可知,以牛顿运动定律为基础建立起来的经典力学,只对宏观物体,且其运动速度比较小时才适用.幸而,在一般工程技术问题中,物体的运动速度与光速相比都很小,而且如果采取适当修正,以尽可能减小由随机性带来的不确定度,那么经典力学是可以适用的.不仅如此,人们完全有理由相信,经典力学还会在科学技术的新进展中继续发挥其处理问题简捷的特长,取得更大的成就和发展.进入21世纪后,在技术领域,人们有望不久后制成量子计算机,其在几秒内处理的信息,要用现在的超级计算机运算数百万年;人们还有望在近期内制成纳米级的机器人;人们还有望获得常温下的超导材料.在物质结构方面,2012年7月4日欧洲核子研究组织宣布,新的粒子——希格斯玻色子用大型强子对撞机发现了.为此,作出希格斯玻色子存在预言的希格斯(P.Higgs,1929—)和恩格勒(F.Englert,1932—)共获2013年的诺贝尔物理学奖.

复习自测题

问题

4-1 绕定轴转动的刚体上质点的路径是什么?

4-2 你是怎样确定刚体转动时的定轴的?

4-3 绕定轴转动刚体的角速度方向是如何确定的?

4-4 以恒定角速度绕定轴转动的飞轮上有两个点,一个点在飞轮的边缘,另一个点在转轴与边缘之间的一半处.试比较:在 Δt 时间内,这两点经历的路程,转过的角度,以及线速度、角速度、线加速度和角加速度之间的关系.

4-5 若有两个力作用在绕定轴转动的刚体上,请回答下列问题.

(1) 两力均与转轴平行,它们的合力矩是多少?

(2) 一力通过转轴,另一力不通过转轴,它们的合力矩怎么计算?

4-6 如果一个刚体所受的合外力为零,其合力矩是否也一定为零?如果一个刚体所受的合外力矩为零,其合外力是否也一定为零?

4-7 有两个飞轮,一个是木制的,周围镶上铁制的轮缘,另一个是铁制的,周围镶上木制的轮缘.若这两个飞轮的半径相同,总质量相等,以相同的角速度绕通过飞轮中心的轴转动,则哪一个飞轮的动能较大?

4-8 刚体可以有不同的转动惯量吗?如果一个刚体由几部分组成,那么这个刚体的转动惯量等于多少?

4-9 如图所示,有5个质点,它们具有相同的质量 m 和速度 $\boldsymbol{v}$.对参考点 O,它们的角动量的大小和方向是否相同?

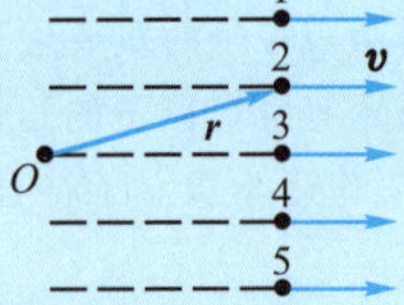

问题 4-9 图

① 有关量子力学简介的内容,请参阅本书下册第十六章第16-7节.

4-10 如果一质点系的总角动量等于零,能否说该质点系中每一个质点都是静止的?如果一质点系的总角动量为一常量,能否说作用在该质点系上的合外力为零?

4-11 一人坐在角速度为 ω_0 的转台上,手持一个旋转着的飞轮,其转轴垂直地面,角速度为 ω'.如果突然使飞轮的转轴倒转,将会发生什么情况?设转台和人的转动惯量为 J,飞轮的转动惯量为 J'.

4-12 下面几个物理量中,哪些与原点的选择有关,哪些与原点的选择无关:(1) 位矢;(2) 位移;(3) 速度;(4) 角动量.

4-13 自来水龙头竖直放出的水柱,为什么下端会变细,还会伴随出现水柱分裂?

习题

4-1 两个力作用在一个有固定转轴的刚体上,对此有以下几种说法:(1) 这两个力都平行于轴作用时,它们对轴的合力矩一定是零;(2) 这两个力都垂直于轴作用时,它们对轴的合力矩可能是零;(3) 当这两个力的合力为零时,它们对轴的合力矩也一定是零;(4) 当这两个力对轴的合力矩为零时,它们的合力也一定是零.下述判断正确的是(　　).

(A) 只有(1)是正确的

(B) (1)、(2)是正确的

(C) (1)、(2)、(3)是正确的

(D) 四种说法都是正确的

4-2 关于力矩有以下几种说法:(1) 对某个定轴转动刚体而言,内力矩不会改变刚体的角加速度;(2) 一对作用力和反作用力对同一轴的力矩之和必为零;(3) 质量相等,形状和大小不同的两个刚体,在相同力矩的作用下,它们的运动状态一定相同.下述判断正确的是(　　).

(A) 只有(2)是正确的

(B) (1)、(2)是正确的

(C) (2)、(3)是正确的

(D) 三种说法都是正确的

4-3 均匀细棒 OA 可绕通过其一端 O 而与棒垂直的水平固定光滑轴转动,如图所示.今使棒从水平位置由静止开始自由下落,在棒摆到竖直位置的过程中,下述说法正确的是(　　).

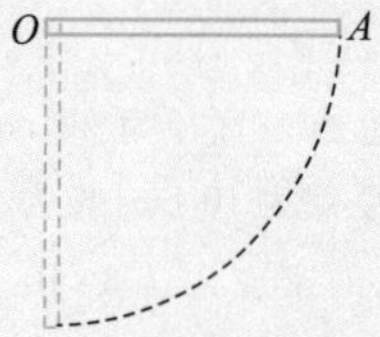

习题 4-3 图

(A) 角速度从小到大,角加速度不变

(B) 角速度从小到大,角加速度从小到大

(C) 角速度从小到大,角加速度从大到小

(D) 角速度不变,角加速度为零

4-4 一圆盘绕通过盘心且垂直于盘面的水平轴转动,轴承间摩擦不计.如图所示,射来两个质量相同,速度大小相同、方向相反并在一条直线上的子弹,它们同时射入圆盘并且留在盘内.在子弹射入后的瞬间,对于圆盘和子弹系统的角动量 L 以及圆盘的角速度 ω,则(　　).

(A) L 不变,ω 增大　　(B) 两者均不变

(C) L 不变,ω 减少　　(D) 两者均不确定

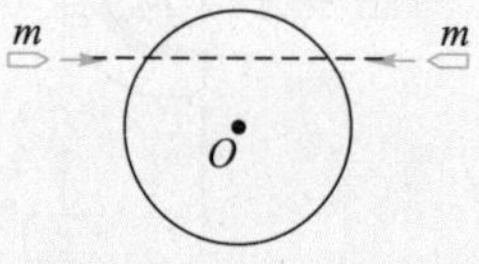

习题 4-4 图

4-5 假设人造地球卫星环绕地球中心作椭圆运动,则在运动过程中,卫星对地球中心的(　　).

(A) 角动量守恒,动能守恒

(B) 角动量守恒,机械能守恒

(C) 角动量不守恒,机械能守恒

(D) 角动量不守恒,动量也不守恒

(E) 角动量守恒,动量也守恒

4-6 一汽车发动机曲轴的转速在 12 s 内由 $1.2\times10^3\ \mathrm{r\cdot min^{-1}}$ 均匀地增加到 $2.7\times10^3\ \mathrm{r\cdot min^{-1}}$.(1) 求曲轴转动的角加速度;(2) 在此时间内,曲轴转了多少圈?

4-7 水分子的形状如图所示.从光谱分析得知,

水分子对 AA' 轴的转动惯量为 $J_{AA'}=1.93\times10^{-47}\ \mathrm{kg\cdot m^2}$，对 BB' 轴的转动惯量为 $J_{BB'}=1.14\times10^{-47}\ \mathrm{kg\cdot m^2}$.试由此数据和各原子的质量求出氢和氧原子间的距离 d 和夹角 θ.假设各原子都可视为质点.

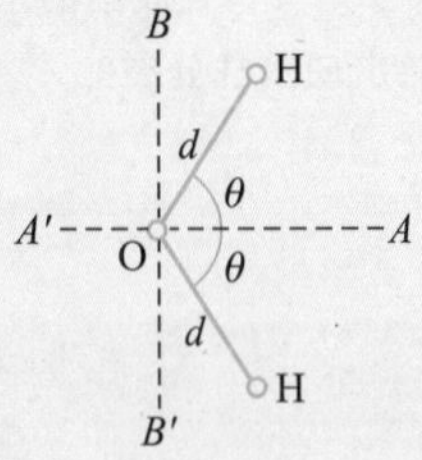

习题 4-7 图

4-8 一飞轮由一直径为 30 cm，厚度为 2.0 cm 的圆盘和两个直径都为 10 cm，长为 8.0 cm 的共轴圆柱体组成，设飞轮的密度为 $7.8\times10^3\ \mathrm{kg\cdot m^{-3}}$，求飞轮对轴的转动惯量.

4-9 用落体观察法测定飞轮的转动惯量，是将半径为 R 的飞轮支承在 O 点上，然后在绕过飞轮的绳子的一端挂一质量为 m 的重物，令重物以初速度为零开始下落，并带动飞轮转动，如图所示.记下重物下落的距离和时间，就可算出飞轮的转动惯量.试写出它的计算式.（假设轴承间无摩擦.）

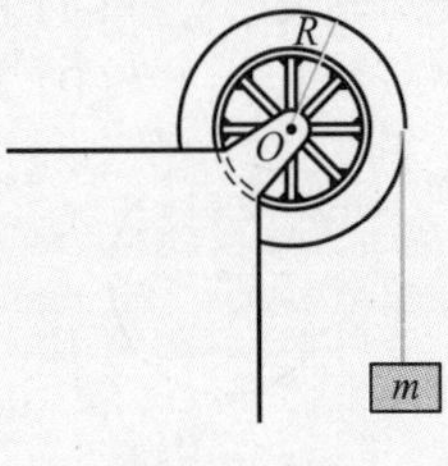

习题 4-9 图

4-10 质量分别为 m_1 和 m_2 的两物体 A、B 分别悬挂在如图所示的组合轮两端.设两轮的半径分别为 R 和 r，两轮的转动惯量分别为 J_1 和 J_2，轮与轴承间的摩擦力略去不计，绳的质量也略去不计.试求两物体的加速度和绳的张力.

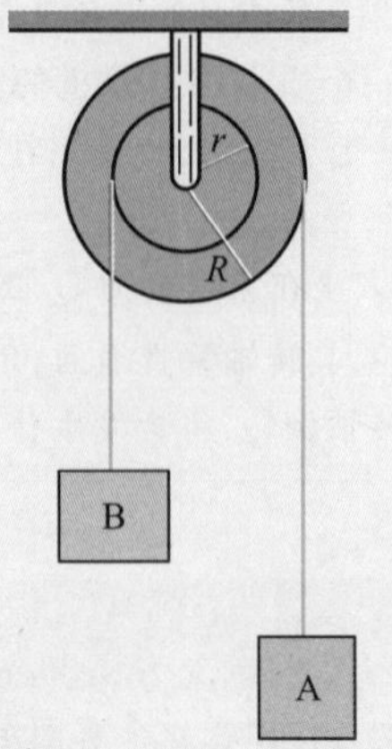

习题 4-10 图

4-11 如图所示装置，定滑轮的半径为 r，绕转轴的转动惯量为 J，滑轮两边分别悬挂质量分别为 m_1 和 m_2 的物体 A、B.A 置于倾角为 θ 的斜面上，它和斜面间的摩擦因数为 μ，若 B 向下作加速运动，求：(1) 其下落的加速度；(2) 滑轮两边绳子的张力.（设绳的质量及伸长均不计，绳与滑轮间无滑动，滑轮轴光滑.）

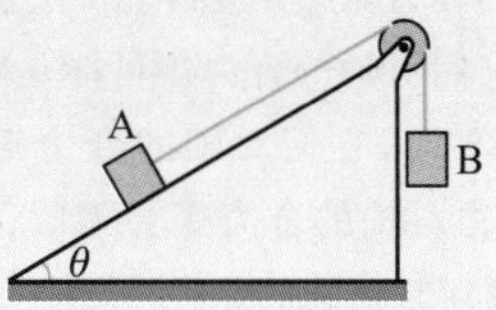

习题 4-11 图

4-12 如图所示，飞轮的质量为 60 kg，直径为 0.50 m，转速为 $1.0\times10^3\ \mathrm{r\cdot min^{-1}}$.现用闸瓦制动使其在 5.0 s 内停止转动，求制动力 F.设闸瓦与飞轮之间的摩擦因数 $\mu=0.40$，飞轮的质量全部分布在轮缘上.

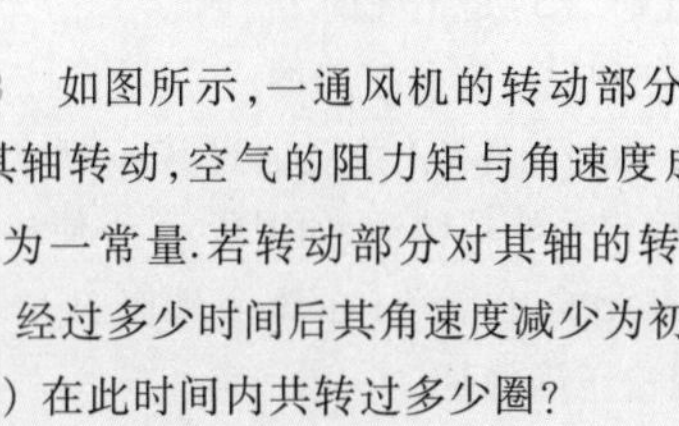

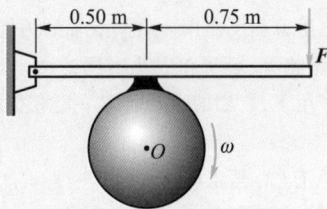

习题 4-12 图

4-13 如图所示，一通风机的转动部分以初角速度 ω_0 绕其轴转动，空气的阻力矩与角速度成正比，比例系数 C 为一常量.若转动部分对其轴的转动惯量为 J，问：(1) 经过多少时间后其角速度减少为初角速度的一半？(2) 在此时间内共转过多少圈？

4-14 电风扇接通电源后一般经 5 s 才到达额定转速 $n_0=300\ \mathrm{r\cdot min^{-1}}$，而关闭电源后经 16 s 风扇才停止转动.已知电风扇的转动惯量为 $0.5\ \mathrm{kg\cdot m^2}$，设启动时的电磁力矩 M 和各种阻力矩 M_f 均为常量，求启动时的电磁力矩 M.

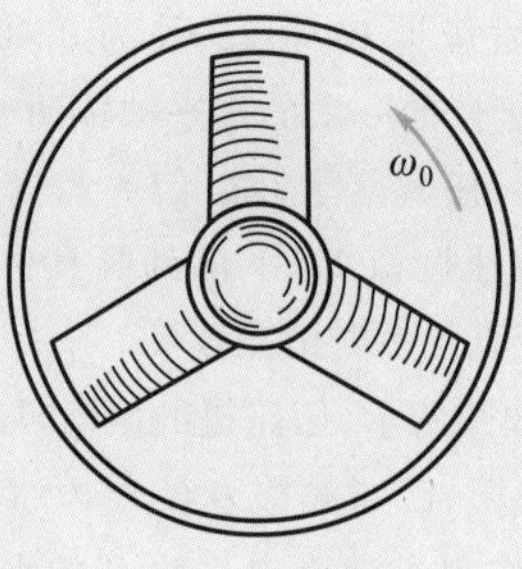

习题 4-13 图

4-15　如图所示，一位观察者站在东西方向的高速公路南侧 250 m 处，一辆质量为 1 340 kg 的汽车正以 36.4 $m \cdot s^{-1}$ 的速度向东行驶.试求：(1) 汽车运行到观察者正北方 A 处时，汽车相对于观察者的角动量大小和方向；(2) 汽车继续向东行驶，在到达前方 500 m B 处时，汽车相对于观察者的角动量的大小和方向.

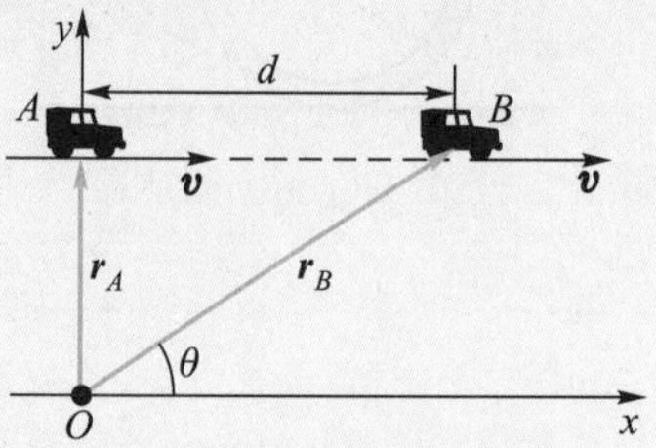

习题 4-15 图

4-16　一质量为 m'、半径为 R 的均匀圆盘，绕通过其中心且与盘面垂直的水平轴以角速度 ω 转动. 若在某时刻，一质量为 m 的小碎块从盘边缘裂开，且恰好沿竖直方向上抛，问：(1) 它可能到达的高度是多少？(2) 破裂后圆盘的角动量是多少？

4-17　一质量为 20.0 kg 的小孩，站在一半径为 3.00 m、转动惯量为 450 $kg \cdot m^2$ 的静止水平转台边缘，此转台可绕通过转台中心的竖直轴转动，转台与轴间的摩擦不计.如果小孩相对转台以 1.00 $m \cdot s^{-1}$ 的速率沿转台边缘行走，求转台的角速度.

4-18　一转台绕其中心的竖直轴以角速度 $\omega_0 = \pi\ rad \cdot s^{-1}$ 转动，转台对转轴的转动惯量为 $J_0 = 4.0\times10^{-3}\ kg \cdot m^2$.今有砂粒以 $Q = 2t$(Q 的单位为 $g \cdot s^{-1}$，t 的单位为 s)的流量竖直落至转台，并黏附于台面形成一圆环，若环的半径为 $r = 0.10$ m，求砂粒下落 $t = 10$ s 时转台的角速度.

4-19　为使运行中的飞船停止绕其中心轴转动，人们可在飞船的侧面对称地安装两个切向控制喷管(如图所示)，利用喷管高速喷射气体来制止旋转.若飞船绕其中心轴的转动惯量为 $J = 2.0\times10^3\ kg \cdot m^2$，旋转的角速度为 $\omega = 0.2\ rad \cdot s^{-1}$，喷口与轴线之间的距离为 $r = 1.5$ m，气体以恒定的流量 $Q = 1.0\ kg \cdot s^{-1}$ 和速率 $u = 50\ m \cdot s^{-1}$ 从喷口喷出，问为使该飞船停止旋转，气体应喷射多长时间？

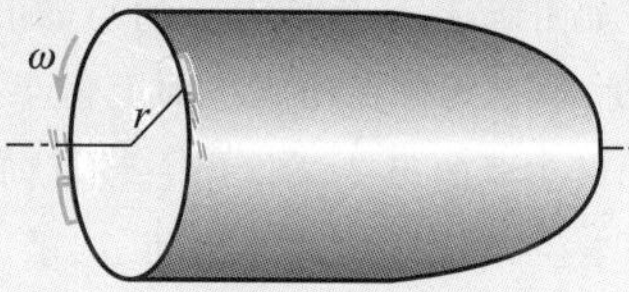

习题 4-19 图

*4-20　一自行车轮形状的太空站的半径为 $R = 100$ m.整个太空站有 150 位工作人员(平均质量为 $m = 65$ kg)住在太空站的外缘，在这种情况下，相对于其对称轴的转动惯量为 $J_0 = 5\times10^8\ kg \cdot m^2$.另太空站的旋转使工作人员感受到的加速度的大小为 g.若现在有 100 位工作人员到位于太空站中央的会议室开会，则太空站的转速会发生相应的改变.问：未参加会议的工作人员感受到的加速度的大小变为多少？

4-21　如图所示，长为 l、质量为 m 的匀质杆，可绕点 O 在竖直平面内转动.令杆在水平位置由静止摆下，在竖直位置与质量为 $m/2$ 的物体发生完全非弹性碰撞.碰撞后物体沿摩擦因数为 μ 的水平面滑动，试求此物体滑过的距离 s.

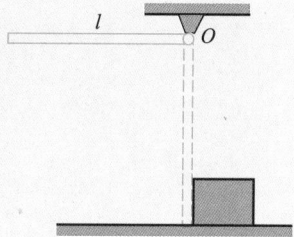

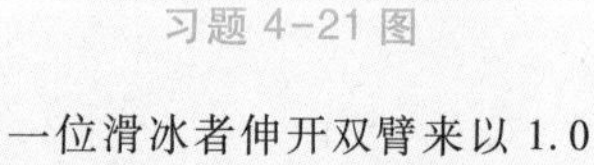

习题 4-21 图

4-22　一位滑冰者伸开双臂来以 1.0 $r \cdot s^{-1}$ 的转速绕身体中心轴转动，此时她的转动惯量为 1.44 $kg \cdot m^2$.她收起双臂来增加转速，转动惯量变为 0.48 $kg \cdot m^2$.求：(1) 她收起双臂后的转速；(2) 她收起双臂前后绕身体中心轴的转动动能.

4-23　一质量为 1.12 kg，长为 1.0 m 的均匀细棒，支点在棒的上端点，开始时棒自由悬挂.当以 100 N 的力打击它的下端点，打击时间为 0.02 s 时，若打击前棒是静止的,求:(1) 打击时其角动量的变化;(2) 棒的最大偏转角.

4-24 1970 年 4 月 24 日,我国发射了第一颗人造地球卫星,其近地点为 4.39×10^5 m,远地点为 2.38×10^6 m.试计算卫星在近地点和远地点的速率.(设地球半径为 6.38×10^6 m.)

4-25 如图所示,一质量为 m 的小球由一绳索系着,以角速度 ω_0 在无摩擦的水平面上作半径为 r_0 的圆周运动.如果在绳的另一端作用一竖直向下的拉力 $\boldsymbol{F}$,使小球作半径为 $r_0/2$ 的圆周运动,试求:(1) 小球新的角速度;(2) 拉力所做的功.

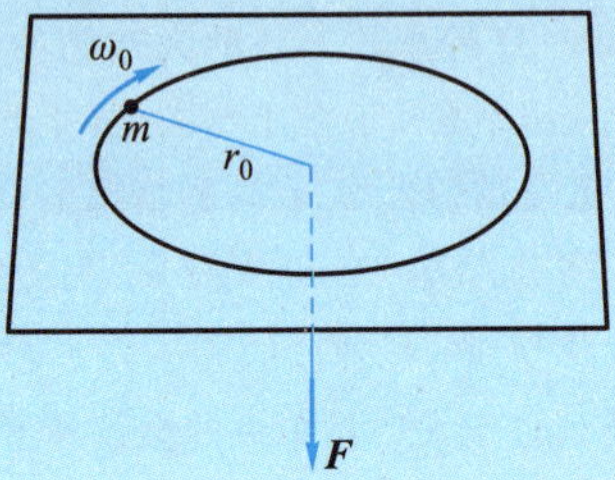

习题 4-25 图

4-26 质量为 0.50 kg,长为 0.40 m 的均匀细棒,可绕垂直于棒的一端的水平轴转动.如将此棒放在水平位置,然后任其落下,求:(1) 当棒转过 60°时的角加速度和角速度;(2) 下落到竖直位置时的动能;(3) 下落到竖直位置时的角速度.

*4-27 如图所示,压路机的滚筒可以近似看作一个圆柱形薄壁筒,已知滚筒直径为 $d=1.50$ m,质量为 $m=10^4$ kg.如作用于滚筒中心轴 O 的水平牵引力 $F=2.0\times10^4$ N,使其在水平路面上作纯滚动,求:(1) 滚筒的角加速度 α 和轴心加速度 a_0;(2) 滚筒与路面间的摩擦力大小;(3) 从静止开始,滚筒在路面压过 1 m 距离时,滚筒的动能.

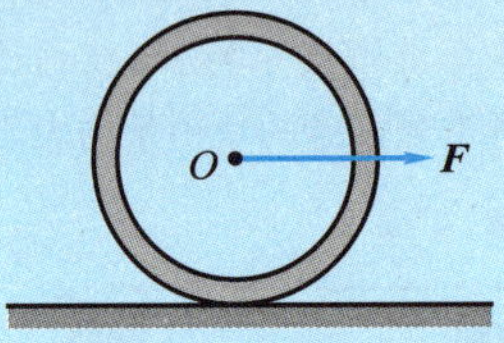

习题 4-27 图

第四章习题答案

第五章 机 械 振 动

振动是自然界中物质的普遍运动形式.物体在一定位置附近所作的周期性往复运动叫做机械振动,例如心脏的跳动、钟摆的摆动、活塞的往复运动、固体中原子的振动等.除机械振动外,广义地说,凡描述物质运动状态的物理量,在某一数值附近作周期性的变化,都叫做振动.例如,交流电路中的电流在某一电流值附近作周期性的变化;光波、无线电波传播时,空间某点的电场强度和磁场强度随时间作周期性的变化等.这些振动虽然在本质上和机械振动不同,但对它们的描述却有着许多共同之处,所以,机械振动的基本规律也是研究其他振动以及波动、波动光学、无线电技术等的基础,在生产技术中有着广泛的应用.

本章主要研究机械振动中的简谐振动及其合成,并简要介绍阻尼振动、受迫振动和共振现象等.

预习自测题

5-1 简谐振动 振幅、周期、频率和相位

一、简谐振动

机械振动的形式是多种多样的,情况大多比较复杂.简谐振动是最简单、最基本的振动,而且研究表明,任何复杂的振动原则上可以由若干个或无限多个不同的简谐振动合成而得到.下面以弹簧振子为例,研究简谐振动的运动规律.

如图 5-1 所示,轻弹簧(质量可以忽略不计)的左端固定,右端连一质量为 m 的物体,放置在光滑的水平面上.物体所受的阻力略去不计.当物体在位置 O 时,弹簧具有自然长度[图 5-1(a)],此时物体在水平方向所受的合外力为零,位置 O 叫做平衡位置.取平衡位置 O 为坐标原点,水平向右为 Ox 轴的正方向.现

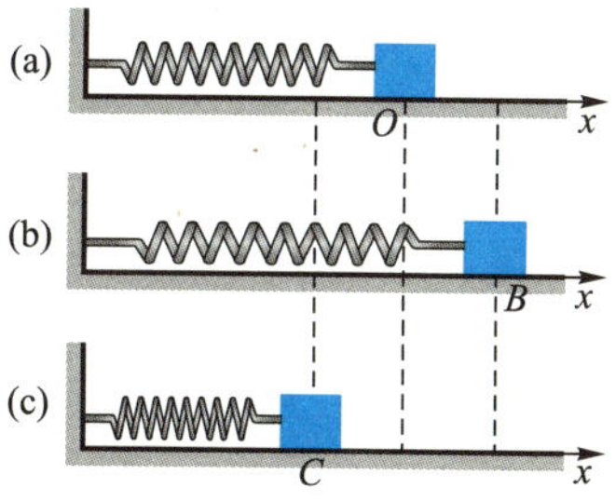

图 5-1 弹簧振子的振动

将物体向右移到位置 B[图 5-1(b)].此时,由于弹簧被拉长而使物体受到一个指向平衡位置的弹性力.撤去外力后,物体将会在弹性力的作用下向左运动,抵达平衡位置时,物体所受的弹性力减小到零,但物体的惯性会使它继续向左运动,致使弹簧被压缩,因弹簧被压缩而出现的弹性力将阻碍物体的运动,使物体的运动速度减小,到达点 C 时,速度减小到零[图 5-1(c)],此时物体又将在弹性力的作用下,从 C 点返回,向右运动.这样,在弹性力作用下,物体将在平衡位置附近作往复运动,这一包含弹簧和物体的振动系统就叫做弹簧振子.

由胡克定律可知,物体所受到的弹性力 F,与物体相对平衡位置的位移 x 成正比,弹性力的方向与位移的方向相反,始终指向平衡位置,故此力常称为回复力.于是有

$$F=-kx$$

式中 k 称为弹簧的弹性系数,它由弹簧本身的性质(材料、形状、长短、粗细等)所决定,负号表示力与位移的方向相反.根据牛顿第二定律,物体的加速度为

$$a=\frac{F}{m}=-\frac{k}{m}x \tag{5-1}$$

对于一个给定的弹簧振子,k 与 m 都是常量,而且都是正值,它们的比值可用另一个常量 ω 的二次方表示,即

$$\frac{k}{m}=\omega^2 \tag{5-2}$$

这样式(5-1)可写成

$$a=-\omega^2 x \tag{5-3}$$

上式说明,弹簧振子的加速度 a 与位移的大小 x 成正比,而方向相反.人们把具有这种特征的振动叫做简谐振动.因此,弹簧振子的这种运动又可称为线性谐振子运动.

由于 $a=\frac{d^2x}{dt^2}$,式(5-3)可写成

$$\frac{d^2x}{dt^2}+\omega^2 x=0 \tag{5-4}$$

这就是简谐振动的振动微分方程,其解为

$$x=A\cos(\omega t+\varphi) \tag{5-5}$$

它是简谐振动的振动方程，简称简谐振动方程.式中 A 和 φ 是积分常量，它们的物理意义将在下面讨论.由上式可知，当物体作简谐振动时，其位移是时间的余弦函数①.这也就是把振动方程具有式(5-3)—式(5-5)形式的振动叫做简谐振动的原因.

将式(5-5)对时间求一阶、二阶导数，可分别得到作简谐振动的物体的速度 v 和加速度 a 为

$$v=\frac{\mathrm{d}x}{\mathrm{d}t}=-\omega A\sin(\omega t+\varphi) \tag{5-6}$$

$$a=\frac{\mathrm{d}^2x}{\mathrm{d}t^2}=-\omega^2 A\cos(\omega t+\varphi) \tag{5-7}$$

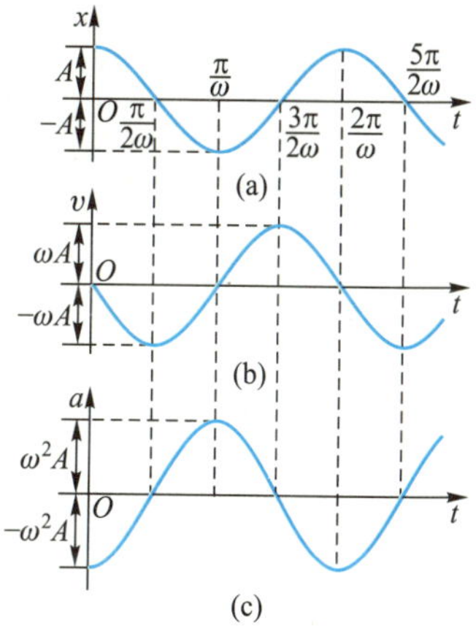

图 5-2 简谐振动图解($\varphi=0$)

由式(5-5)、式(5-6)、式(5-7)，可作出如图 5-2 所示的 $x-t$、$v-t$ 和 $a-t$ 图.由图可以看出，物体作简谐振动时，其位移、速度和加速度都作周期性变化.

现在我们来讨论式(5-5)中描述简谐振动特征的物理量 A、ω、$\omega t+\varphi$ 及其相关概念：振幅、周期(频率、角频率)和相位(初相位)，其中相位的概念尤为重要.

二、振幅

在简谐振动方程 $x=A\cos(\omega t+\varphi)$ 中，因为 $\cos(\omega t+\varphi)$ 的值在 +1 和 -1 之间，所以物体的位移亦在 $+A$ 和 $-A$ 之间，我们把简谐振动物体离开平衡位置最大位移的绝对值 A，称为振幅.振幅可以反映振动物体能量的大小.

三、周期 频率

物体作一次完全振动所经历的时间叫做振动的周期，用 T 表示，它的单位名称是秒，符号为 s.例如在图 5-1 中，物体自位置 B 经 O 到达位置 C，然后再回到 B，所经历的时间就是一个周期.所以物体在任意时刻 t 的位移和速度，应与物体在时刻 $t+T$ 的位移

① 因为 $\cos(\omega t+\varphi)=\sin(\omega t+\varphi+\pi/2)$，若令 $\varphi'=\varphi+\pi/2$，则式(5-5)可写成

$$x=A\sin(\omega t+\varphi')$$

所以也可以说，物体作简谐振动时，位移是时间的正弦函数.余弦和正弦函数都是简谐函数，但为统一起见，本书采用余弦函数.

和速度完全相同,于是有

$$x=A\cos(\omega t+\varphi)=A\cos[\omega(t+T)+\varphi]=A\cos(\omega t+\varphi+\omega T)$$

由于余弦函数的周期性,物体作一次完全振动后应有 $\omega T=2\pi$.于是,可得

$$T=\frac{2\pi}{\omega} \tag{5-8}$$

对于弹簧振子,$\omega=\sqrt{\frac{k}{m}}$,所以弹簧振子的周期为

$$T=2\pi\sqrt{\frac{m}{k}} \tag{5-9}$$

单位时间内物体所作的完全振动的次数叫做频率,用 ν 表示,它的单位名称是赫兹,符号为 Hz.显然,频率与周期的关系为

$$\nu=\frac{1}{T}=\frac{\omega}{2\pi} \tag{5-10}$$

由此还可知

$$\omega=2\pi\nu \tag{5-11}$$

即 ω 等于物体在单位时间内所作的完全振动次数的 2π 倍,ω 叫做角频率(又称圆频率),单位是 $\mathrm{rad\cdot s^{-1}}$(弧度每秒).至于弹簧振子的频率,不难得知为

$$\nu=\frac{1}{2\pi}\sqrt{\frac{k}{m}} \tag{5-12}$$

由于弹簧振子的角频率 $\omega=\sqrt{\frac{k}{m}}$ 是由弹簧振子的质量 m 和弹性系数 k 所决定的,所以周期和频率只和振动系统本身的物理性质有关.这种只由振动系统本身的固有属性所决定的周期和频率,分别叫做振动的固有周期和固有频率.

由上可知,周期和频率是反映物体周期性运动特征的物理量.

值得一提的是,虽然式(5-1)至式(5-12)都是以弹簧振子为例得出的,但是,所有表达式和结论都可用于一切简谐振动形式,唯一不同的是这些公式中的 k 不一定是弹簧的弹性系数,如本节下述几个例题.

四、相位

在力学中,物体在某一时刻的运动状态,可用位矢和速度来描述.下面可以看到,对振幅和角频率都已给定的简谐振动,它的运动状态可用“相位”这一物理量来决定.由式(5-5)和式(5-6)可看出,当振幅 A 和角频率 ω 一定时,振动物体在任一时刻相对平衡位置的位移和速度都取决于物理量 $\omega t+\varphi$.也就是说,$\omega t+\varphi$ 既决定了振动物体在任意时刻相对平衡位置的位移,也决定了它在该时刻的速度.$\omega t+\varphi$ 叫做振动的相位,它是决定简谐振动物体运动状态的物理量.例如图 5-1 中的弹簧振子,当相位 $\omega t_1+\varphi=\pi/2$ 时,$x=0$,$v=-\omega A$,即在 t_1 时刻物体在平衡位置,并以速率 ωA 向左运动;而当相位 $\omega t_2+\varphi=3\pi/2$ 时,$x=0$,$v=\omega A$,即在 t_2 时刻物体也在平衡位置,但以速率 ωA 向右运动.可见,在 t_1 和 t_2 两时刻,由于振动的相位不同,物体的运动状态也不相同.

当 $t=0$ 时,相位 $\omega t+\varphi=\varphi$,故 φ 叫做初相位,简称初相.它是决定初始时刻(即开始计时的起点)振动物体运动状态的物理量.例如,若 $\varphi=0$,则当 $t=0$ 时,由式(5-5)和式(5-6)可分别得出 $x_0=A$ 及 $v_0=0$,这表示我们所选的计时起点,是物体位于正最大位移处,且速率为零的这一时刻.相位体现了周期性特征,是反映物体运动状态的物理量.这个量在振动合成和波的叠加中起着重要作用.

五、常量 A 和 φ 的确定

如前所述,简谐振动方程 $x=A\cos(\omega t+\varphi)$ 中的角频率 ω 是由振动系统本身的性质所决定的.那么,现在来说明在角频率已经确定的条件下,如果知道了 $t=0$ 时物体相对平衡位置的位移 x_0 和速度 v_0,就可确定出振动的振幅 A 和初相 φ.由式(5-5)和式(5-6)可得

$$x_0=A\cos\varphi$$

$$v_0=-\omega A\sin\varphi$$

而由此两式可得,A、φ 的解为

$$A=\sqrt{x_0^2+\frac{v_0^2}{\omega^2}} \tag{5-13}$$

$$\tan \varphi=\frac{-v_0}{\omega x_0} \tag{5-14}$$

式中 φ 所在象限可由 x_0 及 v_0 的正负号确定.通常约定:

$x_0>0, v_0<0, \varphi$ 在第一象限

$x_0<0, v_0<0, \varphi$ 在第二象限

$x_0<0, v_0>0, \varphi$ 在第三象限

$x_0>0, v_0>0, \varphi$ 在第四象限

物体在 $t=0$ 时刻的位移 x_0 和速度 v_0 叫做初始条件.上述结果说明,对一定的弹簧振子(即 ω 为已知量),它的振幅 A 和初相 φ 是由初始条件决定的.

总之,对于给定的振动系统,周期(或频率)由振动系统本身的性质决定,而振幅和初相则由初始条件决定.

例 1

如图 5-3 所示,细线的一端固定在点 A,另一端悬挂一体积很小、质量为 m 的重物,细线的质量和伸长可忽略不计.细线静止地处于竖直位置时,重物在位置 O.此时,作用在重物上的合外力为零,位置 O 即平衡位置.若把重物从平衡位置略微移开后放手,重物就在平衡位置附近作往复运动.这一振动系统叫做单摆.试求单摆小角度振动时的周期.

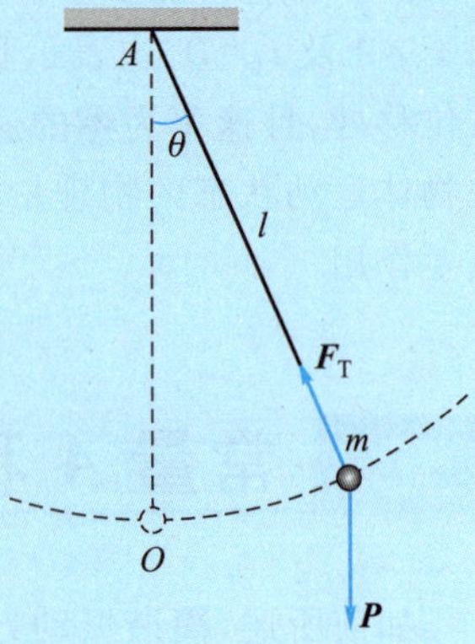

图 5-3 单摆

解 设在某一时刻,单摆的摆线偏离竖直线的角位移为 θ(图 5-3),并规定重物在平衡位置的右方时,θ 为正,在左方时,θ 为负.若悬线长为 l,则重力 $\boldsymbol{P}$ 对点 A 的力矩为 $M=-mgl\sin\theta$,负号表示力矩方向与角位移 θ 的方向相反.拉力 $\boldsymbol{F}_{\mathrm{T}}$ 对该点的力矩为零.当角位移 θ 很小时(小于 5°),$\sin\theta\approx\theta$①,则重物所受的回复力矩为

$$M=-mgl\theta$$

式中 M 与 θ 的关系,恰似弹性力 F 与位移 x 的关系②.根据转动定律 $M=J\dfrac{\mathrm{d}^2\theta}{\mathrm{d}t^2}$,单摆的角加速度为

$$\frac{\mathrm{d}^2\theta}{\mathrm{d}t^2}=-\frac{mgl}{J}\theta$$

式中 J 是重物对悬挂点 A 的转动惯量($J=ml^2$).因此,上式可写成

$$\frac{\mathrm{d}^2\theta}{\mathrm{d}t^2}+\frac{g}{l}\theta=0$$

上式表明,当 θ 很小时,单摆的角加速度与角位移成正比但方向相反,这与式(5-4)的形式完全一样.可见,单摆的运动具有简谐振动的特征,因而也是简谐振动.

---

① $\sin\theta$ 可展开为级数:$\sin\theta=\theta-\dfrac{\theta^3}{3!}+\dfrac{\theta^5}{5!}-\cdots$.当 $\theta=15°=0.261\ 8$ rad 时,$\dfrac{\sin\theta}{\theta}=0.988\ 6$;当 $\theta=5°=0.087\ 3$ rad 时,$\dfrac{\sin\theta}{\theta}=0.998\ 7$.所以当 $\theta<5°$时,可认为 $\sin\theta\approx\theta$.

② 如果物体所受的力(或合力)F 与位移 x 成正比,且方向相反,但力的本质不是弹性力,那么这种力通常称为准弹性力.不难明白,物体在准弹性力的作用下也是作简谐振动的.

把上式与式(5-4)比较,可得单摆的角频率和周期分别为

$$\omega=\sqrt{\frac{g}{l}},\quad T=2\pi\sqrt{\frac{l}{g}}$$

可见,单摆的周期取决于摆长和该处的重力加速度.利用上式可通过测量单摆的周期以确定该地点的重力加速度.

下面介绍一种在悬丝扭矩作用下的角简谐振子,这种装置应用面很广.

如图 5-4 所示,在一悬丝的下端挂一质量分布均匀的圆盘,将圆盘从静止的位置(其参考线在 $\theta=0$ 处)转一个小角度位移 θ,然后释放它,之后圆盘将在悬丝的扭转力矩(回复力矩)作用下绕参考位置往复运动,悬丝的回复力矩为

$$M=-\kappa\theta$$

式中 κ 称为扭转系数.对比线性谐振子的回复力 $F=-kx$ 可知,此时的圆盘一定是在参考线附近作角位移为 θ 的简谐振动,这个装置称为角简谐振子,也称为扭摆.

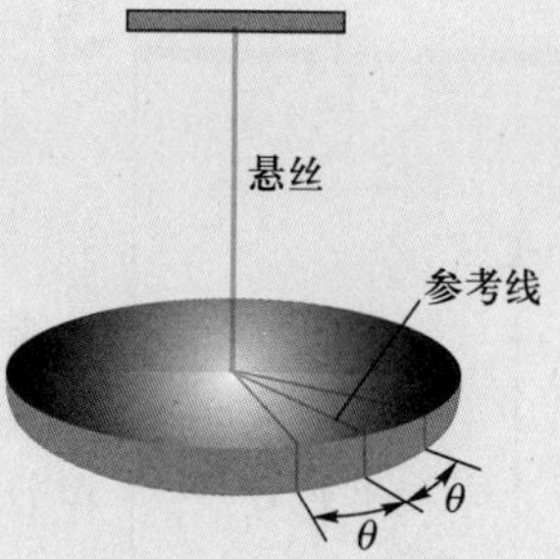

图 5-4

作简单的对比,线性谐振子中的弹性系数 k 相当于此处的扭转系数 κ;线性谐振子中的惯性量度是质量 m,此处角简谐振子的惯性量度是转动惯量 J.于是用 κ 代替式(5-9)中的 k,用 J 代替式(5-9)中的 m,即可得出角简谐振子的周期为

$$T=2\pi\sqrt{\frac{J}{\kappa}} \tag{5-15}$$

该公式可以推广至无规则形状物体的小角度扭转,从而可以用来测量无规则形状物体的转动惯量.

例 2

图 5-5(a)是一根细棒,其长度 L 为 12.4 cm,质量 m 为 135 g,一条长金属丝悬在其中点,它的角简谐振动的周期为 2.53 s.若有一个如图 5-5(b)所示的物体,也悬挂在同样的一条金属丝上,并测得其角简谐振动的周期为 4.76 s,试问该物体的转动惯量是多少?

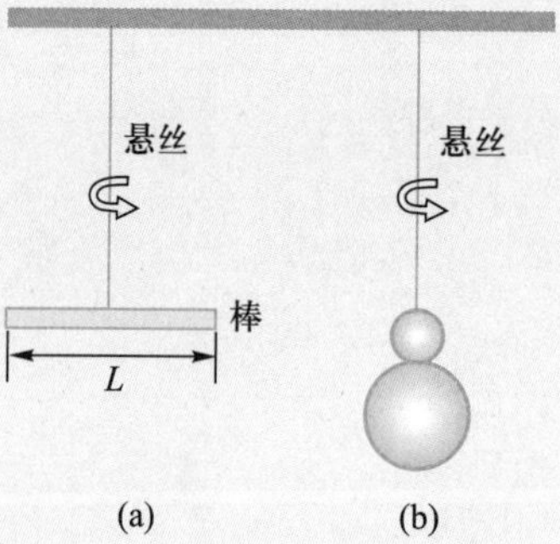

图 5-5

解 这是一道实际应用性题目.因为细棒的转动惯量很容易计算而得,所以对细棒和该物体分别使用式(5-15),即可消去金属丝的扭转系数,从而得出待求物体的转动惯量.因为

$$J_{细棒}=\frac{1}{12}mL^2=1.73\times10^{-4}\ \mathrm{kg\cdot m^2}$$

$$T_{细棒}=2\pi\sqrt{\frac{J_{细棒}}{\kappa}},\quad T_{物体}=2\pi\sqrt{\frac{J_{物体}}{\kappa}}$$

所以

$$J_{物体}=J_{细棒}\frac{T_{物体}^2}{T_{细棒}^2}=6.12\times10^{-4}\ \mathrm{kg\cdot m^2}$$

5-2 旋转矢量

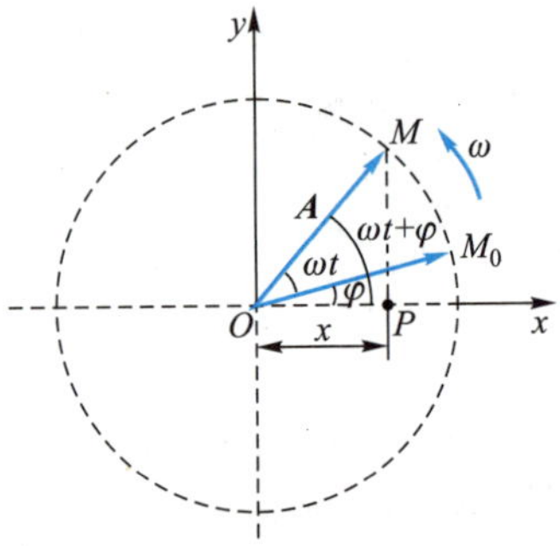

图 5-6 旋转矢量图

本节介绍简谐振动的旋转矢量表示法，这个方法对理解相位的含义和求解振动合成有特别方便之处.如图 5-6 所示，自 Ox 轴的原点 O 作一矢量 $\boldsymbol{A}$，使它的模等于振动的振幅 A，并使矢量 $\boldsymbol{A}$ 在 Oxy 平面内绕点 O 作逆时针方向的匀角速转动，其角速度与振动的角频率 ω 相等，这个矢量就叫做旋转矢量.设在 $t=0$ 时刻，矢量 $\boldsymbol{A}$ 的矢端在位置 M_0，它与 Ox 轴的夹角为 φ；在 t 时刻，矢量 $\boldsymbol{A}$ 的矢端在位置 M.在这过程中，矢量 $\boldsymbol{A}$ 沿逆时针方向转过了角度 ωt，它与 Ox 轴间的夹角为 $\omega t+\varphi$.由图可见，矢量 $\boldsymbol{A}$ 在 Ox 轴上的投影为 $x=A\cos(\omega t+\varphi)$①.与式(5-5)比较，它恰是沿 Ox 轴作简谐振动的物体在 t 时刻相对于原点 O 的位移.因此，旋转矢量 $\boldsymbol{A}$ 的矢端 M 在 Ox 轴上的投影点 P 的运动，可表示物体在 Ox 轴上的简谐振动.矢量 $\boldsymbol{A}$ 以角速度 ω 旋转一周，相当于物体在 x 轴上作一次完全振动.

必须强调指出，旋转矢量本身并不作简谐振动，但该矢量以匀角速度转动是个周期性运动，这样就使该矢量的端点在 Ox 轴上投影点的运动也具有周期性，且恰好等价于质点在 Ox 轴上的简谐振动.由此可以看出，旋转矢量端点在 Ox 轴上的投影点的运动，形象地展示了简谐振动的规律.用旋转矢量表示的方法处理诸如振动合成问题和求解相位(角)时，会显得很便利、直观.下面我们就用这个方法来描绘某一简谐振动 $x=A\cos\left(\omega t+\dfrac{\pi}{4}\right)$的位移-时间($x-t$)曲线，并以此来帮助大家领会这层意思.

如图 5-7 所示，若把旋转矢量图的 Ox 轴正方向画成竖直向上，则可在其右侧作出简谐振动的 $x-t$ 曲线，这只需平行地画出 Ox 轴，并使 Ot 轴水平向右就行了.在 $t=0$ 时刻，矢量 $\boldsymbol{A}$ 与 Ox 轴的夹角为初相 $\varphi=\dfrac{\pi}{4}$，矢端位于点 a，而点 a 在 Ox 轴上的投影便是 $x-t$ 图中的点 a'，此时物体位于 $x=\dfrac{\sqrt{2}}{2}A$ 处，并开始朝 Ox 轴负方向运动.经过 $T/8$ 时间，$\boldsymbol{A}$ 转过 $\pi/4$ 角度，使相位 $\omega t+\varphi=\dfrac{\pi}{2}$，则其矢端则位于点 b，而点 b 在 Ox 轴上的投影点便是 $x-t$ 图中的点

① 矢量 $\boldsymbol{A}$ 既可以在 Ox 轴上投影为 $x=A\cos(\omega t+\varphi)$，也可以在 Oy 轴上投影为 $y=A\sin(\omega t+\varphi)$，本书采用在 Ox 轴上的投影.

b'，此时物体位于平衡位置，并继续朝 Ox 轴负方向运动……这样经过一个周期的时间，相位变化了 2π，一切又将重复进行下去. 大家已经看到，旋转矢量图不仅为我们提供了一幅直观而清晰的简谐振动图像，而且借此我们能一目了然地弄清相位的概念和作用，对进一步研究振动问题十分有益.

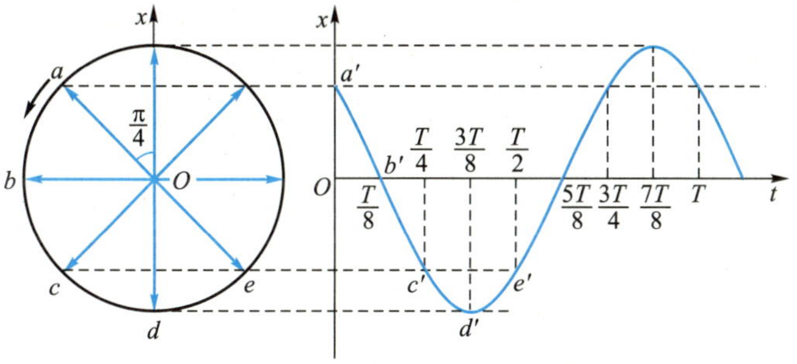

图 5-7 旋转矢量图及简谐振动的 $x-t$ 曲线

利用旋转矢量表示法还可以比较两个同频率简谐振动的"步调"如何. 设有下列两个简谐振动：

$$x_1=A_1\cos(\omega t+\varphi_1)$$

$$x_2=A_2\cos(\omega t+\varphi_2)$$

它们的相位之差叫做相位差，用 $\Delta\varphi$ 表示：

$$\Delta\varphi=(\omega t+\varphi_2)-(\omega t+\varphi_1)=\varphi_2-\varphi_1 \tag{5-16}$$

即两个同频率的简谐振动在任意时刻的相位差，都等于其初相差. 如果 $\Delta\varphi=\varphi_2-\varphi_1>0$[图 5-8(a)]，我们就说 x_2 振动超前 x_1 振动 $\Delta\varphi$，或者说 x_1 振动落后于 x_2 振动 $\Delta\varphi$. 另一方面，由于简谐振动具有周期性，所以为简便计，我们常把 $|\Delta\varphi|$ 的值限定为 $\leqslant\pi$ 的值. 例如当 $\Delta\varphi=3\pi/2$ 时[图 5-8(b)]，我们通常不说 x_2 振动超前 x_1 振动 $3\pi/2$，而说成 x_2 振动落后 x_1 振动 $\pi/2$，或说成 x_1 振动超前 x_2 振动 $\pi/2$.

如果 $\Delta\varphi=0$（或 2π 的整数倍），我们就说两个振动是同相的，即它们将同时到达正最大位移处，同时到达平衡位置，又同时到达负最大位移处，两个振动的"步调"完全一致. 如果 $\Delta\varphi=\pi$（或 π 的奇数倍），我们就说两个振动是反相的，即当它们中的一个到达正最大位移处时，另一个却到达负最大位移处，两个振动的"步调"完全相反. 同相和反相的旋转矢量图及 $x-t$ 曲线如图 5-9 所示.

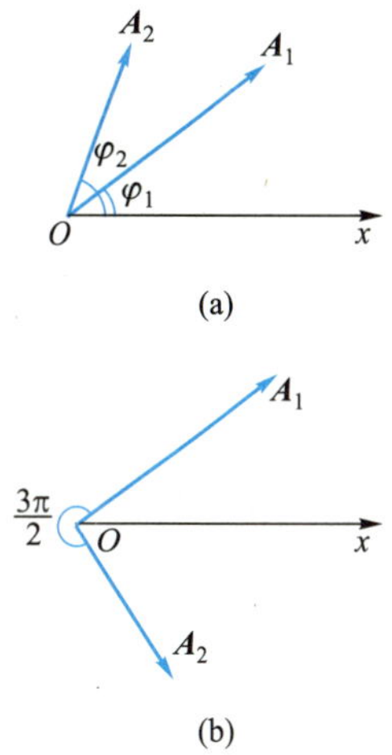

图 5-8 两个简谐振动的相位差

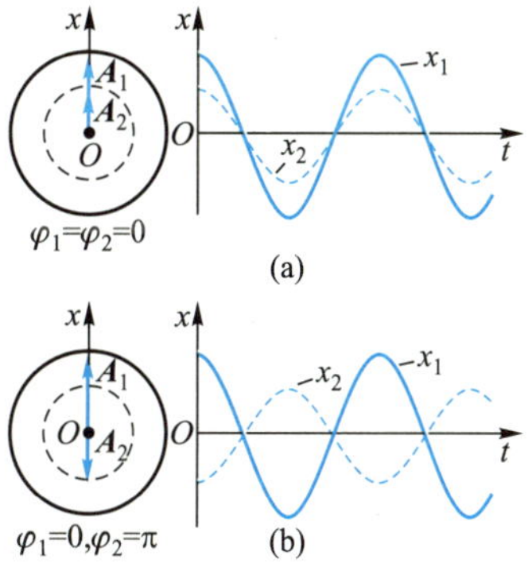

图 5-9 同相和反相的旋转矢量图及 $x-t$ 曲线

例 1

如图 5-1 所示，一轻弹簧的右端连着一物体，弹簧的弹性系数 $k=0.72\ \mathrm{N\cdot m^{-1}}$，物体的质量 $m=20$ g.我们把物体从平衡位置向右拉到 $x=0.05$ m 处停下后再释放.(1) 求简谐振动方程；(2) 求物体从初始位置运动到第一次经过 $A/2$ 处时的速度；(3) 若物体在 $x=0.05$ m 处时速度不等于零，而是具有向右的初速度 $v_0=0.30\ \mathrm{m\cdot s^{-1}}$，求其运动方程.

解 (1) 要求物体的简谐振动方程，就需要确定角频率 ω、振幅 A 和初相 φ 三个物理量.

角频率 $\omega=\sqrt{\dfrac{k}{m}}=6.0\ \mathrm{rad\cdot s^{-1}}$

振幅和初相由初始条件 x_0 及 v_0 决定，已知 $x_0=0.05$ m，$v_0=0$，由式(5-13)和式(5-14)得

振幅 $A=\sqrt{x_0^2+\dfrac{v_0^2}{\omega^2}}=x_0=0.05$ m

初相 $\tan\varphi=\dfrac{-v_0}{\omega x_0}=0$，$\varphi=0$ 或 π

根据已知条件作相应的旋转矢量，如图 5-10(a)所示，由图可得 $\varphi=0$.

将 ω、A 和 φ 代入简谐振动方程 $x=A\cos(\omega t+\varphi)$ 中，可得

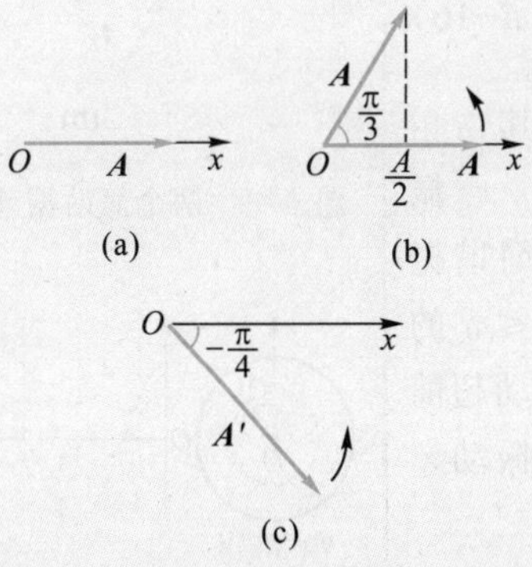

图 5-10

$$x=0.05\cos 6.0t\quad(\text{SI 单位})$$

(2) 欲求 $x=A/2$ 处的速度，需先求出物体从初始位置运动到第一次抵达 $A/2$ 处的相位.因 $\varphi=0$，由 $x=A\cos(\omega t+\varphi)=A\cos\omega t$，得

$$\cos\omega t=\frac{x}{A}=\frac{A/2}{A}=\frac{1}{2},\quad \omega t=\frac{\pi}{3}\text{或}\frac{5}{3}\pi$$

作相应的旋转矢量，如图 5-10(b)所示，由图可知物体由初始位置 $x=+A$ 第一次运动到 $x=+A/2$ 时的相位：

$$\omega t=\frac{\pi}{3}$$

将 A、ω 和 ωt 的值代入速度公式，可得

$$v=-A\omega\sin\omega t=-0.26\ \mathrm{m\cdot s^{-1}}$$

负号表示速度的方向沿 Ox 轴负方向.

(3) 因为 $x_0=0.05$ m，$v_0=0.30\ \mathrm{m\cdot s^{-1}}$，所以振幅和初相分别为

$$A'=\sqrt{x_0^2+\frac{v_0^2}{\omega^2}}=0.0707\ \mathrm{m}$$

$$\tan\varphi'=\frac{-v_0}{\omega x_0}=-1,\quad \varphi'=-\pi/4\text{ 或 }3\pi/4$$

从旋转矢量图[图 5-10(c)]中可知 $\varphi'=-\pi/4$，则简谐振动方程为

$$x=0.0707\cos\left(6.0t-\frac{\pi}{4}\right)\quad(\text{SI 单位})$$

例 2

一质量为 0.01 kg 的物体作简谐振动，其振幅为 0.08 m，周期为4 s，初始时刻物体在 $x=0.04$ m 处，并向 Ox 轴负方向运动(图 5-11).试求：(1) $t=1.0$ s 时，物体所处的位置和所受的力；(2) 由初始位置运动到 $x=-0.04$ m 处所需要的最短时间.

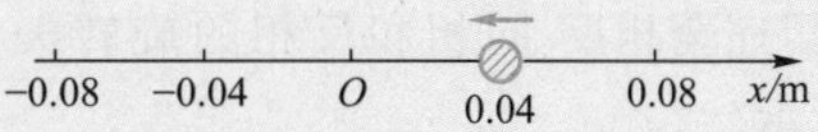

图 5-11

解 先求简谐振动方程.设

$$x=A\cos(\omega t+\varphi)$$

按题意,$A=0.08$ m.因为 $T=4$ s,由式(5-8)有

$$\omega=\frac{2\pi}{T}=\frac{\pi}{2}\ \mathrm{rad\cdot s^{-1}}$$

将 $t=0$ 时,$x=0.04$ m,代入简谐振动方程得

$$0.04=0.08\cos\varphi$$

所以
$$\varphi=\pm\frac{\pi}{3}$$

作旋转矢量图(图 5-12),从图中可知,应取

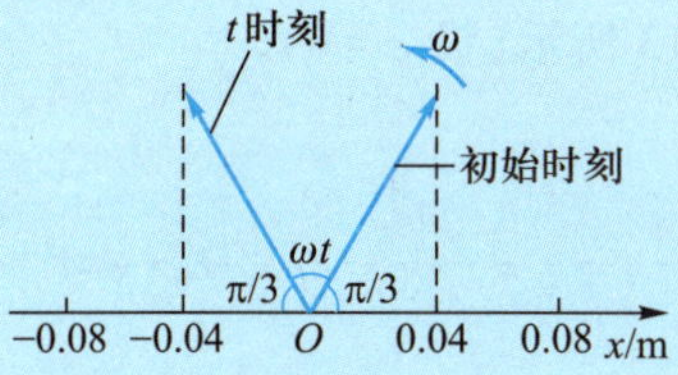

图 5-12

$$\varphi=\frac{\pi}{3}$$

故
$$x=0.08\cos\left(\frac{\pi}{2}t+\frac{\pi}{3}\right)$$

(1) 将 $t=1.0$ s 代入上式,得

$$x=-0.069\ \mathrm{m}$$

负号说明物体在平衡位置 O 的左方.其受的力为

$$F=-kx=-m\omega^2x=1.70\times10^{-3}\ \mathrm{N}$$

力的方向沿 Ox 轴正方向,指向平衡位置.

(2) 设物体由初始位置运动到 $x=-0.04$ m 处所需的最短时间为 t.将 $x=-0.04$ m 代入简谐振动方程,得

$$-0.04=0.08\cos\left(\frac{\pi}{2}t+\frac{\pi}{3}\right)$$

所以
$$t=0.667\ \mathrm{s}$$

利用旋转矢量图求 t 更为简便,从图 5-12 中即可看出

$$\omega t=\frac{\pi}{3}$$

故
$$t=0.667\ \mathrm{s}$$

5-3 简谐振动的能量

我们仍以图 5-1 中的弹簧振子为例,来说明简谐振动系统的能量.设在某一时刻,物体的速度为 v,则系统的动能为

$$E_k=\frac{1}{2}mv^2=\frac{1}{2}m\omega^2A^2\sin^2(\omega t+\varphi) \tag{5-17}$$

若在该时刻物体的位移为 x,则系统的弹性势能为

$$E_p=\frac{1}{2}kx^2=\frac{1}{2}kA^2\cos^2(\omega t+\varphi) \tag{5-18}$$

由以上两式可知,系统的动能和势能都随时间 t 作周期性的变化.当物体的位移最大时,势能达到最大值,但此时动能为零;当物体的位移为零时,势能为零,但动能却达到最大值.

系统的总能量为

$$E=E_k+E_p=\frac{1}{2}m\omega^2A^2\sin^2(\omega t+\varphi)+\frac{1}{2}kA^2\cos^2(\omega t+\varphi)$$

因为 $\omega^2=k/m$，所以有

$$E=\frac{1}{2}m\omega^2A^2=\frac{1}{2}kA^2 \tag{5-19}$$

上式表明，弹簧振子作简谐振动的总能量与振幅的二次方成正比. 由于在简谐振动过程中，只有系统的保守内力(如弹性力)做功，其他非保守内力和外力均不做功，所以系统作简谐振动的总能量必然守恒，即系统的动能 E_k 与势能 E_p 不断地相互转化，总能量却保持恒定，如图 5-13 所示(设 $\varphi=0$).

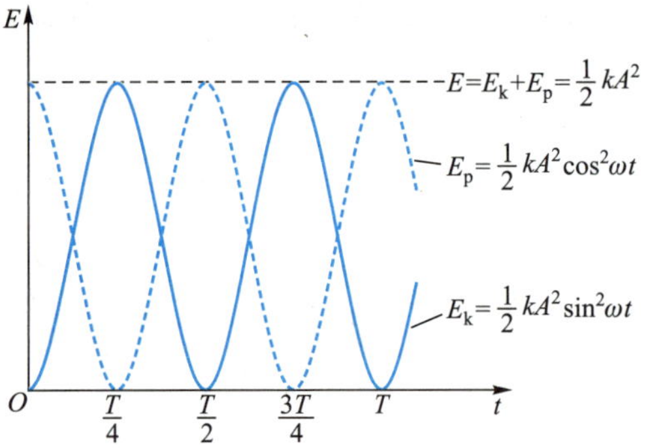

图 5-13 弹簧振子的能量与时间关系曲线($\varphi=0$)

例

质量为 0.10 kg 的物体，以振幅 1.0×10^{-2} m 作简谐振动，其最大加速度为 4.0 m·s^{-2}.(1) 求振动的周期;(2) 求通过平衡位置时的动能;(3) 求总能量;(4) 问物体在何处时其动能和势能相等?

解 (1) 因为 $a_{max}=A\omega^2$

所以 $\omega=\sqrt{\frac{a_{max}}{A}}=20\ \text{rad}\cdot\text{s}^{-1}$

得 $T=\frac{2\pi}{\omega}=0.314$ s

(2) 因为物体通过平衡位置时的速度最大，所以

$$E_{k,max}=\frac{1}{2}mv_{max}^2=\frac{1}{2}m\omega^2A^2$$

将已知数值代入得 $E_{k,max}=2.0\times10^{-3}$ J.

(3) 总能量为

$$E=E_{k,max}=2.0\times10^{-3}\ \text{J}$$

(4) 当 $E_k=E_p$ 时，$E_p=1.0\times10^{-3}$ J. 由 $E_p=\frac{1}{2}kx^2=\frac{1}{2}m\omega^2x^2$，得

$$x^2=\frac{2E_p}{m\omega^2}=0.5\times10^{-4}\ \text{m}^2$$

即 $x=\pm0.707$ cm

5-4　一维简谐振动的合成　拍现象

一个物体同时参与几个振动是普遍现象，例如，你坐在音乐厅里听着交响乐，乐声激起的耳膜振动就是如此.现在我们来讨论振动的合成.一般的振动合成通常是比较复杂的，下面讨论几种简单且基本的简谐振动的合成.

一、两个同方向同频率简谐振动的合成

若有两个同方向的简谐振动，它们的角频率都是 ω，振幅分别为 A_1 和 A_2，初相分别为 φ_1 和 φ_2，则它们的振动方程分别为

$$x_1=A_1\cos(\omega t+\varphi_1)$$

$$x_2=A_2\cos(\omega t+\varphi_2)$$

因为振动是同方向的，所以根据运动的合成，这两个简谐振动在任一时刻的合位移 x 仍应在同一直线上，而且等于这两个分振动位移的代数和，即

$$x=x_1+x_2$$

最终要写出表达式需进行代数运算，但我们可以用旋转矢量表示法方便地写出该表达式.如图 5-14 所示，两分振动的旋转矢量分别为 $\boldsymbol{A}_1$ 和 $\boldsymbol{A}_2$，开始时（$t=0$），它们与 Ox 轴的夹角分别为 φ_1 和 φ_2，在 Ox 轴上的投影分别为 x_1 及 x_2.由平行四边形法则可得，合矢量为 $\boldsymbol{A}=\boldsymbol{A}_1+\boldsymbol{A}_2$.由于 $\boldsymbol{A}_1$、$\boldsymbol{A}_2$ 以相同的角速度 ω 绕点 O 作逆时针旋转，它们的夹角 $\varphi_2-\varphi_1$ 在旋转过程中保持不变，所以矢量 $\boldsymbol{A}$ 的大小也保持不变，并以相同的 ω 绕点 O 作逆时针旋转.从图 5-14 中可以看出，任一时刻合矢量 $\boldsymbol{A}$ 在 Ox 轴上的投影 $x=x_1+x_2$，因此合矢量 $\boldsymbol{A}$ 即合振动所对应的旋转矢量，而开始时矢量 $\boldsymbol{A}$ 与 Ox 轴的夹角即合振动的初相 φ.由图可得，合位移为

$$x=A\cos(\omega t+\varphi)$$

这就表明合振动仍是简谐振动，它的角频率与分振动的角频率相同，而其合振幅为

$$A=\sqrt{A_1^2+A_2^2+2A_1A_2\cos(\varphi_2-\varphi_1)} \tag{5-20}$$

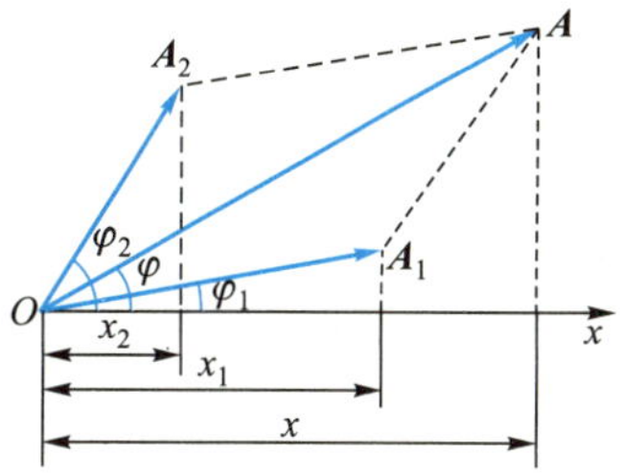

图 5-14　用旋转矢量表示法求振动的合成

合振动的初相为

$$\tan\varphi=\frac{A_1\sin\varphi_1+A_2\sin\varphi_2}{A_1\cos\varphi_1+A_2\cos\varphi_2} \tag{5-21}$$

由式(5-20)可以看出,合振幅与两分振动的振幅以及它们的相位差$(\varphi_2-\varphi_1)$有关.下面我们讨论两个特例.

(1) 若相位差$(\varphi_2-\varphi_1)=2k\pi(k=0,\pm1,\pm2,\cdots)$,则

$$A=\sqrt{A_1^2+A_2^2+2A_1A_2}=A_1+A_2 \tag{5-22}$$

即当两分振动的相位相同或相位差为 2π 的整数倍时,合振幅等于两分振动的振幅之和,合成结果为相互加强.

(2) 若相位差$(\varphi_2-\varphi_1)=(2k+1)\pi(k=0,\pm1,\pm2,\cdots)$,则

$$A=\sqrt{A_1^2+A_2^2-2A_1A_2}=|A_1-A_2| \tag{5-23}$$

即当两分振动的相位相反或相位差为 π 的奇数倍时,合振幅等于两分振动振幅之差的绝对值,即合成结果为相互减弱.

在一般情形下,相位差$(\varphi_2-\varphi_1)$可取任意值,而合振幅值则在 A_1+A_2 和$|A_1-A_2|$之间.

*二、多个同方向同频率简谐振动的合成

上面所讲的用旋转矢量求简谐振动合成的方法,可以推广到 N 个简谐振动的合成.这里我们只讨论一种有用的特殊情况,即这 N 个简谐振动不仅振动方向相同、频率相同、振幅相同,而且依次间的相位差恒为 $\Delta\varphi$.如果适当选择计时起点,使某个简谐振动的初相为零,那么这 N 个简谐振动可分别写为

$$x_1=A_1\cos\omega t$$

$$x_2=A_2\cos(\omega t+\Delta\varphi)$$

$$x_3=A_3\cos(\omega t+2\Delta\varphi)$$

$$\cdots\cdots\cdots\cdots$$

$$x_N=A_N\cos[\omega t+(N-1)\Delta\varphi]$$

式中 $A_1=A_2=\cdots=A_N=A_0$.由前面的讨论可以推知,这 N 个简谐振动的合振动仍为简谐振动,设其表达式为

$$x=A\cos(\omega t+\varphi)$$

我们感兴趣的是,在什么情况下合振动的振幅 A 最大,在什么情况下 A 最小.

若 $\Delta\varphi=2k\pi(k=0,\pm1,\pm2,\cdots)$,即 N 个同相位简谐振动的合成,则这种

情况在矢量图中就是 N 个矢量 $\boldsymbol{A}_1,\boldsymbol{A}_2,\cdots,\boldsymbol{A}_N$ 的方向都相同[图 5-15(a)]，因此合振动的振幅最大，$A=NA_0$.

若 $N\Delta\varphi=2k'\pi(k'=\pm1,\pm2,\cdots$，但不含 N 的整数倍)，则在矢量图中 N 个矢量依次相接而构成了一个闭合的图形[图 5-15(b)]，显然合振幅应为零.

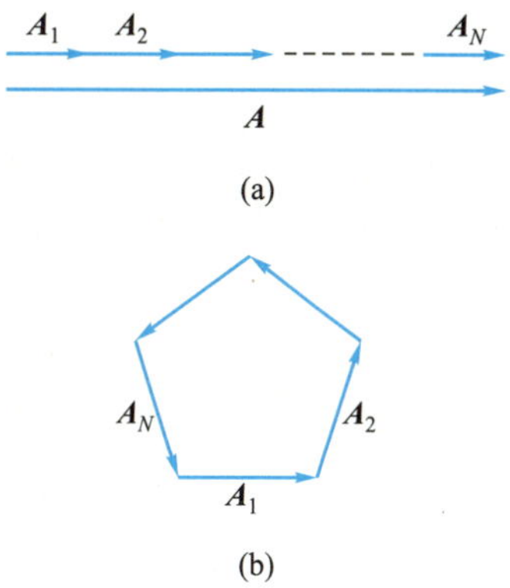

图 5-15

*三、两个同方向不同频率简谐振动的合成 拍

当两个同方向、不同频率的简谐振动合成时，由于这两个分振动的频率不同，它们的相位差会随时间改变，合振动一般不再是简谐振动，情况比较复杂.这里只讨论两个简谐振动的频率 ν_1、ν_2 都比较大，而两频率之差却很小，即 $|\nu_2-\nu_1|\ll(\nu_2+\nu_1)$ 的情况.这种情况下会出现所谓“拍”现象.

如果两个频率相差很小的音叉同时振动，就会听到时而加强和时而减弱的声音，这叫做“拍音”.在吹奏双簧管时，簧管两个簧片的频率略有差别，因此人们就能听到时强时弱的悦耳的拍音.

动画：拍现象

上述现象可用位移-时间曲线来说明.为简明计，设两简谐振动的振幅分别为 A_1 和 $A_2(=A_1)$，初相分别为 φ_1 和 φ_2，角频率分别为 ω_1 和 ω_2，并设 $\omega_2>\omega_1$，且呈简单的两整数比(图 5-16).图中(a)和(b)分别表示两个分振动的位移-时间曲线，图(c)表示合振动的位移-时间曲线.由图可知，在 t_1 时刻，两分振动的相位相同，合振幅最大；在 t_2 时刻，两分振动的相位相反，合振幅最小；在 t_3 时刻，两分振动的相位相同，合振幅又最大.图(c)中的虚线表示合振动的振幅随时间作周期性缓慢变化.这种频率较大而频率之差很小的两个同方向简谐振动合成时，其合振动的振幅时而加强时而减弱的现象叫做拍.下面从合振动方程出发对拍现象作定量讨论.

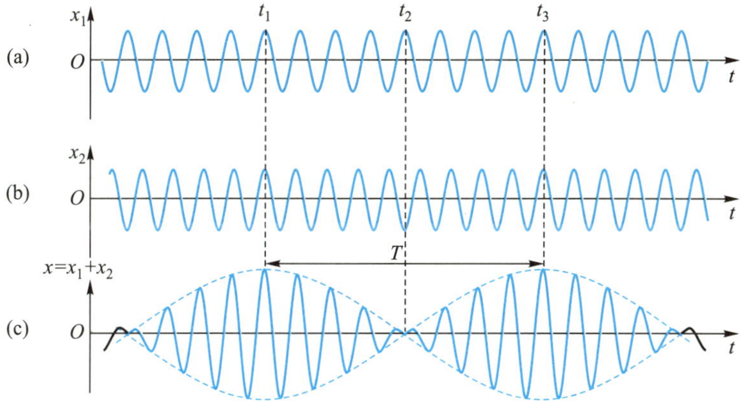

图 5-16 拍

设两个简谐振动不仅振幅相同($A_1=A_2$)，而且初相都为零，它们的振动方程分别为

$$x_1=A_1\cos\omega_1 t=A_1\cos 2\pi\nu_1 t$$

$$x_2=A_2\cos\omega_2 t=A_2\cos 2\pi\nu_2 t$$

则合振动的位移为

$$x=x_1+x_2=A_1\cos 2\pi\nu_1 t+A_2\cos 2\pi\nu_2 t$$

已知 $A_1=A_2$,故合振动的振动方程为

$$x=\left(2A_1\cos 2\pi\frac{\nu_2-\nu_1}{2}t\right)\cos 2\pi\frac{\nu_2+\nu_1}{2}t \tag{5-24}$$

我们可将$\frac{\nu_2+\nu_1}{2}$看成合振动的频率,将$\left|2A_1\cos 2\pi\frac{\nu_2-\nu_1}{2}t\right|$看成合振动的振幅.由于$|\nu_2-\nu_1|\ll(\nu_2+\nu_1)$,所以合振动的振幅随时间作缓慢的周期性变化,从而出现振幅时大时小的现象,合振幅在 $0\sim 2A_1$ 范围内.由于余弦函数的绝对值以 π 为周期,所以有

$$\left|2A_1\cos 2\pi\frac{\nu_2-\nu_1}{2}t\right|=\left|2A_1\cos\left(2\pi\frac{\nu_2-\nu_1}{2}t+\pi\right)\right|$$
$$=\left|2A_1\cos 2\pi\frac{\nu_2-\nu_1}{2}\left(t+\frac{1}{\nu_2-\nu_1}\right)\right|$$

可见,合振幅变化的周期 $T=1/(\nu_2-\nu_1)$.因此合振幅变化的频率,即拍频为

$$\nu=\nu_2-\nu_1 \tag{5-25}$$

拍频为两个分振动的频率之差.

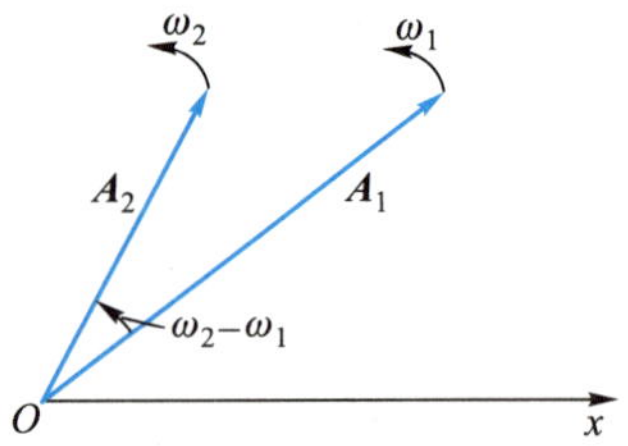

图 5-17 两个同方向不同频率简谐振动的合成

上述结果也可用旋转矢量法求得.在图 5-17 中,因为 A_1 和 A_2 的角速度不同,所以在旋转过程中,A_1 和 A_2 的方向有时一致,合振幅最大,有时相反,合振幅最小.设 $\omega_2>\omega_1$,A_2 相对于 A_1 的旋转角速度为 $\omega_2-\omega_1$,那么,A_2 前后相邻两次与 A_1 方向一致时所需的时间 $T=\frac{2\pi}{\omega_2-\omega_1}=\frac{1}{\nu_2-\nu_1}$,$T$ 为相邻两次最强振动之间的时间(见图 5-16),亦即拍的周期.因此,拍频 $\nu=\frac{1}{T}=\nu_2-\nu_1$.

对于两个频率相近的振动,若其中一个频率已知,则通过拍频的测量就可以知道另一个待测振动的频率.这种方法常用于声学、速度测量、无线电技术和卫星跟踪等领域.

*5-5 阻尼振动 受迫振动 共振

一、阻尼振动

前面所讨论的简谐振动,由于没有考虑摩擦阻力等因素的影响,所以

在振动过程中系统的机械能是守恒的.由于能量与振幅的二次方成正比,所以振幅始终保持不变,这种振动常称为无阻尼自由振动.然而实际的振动总要受到阻力的影响,由于要克服阻力做功,振动系统的能量将不断地减少.同时,由于振动系统与其周围弹性介质的相互作用,振动向外传播形成波(参阅第六章),随着波的传播,振动系统的能量也不断地减少,所以振幅也逐渐地减小.这种振幅随时间而减小的振动叫做阻尼振动.

阻尼振动可以用放在液体介质中的弹簧振子的振动来演示(图5-18).若液体是水,振子偏离平衡位置后可维持一段时间的振动,但振幅越来越小.这是一种准周期振动,这种情况称为欠阻尼.若将液体换成黏性很大的油,则振子偏离平衡位置后将缓慢地向平衡位置运动,之后就静止不动了,这种情况称为过阻尼.这完全是一种非周期运动.若油的黏性不是太大,则振子刚回到平衡位置就不再振动了,它的运动刚好处于准周期振动转变为非周期运动的临界状态,这种情况称为临界阻尼.与欠阻尼和过阻尼比较,临界阻尼情况下振子回到平衡位置而静止下来的时间最短.图5-19给出了上述三种情况下的位移-时间曲线.

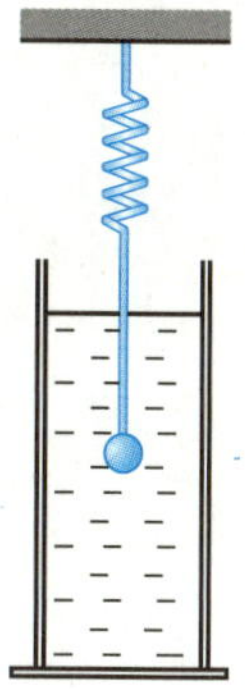

图 5-18 阻尼振动

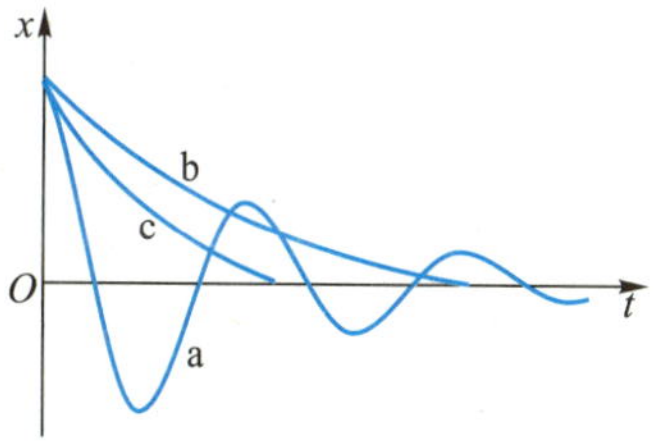

图 5-19 三种阻尼的比较

a—欠阻尼;b—过阻尼;c—临界阻尼

在生产和技术上,人们可以根据实际需要用不同的办法改变阻尼的大小,以控制系统的振动情况.如在灵敏电流计内,表头中的指针是和通电线圈相连的,当它在磁场中运动时,会受到电磁阻尼的作用.若电磁阻尼过小或过大,会使指针摆动不停或到达平衡点的时间过长,而不便于测量读数,因此必须调整电路电阻,使电表在临界阻尼状态下工作.类似的情况在使用精密天平时也会遇到,在精密天平中一般都加有阻尼气垫,以防止其长时间摆动,因而可节约时间,便于测量.再如各类机器的避震器,大都采用一系列的阻尼装置,可使频繁的撞击变为缓慢的振动,并迅速衰减,从而达到保护机件的目的①.

二、受迫振动

在实际的振动系统中,阻尼总是客观存在的.要使振动持续不断地进行下去,须对系统施加一周期性的外力.系统在周期性外力作用下所进行的振动叫做受迫振动.如扬声器中纸盆的振动,机器运转时引起的基座的振动,都是受迫振动.

图5-20所示的装置可以演示受迫振动.置于水中的弹簧振子的上端连接到一个如图所示的摇杆上,转动手柄,弹簧振子由于受到一个周期性外力的作用而作受迫振动.受迫振动开始时的情况比较复杂,但经过很短一段时间就达到稳定状态,这时振动频率与周期性外力的频率相等,且振幅保持不变.

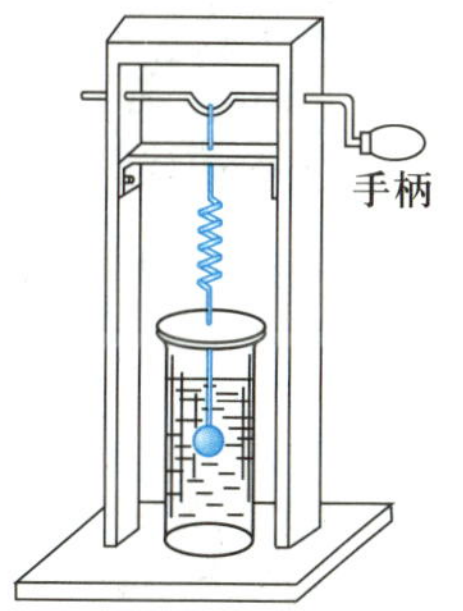

图 5-20 受迫振动

① 参阅马文蔚等主编《物理学原理在工程技术中的应用》(第四版)之“弹簧减振”(高等教育出版社,2015).

弹簧减振

从能量的角度看，当受迫振动达到稳定状态后，周期性外力在一个周期内对振动系统做功所提供的能量，恰好用来补偿系统在一个周期内克服阻力做功所消耗的能量，因此受迫振动的振幅保持不变.

三、共振

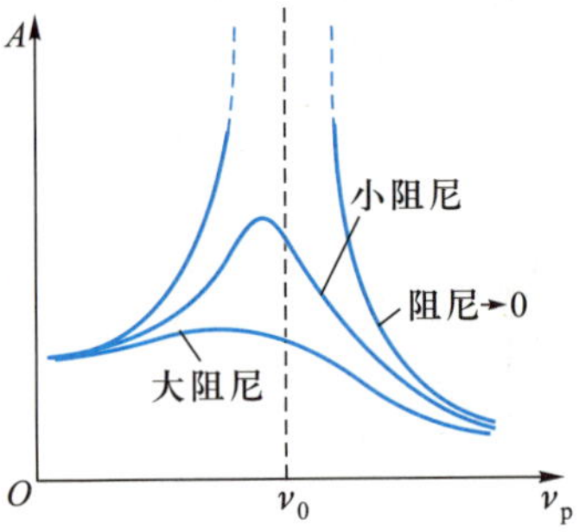

图 5-21 共振频率

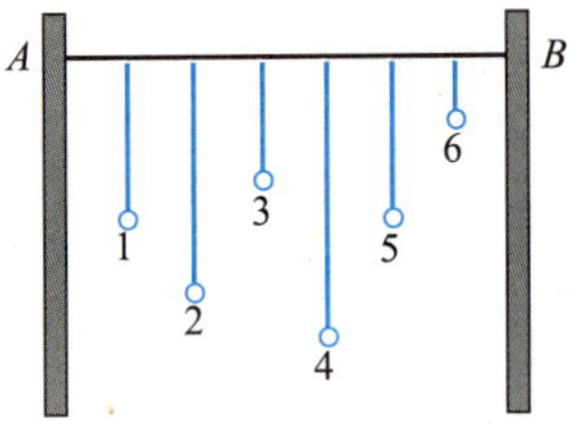

图 5-22 共振演示实验装置

视频：用薄板共振控制噪声

游戏：共振

在图 5-20 所示的演示实验中，改变转动手柄的速度，以改变周期性外力的频率，这时发现弹簧振子的振幅也会随之发生变化.当周期性外力的频率 ν_p 与振子的固有频率 ν_0 接近时，振子的振幅显著增加，当 ν_p 为某一定值时，振幅达到最大值.在不同阻尼情况下，受迫振动的振幅 A 与 ν_p 的关系如图 5-21 所示.我们把在周期性外力作用下，受迫振动的振幅达到最大值的现象叫做共振.达到共振时的频率叫共振频率.当阻尼趋向于零时，共振频率等于系统的固有频率.

共振现象还可用图 5-22 所示的实验装置来演示.在悬线 AB 上挂有 1，2，…，6 等处于静止状态的单摆，其中 1 和 5 的摆长相等.现使单摆 1 开始作垂直于纸面的简谐振动，那么，经过一段时间后，悬线上 2、3、4、6 等单摆仍然基本保持静止，但单摆 5 却会随单摆 1 作相同周期的简谐振动，即发生了共振现象.

共振现象在实际中有着广泛的应用.例如钢琴、小提琴等乐器的木质琴身，就是利用了共振现象使其成为一共鸣盒，将优美悦耳的音乐发送出去，以提高音响效果；收音机的调谐装置也是利用了共振现象，以接收某一频率的电台广播.再如用超声波发生器测量金属的厚度，则是利用超声波发生器的频率可均匀地改变，当该发生器与金属壁接触时，若发生器的振荡频率正好等于金属壁的固有频率，则金属壁所产生的振动便特别强烈，我们根据金属壁的振动强度可测出其厚度.

但共振现象也有其危害性.例如共振时振动系统的振幅过大，建筑物、机器设备等就会受到严重的破坏；又如汽车行驶时，若发动机运转的频率接近车身的固有频率，则车身也会产生强烈的共振而受到损坏.因此，为了不产生共振现象或减小共振的影响，我们可采取一些办法，如通过破坏外力的周期性、改变物体的固有频率、改变周期性外力的频率、增大系统的阻尼等来达到目的.例如，在上海环球金融中心第 90 层你可以看到钢索悬吊的两个各重约 150 吨的配重物体，这两个配重物体称为“风阻尼器”.它的作用是，当强风来袭时，该装置使用传感器来探测风力大小和建筑物的摇晃程度，并通过计算机来控制配重物体向反方向运动，以减小建筑物的摇晃程度.其运作原理是，配重物体的振动相位与建筑物的振动相位相反时，合振动振幅最小.就像身处摇晃小船上的人，将身体朝小船晃动的反方向移动来取得平衡.据测算，这一装置能把强风加在建筑物上的力引起的加速度减小 40%左右.这样一来，即使遭受强风袭击，建筑物内的人也基本感觉不到建筑物的摇晃.

1940 年 11 月 7 日美国 Tacoma 海峡大桥因共振而坍塌

上海环球金融中心

配重物体

复习自测题

问题

5-1 弹簧的弹性系数 k 是材料常量吗？若把一个弹簧均分为两段，则每段弹簧的弹性系数还是 k 吗？将一质量为 m 的物体分别挂在分割前、后的弹簧下面，问分割前、后两个弹簧振子的振动频率是否一样？其关系如何？

5-2 伽利略曾提出和解决了这样一个问题：一根线挂在又高又暗的城堡中，人们看不见它的上端而只能看见它的下端，如何测量此线的长度？

5-3 把一单摆从其平衡位置拉开，使悬线与竖直方向成一小角度 φ，然后放手任其摆动．如果从放手时开始计算时间，那么角 φ 是否为振动的初相？单摆的角速度是否为振动的角频率？

5-4 把单摆从平衡位置拉开，使摆线与竖直方向成 θ 角，然后放手任其振动，试判断图中所示五种运动状态所对应的相位.

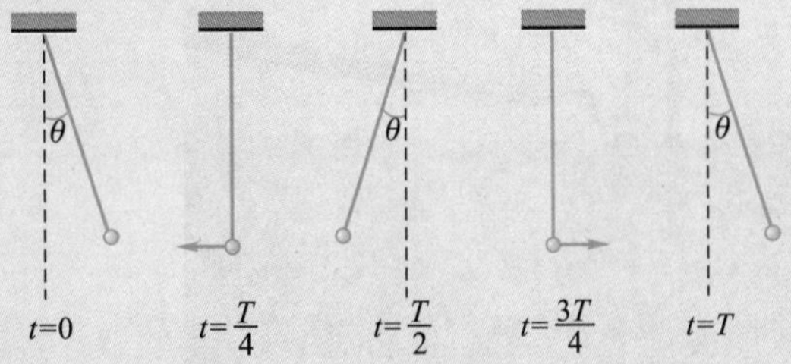

问题 5-4 图

5-5 指出在弹簧振子中,物体处在下列位置时的位移、速度、加速度和所受的弹性力的大小和方向:(1) 正方向的端点;(2) 平衡位置且向负方向运动;(3) 平衡位置且向正方向运动;(4) 负方向的端点.

5-6 阻尼振动、受迫振动和共振三者有怎样的关系?它们各自的振动特征与什么因素有关?

5-7 怎样利用拍音来测定一音叉的频率?

习题

5-1 一质点作简谐振动,振幅为 A,在起始时刻质点的位移为 $-\frac{A}{2}$,且向 Ox 轴正方向运动,则代表该简谐振动的旋转矢量图为( ).

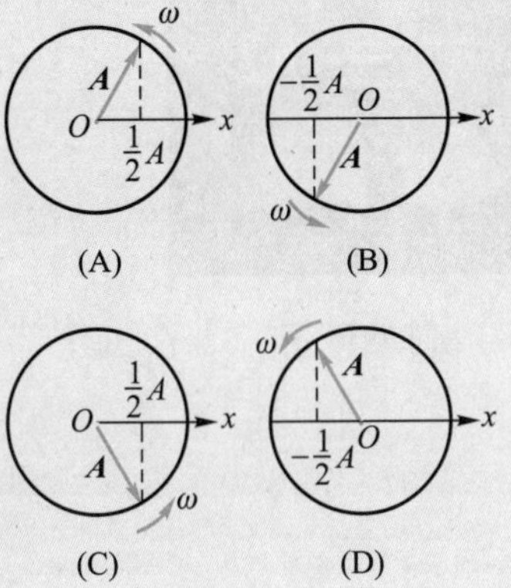

习题 5-1 图

5-2 某简谐振动的曲线如图所示,则振动周期是( ).

(A) 2.62 s (B) 2.40 s

(C) 2.20 s (D) 2.00 s

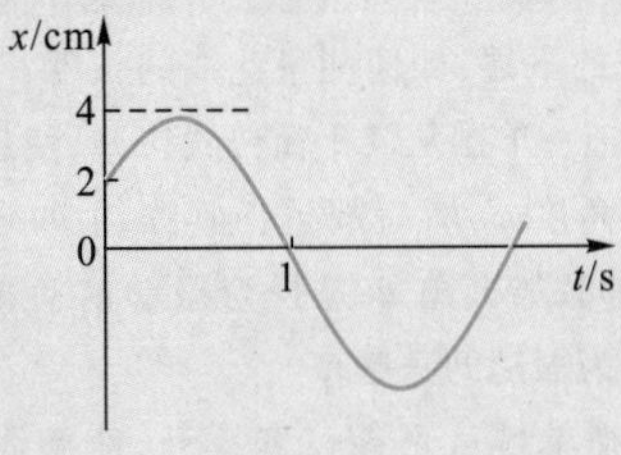

习题 5-2 图

5-3 两个同周期简谐振动的曲线如图所示,则 x_1 的相位比 x_2 的相位( ).

(A) 落后 $\frac{\pi}{2}$ (B) 超前 $\frac{\pi}{2}$

(C) 落后 π (D) 超前 π

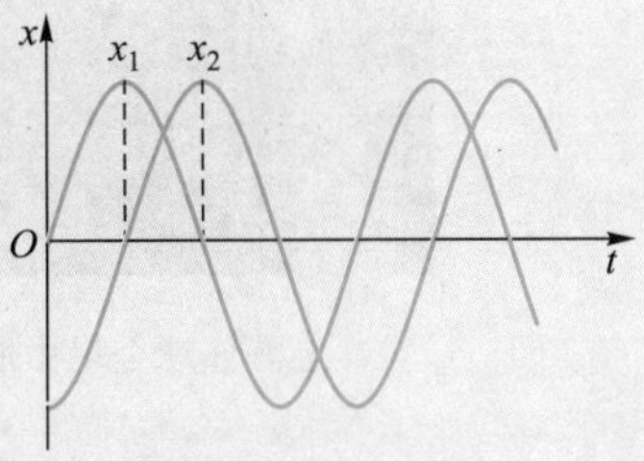

习题 5-3 图

5-4 两个同方向、同频率、振幅均为 A 的简谐振动合成后,振幅仍为 A,则这两个简谐振动的相位差为( ).

(A) 60° (B) 90°

(C) 120° (D) 180°

5-5 当质点以频率 ν 作简谐振动时,它的动能变化频率为( ).

(A) 4ν (B) 2ν (C) ν (D) $\nu/2$

5-6 若简谐振动方程为 $x=0.10\cos\left(20\pi t+\frac{\pi}{4}\right)$ (SI 单位),求:(1) 振幅、频率、角频率、周期和初相;(2) $t=2$ s 时的位移、速度和加速度.

5-7 一远洋货轮的质量为 m,浮在水面时其水平截面积为 S.设在水面附近货轮的水平截面积近似相等,水的密度为 ρ,且不计水的黏性阻力,证明货轮在水中作的振幅较小的竖直自由运动是简谐振动，并求振动周期.

5-8 如图所示，两个轻弹簧的弹性系数分别为 k_1 和 k_2，物体在光滑斜面上振动. 证明该运动仍是简谐振动，并求系统的振动频率.

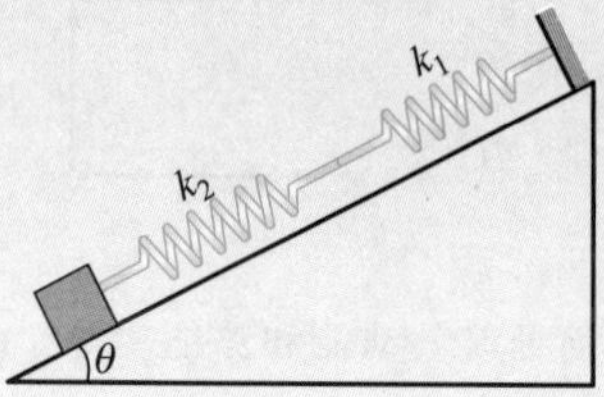

习题 5-8 图

5-9 一放置在水平桌面上的弹簧振子，振幅 $A=2.0\times10^{-2}$ m，周期 $T=0.50$ s.当 $t=0$ 时：(1) 物体在正方向端点；(2) 物体在平衡位置，且向负方向运动；(3) 物体在 $x=1.0\times10^{-2}$ m 处，且向负方向运动；(4) 物体在 $x=-1.0\times10^{-2}$ m 处，且向正方向运动.求以上各种情况下的振动方程.

5-10 一轻弹簧下端挂一质量为 m 的物体时，伸长量为 9.8×10^{-2} m.使物体上下振动，且规定向下为正方向.(1) 当 $t=0$ 时，物体在平衡位置上方 8.0×10^{-2} m 处，由静止开始向下运动，求振动方程；(2) 当 $t=0$ 时，物体在平衡位置并以 0.60 m·s^{-1} 的速度向上运动，求振动方程.

5-11 一质点作简谐振动，其振动方程为 $x=0.2\cos\left(\frac{\pi}{3}t+\frac{\pi}{3}\right)$ (SI 单位).试用旋转矢量表示法求出质点由初始状态($t=0$ 时的状态)运动到 $x=-0.10$ m，$v<0$ 的状态所需的最短时间.

5-12 一简谐振动质点的 $x-t$ 曲线如图所示，试求：(1) 振动方程；(2) 点 P 对应的相位；(3) 到达点 P 相应位置所需的时间.

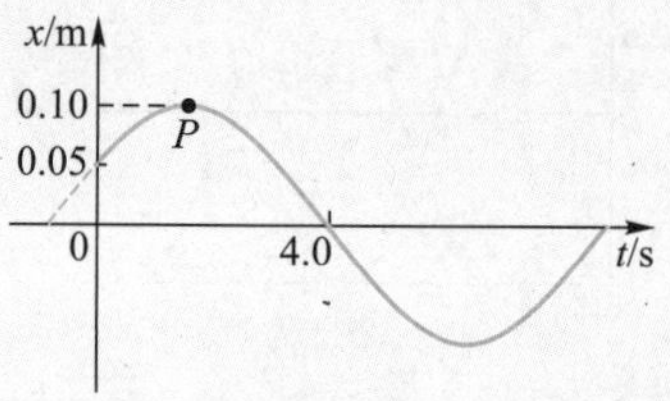

习题 5-12 图

5-13 质量为 10 g 的物体沿 x 轴作简谐振动，振幅 $A=10$ cm，周期 $T=4.0$ s.$t=0$ 时物体的位移为 $x_0=-5.0$ cm，且向 x 轴负方向运动.求：(1) $t=1.0$ s 时物体的位移；(2) $t=1.0$ s 时物体所受的力；(3) $t=0$ 之后物体第一次到达 $x=5.0$ cm 处的时间；(4) 第二次和第一次经过 $x=5.0$ cm 处的时间间隔.

5-14 一简谐振动质点的 $v-t$ 曲线如图所示，且振幅为 2 cm，试求：(1) 振动周期；(2) 加速度的最大值；(3) 振动方程.

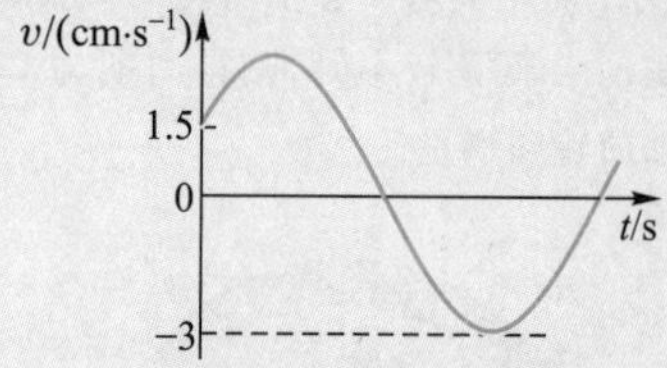

习题 5-14 图

5-15 一单摆摆长为 1.0 m，最大摆角为 5°，如图所示.(1) 求摆的角频率和周期；(2) 设开始时摆角最大，试写出此单摆的振动方程；(3) 当摆角为 3°时，摆球的角速度和线速度各为多少？

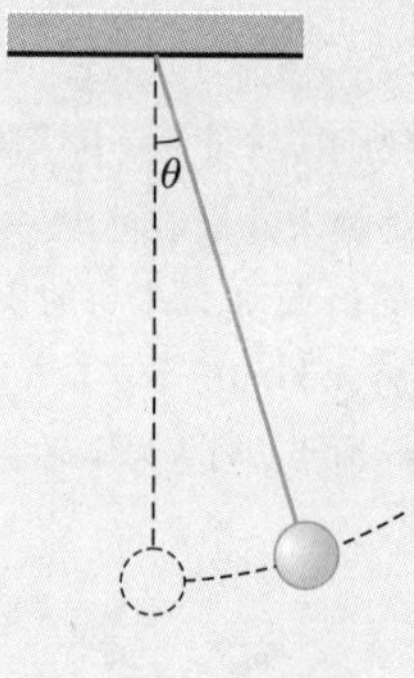

习题 5-15 图

5-16 一位选手将一个质量为 0.020 kg 的飞镖，沿与水平线夹角为 30°的方向，以 10 m·s^{-1} 的初速度投掷出去，当飞镖到达路径的最高点时，恰巧击中被轻绳悬挂且质量为 0.54 kg 的木制靶盘盘心. 靶盘质心在绳子悬挂点下方 1.2 m 处，如图所示. 靶盘与飞镖一起向右摆动，轻绳与竖直方向的夹角为 θ. 不计空气阻力，重力加速度取 9.8 m·s^{-2}. (1) 问靶盘与飞镖一起向右摆动的过程中，轻绳与竖直方向的夹角 θ 最大是多少？(2) 从飞镖击中靶盘到靶盘第一次回到原来位置的时间间隔是多少？(3) 若以飞镖击中靶盘时刻为计时起点，以向右摆动方向为正，试写出靶盘的振动方程.

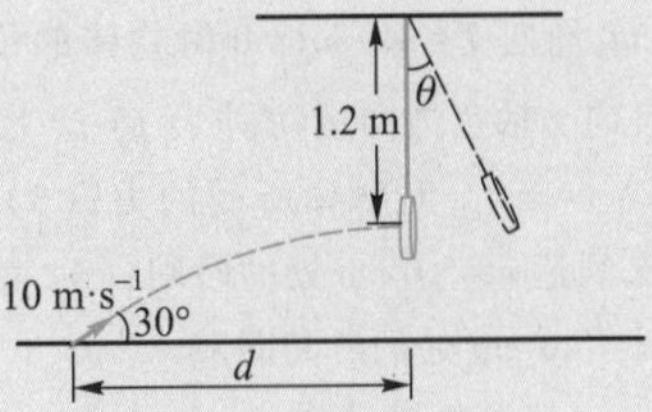

习题 5-16 图

*5-17　一飞轮质量为 12 kg,内缘半径 $r=0.6$ m,如图所示.为了测定其对质心轴的转动惯量,现让其绕内缘刃口摆动.当摆角较小时,测得周期为 2.0 s,试求其对质心轴的转动惯量.

习题 5-17 图

5-18　如图所示,质量为 1.00×10^{-2} kg 的子弹.以 500 $\mathrm{m\cdot s^{-1}}$ 的速度射入并嵌在木块中,同时使轻弹簧压缩从而开始作简谐振动.设木块的质量为 4.99 kg,轻弹簧的弹性系数为 8.00×10^{3} $\mathrm{N\cdot m^{-1}}$.若以弹簧原长时物体所在处为坐标原点,向左为 x 轴正方向,求简谐振动方程.

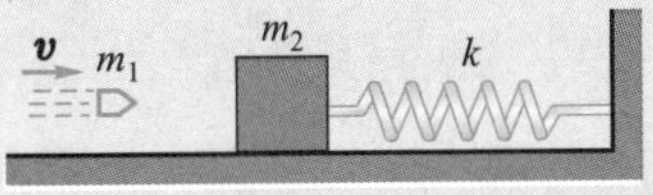

习题 5-18 图

5-19　如图所示,一弹性系数为 k 的轻弹簧,其下挂有一质量为 m_1 的空盘.现有一质量为 m_2 的物体从盘上方高为 h 处自由落到盘中,并和盘粘在一起振动.问:(1) 此时的振动周期与空盘作振动的周期有何不同? (2) 此时的振幅为多大?

5-20　质量为 0.10 kg 的物体以振幅 1.0×10^{-2} m 作简谐振动,其最大加速度为 4.0 $\mathrm{m\cdot s^{-2}}$.(1) 求振动的周期;(2) 求物体通过平衡位置时的总能量与动能;

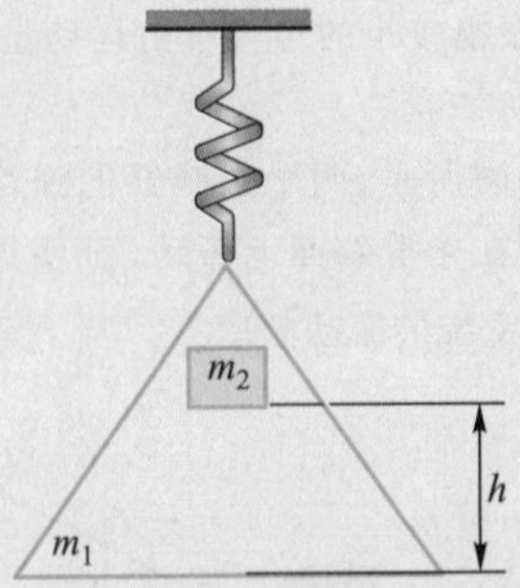

习题 5-19 图

(3) 物体在何处时其动能和势能相等? (4) 当物体的位移大小为振幅的一半时,动能、势能各占总能量的多少?

5-21　一弹性系数 $k=312$ $\mathrm{N\cdot m^{-1}}$ 的轻弹簧,一端固定,另一端连接一质量 $m_0=0.3$ kg 的物体,放在光滑的水平面上.该物体上面放一质量 $m=0.2$ kg 的物体,两物体间的最大静摩擦因数 $\mu=0.5$.求两物体间无相对滑动时,系统振动的最大能量.

5-22　已知两个同方向同频率简谐振动的振动方程分别为 $x_1=0.05\cos(10t+0.75\pi)$,$x_2=0.06\cos(10t+0.25\pi)$(SI 单位).(1) 求合振动的振幅及初相;(2) 若有另一同方向同频率的简谐振动 $x_3=0.07\cos(10t+\varphi_3)$(SI 单位),则 φ_3 为多少时,x_1+x_3 的振幅最大? 又 φ_3 为多少时,x_2+x_3 的振幅最小?

5-23　两个同频率简谐振动 1 和 2 的振动曲线如图所示.(1) 求两个简谐振动的振动方程 x_1 和 x_2;(2) 在同一图中画出两个简谐振动的旋转矢量,并比较两个振动的相位关系;(3) 若两个简谐振动叠加,求合振动的振动方程.

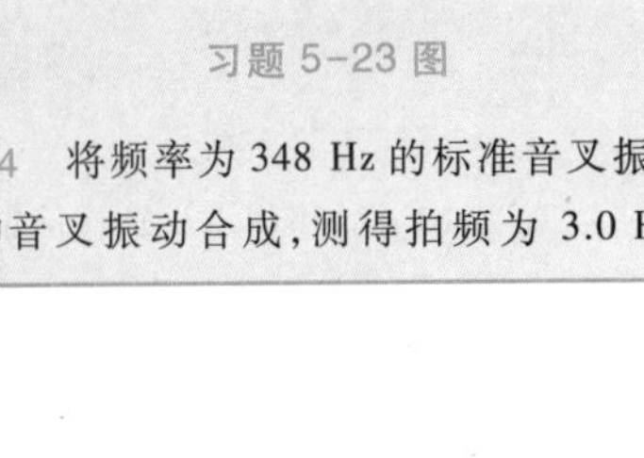

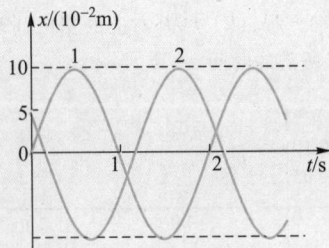

习题 5-23 图

*5-24　将频率为 348 Hz 的标准音叉振动和一待测频率的音叉振动合成,测得拍频为 3.0 Hz.若在待

测频率音叉的一端加上一小块物体，则拍频将减小，求待测音叉的固有频率.

*5-25 测量一系统阻尼系数的装置简图如图所示.将一质量为 m 的物体挂在轻弹簧上，在空气中测得振动的频率为 ν_1，物体置于液体中后测得的频率为 ν_2，求此系统的阻尼系数.

*5-26 在铁轨上行驶的火车，每次经过铁轨连接处即受到一次振动，并引起车厢在消振弹簧上振动.设弹簧的弹性系数 $k=3.90\times10^6\ \text{N}\cdot\text{m}^{-1}$，所承受的车厢负载为 3.44×10^4 kg，系统的阻尼系数 $\delta=2.5\ \text{s}^{-1}$，每段铁轨长为 12.5 m，问火车速度多大时振动最强烈？

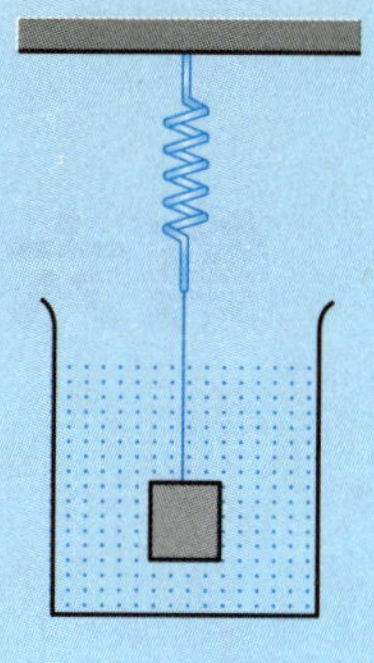
习题 5-25 图

第五章习题答案

第六章 机 械 波

预习自测题

在上一章讨论的机械振动基础上，本章将进一步研究机械振动在空间的传播过程——机械波.波动是一种常见的物质运动形式. 绳子上的波、空气中的声波和水面波等，它们都是由机械振动在弹性介质中的传播形成的，这类波叫做机械波.波动并不限于机械波，无线电波、光波等也是一种波动，这类波是由交变电磁场在空间的传播形成的，通称电磁波.机械波和电磁波在本质上是不相同的，但是它们都具有波动的共同特征，即都具有一定的传播速度，且都伴随着能量的传播，都能产生反射、折射、干涉和衍射等现象，而且有相似的数学表述形式.

本章主要研究：机械波的形成，波函数和波的能量，惠更斯原理及其在波的衍射、干涉等方面的应用，并简要介绍声波以及驻波、多普勒效应等.

6-1 机械波的形成 波长、周期和波速

一、机械波的形成

机械振动在弹性介质（固体、液体和气体）中传播就形成了机械波，这是因为弹性介质中各质元之间有弹性力相互作用着.当介质中某一质元离开平衡位置时，介质就发生了形变.于是，一方面邻近质元将对它施加弹性回复力，使它回到平衡位置，并在平衡位置附近振动起来；另一方面根据牛顿第三定律，这个质元也将对邻近质元施加弹性力，迫使邻近质元也在自己的平衡位置附近振动起来.这样，当弹性介质中的一部分发生振动时，由于各部分之间的弹性力，振动就由近及远地传播开去，形成了波动.

按照质元振动方向和波的传播方向的关系,机械波可分为横波与纵波,这是波动的两种最基本的形式.

如图 6-1(a)所示,用手握住一根绷紧的长绳,当手上下抖动时,绳子上各部分质元就依次上下振动起来.这种质元振动方向与波的传播方向相互垂直的波,称为横波.对于横波,你将会看到在绳子上交替出现凸起的波峰和凹下的波谷,并且它们以一定的速度沿绳传播,这就是横波的外形特征.本书第十二章中介绍的电磁波就是横波.

如图 6-1(b)所示,将一根水平放置的长弹簧的一端固定起来,用手去拍打另一端,弹簧各部分就依次左右振动起来。这种各质元振动方向与波的传播方向相互平行的波,称为纵波.纵波的外形特征是弹簧上交替出现的"稀疏"和"稠密"区域,并且它们以一定的速度沿弹簧传播.

从图 6-1 中还可以看出,无论是横波还是纵波,它们都只是振动状态(即振动相位)的传播,弹性介质中各质元仅在各自的平衡位置附近振动,并没有随振动的传播而移走.

进一步说,在弹性介质中形成横波时,必是一层介质相对另一层介质发生横向的平移,即发生切变.固体在发生切变时能产生切向应力,因此横波能在固体中传播.而液体、气体一般不产生切向应力,所以流体中一般不会存在横波.空气中传播的声波就是纵波.在弹性介质中形成纵波时,介质要发生压缩或拉伸,即发生体变(也称容变),固体、液体和气体在发生体变时都能产生法向应力,因此纵波可以在固体、液体和气体中传播.

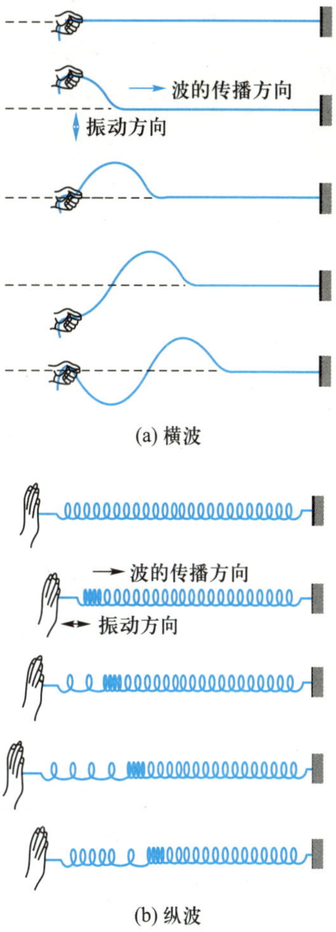

图 6-1 机械波的形成

二、波长、周期和波速

波长、波的周期(或频率)和波速都是描述波动的重要物理量.沿波的传播方向两个相邻的、相位差为 2π 或振动步调相同的振动质元之间的距离,即一个完整波形的长度,叫做波长,用 λ 表示.显然,横波上相邻两个波峰之间或相邻两个波谷之间的距离,都是一个波长;纵波上相邻两个密部或相邻两个疏部对应点之间的距离,也是一个波长.

波的周期是波前进一个波长的距离所需要的时间,用 T 表示.波的周期的倒数叫做波的频率,用 ν 表示,即 $\nu=1/T$,波的频率等于单位时间内波动所传播的完整波的数目.由于波源作一次完全振动,波就前进一个波长的距离,所以波的周期(或频率)等于波源的振动周期(或频率).

在波动过程中,某一振动状态(即振动相位)在单位时间内所传播的距离叫做波速,用 u 表示,也称为相速.波速的大小取决于介质的性质,在不同的介质中,波速是不同的.在标准状态下,声波在空气中传播的速度约为 331 m·s^{-1},而在氢气中传播的速度约为 1 270 m·s^{-1}.

在一个周期内,波传播了一个波长的距离,故有

$$u=\frac{\lambda}{T} \tag{6-1}$$

或

$$u=\lambda\nu \tag{6-2}$$

以上两式具有普遍的意义,对各类波都适用.必须指出,波速虽由介质决定,但波的频率是波源振动的频率,却与介质无关,因此,由式(6-1)或式(6-2)可知,对同一频率的波,其波长将随介质的不同而不同.

例

在室温下,已知空气中的声速 u_1 为 340 m·s^{-1},水中的声速 u_2 为 1 450 m·s^{-1},求频率为 200 Hz 和 2 000 Hz 的声波分别在空气中和在水中的波长.

解 由式(6-2)可得

$$\lambda=\frac{u}{\nu}$$

频率为 200 Hz 及 2 000 Hz 的声波在空气中的波长分别为

$$\lambda_1=\frac{u_1}{\nu_1}=1.7\ \text{m}$$

$$\lambda_2=\frac{u_1}{\nu_2}=0.17\ \text{m}$$

它们在水中的波长分别为

$$\lambda_1'=\frac{u_2}{\nu_1}=7.25\ \text{m}$$

$$\lambda_2'=\frac{u_2}{\nu_2}=0.725\ \text{m}$$

可见,同一频率的声波在水中的波长比在空气中的波长要长得多.

理论和实验都证明,固体内横波和纵波的传播速度分别为

$$u=\sqrt{\frac{G}{\rho}} \quad (横波)$$

$$u=\sqrt{\frac{E}{\rho}} \quad (纵波)$$

式中 G、E 和 ρ 分别为固体的切变模量、弹性模量和密度.在液体和气体内,纵波的传播速度为

$$u=\sqrt{\frac{K}{\rho}} \quad (纵波)$$

式中 K 为体积模量.

以上各式说明,机械波的波速取决于介质的性质,而与波源无关.表 6-1 列出了一些介质中的声速.

表 6-1 一些介质中的声速

介质	温度/℃	声速/$(m\cdot s^{-1})$
空气(1.013×10^5 Pa)	0	331
空气(1.013×10^5 Pa)	20	343
氢(1.013×10^5 Pa)	0	1 270
玻璃	0	5 500
花岗岩	0	3 950
冰	0	5 100
水	20	1 460
铝	20	5 100
黄铜	20	3 500

由上表可见,同样是声波,在不同介质中传播的速度差异是很大的.

三、波线 波面 波前

波源在弹性介质中振动时,振动将向各个方向传播,形成波动.为了便于讨论波的传播情况,我们引入波线、波面和波前的概念.

沿波的传播方向画一些带有箭头的线,我们称之为波线.介质中各质元都在平衡位置附近振动,不同波线上相位相同的点所连成的曲面,叫做波面或同相面.在任一时刻,波面可以有任意多个,我们一般使相邻两个波面之间的距离等于一个波长,如图 6-2 所示.在某一时刻,由波源最初振动状态传到的各点所连成的曲面,叫做波前.显然,波前就是波面,但它是传到最前面的那个波面,所以,在任一时刻只有一个波前.波面是球面的

波，叫做球面波，波面是平面的波，叫做平面波.离波源很远的球面波的一部分可看作平面波.在各向同性介质中，波线与波面垂直.

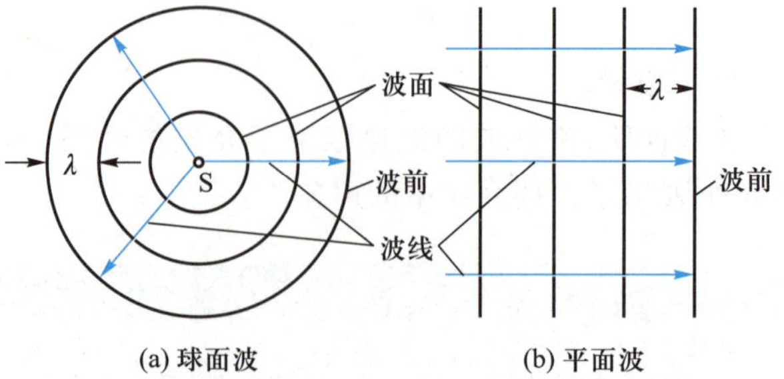

图 6-2 波线、波面与波前

6-2 平面简谐波的波函数

一、平面简谐波的波函数

我们已经明白，机械波是机械振动在弹性介质中的传播，它是弹性介质中大量质元参与的一种集体运动形式.如果波沿 x 方向传播，那么要描述它，就应该知道 x 处的质元在任意时刻 t 的位移 y，换句话说应该知道 $y(x,t)$.我们把这种描述波传播的函数 $y(x,t)$ 称为波动函数，简称波函数.

普通波函数的表达式是比较复杂的.现在我们只研究一种最简单最基本的波，即在均匀无吸收的介质中，当波源作简谐振动时，在介质中所形成的波.这种波叫做平面简谐波.理论分析表明，严格的简谐波只是一种理想化的模型，它不仅要具有单一的频率和振幅，而且必须在空间和时间上都是无限延展的.因此严格的简谐波是无法实现的.对于作简谐振动的波源，其在均匀无吸收的介质中所形成的波，可近似地看成简谐波.然而可以证明，任何非简谐的复杂的波，都可看成是由若干个频率不同的简谐波叠加而成的.图 6-3 所示就是由频率和振幅各不相同的两个简谐波叠加成复杂波的情形.因此，研究简谐波仍具有特别重要的意义.

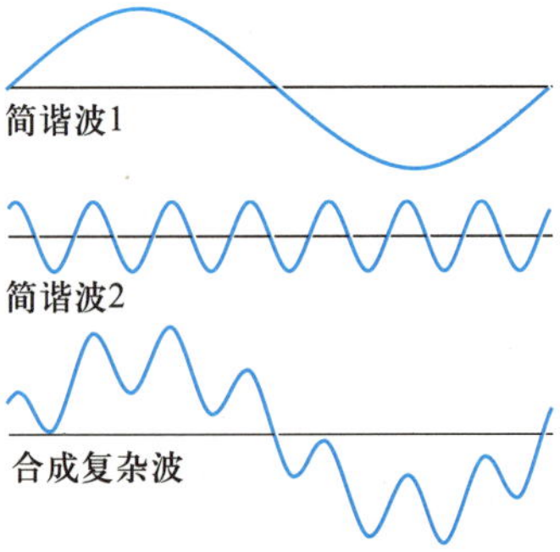

图 6-3 两个不同的简谐波叠加成复杂波

先来讨论沿 Ox 轴正方向传播的简谐波.如图 6-4 所示,在原点 O 处有一质元作简谐振动,为简便计,设其初相位为零,故其振动方程为

$$y_O=A\cos \omega t$$

式中 y_O 是质元在时刻 t 相对平衡位置的位移,A 是振幅,ω 是角频率.假定介质是均匀无吸收的,那么各点的振幅将保持不变.为了找出在 Ox 轴上所有质元在任一时刻的位移,我们可在 Ox 轴正方向上任取一点 P,它距点 O 的距离为 x.显然,当振动从点 O 传播到点 P 时,点 P 将以相同的振幅和频率重复点 O 的振动.但振动从点 O 传播到点 P 需时 $t_0=x/u$(u 为波速).这表明若点 O 振动了时间 t,则点 P 只振动了 $t-t_0$($=t-x/u$)的时间,即当点 O 的相位为 ωt 时,点 P 的相位则是 $\omega\left(t-\dfrac{x}{u}\right)$.于是点 P 在任一时刻 t 的位移为

$$y_P=A\cos \omega\left(t-\frac{x}{u}\right) \tag{6-3a}$$

无须细说,此式显然适用于描述 Ox 轴上所有质元的振动,从而可以描绘出 Ox 轴上各质元位移随时间变化的整体图像,因此,上式即沿 Ox 轴正方向传播的平面简谐波的波函数,也常称为平面简谐波的波动方程.

因为 $\omega=2\pi/T$,$u=\lambda/T$,所以式(6-3a)通常写成

$$y=A\cos 2\pi\left(\frac{t}{T}-\frac{x}{\lambda}\right) \tag{6-3b}$$

若取 $k=\dfrac{2\pi}{\lambda}$,k 称为角波数,则波函数又可写成

$$y=A\cos(\omega t-kx) \tag{6-3c}$$

如果波沿 Ox 轴负方向传播,那么点 P 的振动比点 O 早开始一段时间 x/u,也就是说,当点 O 的相位是 ωt 时,点 P 的相位已是 $\omega\left(t+\dfrac{x}{u}\right)$.于是点 P 在任一时刻 t 的位移为

$$y=A\cos \omega\left(t+\frac{x}{u}\right) \tag{6-4a}$$

上式就是沿 Ox 轴负方向传播的平面简谐波的波函数,并且同样

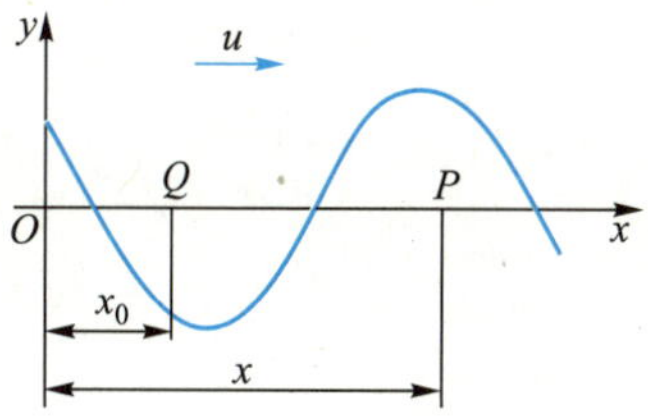

图 6-4 时刻 t 的波形图

也可写成以下两种常用的形式：

$$y=A\cos 2\pi\left(\frac{t}{T}+\frac{x}{\lambda}\right) \tag{6-4b}$$

$$y=A\cos(\omega t+kx) \tag{6-4c}$$

至此，不难将以上的讨论推广到更一般的情形．若波沿 Ox 轴正方向传播，且已知距点 O 距离为 x_0 的点 Q 的振动规律为

$$y_Q=A\cos(\omega t+\varphi)$$

则相应的波函数为

$$y=A\cos\left[\omega\left(t-\frac{x-x_0}{u}\right)+\varphi\right] \tag{6-5}$$

二、波函数的物理含义

为了帮助大家理解波函数的物理含义，不妨以式(6-3)为例作一番研讨．

(1) 当 x 一定时(好似用摄像机对着某一质元拍摄)，y 仅为时间 t 的函数．此时，式(6-3)表示了距原点 O 为 x 处的质元在不同时刻的位移，即该质元作简谐振动的情况．以 y 为纵坐标，t 为横坐标，可得如图 6-5 所示的波线上不同质元的位移-时间曲线．从这些曲线上可以看出，它们的初相位依次为 0、$-\frac{\pi}{2}$、$-\pi$、$-\frac{3\pi}{2}$、-2π．就是说，$x=\frac{\lambda}{4}$处质元的相位比 $x=0$ 处质元的相位落后$\frac{\pi}{2}$，其他质元则依次又落后$\frac{\pi}{2}$．

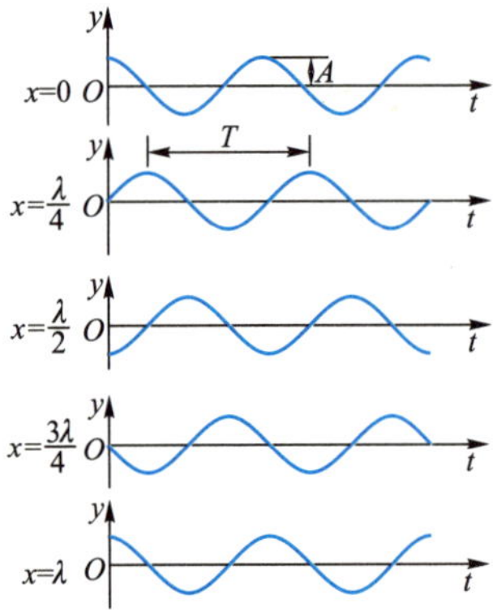

图 6-5 波线上各质元简谐振动的位移-时间曲线

(2) 当 t 一定时(好似用照相机对一组质元在某一瞬时拍照)，y 仅为位置 x 的函数．此时，式(6-3)表示了给定时刻 Ox 轴上各质元的位移分布情况．以 y 为纵坐标，x 为横坐标，可得如图 6-6 所示的不同时刻的 $y-x$ 曲线，该曲线也叫波形图．从波形图中可以看出，经过一个周期的时间，波向前传播了一个波长的距离．

从波形图中也可看出，在同一时刻，距离波源 O 分别为 x_1 和 x_2 的两质元的相位是不同的．由式(6-3)可得两质元的相位分

别为

$$\varphi_1=\omega\left(t-\frac{x_1}{u}\right)=2\pi\left(\frac{t}{T}-\frac{x_1}{\lambda}\right)$$

$$\varphi_2=\omega\left(t-\frac{x_2}{u}\right)=2\pi\left(\frac{t}{T}-\frac{x_2}{\lambda}\right)$$

其相位差为

$$\Delta\varphi_{12}=\varphi_1-\varphi_2=2\pi\left(\frac{t}{T}-\frac{x_1}{\lambda}\right)-2\pi\left(\frac{t}{T}-\frac{x_2}{\lambda}\right)=2\pi\,\frac{x_2-x_1}{\lambda}$$

式中 $x_2-x_1=\Delta x_{21}$ 叫做波程差，上式可写成

$$\Delta\varphi_{12}=\frac{2\pi}{\lambda}\Delta x_{21} \tag{6-6a}$$

从图 6-6 中可看出 $x_2>x_1$，所以 $\Delta\varphi_{12}>0$，即 $\varphi_1>\varphi_2$，也就是说 x_2 处的相位落后于 x_1 处的相位.通常在不需要明确谁的相位超前或落后时，式(6-6a)可以简单地写成

$$\Delta\varphi=\frac{2\pi}{\lambda}\Delta x \tag{6-6b}$$

（3）当 t 和 x 都变化时（好似用摄像机对一组质元拍摄），波函数就表达了所有质元的位移随时间变化的整体情况.图 6-7 分别画出了 t 时刻和 $t+\Delta t$ 时刻的两个波形图，从而描绘出波动在 Δt 时间内传播了 Δx 距离的情形.换句话说，波在 t 时刻 x 处的相位，经过 Δt 时间已传至 $x+\Delta x$ 处了.于是按式(6-3b)，便有

$$\frac{2\pi}{\lambda}(ut-x)=\frac{2\pi}{\lambda}[u(t+\Delta t)-(x+\Delta x)]$$

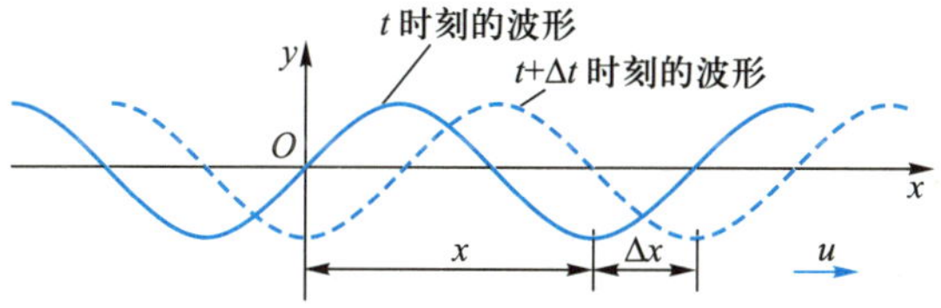

图 6-7 波形的传播

式中 u 为波速，由此式可解得

$$\Delta x=u\Delta t$$

这就告诉我们，波的传播是相位的传播，也是振动这种运动形式

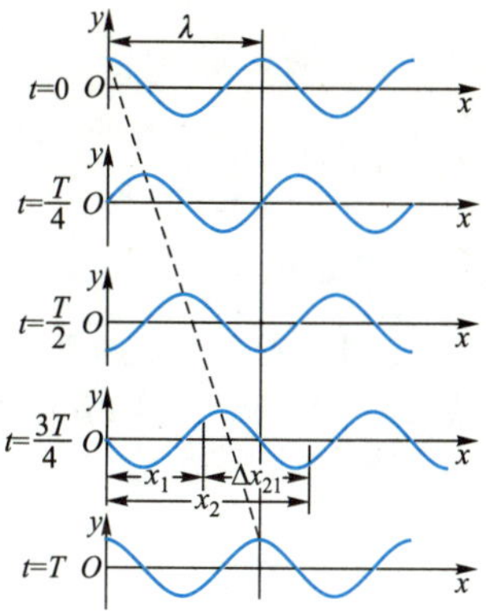

图 6-6 不同时刻波线上各质元的位移分布——波形图

的传播，或者说是整个波形的传播，波速 u 就是相位或波形向前传播的速度.总之，当 t 和 x 都变化时，波函数就描述了波的传播过程，因此这种波也称为行波，或前进波.

例 1

一平面简谐波沿 Ox 轴正方向传播，已知振幅 $A=1.0$ m，周期 $T=2.0$ s，波长 $\lambda=2.0$ m.在 $t=0$ 时，坐标原点处的质元位于平衡位置且沿 Oy 轴的正方向运动.求：(1) 波函数；(2) $t=1.0$ s 时各质元的位移分布，并画出该时刻的波形图；(3) $x=0.5$ m 处质元的振动规律，并画出该质元的位移-时间曲线.

解 (1) 按所给条件，取波动方程为如下形式：

$$y=A\cos\left[2\pi\left(\frac{t}{T}-\frac{x}{\lambda}\right)+\varphi\right]$$

式中 φ 为坐标原点振动的初相位.根据题意很容易求得

$$\varphi=-\frac{\pi}{2}$$

代入所给数值得，波函数为

$$y=1.0\cos\left[2\pi\left(\frac{t}{2.0}-\frac{x}{2.0}\right)-\frac{\pi}{2}\right] \quad (\text{SI 单位}) \quad (1)$$

(2) 将 $t=1.0$ s 代入式(1)得，该时刻各质元的位移分布为

$$y=1.0\cos\left[2\pi\left(\frac{1.0}{2.0}-\frac{x}{2.0}\right)-\frac{\pi}{2}\right]$$
$$=1.0\sin(\pi x) \quad (\text{SI 单位}) \quad (2)$$

按照式(2)，可画出 $t=1.0$ s 时的波形图，如图 6-8 所示.

(3) 将 $x=0.5$ m 代入式(1)得，该处质元的振动规律为

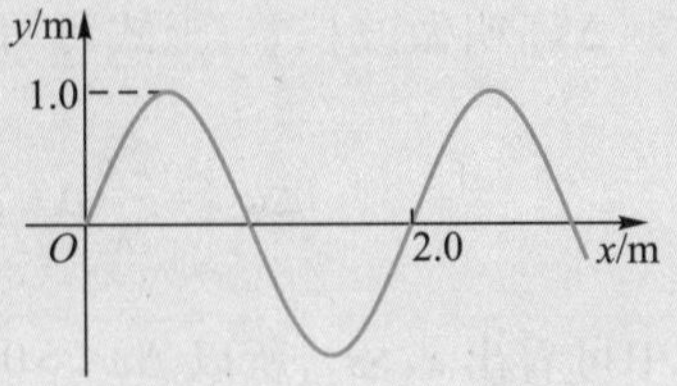

图 6-8 $t=1.0$ s 时的波形图

$$y=1.0\cos\left[2\pi\left(\frac{t}{2.0}-\frac{0.5}{2.0}\right)-\frac{\pi}{2}\right]$$
$$=1.0\cos(\pi t-\pi) \quad (\text{SI 单位}) \quad (3)$$

由式(3)可知，该质元振动的初相位为 $-\pi$.由此作出其 $y-t$ 曲线，如图 6-9 所示.

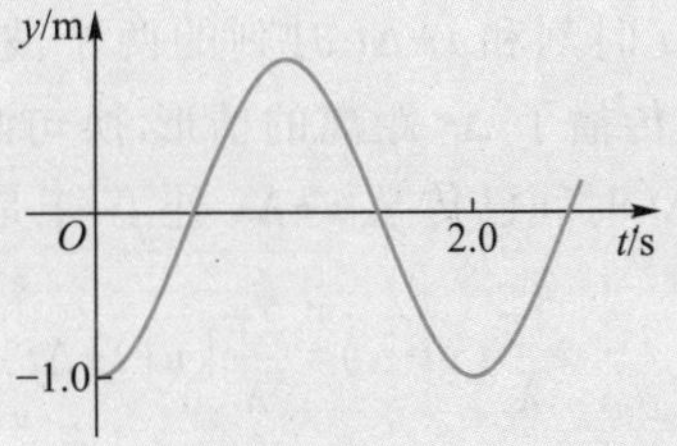

图 6-9 $x=0.5$ m 处质元的振动曲线

例 2

一平面简谐波以速度 $u=20\ \text{m}\cdot\text{s}^{-1}$ 沿直线传播.已知在传播路径上某点 A(见图 6-10)的简谐振动方程为 $y=3\times10^{-2}\cos(4\pi t)$ (SI 单位).(1) 以点 A 为坐标原点，写出波函数；(2) 以距点 A 为 5 m 处的点 B 为坐标原点，写出波函数；(3) 写出传播方向上点 C、点 D 的简谐振动方程(各点间距见图 6-10)；(4) 分别求出 B、C 和 C、D 两点间的相位差.

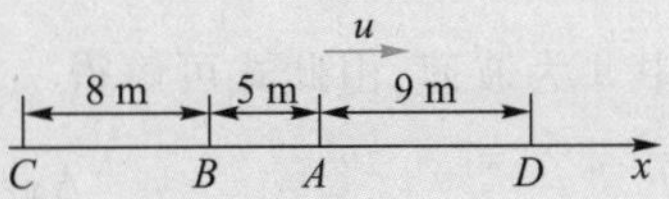

图 6-10

解 由点 A 的简谐振动方程可知

$$\nu=\frac{\omega}{2\pi}=2\ \mathrm{s^{-1}},\quad \lambda=\frac{u}{\nu}=10\ \mathrm{m}$$

（1）以点 A 为原点的波函数为

$$y_{AW}=3\times10^{-2}\cos\left[4\pi\left(t-\frac{x}{u}\right)\right]$$
$$=3\times10^{-2}\cos\left(4\pi t-\frac{\pi}{5}x\right)$$

（2）由于波由左向右行进，所以点 B 的相位比点 A 超前，其简谐振动方程为

$$y_{BV}=3\times10^{-2}\cos\left[4\pi\left(t+\frac{AB}{u}\right)\right]$$
$$=3\times10^{-2}\cos(4\pi t+\pi)$$

故以点 B 为原点的波函数为

$$y_{BW}=3\times10^{-2}\cos\left[4\pi\left(t-\frac{x}{u}\right)+\pi\right]$$
$$=3\times10^{-2}\cos\left(4\pi t-\frac{\pi}{5}x+\pi\right)$$

（3）由于点 C 的相位比点 A 超前，所以

$$y_{CV}=3\times10^{-2}\cos\left[4\pi\left(t+\frac{AC}{u}\right)\right]$$
$$=3\times10^{-2}\cos\left(4\pi t+\frac{13}{5}\pi\right)$$

而点 D 的相位落后于点 A，所以

$$y_{DV}=3\times10^{-2}\cos\left[4\pi\left(t-\frac{AD}{u}\right)\right]$$
$$=3\times10^{-2}\cos\left(4\pi t-\frac{9}{5}\pi\right)$$

（4）如图所示，B、C 和 C、D 两点间的距离分别为 $\Delta x_{BC}=8$ m，$\Delta x_{CD}=22$ m.由式（6-6b）可得它们的相位差分别为 1.6π 和 4.4π.

6-3 波的能量 声强级

一、波动能量的传播

在波动过程中，波源的振动通过弹性介质由近及远地一层接一层地传播出去，使介质中各质元依次在各自的平衡位置附近作振动.可见，介质中各质元具有动能，同时介质因发生形变还具有势能.所以，波动过程也是能量传播的过程.

下面我们以一条绳线上的横波为例，来定性地说明波动中的动能和势能及其关联.

先看动能.当波动通过质量为 dm 的质元时，它就作横向的简谐振动，因此也具有了与横向速度（振动速度）相关的动能.当质元（图 6-11 中的质元 a）通过平衡位置（$y=0$）时，它的振动速度最大，因而动能最大；当质元（图 6-11 中的质元 b）通过最大位置（$y=y_m$）时，它的振动速度为零，因而动能亦为零（最小）.

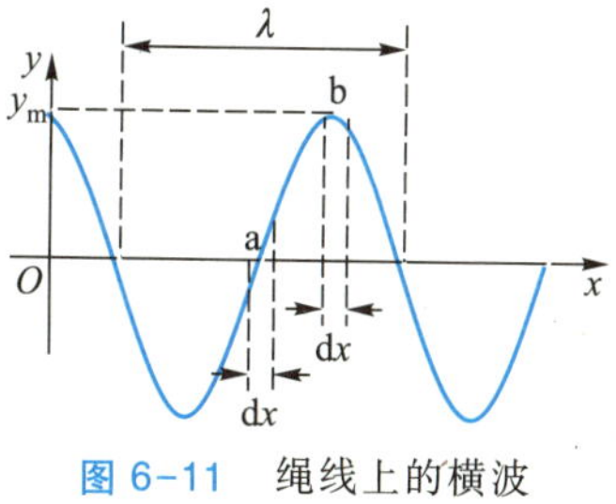

图 6-11 绳线上的横波

再来看势能.为了沿一条原先是直的绳线传输一列简谐波,该波动一定要拉伸那条绳线(正弦曲线长度一定大于对应的直线段长度).当直线段长度为 dx 的质元横向振动时,质元周期性地成为正弦曲线的一部分,该质元长度就会周期性地变化.这时质元就具有了与长度变化相关的弹性势能,正像一个弹簧那样.由于长度变化量正比于正弦曲线的斜率,所以,当质元(图 6-11 中的质元 b)在最大位置($y=y_m$)时,其长度变化为零,因而弹性势能亦为零;当质元(图 6-11 中的质元 a)通过平衡位置($y=0$)时,其长度变化最大,因而弹性势能最大.

由此可知,在波动过程中,动能和势能同时达到最大值,又同时达到最小值,这与简谐振动系统中动能、势能相互转化,机械能守恒不同.波动过程中机械能不守恒,沿着波动的方向,质元不断地从后面介质获得能量,又传递给前面的介质.这样,能量就随着波动,从介质的这一部分传向另一部分.所以,波动是能量传播的一种方式.为了表述波动能量的流动特性,人们引入能流的概念.单位时间内垂直通过某一面积的能量,叫做能流,用 P 表示.由于 P 是随时间周期性变化的,所以一般取时间平均值来表示平均能流,用 $\overline{P}$ 表示.为了表征能量传播时,能量的集中程度,人们引入能流密度(垂直通过单位面积的平均能流),用 I 表示.理论计算可得

$$I=\frac{\overline{P}}{S}=\frac{1}{2}\rho A^2\omega^2u \tag{6-7}$$

式中 ρ 为介质的质量密度,A 为简谐波的振幅,ω 为简谐波的角频率,u 为波速.

*二、声强级 超声波和次声波

在弹性介质中传播的频率在 20~20 000 Hz 范围内能引起人的听觉的机械波称为声波.其中频率低于 20 Hz 的叫做次声波;频率高于 20 000 Hz 的叫做超声波.

1. 声强级

声波的能流密度叫做声强.人们能够听见的声波不仅受到频率范围的限制,而且要求处于一定的声强范围之内.声强太小,不能引起听觉;声强太大,只能使耳朵产生痛觉,也不能引起听觉.能够引起人们听觉的声强的变化范围是很大的,为 10^{-12}~1 W·m^{-2},数量级相差很大(达 10^{12}).因此,为了比较介质中各点声波的强弱,人们不是使用声强,而是使用两声强之比的以 10 为底的对数值,并称之为声强级.人们规定声强 $I_0=10^{-12}$ W·m^{-2}(相当于频率为

1 000 Hz 的声波能引起听觉的最小的声强）为测定声强的基准.若某声波的声强为 I，则比值 I/I_0 的常用对数，叫做相应于 I 的声强级 L_I，即

$$L_I = \lg \frac{I}{I_0}\ \text{B} \tag{6-8}$$

L_I 的单位为 B（贝尔①）.人们通常采用 B 的 1/10，即 dB（分贝）为单位，则

$$L_I = 10\lg \frac{I}{I_0}\ \text{dB} \tag{6-9}$$

人耳感觉到的声音响度与声强级有一定的关系，声强级越高，人耳感觉就越响.为了对声强级和响度有较具体的认识，表 6-2 列出了人们常遇到的几种声音的声强、声强级和响度.

表 6-2 几种声音的声强、声强级和响度

声源	声强/（$W\cdot m^{-2}$）	声强级/dB	响度
引起痛觉的声音	1	120	
钻岩机或铆钉机	10^{-2}	100	震耳
交通繁忙的街道	10^{-5}	70	响
通常的谈话	10^{-6}	60	正常
耳语	10^{-10}	20	轻
树叶沙沙声	10^{-11}	10	极轻
引起听觉的最弱声音	10^{-12}	0	

单个频率或者若干个频率有简单比例关系的谐频合成的声波，如果强度不太大，听起来是悦耳的声音，称为乐音.频率杂乱和强度过大的声波无规律地组合在一起，听起来是刺耳的声音，称为噪声.噪声在城市中已成为污染环境的重要因素.日常生活中的噪声，如汽车喇叭的鸣叫声、声强过大的音乐声、物件的撞击声以及各种汽笛和机器发动机的嚣叫声，是严重损伤听力及影响人体健康的因素之一.为此，减轻或消除噪声已成为目前保护环境所必须考虑的重要问题②.

2. 超声波和次声波

超声波和次声波都属声波范畴，只是人感受不到.

超声波的主要特点是频率高（可达 10^9 Hz），因而波长也就短.此外，超声波还具有一些其他的特性，在科学研究和生产上应用极为广泛.下面我们结合超声波的特性简要介绍一些典型的应用.

（1）在检测中的应用

既然超声波的波长短，其衍射现象就不显著，因而具有良好的定向传播

① 为了纪念贝尔（A.G.Bell，1847—1922）发明了电话及对电声学的贡献，人们将声强级的单位以“贝尔”命名.

② 参阅马文蔚等主编《物理学原理在工程技术中的应用》（第四版）之“用薄板共振控制噪声”“穿孔板共振消声”（高等教育出版社，2015 年）；郑长聚等编《环境噪声控制工程》（高等教育出版社）.

用薄板共振控制噪声

穿孔板共振消声

AR:超声波实验仪

特性.由于声强与频率的二次方成正比,超声波的频率高,因而功率大.此外,超声波的穿透本领也很大,特别是在液体和固体中传播时,衰减比气体中少得多,以致在不透明的固体中能穿透几十米的厚度.

根据以上特性,人们可利用超声波测量海洋的深度,研究海底的地形起伏,发现海礁和浅滩,确定潜艇、沉船和鱼群的位置等.在工业上超声波可用来探测工件内部的缺陷(如气泡、裂缝、砂眼等),在医学上人们可以利用超声波将人体内脏的病变用图像显示出来,这就是“B 超”.

(2) 在加工处理和医学治疗中的应用

超声波在液体中会引起空化作用.这是因为超声波的频率高、功率大,可引起液体的疏密变化,使液体时而受压、时而受拉.由于液体承受拉力的能力是很差的,所以在较强的拉力作用下,液体就会断裂(特别在有杂质或气泡的地方),产生一些近似真空的小空穴.在液体被压缩的过程中,空穴内的压强会达到大气压强的几万倍,空穴会发生崩溃,伴随着压强的巨大突变,液体内会产生局部高温.此外,在小空穴形成的过程中,由于摩擦产生正、负电荷,还会引起放电发光等现象.超声波的这种作用,叫做空化作用.利用它能把水银捣碎成小粒子,使其和水均匀地混合在一起成为乳浊液;在医药上可用以捣碎药物制成各种药剂;在食品工业上可用以制成许许多多的调味汁;在建筑业上则可用以制成水泥乳浊液等.

超声波的高频强烈振荡还可用来清洁空气,洗濯毛织品上的油腻,清洗蒸汽锅炉中的水垢和钟表轴承以及精密复杂金属部件上的污物,以及制成超声波烙铁,用以焊接铝质物件等.

超声波用于医学治疗已有多年的历史,应用面十分广泛.近年来,用超声波治疗偏瘫、面神经麻痹、小儿麻痹后遗症、乳腺炎、乳腺增生症、血肿等疾病,都有一定的疗效.

(3) 超声电子学

超声波的频率与一般无线电波的频率相近,且声信号又很容易转换成电信号,因此人们可以利用超声元件代替电子元件制作在 $10^7 \sim 10^9$ Hz 范围内的延迟线、振荡器、谐振器、带通滤波器等仪器,其可广泛用于电视、通信、雷达等方面.用声波代替电磁波的优越之处在于,声波在介质中的传播速度比电磁波大约要小 5 个数量级.例如用超声波延迟时间就比用电磁波延迟时间方便得多.

次声波又称亚声波,一般指频率在 $10^{-4} \sim 20$ Hz 之间的机械波.在火山爆发、地震、陨石落地、大气湍流、雷暴、磁暴等自然活动中都会有次声波产生.次声波的频率低,衰减极小,它在大气中传播几千公里后,衰减还不到万分之几分贝.因此次声波已经成为研究海洋、大气等大规模运动的有力工具.对次声波的产生、传播、接收和应用等方面的研究,已形成现代声学的一个新的分支,这就是次声学.

次声波的频率与许多生物体内脏器的固有频率很相近,因此会对生物体产生影响.某些频率的强次声波能引起人的疲劳、痛苦,甚至导致失明.据报道,海洋上发生的过强次声波会使海员惊恐万状,痛苦异常,仓促离船,最终导致人员失踪.鉴于这个原因,目前有的国家已建立了预报次声波的机构.

6-4 惠更斯原理 波的干涉

一、惠更斯原理

在波动过程中，波源的振动是通过介质中的质元依次传播出去的，因此每个质元都可看作新的波源.例如，在图 6-12 中，水面波传播时遇到一障碍物，当障碍物小孔的大小与波长相差不多时，就可以看到穿过小孔的波是半圆形的，与原来波的形状无关.这说明，小孔可以看作新的波源.

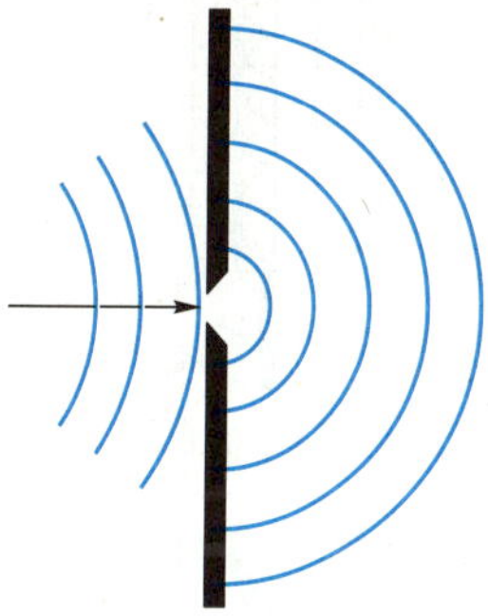

图 6-12 障碍物上的小孔成为新的波源

文档：惠更斯

在总结这类现象的基础上，荷兰物理学家惠更斯(C.Huygens，1629—1695)于 1679 年首先提出：介质中波动传播到的各点都可以看作发射子波的波源，而在其后的任意时刻，这些子波的包络就是新的波前.这就是惠更斯原理.对任何波动过程(机械波或电磁波)，不论传播介质是均匀的还是非均匀的，是各向同性的还是各向异性的，惠更斯原理都是适用的.若已知某一时刻波前的位置，则可以根据这一原理，用几何作图的方法，确定出下一时刻波前的位置，从而确定波传播的方向.

下面我们以球面波为例，说明惠更斯原理的应用.如图 6-13(a)所示，以 O 为中心的球面波以波速 u 在介质中传播，在 t 时刻的波前是半径为 R_1 的球面 S_1.根据惠更斯原理，S_1 上的各点都可以看作子波波源.以 $r=u\Delta t$ 为半径画出许多半球形子波，那么，这些子波的包络 S_2 即 $t+\Delta t$ 时刻的新的波前.显然，S_2 是以 O 为中心，以 $R_2=R_1+u\Delta t$ 为半径的球面.如法炮制即可不断获得新的波前.半径很大的球面波上的一部分波前，可以看作平面波的波前.由太阳发射的球面波到达地面时的一部分波前，即可看作平面波，用惠更斯原理同样可求得其波前[图 6-13(b)].

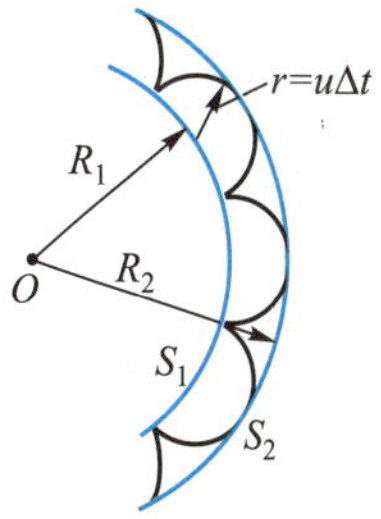

(a) 球面波

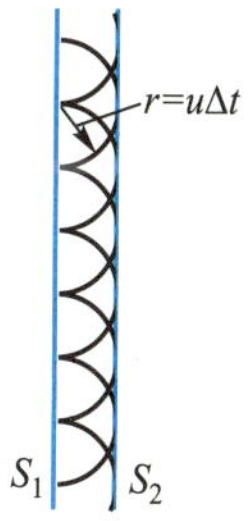

(b) 平面波

图 6-13 用惠更斯原理求波前

惠更斯原理能够定性地说明衍射现象.当波在传播过程中遇到障碍物时，其传播方向发生改变，并能绕过障碍物的边缘继续向前传播，这种现象叫做波的衍射.如图 6-14 所示，平面波到达一宽度与波长相近的缝时，缝上各点都可看作子波的波源.作出这些子波的包络，就得出新的波前.很明显，此时波前与原来的平面略有不同，靠近边缘处，波前弯曲，即波绕过了障碍物而继续传播.图 6-15 所示是水波通过狭缝时所发生的衍射现象.

衍射现象显著与否，是和障碍物(缝、遮板等)的大小与波长之比有关的.若障碍物的宽度远大于波长，则衍射现象不明显；若障碍

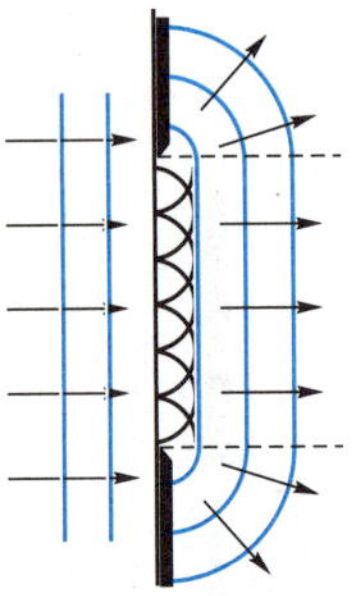

图 6-14 波的衍射

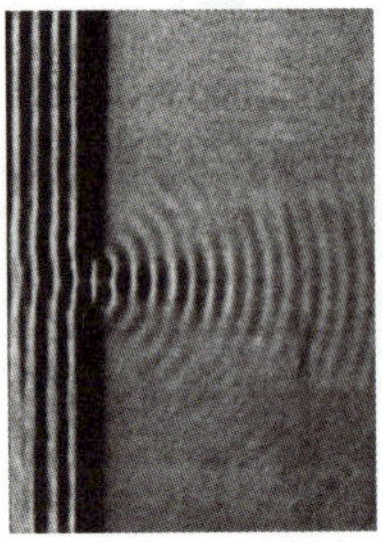

图 6-15 水波通过狭缝时的衍射现象

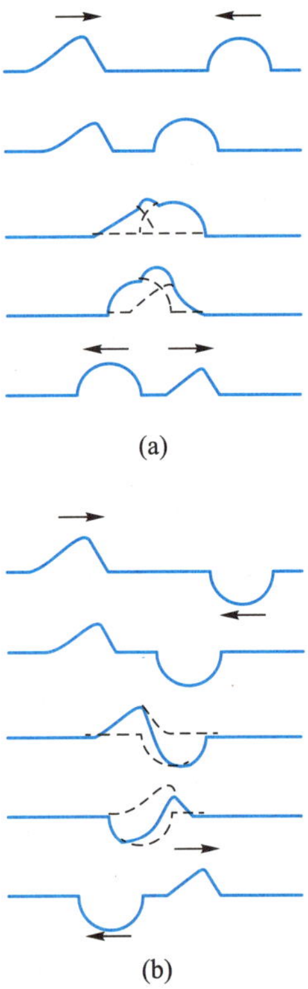

图 6-16 同一直线上相向传播的两列波的叠加

物的宽度与波长差不多,则衍射现象比较明显;若障碍物的宽度小于波长,则衍射现象更加明显.在声学中,由于声音的波长与所碰到的障碍物的大小差不多,所以声波的衍射现象较显著,如在屋内能够听到室外的声音,就是声波能够绕过窗(或门)缝的缘故.

机械波和电磁波都会产生衍射现象,衍射现象是波动的重要特征之一.

二、波的干涉

让我们来研究波的一类常见而重要的问题,即几列波同时在介质中传播并相遇时,介质中质元的运动情况及波的传播规律.

1. 波的叠加原理

图 6-16 展示的是用计算机模拟制作的两列振动方向平行的脉冲波,在同一直线上相向传播时的情况.在图(a)中,它们的振动位移方向相同,而在图(b)中,它们的振动位移方向相反.大家可以看到,在两列波相遇处各点的位移,是两列波各自引起的振动位移之和;而在相遇之后,则仍以各自原来的波形继续传播,就像它们没有相遇过一样.在日常生活中,如听乐队演奏时或几个人同时讲话时,我们仍能从综合音响中辨别出每种乐器或每个人的声音,这表明某种乐器或某个人发出的声波,并不因其他乐器或其他人同时发出的声波而受到影响.可见,波的传播是独立进行的.又如在水面上两列水波相遇时,或者几束灯光在空间相遇时,都有类似的情况发生.通过对这些现象的观察和研究,我们可总结出如下的规律:

(1) 几列波相遇之后,仍然保持它们各自原有的特征(频率、波长、振幅、振动方向等)不变,并按照原来的方向继续前进,好像没有遇到过其他波一样.

(2) 在相遇区域内任一点的位移,为各列波单独存在时在该点所引起的振动位移的矢量和.

上述规律叫做波的叠加原理.应该明确,叠加原理只对各向同性的线性介质适用.

2. 波的干涉

我们先观察水波的干涉实验.把两个小球装在同一支架上,使小球的下端紧靠水面.当支架沿竖直方向以一定的频率振动时,两个小球和水面的接触点就成了两个频率相同、振动方向相同、相位相同的波源,各自发出一列圆形的水面波.在它们相遇的水面上,呈现出如图 6-17 所示的现象.由图可以看出,有些地方水面起伏得很厉害(图中亮处),说明这些地方振动加强了;而有些地方水面只有微弱的起伏，甚至平静不动（图中暗处），说明这些地方振动减弱，甚至完全抵消.在这两列波相遇的区域内，振动的强弱是按一定的规律稳定分布的.

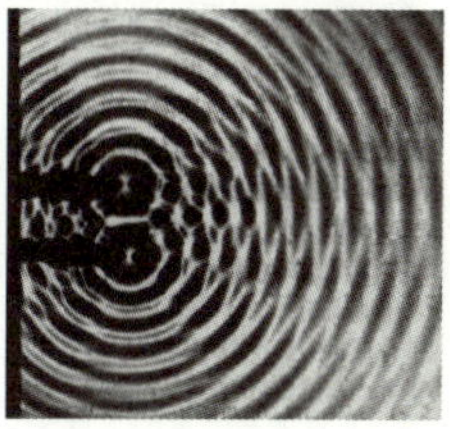

图 6-17 水波的干涉现象

因此人们把频率相同、振动方向平行、相位相同或相位差恒定的两列波相遇时，使某些地方振动始终加强，而使另一些地方振动始终减弱的现象，叫做波的干涉现象.干涉现象正是波的叠加原理的表现形式，也是波动的又一重要特征，它和衍射现象都可作为判别某种运动是否具有波动性的主要依据.

图 6-18 所示是只用单一波源产生干涉的一种方法.在波源 S 附近放置一个开有两个小孔 S_1 和 S_2 的障碍物，根据惠更斯原理，S_1 和 S_2 可看作两个子波源，它们发出的子波就具有同频率、振动方向平行、同相位或相位差恒定的特征，所以也能产生干涉现象.从图 6-18 中可见，由 S_1 和 S_2 发出的一系列的半球形波阵面，其波峰和波谷分别以实线和虚线的圆弧表示，沿传播方向上的两相邻波峰或波谷间的距离为一个波长 λ.当两列波在空间相遇时，若它们的波峰与波峰或波谷与波谷相重合（图中实线上各点），则振动始终加强，合振幅最大；若两列波的波峰与波谷相重合（图中虚线上各点），则振动始终减弱，合振幅最小.

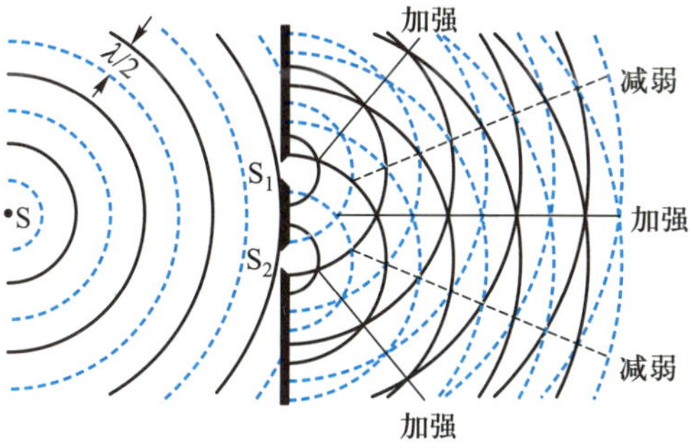

图 6-18 波的干涉

上述两图中产生干涉现象的两列波，在其频率、振动方向、相位等方面是要满足一定条件的，这样的两列波就叫做相干波，而它们的波源就叫做相干波源.

下面我们从波的叠加原理出发，应用两个同方向、同频率简谐振动合成的结论，来分析干涉现象的产生并确定干涉加强和减弱的条件.

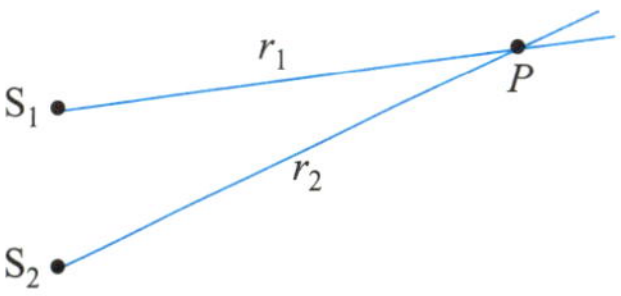

图 6-19 两相干波源发出的平面简谐波在空间相遇

如图 6-19 所示，设有两相干波源 S_1、S_2，它们的简谐振动方程分别为

$$y_1=A_1\cos(\omega t+\varphi_1)$$

$$y_2=A_2\cos(\omega t+\varphi_2)$$

式中 ω 为两波源的角频率，A_1、A_2 分别为它们的振幅，φ_1、φ_2 分别为它们的初相位.若这两个波源发出的波在同一介质中传播，则它们的波长均为 λ，且不考虑介质对波能量的吸收，两列波的振幅分别为 A_1 和 A_2.设两列波分别经过距离 r_1 和 r_2 后在点 P 相遇，于是它们在点 P 的振动方程分别为

$$y_1=A_1\cos\left(\omega t+\varphi_1-\frac{2\pi r_1}{\lambda}\right)$$

$$y_2=A_2\cos\left(\omega t+\varphi_2-\frac{2\pi r_2}{\lambda}\right)$$

上两式表明，点 P 同时参与两个同方向、同频率的简谐振动，其合振动亦应为简谐振动.设合振动的振动方程为

$$y=y_1+y_2=A\cos(\omega t+\varphi)$$

式中 φ 为合振动的初相位，由式(5-21)可知

$$\tan\varphi=\frac{A_1\sin\left(\varphi_1-\frac{2\pi r_1}{\lambda}\right)+A_2\sin\left(\varphi_2-\frac{2\pi r_2}{\lambda}\right)}{A_1\cos\left(\varphi_1-\frac{2\pi r_1}{\lambda}\right)+A_2\cos\left(\varphi_2-\frac{2\pi r_2}{\lambda}\right)}$$

而 A 为合振动的振幅，即

$$A=\sqrt{A_1^2+A_2^2+2A_1A_2\cos\Delta\varphi}$$

式中

$$\Delta\varphi=\left(\varphi_2-\frac{2\pi r_2}{\lambda}\right)-\left(\varphi_1-\frac{2\pi r_1}{\lambda}\right)$$

$$=\varphi_2-\varphi_1-2\pi\frac{r_2-r_1}{\lambda}=\text{常量} \tag{6-10a}$$

所以，由上式可以看出，在满足

$$\Delta\varphi=\varphi_2-\varphi_1-2\pi\frac{r_2-r_1}{\lambda}=\pm 2k\pi,\quad k=0,1,2,\cdots \tag{6-10b}$$

的空间各点，合振幅最大，其值为 $A=A_1+A_2$；而在满足

$$\Delta\varphi=\varphi_2-\varphi_1-2\pi\frac{r_2-r_1}{\lambda}=\pm(2k+1)\pi,\quad k=0,1,2,\cdots \tag{6-10c}$$

的空间各点，合振动的振幅最小，其值为 $A=|A_1-A_2|$.这样，干涉的结果使空间某些点的振动始终加强，而使另一些点的振动始终减弱.式

(6-10b)和式(6-10c)分别称为相干波的干涉加强和干涉减弱条件.

如果两相干波源的初相位相同,即 $\varphi_2=\varphi_1$,并取 δ 为两相干波源到点 P 的波程差,即 $\delta=r_2-r_1$,那么上述条件又可简化为:当

$$\delta=r_2-r_1=\pm k\lambda,\quad k=0,1,2,\cdots \tag{6-11a}$$

时,即在波程差等于零或为波长整数倍的空间各点,合振幅最大;当

$$\delta=r_2-r_1=\pm(2k+1)\frac{\lambda}{2},\quad k=0,1,2,\cdots \tag{6-11b}$$

时,即在波程差等于半波长的奇数倍的空间各点,合振幅最小.

在其他情况下,合振幅的大小则在最大值(A_1+A_2)和最小值$|A_1-A_2|$之间.

由以上讨论可知,两相干波在空间任一点相遇时,其干涉加强和减弱的条件,除了两个波源的初相位差之外,还取决于该点至两相干波源的波程差.

必须注意,若两个波源不是相干波源,则不会出现干涉现象.

干涉现象是波动所独有的现象,对光学(见第十四章)、声学和许多工程学科都非常重要,并且有广泛的实际应用.例如大礼堂、影剧院等的设计人们就必须考虑到声波的干涉,以避免某些区域声音过强,而某些区域声音又过弱.在噪声太强的地方人们还可以利用干涉原理来达到消声的目的①.

文档:降噪耳机的工作原理

例

如图 6-20 所示,B、C 为同一介质中的两相干波源,相距 30 m.设波沿 BC 连线方向传播,且传播过程中振幅不变,相干波的频率 $\nu=100$ Hz,波速 $u=400$ m/s. 已知点 B 为波峰时,点 C 恰为波谷,求 B、C 两点连线上因干涉而静止的各点的位置.

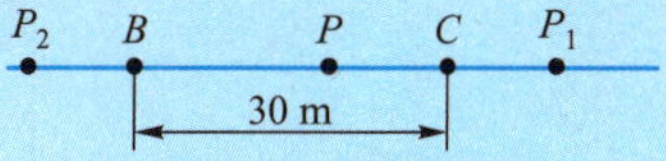

图 6-20

解 本题可以分三个区域来讨论.

(1) 点 C 右侧的任一点 P_1. 以点 B 为坐标原点,向右为 x 轴正方向,两列波的波函数分别为

$$y_B=A\cos\left[\omega\left(t-\frac{x}{u}\right)\right]$$

$$y_C=A\cos\left[\omega\left(t-\frac{x-30\ \text{m}}{u}\right)+\pi\right]$$

两列波在点 P_1 振动的相位差为

$$\Delta\varphi=\left[\omega\left(t-\frac{x-30\ \text{m}}{u}\right)+\pi\right]-\left[\omega\left(t-\frac{x}{u}\right)\right]=16\pi$$

① 参阅马文蔚等主编《物理学原理在工程技术中的应用》(第四版)之“用声波干涉控制噪声”(高等教育出版社,2015 年).

用声波干涉控制噪声

可见，任一点 P_1 满足干涉加强的条件，即点 C 右侧的区域不存在因干涉而静止的点.

(2) 点 B 左侧的任一点 P_2. 以点 C 为坐标原点，向左为 x 轴正方向，两列波的波函数分别为

$$y_B=A\cos\left[\omega\left(t-\frac{x-30\ \text{m}}{u}\right)\right]$$

$$y_C=A\cos\left[\omega\left(t-\frac{x}{u}\right)+\pi\right]$$

两列波在点 P_2 振动的相位差为

$$\Delta\varphi=\left[\omega\left(t-\frac{x}{u}\right)+\pi\right]-\left[\omega\left(t-\frac{x-30\ \text{m}}{u}\right)\right]=-14\pi$$

可见，任一点 P_2 满足干涉加强的条件，即点 B 左侧的区域也不存在因干涉而静止的点.

(3) B、C 两点之间的任一点 P_3. 设它与 B、C 两相干波源分别相距 x_B 和 x_C，若点 P_3 处干涉相消，则两列波在点 P_3 的相位差需满足

$$\Delta\varphi=\varphi_C-\varphi_B-\frac{2\pi}{\lambda}(x_C-x_B)=\pm(2k+1)\pi$$

因为 $\lambda=\dfrac{u}{\nu}=\dfrac{400}{100}\ \text{m}=4\ \text{m}$，$x_C+x_B=30\ \text{m}$，所以

$$\Delta\varphi=\pi-\frac{2\pi}{4\ \text{m}}(30\ \text{m}-x_B-x_B)=\pi x_B/\text{m}-14\pi=\pm(2k+1)\pi$$

解得 $x_B=1\ \text{m}, 3\ \text{m}, 5\ \text{m}, \cdots, 29\ \text{m}$.

可见，与波源 B 相距 1 m，3 m，5 m，…，29 m 的各点因干涉相消而静止.

*6-5 驻波

上一节中，我们讨论的波的干涉是沿任意传播方向的两列相干波的合成.本节我们要讨论沿同一条直线传播且方向相反的两列波的合成.合成的结果是出现所谓的“驻波”.

一、驻波的产生

驻波是干涉的特例.图 6-21 是用弦线做驻波实验的示意图.弦线的一端系在音叉上，另一端系着砝码以使弦线拉紧.当音叉振动时，调节劈尖至适当的位置，我们可以看到 AB 段弦线被分成几个长度相等的作稳定振动的部分，即在整个弦线上并没有波形的传播.弦线上各点的振幅不同，有些点始终静止不动（点 C、D、E、F），即振幅为零；而另一些点则振动最强（点 G、H、I、J、K），即振幅最大.这就是驻波.图 6-22 表示出了弦线驻波的四种情况.驻波是怎样形成的呢？当音叉带动 A 端振动所引起的波向右传播到点 B 时，产生的反射波沿弦线向左传播.这样，由向右的入射波和向左的反射波干涉的结果，在弦线上就产生驻波.

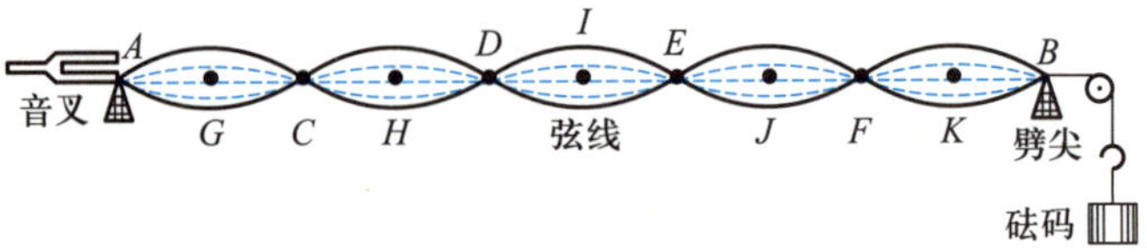

图 6-21 弦线驻波实验示意图

如图 6-23 所示，虚线和细实线分别表示沿 Ox 轴正、负方向传播的简谐波，粗实线（蓝线）表示两列波叠加的结果. 设 $t=0$ 时，入射波和反射波的波形刚好重合，其合成波由两列波在各点相加所得，表明各点振动加强了[图 6-23(a)]. $t=T/8$ 时，两列波分别向右、向左传播了 $\lambda/8$，其合成波形仍为一余弦曲线[图 6-23(b)]. $t=T/4$ 时，两列波分别向右、向左传播了 $\lambda/4$，其合成波形为一合振幅为零的直线[图 6-23(c)]. $t=3T/8$ 和 $t=T/2$ 时，其合成波在各点的合位移分别与 $t=T/8$ 和 $t=0$ 时的合位移大小相等，但方向相反[图 6-23(d)、(e)].

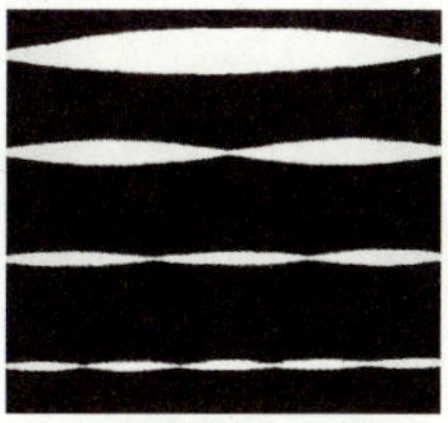

图 6-22 弦线驻波的四种情况

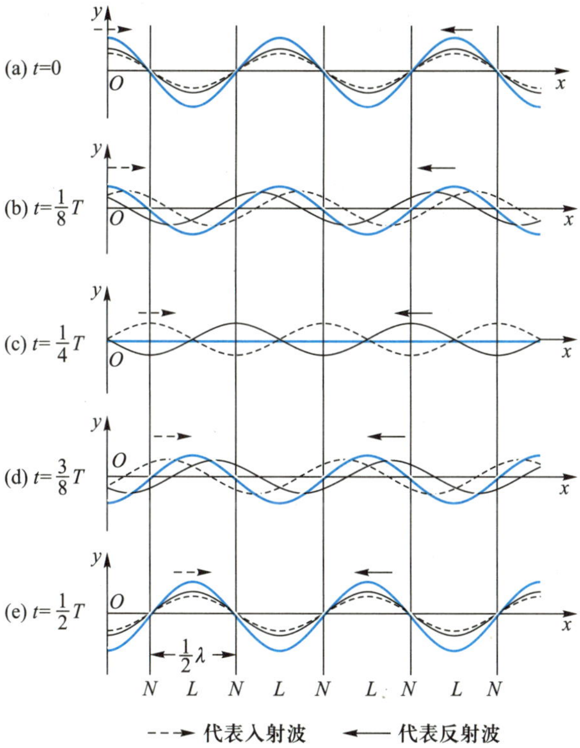

图 6-23 弦线驻波

从以上各图中可以看出，驻波是由振幅、频率和传播速度都相同的两列相干波，在同一直线上沿相反方向传播时，叠加形成的一种特殊形式的干涉现象.

二、驻波的波函数

现以图 6-23 所示的弦线驻波为例，来求驻波的波函数表达式. 我们知道，两列没有关联的、振幅相同、频率相同、点 O 的初相位皆为零且分别沿 Ox 轴正、负方向传播的简谐波的波函数为

$$y_1 = A\cos 2\pi\left(\nu t - \frac{x}{\lambda}\right)$$

$$y_2=A\cos 2\pi\left(\nu t+\frac{x}{\lambda}\right)$$

式中 A 为波的振幅，ν 为波的频率，λ 为波长.两列波在任意点处任意时刻叠加产生的合位移为

$$y=y_1+y_2=A\cos 2\pi\left(\nu t-\frac{x}{\lambda}\right)+A\cos 2\pi\left(\nu t+\frac{x}{\lambda}\right)$$

应用三角函数关系式，上式可化为

$$y=2A\cos 2\pi\frac{x}{\lambda}\cos 2\pi\nu t \qquad (6-12)$$

这就是驻波的波函数，也常称为驻波方程.式中 $\left|2A\cos 2\pi\frac{x}{\lambda}\right|$ 是各点的振幅，它只与 x 有关，即各点的振幅随着其与原点的距离 x 的不同而异.上式表明，当形成驻波时，弦线上的各点作振幅为 $\left|2A\cos 2\pi\frac{x}{\lambda}\right|$、频率皆为 ν 的简谐振动.

下面对图 6-23 所示的弦线驻波作进一步的讨论.

1. 波节和波腹

因为弦线上各点作振幅为 $\left|2A\cos 2\pi\frac{x}{\lambda}\right|$ 的简谐振动，所以凡满足 $\cos 2\pi\frac{x}{\lambda}=0$ 的那些点，振幅都为 0，这些点始终静止不动，叫做波节（图 6-23 中由 N 表示的各点）；而满足 $\left|\cos 2\pi\frac{x}{\lambda}\right|=1$ 的那些点，振幅最大，都等于 $2A$，这些点振动最强，叫做波腹（图 6-23 中由 L 表示的各点）；弦线上其余各点的振幅在 0 与 $2A$ 之间.

接着来讨论波节、波腹的位置.因为在波节处

$$\cos 2\pi\frac{x}{\lambda}=0$$

得

$$2\pi\frac{x}{\lambda}=\pm(2k+1)\frac{\pi}{2}$$

所以波节的位置为

$$x=\pm(2k+1)\frac{\lambda}{4},\quad k=0,1,2,\cdots \qquad (6-13)$$

相邻两波节之间的距离为

$$x_{n+1}-x_n=[2(n+1)+1]\frac{\lambda}{4}-(2n+1)\frac{\lambda}{4}=\frac{\lambda}{2}$$

即相邻两波节之间的距离为半个波长（图 6-23）.

由类似的讨论可知，波腹的位置为

$$x=\pm k\frac{\lambda}{2},\quad k=0,1,2,\cdots \qquad (6-14)$$

相邻两波腹之间的距离也为半个波长(图 6-23).至于不满足式(6-13)和式(6-14)的各点,其振幅在 0 与 $2A$ 之间.由此可见,只要从实验中测得波节间或波腹间的距离,就可以确定波长.

注意,上面的驻波方程(6-12)是由初相位差特定的两列相向而行的相干波叠加而推导出的,若两列波的初相位差是任意的,则驻波方程不完全是式(6-12)的形式,因而波节、波腹的位置也不在式(6-13)和式(6-14)所表示的位置处,但相邻两波节(波腹)之间的距离仍为半个波长的结论不变.

2. 各点的相位

从图 6-23 中可以看出,两波节之间各点沿相同方向到达各自位移的最大值,又同时沿相同方向通过平衡位置,所以在两波节之间各点的振动相位相同;而在波节两边的各点,同时沿相反方向到达各自位移的最大值,又同时沿相反方向通过平衡位置,所以波节两边各点的振动相位相反.可见,弦线不仅作分段振动,而且各段作为一个整体,一起同步振动.在每一时刻,驻波都有一定的波形,但此波形既不左移,也不右移,各点以确定的振幅在各自的平衡位置附近振动,驻波由此得名.

以上对弦线驻波所得到的结论是普遍的,不仅对各种介质中的机械驻波适用,而且对电磁波(包括光波)的驻波也适用.

三、相位跃变

在图 6-21 所示的实验中,波在固定点 B 处反射,并形成了波节.实验还表明,如果波是在自由端反射的,那么反射处是波腹.一般情况下,在两种介质分界处是形成波节,还是形成波腹,与波的种类、两种介质的性质等有关.定量研究证实,对机械波而言,它由介质的密度 ρ 和波速 u 的乘积 ρu(称为波阻)所决定.我们将 ρu 较大的介质,叫做波密介质,ρu 较小的介质,叫做波疏介质.波从波疏介质垂直入射到波密介质,并被反射回波疏介质时,在反射处形成波节;反之,则在反射处形成波腹.

在两种介质的分界面上若形成波节,则说明入射波与反射波在此处的相位总是相反的,即反射波在分界处的相位较之入射波跃变了 π,相当于出现了半个波长的波程差.通常我们把这种现象称为相位跃变 π,有时也形象地称之为"半波损失".

四、驻波的能量

我们仍以图 6-21 所示的弦线上的驻波实验为例,来讨论驻波的能量.当弦线上各质点达到各自的最大位移时,振动速度都为零,因而动能都为零,但此时弦线各段都有了不同程度的形变,且越靠近波节处的形变就越大,因此,这时驻波的能量具有势能的形式,波节处势能最大,波腹处为零,主要集中于波节附近.当弦线上各质点同时回到平衡位置时,弦线的形变完全消

视频:驻波的形成、特点和应用

失,势能为零,但此时各质点的振动速度都达到各自的最大值,且处于波腹处质点的速度最大,所以此时驻波的能量具有动能的形式,波腹处动能最大,波节处为零,主要集中于波腹附近.至于其他时刻,则动能与势能同时存在.可见,在弦线上形成驻波时,动能和势能不断相互转化,形成了能量交替地由波腹附近转向波节附近,再由波节附近转回到波腹附近的情形,这说明驻波的能量并没有作定向的传播,换言之,驻波不传播能量.这是驻波与行波的又一重要区别.因此也可以讲,驻波乃是整个物体进行的一种特殊形式的振动.

例

一根线上的驻波波函数为

$$y=0.04\sin 5\pi x\cos 40\pi t \quad (\text{SI 单位})$$

(1) 求在 $0\leqslant x\leqslant 0.40$ m 内所有波节的位置.(2) 问线上除波节之外的任意点的振动周期是多少?(3) 问在 $0\leqslant t\leqslant 0.05$ s 内的什么时刻,线上各点的横向速度为零?

解 对比式(6-12)可知:振幅 $A=0.02$ m,波长 $\lambda=0.40$ m,频率 $\nu=20$ Hz,周期 $T=0.05$ s.

(1) 方法一:波节由 $|\sin 5\pi x|=0$ 决定,则 $5\pi x=k\pi\ (k=0,1,2,\cdots)$,即 $x=\dfrac{1}{5}k$.所以,波节为 $x_1=0, x_2=0.20$ m, $x_3=0.40$ m.

方法二:因为波长为 0.40 m,而将 $x=0, 0.40$ m 代入驻波方程后可知,$y=0$,所以 $x=0$ 和 $x=0.40$ m 处为波节.两者之间的距离恰为一个波长.而由于相邻两波节之间的距离为$\dfrac{1}{2}\lambda$,所以 $x=0.20$ m 处也一定为波节.

(2) 因为驻波除波节不振动,其他各点均以相同周期振动,所以各点的振动周期皆为 $T=0.05$ s.

(3) 方法一:因为横向速度为零时,振动各点处于最大位移状态(其绝对值为振幅),所以令 $\cos 40\pi t=\pm 1$,则 $40\pi t=k\pi\ (k=0,1,2,\cdots)$,即 $t=\dfrac{1}{40}k$.因此,横向速度为零的时刻为 $t_1=0$ s, $t_2=\dfrac{1}{40}$ s, $t_3=\dfrac{1}{20}$ s.

方法二:因为 $v=\dfrac{\mathrm{d}y}{\mathrm{d}t}=-1.6\pi\sin 5\pi x\sin 40\pi t$,令 $v=0$,所以 $\sin 40\pi t=0$,即 $40\pi t=k\pi$, $t=\dfrac{1}{40}k\ (k=0,1,2,\cdots)$.结果同方法一.

*6-6 多普勒效应

迄今为止,我们所讨论的都是波源与观察者相对介质静止的情况,所以观察者接收到的频率与波源发出的频率是相同的.如果波源或观察者或两者都相对介质运动,那么观察者接收到的频率与波源发出的频率就不相同了.在日常生活中可以发现,当高速行驶的火车鸣笛而来时,人们听到的汽笛音调变高,即频率变大;反之,当火车鸣笛离去时,人们听到的汽笛音调变低,即频率变小.这个现象正是奥地利物理学家多普勒于 1840 年走过铁路口时发现的，这就是声波的多普勒效应①.

首先我们要把波源的频率、观察者接收到的频率和波的频率分清楚：波源的频率 ν，是波源在单位时间内振动的次数，或在单位时间内发出完整波的数目；观察者接收到的频率 ν'，是观察者在单位时间内接收到的振动次数或完整波数；而波的频率 ν_b，则是介质内质元在单位时间内振动的次数，或单位时间内通过介质中某质元的完整波数，并且 $\nu_b = u/\lambda_b$，其中 u 为介质中的波速，λ_b 为介质中的波长.这三个频率可能互不相同，下面分几种情况进行讨论.为简单起见，我们只讨论波源和观察者沿着它们的连线相对介质运动的情形.

动画：多普勒效应

一、波源不动，观察者相对介质以速度 v_0 运动

设观察者在点 P 向着波源（点 S）运动.如图 6-24 所示，先假定观察者不动，波以速度 u 向着 P 传播，$\mathrm{d}t$ 时间内波传播的距离为 $u\mathrm{d}t$，观察者接收到的完整波数，即分布在距离 $u\mathrm{d}t$ 中的波数.而现在观察者是以 v_0 迎着波的传播方向运动的，$\mathrm{d}t$ 时间内移动的距离为 $v_0\mathrm{d}t$，因而分布在距离 $v_0\mathrm{d}t$ 中的波也应被观察者接收到.总体来看，在 $(u+v_0)\mathrm{d}t$ 距离内的波应都被观察者接收到了，所以观察者接收到的频率（完整波数）为

$$\nu' = \frac{u+v_0}{\lambda_b}$$

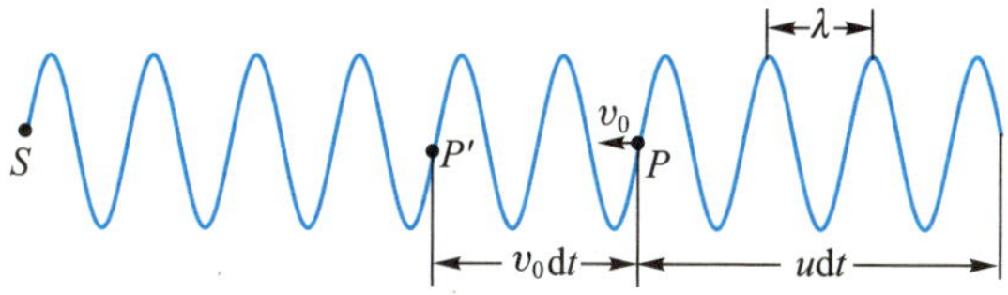

图 6-24 观察者运动时的多普勒效应

式中 λ_b 为介质中的波长，且 $\lambda_b = u/\nu_b$.由于波源在介质中是静止的，所以波的频率 ν_b 等于波源的频率 ν.则上式可写成

$$\nu' = \frac{u+v_0}{u}\nu \tag{6-15}$$

这表明，当观察者向着静止的波源运动时，他接收到的频率为波源频率的 $\left(1+\frac{v_0}{u}\right)$ 倍，即 ν' 高于 ν.

当观察者远离波源运动时，通过类似的分析不难求得，他接收到的频率为

① 多普勒（C. J. Doppler，1803—1853，奥地利物理学家），1842 年第一次在实验上论证了相互转动的双星系统所发射的光的频率也有微小变化，继而又讨论了声源与观察者之间相对运动时，观察者所接收到的声波频率的变化，从而论证了声与光都有多普勒效应.本书下册第十五章第 15-4 节将介绍波源的速度接近光速时的多普勒效应.

$$\nu' = \frac{u - v_0}{u}\nu \qquad (6-16)$$

即此时观察者接收到的频率低于波源的频率.

二、观察者不动,波源相对介质以速度 v_s 运动

图 6-25 波源运动时的多普勒效应

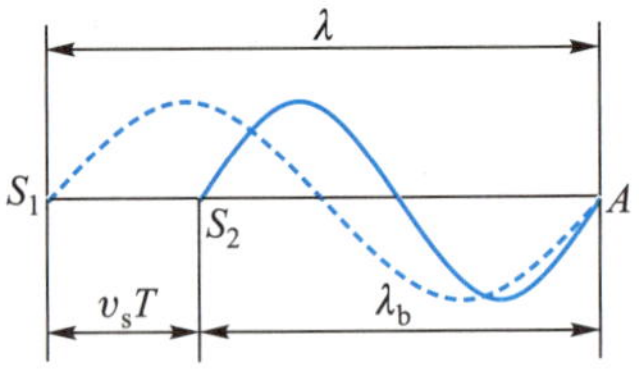

图 6-26 波源运动的前方波长变短

当波源运动时,介质中的波长将发生变化.图 6-25 是波源在水中向右运动时所激起的水面波照片.它显示出,沿着波源运动的方向波长变短了;而背离波源运动的方向,波长变长了.大家知道,波长是介质中相位差为 2π 的两个振动状态之间的距离,而由于波源是运动的,所以这两个相位差为 2π 的振动状态,是在不同的地点发出的.如图 6-26 所示,假设波源以速度 v_s 向着观察者运动,则当波源从 S_1 发出的某振动状态经过一个周期 T 的时间传到位置 A 时,波源已经运动到了 $S_2(S_1S_2 = v_sT)$,此时才发出与该振动状态相位差为 2π 的下一个振动状态,可见 S_2 与 A 之间的距离即此情形下介质中的波长 λ_b.若波源静止时的波长为 $\lambda(=uT)$,则从图 6-26 中可见,此时介质中的波长为

$$\lambda_b = \lambda - v_sT = (u - v_s)T = \frac{u - v_s}{\nu}$$

或者说,此时波的频率为

$$\nu_b = \frac{u}{\lambda_b} = \frac{u}{u - v_s}\nu$$

由于观察者静止,所以他接收到的频率就是波的频率,即 $\nu' = \nu_b$.因此,观察者接收到的频率为

$$\nu' = \frac{u}{u - v_s}\nu \qquad (6-17)$$

这表明,当波源向着静止的观察者运动时,观察者接收到的频率高于波源的频率.

当波源远离观察者运动时,通过类似的分析可求得,观察者接收到的频率为

$$\nu' = \frac{u}{u + v_s}\nu \qquad (6-18)$$

即此时观察者接收到的频率低于波源的频率.

三、波源与观察者同时相对介质运动

综合以上两种情况可得,当波源与观察者同时相对介质运动时,观察者

接收到的频率为

$$\nu' = \frac{u \pm v_0}{u \mp v_s}\nu \tag{6-19}$$

上式中，观察者向着波源运动时，v_0 前取正号，远离时取负号；波源向着观察者运动时，v_s 前取负号，远离时取正号.

综上可知，不论是波源运动，还是观察者运动，或是两者同时运动，定性地说，只要两者互相接近，接收到的频率就高于原来波源的频率，只要两者互相远离，接收到的频率就低于原来波源的频率.

最后可以指出，即使波源与观察者并非沿着它们的连线运动，以上所得各式仍可适用，只是其中 v_s 和 v_0 应作为运动速度沿连线方向的分量，而垂直于连线方向的分量是不会产生机械多普勒效应的.

不仅机械波有多普勒效应，电磁波也有多普勒效应. 由于电磁波传播的速度为光速，所以要运用相对论来处理这个问题，且观察者接收到的频率的公式将与式(6-19)有所不同. 然而波源与观察者互相接近时频率变大，互相远离时频率变小的结论，仍然是相同的.

多普勒效应在车船监测、医疗检查、天文观测等诸多方面有着很多的实际应用，读者可参阅有关书籍①.

视频：舰船多普勒声呐的测速原理

例 1

图 6-27 中 A、B 为两辆车的喇叭，其发声频率均为 500 Hz，A 随车静止，B 随车以 60 m·s^{-1} 的速率向右运动. 在两车之间有一辆警车 O，车上警员以 30 m·s^{-1} 的速率随警车向右运动. 已知空气中的声速为 330 m·s^{-1}，求：(1) 警员听到来自 A 的频率；(2) 警员听到来自 B 的频率；(3) 警员听到的拍频.

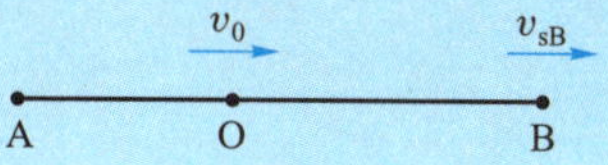

图 6-27

解 在式(6-19)中，已知 $u = 330$ m·s^{-1}，$v_{sA} = 0$，$v_{sB} = 60$ m·s^{-1}，$v_0 = 30$ m·s^{-1}，$\nu = 500$ Hz.

(1) 由于警员远离波源 A 运动，v_0 应取负号，所以警员听到来自 A 的频率为

$$\nu' = \frac{u - v_0}{u}\nu = 454.5 \text{ Hz}$$

(2) 由于警员向着波源 B 运动，v_0 取正号，而波源 B 远离警员运动，v_{sB} 也取正号，所以警员听到来自 B 的频率为

$$\nu'' = \frac{u + v_0}{u + v_{sB}}\nu = 461.5 \text{ Hz}$$

(3) 拍频为

$$\Delta\nu = |\nu' - \nu''| = 7 \text{ Hz}$$

① 参阅马文蔚等主编《物理学原理在工程技术中的应用》(第四版)之“多普勒声呐”“医用超声成像诊断仪”(高等教育出版社，2015 年).

多普勒声呐

医用超声成像诊断仪

例 2

利用多普勒效应监测汽车行驶的速度.一固定波源发出频率为 100 kHz 的超声波,当汽车迎着波源驶来时,与波源安装在一起的接收器接收到从汽车反射回来的超声波的频率为 110 kHz.已知空气中的声速为 330 m·s^{-1},求汽车行驶的速度.

解 解此问题应分两步.第一步,波向着汽车传播并被汽车接收,此时波源是静止的,汽车作为观察者迎着波源运动.设汽车的行驶速度为 v,则汽车接收到的频率为

$$\nu'=\frac{u+v}{u}\nu$$

第二步,波从汽车表面反射回来,此时汽车作为波源向着接收器运动,汽车发出的波的频率就是它接收到的频率 ν'.而接收器此时是观察者,它接收到的频率为

$$\nu''=\frac{u}{u-v}\nu'=\frac{u+v}{u-v}\nu$$

由此解得汽车行驶的速度为

$$v=\frac{\nu''-\nu}{\nu''+\nu}u=15.71\ \text{m}\cdot\text{s}^{-1}=56.6\ \text{km}\cdot\text{h}^{-1}$$

顺便指出,如果波源向着观察者运动的速度大于波速(即 $v_s>u$),那么式(6-17)将失去意义.实际上,在这种情况下,急速运动着的波源的前方不可能有任何波动产生,所有的波前将被挤压而聚集在一圆锥面上,如图 6-28 所示.在这个圆锥面上,波的能量已被高度集中,容易造成巨大的破坏,这种波称为冲击波或激波.当飞机、炮弹等以超声速飞行时,或火药爆炸、核弹爆炸时,它们都会在空气中激起冲击波.冲击波到达的地方,空气压强突然增大,足以损伤耳膜和内脏,击碎窗玻璃,甚至摧毁建筑物,这种现象称为声爆或声震.

类似的现象在水面上也能看到.当船速超过水面上水波的速度时,船也要激起以船为顶端的 V 形波,这种波称为艏波(图 6-29).

当带电粒子在介质中以超过介质中光速(小于真空中光速 c)的速度运动时,就会激发锥形的电磁辐射,这种辐射称为切连科夫辐射.

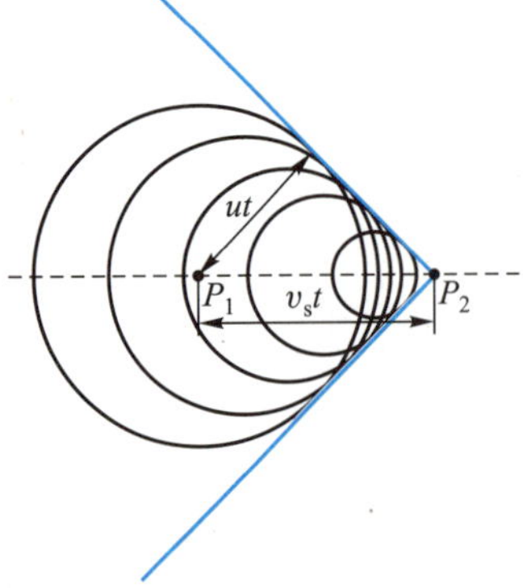

图 6-28 冲击波的产生

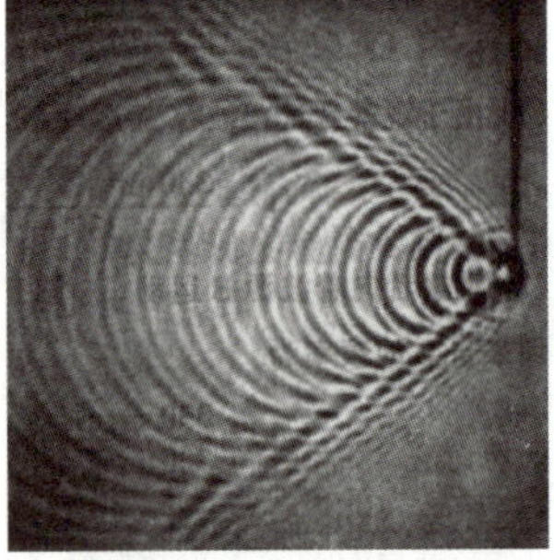

图 6-29 艏波

复习自测题

问题

6-1 关于波长的概念有三种说法，试分析它们是否一致：(1) 同一波线上，相位差为 2π 的两个振动质元之间的距离；(2) 在一个周期内，振动所传播的距离；(3) 横波的两个相邻波峰(或波谷)之间的距离；纵波的两个相邻密部(或疏部)对应点之间的距离.

6-2 在图 6-21 所示的弦线驻波实验中，若只改变劈尖处所挂砝码的质量，则驻波的波长、频率和波速三个量中，哪些量不变？哪些量是变化的？为什么？

6-3 波函数 $y=A\cos\omega\left(t-\dfrac{x}{u}\right)$ 中的 $\dfrac{x}{u}$ 表示什么？如果把波函数写成 $y=A\cos\left(\omega t-\dfrac{\omega x}{u}\right)$，$\dfrac{\omega x}{u}$ 又表示什么？

6-4 试判断下面几种说法中，哪些是正确的，哪些是错误的：(1) 机械振动一定能产生机械波；(2) 质元振动的速度和波传播的速度是相等的；(3) 质元振动的周期和波的周期是相等的；(4) 波动方程中的坐标原点是选取在波源位置上的.

6-5 横波的波形及传播方向如图所示. 试画出点 A、B、C、D 的运动方向，并画出经过 1/4 周期后的波形曲线.

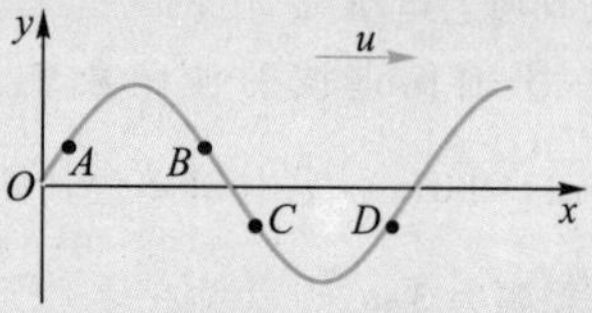

问题 6-5 图

6-6 作简谐振动的弹性介质中，当某一质元处于下列情况时，在速度、加速度、动能、弹性势能等物理量中，哪几个达到最大值？哪几个为零？(1) 通过平衡位置时；(2) 到达最大位移时. 由此，你能得到什么结论？

6-7 波动过程中体积元的总能量随时间而变化，这和能量守恒定律是否矛盾？

6-8 在驻波的同一个半波中，各质元振动的振幅是否相同？振动的频率是否相同？相位是否相同？

6-9 怎样理解“半波损失”？

6-10 波源向着观察者运动和观察者向着波源运动，都会产生频率增高的多普勒效应，这两种情况有何区别？

习题

6-1 图(a)表示 $t=0$ 时的简谐波的波形图，波沿 Ox 轴正方向传播，图(b)为一质元的振动曲线. 则图(a)所表示的 $x=0$ 处质元振动的初相位与图(b)所表示的振动的初相位分别为(　　).

(A) 均为零　　(B) 均为 $\dfrac{\pi}{2}$

(C) 均为 $-\dfrac{\pi}{2}$　　(D) $\dfrac{\pi}{2}$ 与 $-\dfrac{\pi}{2}$

(E) $-\dfrac{\pi}{2}$ 与 $\dfrac{\pi}{2}$

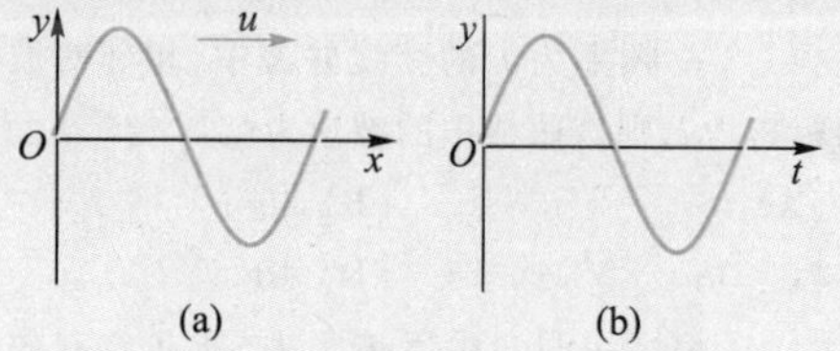

习题 6-1 图

6-2 一横波以速度 u 沿 Ox 轴负方向传播，t 时刻波形曲线如图所示，则该时刻(　　).

(A) 点 A 相位为 π

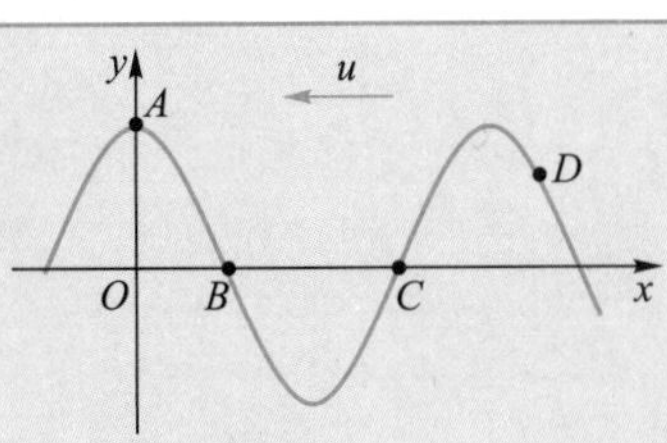

习题 6-2 图

(B) 点 B 静止不动

(C) 点 C 相位为 $3\pi/2$

(D) 点 D 向上运动

6-3 一平面简谐波的波函数表达式为 $y=0.03\cos\left[6\pi(t+0.01x)+\dfrac{\pi}{3}\right]$(SI 单位),则(　　).

(A) 其振幅为 3 m

(B) 其周期为$\dfrac{1}{3}$ s

(C) 其波速为 10 m/s

(D) 波沿 Ox 轴正方向传播

6-4 如图所示,两列波长为 λ 的相干波在点 P 相遇.波在点 S_1 振动的初相位是 φ_1,点 S_1 到点 P 的距离是 r_1.波在点 S_2 振动的初相位是 φ_2,点 S_2 到点 P 的距离是 r_2.以 k 代表零或正、负整数,则在点 P 处干涉极大的条件为(　　).

(A) $r_2-r_1=k\pi$

(B) $\varphi_2-\varphi_1=2k\pi$

(C) $\varphi_2-\varphi_1+2\pi(r_2-r_1)/\lambda=2k\pi$

(D) $\varphi_2-\varphi_1+2\pi(r_1-r_2)/\lambda=2k\pi$

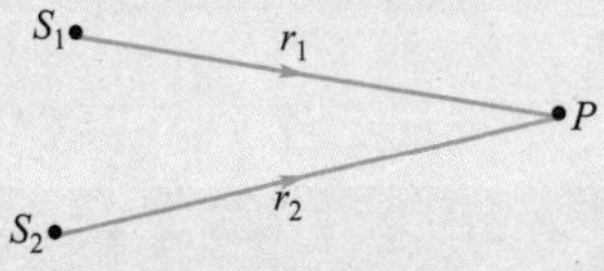

习题 6-4 图

6-5 一频率为 ν 的弦线驻波中,相邻两波腹之间的距离为 l,则该弦线中的波速为(　　).

(A) $l\nu$　　(B) $2l\nu$

(C) $3l\nu$　　(D) $4l\nu$

6-6 蝙蝠在洞穴中飞来飞去,能非常有效地用超声波脉冲导航.假如蝙蝠发出的超声波频率为 39 kHz,当它以$\dfrac{1}{40}$的声速朝着表面平直的岩壁飞去时,它接收到的从岩壁反射回来的超声波频率为(　　).

(A) 39 kHz　　(B) 40 kHz

(C) 41 kHz　　(D) 37.1 kHz

6-7 一横波在沿绳子传播时的波函数为 $y=0.20\cos(2.50\pi t-\pi x)$(SI 单位).(1) 求波的振幅、波速、频率及波长;(2) 求绳上的质元振动时的最大速度;(3) 分别画出 $t=1$ s 和 $t=2$ s 时的波形,并指出波峰和波谷;画出 $x=1.0$ m 处质元的振动曲线,并讨论其与波形图的不同.

6-8 一波源作简谐振动,其振动方程为 $y=4.0\times10^{-3}\cos 240\pi t$(SI 单位),它所形成的波以 30 $\mathrm{m\cdot s^{-1}}$ 的速度沿一直线传播.(1) 求波的周期及波长;(2) 写出波函数.

6-9 一波源作简谐振动,其周期为 0.02 s,该振动以 100 $\mathrm{m\cdot s^{-1}}$ 的速度沿一直线传播.设 $t=0$ 时,波源处的质元经平衡位置向正方向运动,求:(1) 距波源分别为 15.0 m 和 5.0 m 的两质元的振动方程和初相位;(2) 距波源分别为 16.0 m 和 17.0 m 的两质元间的相位差.

6-10 如图所示,一平面简谐波在介质中以波速 $u=20\ \mathrm{m\cdot s^{-1}}$ 沿 x 轴负方向传播,已知点 A 的振动方程为 $y=3\times10^{-2}\cos(4\pi t+\pi)$(SI 单位).(1) 以点 A 为坐标原点写出波函数;(2) 以距点 A 为 5 m 处的点 B 为坐标原点,写出波函数.

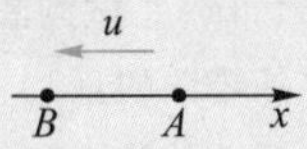

习题 6-10 图

6-11 图所示为一平面简谐波在 $t=0$ 时刻的波形图,设此简谐波的频率为 250 Hz,且此时图中点 P 的运动方向向上.求:(1) 该波的波函数;(2) 距原点 7.5 m 处质元的振动方程与 $t=0$ 时刻该质元的振动速度.

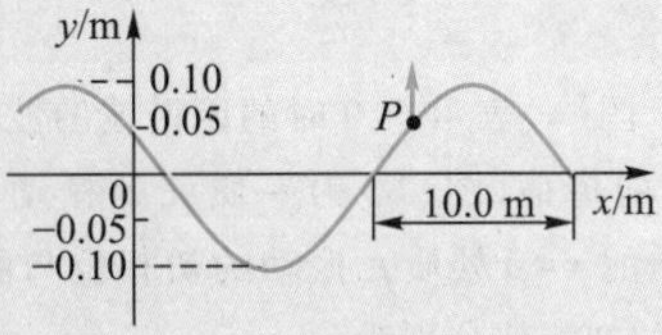

习题 6-11 图

6-12 图所示为一平面简谐波在 $t=0$ 时刻的波形图,设此简谐波以波速 $u=0.08\ \mathrm{m\cdot s^{-1}}$ 沿 x 轴正方向传播.求:(1) 该波的波函数;(2) 点 P 处质元的振动方程.

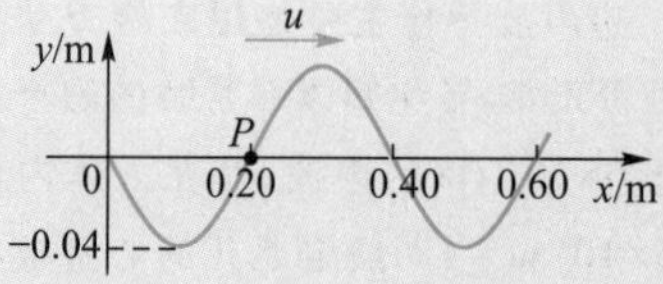

习题 6-12 图

*6-13 一平面简谐波波长为 12 m，沿 x 轴负方向传播.图所示为 $x=1.0$ m 处质元的振动曲线，求该波的波函数.

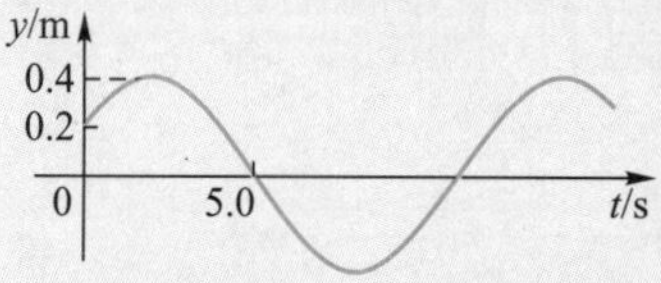

习题 6-13 图

6-14 一平面简谐波的波函数为 $y=0.08\cos(4\pi t-2\pi x)$（SI 单位），求：（1）$t=2.1$ s 时波源及距波源 0.10 m 两处的相位；（2）距波源 0.80 m 及 0.30 m 两处的相位差.

6-15 为了保持波源的振动不变，振动需要消耗 4.0 W 的功率.若波源发出的是球面波（设介质不吸收波的能量），试求距离波源 5.0 m 和 10.0 m 处的能流密度.

6-16 两相干波波源位于同一介质中的 A、B 两点，如图所示.其振幅相等，频率皆为 100 Hz，点 B 比点 A 的相位超前 π.若 A、B 两点相距 30.0 m，波速为 400 $\mathrm{m\cdot s^{-1}}$，试求 A、B 连线上因干涉而静止的各点的位置.

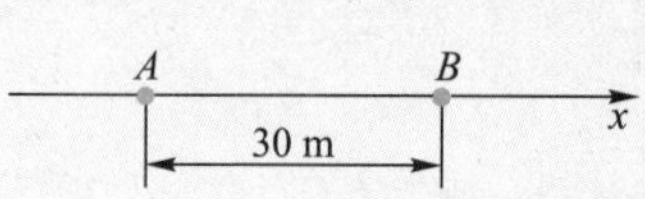

习题 6-16 图

6-17 图所示为干涉型消声器的结构原理图，利用这一结构可以消除噪声.当发动机排气噪声声波经管道到达点 A 时，分成两路后在点 B 相遇，声波因干涉而相消.如果要消除频率为 300 Hz 的发动机排气噪声，问图中弯管与直管的长度差 $\Delta r=r_2-r_1$ 至少应为多少？（设声波速度为 340 $\mathrm{m\cdot s^{-1}}$.）

*6-18 人的外耳道的平均长度约为 2.5 cm.如果我们把外耳道当作一个一端开放，而另一端（鼓膜）封闭的空直管，试估算人的听觉最敏感的基频.（设空气中声速为 $u=340\ \mathrm{m\cdot s^{-1}}$.）

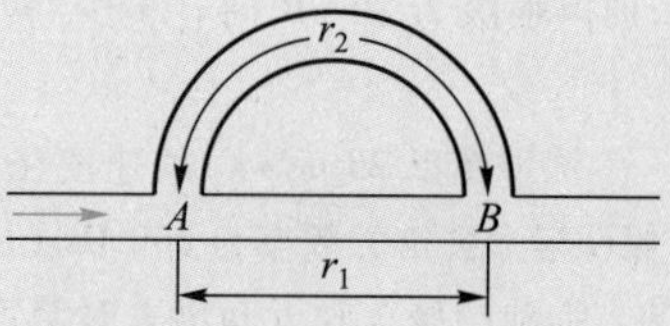

习题 6-17 图

*6-19 如图所示，原点 O 处有一振动方程为 $y=A\cos\omega t$ 的平面波波源，产生的波沿 Ox 轴正、负方向传播. MN 为波密介质的反射面，距波源 $\frac{3}{4}\lambda$.求：（1）波源所发射的波向左、向右传播的波函数；（2）在 MN 处产生的反射波的波函数；（3）O—MN 区域内的驻波的波函数，以及波节和波腹的位置；（4）$x>0$ 区域内合成波的波函数.

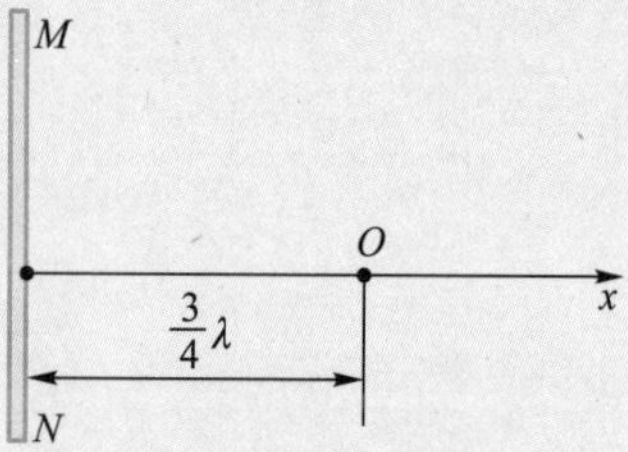

习题 6-19 图

*6-20 如图所示，将一块石英晶体相对的两面镀银作电极，它就成为压电晶体.当两极间加上频率为 ν 的交变电压时，晶片就沿厚度方向产生频率为 ν 的驻波.因为电极的两面是自由的，所以成为波腹.晶片厚度 $d=2.0$ mm，沿厚度方向的声速 $u=6.74\times10^3\ \mathrm{m\cdot s^{-1}}$，若要激发晶片产生基频振动，则外加电压的频率应是多少？

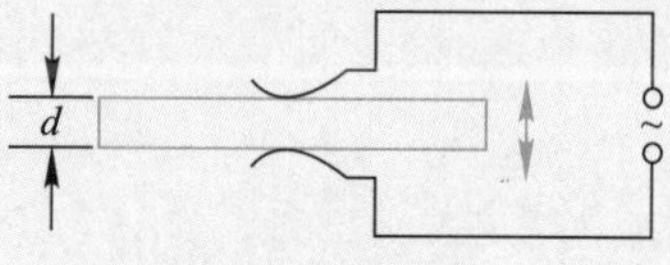

习题 6-20 图

6-21 一平面简谐波的频率为 500 Hz，在空气（$\rho=1.3\ \mathrm{kg\cdot m^{-3}}$）中以 $u=340\ \mathrm{m\cdot s^{-1}}$ 的速度传播，到达人耳时振幅约为 $A=1.0\times10^{-6}$ m.试求简谐波在人耳中的平均能量密度和声强.

*6-22 面积为 1.0 $\mathrm{m^2}$ 的窗户开向街道，街道中的

噪声在窗口的声强级为 80 dB.问有多少“声功率”传入窗内？

*6-23 一辆警车以 25 m·s^{-1}的速度在静止的空气中行驶，假设车上警笛的频率为 800 Hz.(1) 求静止站在路边的人听到的警车驶近和离去时警笛的频率；(2) 若警车追赶一辆速度为 15 m·s^{-1}的客车，则客车上的人听到的警笛的频率是多少？（设空气中声速为 $u=330$ m·s^{-1}.）

*6-24 超声波孕检主要是用来检查孕妇体内胎儿的成长是否正常.与孕妇腹部紧贴的超声波探头发出频率为 2.0×10^{6} Hz 的声波，其在人体内传播的速度约为 1.5×10^{3} m·s^{-1}.假定婴儿的心室壁在作简谐振动，其振幅为 1.8 mm，振动频率为每分钟 115 次，求被婴儿的心室壁反射回来的超声波的最大和最小频率.

第六章习题答案

第七章　气体动理论

物质的运动形式是多种多样的.在力学中我们已经研究了物质最简单的运动形式——机械运动,并采用了牛顿力学的确定论的研究方法.在本章和下一章中,我们将研究物质的热运动.而研究热运动的规律有宏观的热力学和微观的统计力学两种方法.统计力学方法是,从宏观物体由大量微观粒子(原子、分子等)所构成、粒子又不停地作热运动的观点出发,运用概率论和统计方法研究大量微观粒子的热运动规律,本章气体动理论将讨论这方面的问题.热力学方法则是,从能量观点出发,以大量实验观测为基础,来研究物质热现象的宏观基本规律及其应用,这将在下一章中讨论.气体动理论和热力学是从不同的角度研究物质热运动规律的,它们是相辅相成的.

本章的主要内容有:平衡态,理想气体物态方程,热力学第零定律,物质的微观模型,理想气体的压强和温度的微观本质,能量均分定理,理想气体的内能,气体分子的速率分布定律,以及分子的平均自由程和平均碰撞频率等.

预习自测题

7-1　平衡态　理想气体物态方程　热力学第零定律

本节内容是研究物质热运动规律时的预备知识,对学习气体动理论和热力学都是需要的.

一、气体的状态参量

在力学中研究质点的机械运动时,我们用位矢和速度(动量)来描述质点的运动状态.而在讨论由大量作热运动的分子构成的气体的状态时,位矢和速度(动量)只能用来描述分子的微观状态.为了研究整个气体的宏观状态,对一定量的气体.可用气

体的体积 V、压强 p 和热力学温度 T① 来描述.气体的体积、压强和温度这三个物理量叫做气体的状态参量,其中体积 V 是几何量,压强 p 是力学量,而温度 T 是热学量.它们都是宏观量.而组成气体的分子都具有各自的质量、速度、动量、能量等,这些描述个别分子的物理量称为微观量.

开尔文

文档:开尔文

气体的体积是指气体所能达到的空间.在国际单位制中,体积的单位名称是立方米,符号是 m^3;有时也用立方分米,即升(liter),符号是 L.$1\ L=1\ dm^3=10^{-3}\ m^3$.

气体的压强是作用于容器器壁单位面积上的正压力,即 $p=F/S$.在国际单位制中,压强的单位名称是帕斯卡②,符号是 Pa. $1\ Pa=1\ N\cdot m^{-2}$.通常,人们把 45°纬度海平面处测得的 0 ℃时大气压的值(1.013×10^5 Pa)称为标准大气压.

温度是物体冷热程度的数值表示.温度的数值标定方法叫温标.根据 1987 年第 18 届国际计量大会对国际实用温标的决议,热力学温标为最基本的温标③,一切温度的测量最终都应以热力学温标为准.在国际单位制中,热力学温度是 7 个基本量之一,它的单位名称是开尔文(kelvin)④,符号是 K.⑤

在工程上和日常生活中,目前人们常使用摄尔修斯⑥温标,简称摄氏温标.在摄氏温标中,温度的符号为 t,单位的符号为℃.摄氏温度与热力学温度之间的关系为

$$t/℃=T/\mathrm{K}-273.15 \quad 或 \quad T/\mathrm{K}=273.15+t/℃$$

二、平衡态

我们把一定质量的气体装在一个给定体积的容器中,经过一个段较长时间后,容器中各部分气体的压强 p 相等、温度 T 相同.此时气体的状态参量都具有确定的值.如果容器中的气体与外界之间没有能量和物质的传递,气体的能量也没有转化为其他形

① 在一般讲述时,人们常将热力学温度简称为温度.

② 帕斯卡(B.Pascal,1623—1662),法国数学家和物理学家.他物理学方面的成就主要在流体静力学方面.他提出大气压随高度的增加而减小的思想,不久得到证实.为纪念他,国际单位制中压强的单位用“帕斯卡”命名.

③ 如有兴趣了解热力学温标的建立,可参阅秦允豪编《普通物理学教程 热学》(第四版)第 251—252 页(高等教育出版社,2018 年).

④ 开尔文原名汤姆孙(W.Thomson,1824—1907),英国物理学家,热力学的奠基人之一.1851 年他表述了热力学第二定律(参阅第八章第 8-6 节).他在热力学、电磁学、波动和涡流等方面卓有贡献,1892 年被授予开尔文爵士称号.他在 1848 年引入并在 1854 年修改的温标称为开尔文温标.为纪念他,国际单位制中温度的单位用“开尔文”命名.

⑤ 关于热力学温度的单位 K 的定义,请参阅本书附录二.

⑥ 摄尔修斯(A.Celsius,1701—1744),瑞典天文学家和物理学家.1742 年他提出百度温标,将正常大气压下水的沸点和冰的熔点之间均分为 100 度.

式的能量，气体的组成及其质量均不随时间变化，那么气体的状态参量将不随时间而变化，这样的状态叫做平衡态.不过，应当指出，容器中的气体总不可避免地会与外界发生程度不同的能量和物质的传递，理想化了的平衡状态是难以存在的.然而，若气体状态的变化很微小，以至可以略去不计时，我们就可以把气体的状态看成近似平衡态.本章所讨论的气体状态，除特别声明者外，指的都是平衡态.

对于处在平衡态的气体，其状态可以用一组 p、V、T 值来表示，也可以 p 为纵轴、V 为横轴的 $p-V$ 图上的一个确定的点来表示，如图 7-1 中的点 $A(p_1,V_1,T_1)$ 或点 $B(p_2,V_2,T_2)$ 所示.

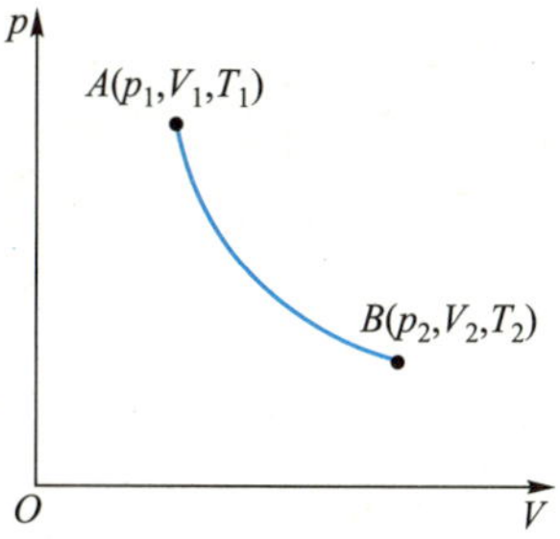

图 7-1 $p-V$ 图上的一点代表气体的一个平衡态

三、理想气体物态方程

对处于平衡态的一定量气体来说，当其状态参量中任意一个参量发生变化时，其他两个参量一般也将随之改变.这三个状态参量具有一定的关系，即其中一个量是其他两个量的函数，如

$$T=f(p,V)$$

这个方程就是一定量的气体处于平衡态时的气体物态方程.一般来说，这个方程的形式是很复杂的，它与气体的性质有关.这里我们只讨论理想气体的物态方程.

我们知道，任何一个物理定律都有一定的适用范围.一定量的气体，在温度不太低（与室温相比）、压强不太高（与大气压强相比）的实验条件下，我们可总结出三条实验定律①.设想有这样一种气体，它在任何情况下都遵守上述三条实验定律和阿伏伽德罗定律②，则这种气体叫做理想气体.理想气体也是一种理想模型.如上所述，一般气体在温度不太低、压强不太高时，都可近似当作理想气体.因此，研究理想气体各状态参量之间的关系，即理想气体物态方程，仍有重要意义.

由气体的三个实验定律和阿伏伽德罗定律可得，平衡态时理想气体的物态方程③为

① 玻意耳（Boyle）定律：当 T=常量时，$pV=C_1$；盖吕萨克（Gay-Lussac）定律：当 p=常量时，$V/T=C_2$；查理（Charles）定律：当 V=常量时，$p/T=C_3$.

② 阿伏伽德罗（A.Avogadro，1776—1856），意大利物理学家.他于 1811 年提出，在同样的温度和压强下，相同体积的气体含有相同数量的分子.这就是阿伏伽德罗定律.

③ 若气体的温度比常温低得多，压强远大于大气压强，则此时气体不能再当作理想气体，而应称为实际气体.实际气体的物态方程为

$$(p+a/V^2)(V-b)=\frac{m}{M}RT$$

式中 a、b 是与气体性质有关的两个常量.上述方程常称为范德瓦耳斯方程，读者可参阅马文蔚《物理学》（第七版）下册第十二章第 12-10 节.

$$pV = NkT \tag{7-1a}$$

式中 N 是体积 V 中的气体分子数，k 称为玻耳兹曼常量，一般计算时，取

$$k = 1.38\times10^{-23}\ \mathrm{J\cdot K^{-1}}$$

理想气体的物态方程还可以写成其他形式.大家知道，任何一种物质每1 mol所含的分子数叫做阿伏伽德罗常量，用符号 N_A 表示.一般计算时，取

$$N_A = 6.02\times10^{23}\ \mathrm{mol^{-1}}$$①

我们把 N 与 N_A 的比值 N/N_A 称为物质的量 ν，即 $\nu = N/N_A$.这样式(7-1a)可写成

$$pV = \nu N_A kT$$

式中 $N_A k = R$ 为一新的常量，叫做摩尔气体常量，其值为 $R = 8.31\ \mathrm{J\cdot mol^{-1}\cdot K^{-1}}$.于是上式可写成

$$pV = \nu RT \tag{7-1b}$$

如果每个分子的质量为 m，气体的质量为 m'，该气体的摩尔质量为 M，那么，物质的量 $\nu = N/N_A = mN/mN_A = m'/M$.于是，理想气体的物态方程亦可写成

$$pV = \frac{m'}{M}RT \tag{7-1c}$$

若将 $N/V = n$ 称为气体的分子数密度，则由式(7-1a)还可得到

$$p = nkT \tag{7-1d}$$

在 0 ℃和标准大气压下，分子数密度 $n_0 = 2.686\ 780\ 111\times10^{25}\ \mathrm{m^{-3}}$②，一般计算时，取 $n_0 = 2.69\times10^{25}\ \mathrm{m^{-3}}$.

四、热力学第零定律

人们从经验和科学实验中知道，在没有做功的情况下，如果

① 国际科学理事会国际数据委员会 2014 年对基本常量 N_A 的推荐值为 $6.022\ 140\ 857(74)\times10^{23}\ \mathrm{mol^{-1}}$，随着科技的进步，测定 N_A 的精度越来越高，2018 年第 26 届国际计量大会修订 N_A 为精确值 $6.022\ 140\ 76\times10^{23}\ \mathrm{mol^{-1}}$.

② 这是国际科学理事会国际数据委员会 2018 年的推荐值(温度为 273.15 K，压强为 101 325 Pa).

两个物体在相互接触的过程中，有能量从一个物体传递给另一个物体，那么我们就说这两个物体之间有温差.当两个物体之间能量停止传递后，它们就达到了热平衡.

如图 7-2(a)所示，绝热箱中 A、B 两个物体放在绝热板上，物体之间被绝热壁隔开.用一个测温计 C 先与物体 A 相接触，达到热平衡后，测温计 C 上有一个读数；再将测温计 C 与物体 B 相接触，达到热平衡后，测温计 C 上也有一个读数.若这两个读数相等，我们就认为 A、B 两个物体彼此间达到了热平衡.因此，若使 A、B 两个物体按图 7-2(b)所示相接触，则它们之间也不会有能量传递.

总之，如果物体 A 和 B 分别与处于确定状态的物体 C 处于热平衡状态，那么 A 和 B 之间也就处于热平衡状态.这就是热力学第零定律.热力学第零定律又叫做热平衡定律，它是建立温度概念的基本定律.

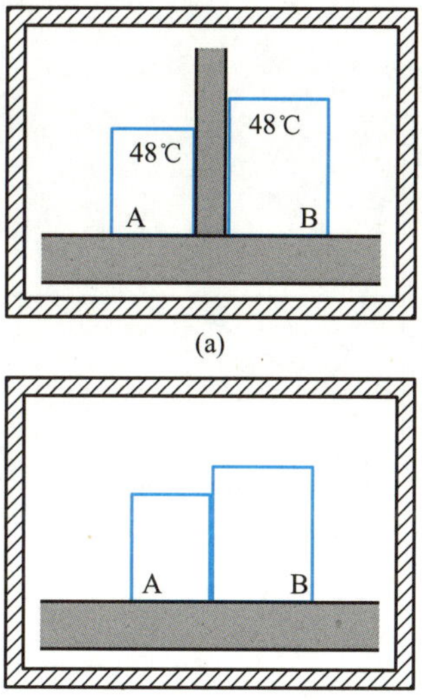

图 7-2 热力学第零定律用图

7-2 物质的微观模型 统计规律性

一、分子的线度和分子力

我们知道，分子有单原子分子（如 He）、双原子分子（如 O_2）、多原子分子（如 CO_2、CH_4），甚至还有由千万个原子构成的高分子（如聚丙烯）.因此，不同结构的分子，其尺度是不一样的.下面我们以氧气分子为例进行讨论.实验表明，在标准状态下，氧气分子的直径约为 3×10^{-10} m.在标准状态下，气体分子间的平均距离约为分子直径的 10 倍.于是，在标准状态下，每个氧气分子占有的体积 V 约为氧气分子本身体积的 1 000 倍，换句话说，在标准状态下，容器中的气体分子可以看成大小可略去不计的质点.应当指出，随着气体压强的增加，分子间的距离会变小，但在不太大的压强下，每个分子占有的体积仍比分子本身的体积要大得多.

固体和液体的分子之所以会聚集在一起而不分散开，是因为分子之间有相互吸引力.例如，切削一块金属或锯开一段木材时都必须用力，要使钢材发生形变也需要用很大的力.这都说明物体各部分之间存在着相互吸引力.分子之间不仅表现有吸引力，而且还表现有排斥力.液体和固体都很难压缩，就说明分子之间有排斥力，会阻止它们相互靠拢.

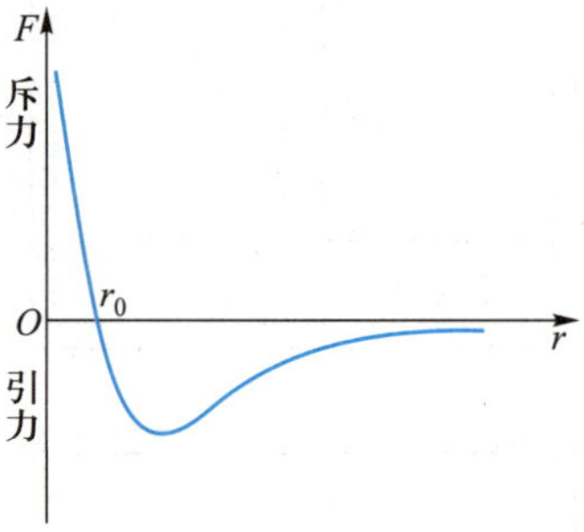

图 7-3 $F-r$ 关系曲线

图 7-3 为分子力 F 与分子间距离 r 的关系曲线.从图上可以看出，当分子间的距离 $r<r_0$（r_0 约为 10^{-10} m）时，分子力主要表现为斥力，并且随 r 的减小，斥力急剧增加.当 $r=r_0$ 时，分子力为零.当$r>r_0$时，分子力主要表现为引力.r 继续增大到大于 10^{-9} m 时，分子间的作用力就可以忽略不计了.可见，分子力的作用范围是极小的，分子力属于短程力.在气体的分子数密度很低的情况下，其分子间的作用力可以不考虑.

应当指出，分子力属于电磁相互作用，每个分子都有带负电的电子，带正电的原子核，因此分子力是十分复杂的，其大小的计算要用到量子力学.限于本课程的要求，我们对此不予讨论.

二、分子热运动的无序性及统计规律性

由前述可知，一切宏观物体都是由大量分子组成的，分子间还有作用力，同时大量实验事实也表明，这些分子都在不停地作无规热运动.布朗运动①是表现分子作无规热运动的典型例子.应当指出，物质内的分子在分子力作用下欲聚集在一起形成有序的排列，而分子的热运动则要使分子尽量分开，这样一来，物质内的分子究竟是聚集还是散开，起决定作用的就是它所处环境的温度和压强.环境的差异导致物质形成气、液、固以及等离子态等不同的集合体.

动画：布朗运动

由于分子数目巨大，所以分子在热运动中发生相互间的碰撞是极其频繁的.对气体来说，在通常温度和压强下，一个分子在 1 s 的时间里大约要经历 10^9 次碰撞.在这样频繁的碰撞下，分子的速度不断变化，导致分子间的能量频繁进行交换，从而使气体内各部分分子的平均速率相同，气体内各部分的温度、压强趋于相等，从而达到平衡状态.所以说，无序性是气体分子热运动的基本特性.

从牛顿力学的观点来看，虽然每个气体分子的运动都遵从牛顿运动定律，但由于分子间极其频繁而又无法预测的碰撞所导致

① 布朗（R.Brown，1773—1858），英国植物学家.他在 1827 年发现，悬浮在液体中的花粉粒子要不停地作无规运动；后来发现，不单是悬浮在液体中的微小颗粒，就连悬浮在静止气体中的尘粒也不停地作无规运动.人们把这种悬浮在流体中的微粒所作的不停的无规运动，统称为布朗运动.它是由大量分子不对称地碰撞悬浮在流体中的微粒而引起的.因此，布朗运动是分子无规热运动的一种间接表现形式.本书曾在第四章第 4-6 节中提及布朗运动.

的分子运动的无序性，气体分子在某一时刻位于容器中哪一位置、具有什么速度都有一定的偶然性.这是不是说分子的运动状态就无规律性可言了呢？我们仔细考察一下可以发现，气体处于平衡态时，不管个别分子的运动状态具有何种偶然性，但大量分子的整体表现却是有规律性的.例如在外界条件不变的情况下，当容器中的气体处于平衡态时，容器中各处的温度、密度、压强都是均匀分布的.这表明，在大量的偶然、无序的分子运动中，包含着一种规律性.这种规律性来自大量偶然事件的集合，故称为统计规律性.统计规律性是对大量分子整体而言的.总之，在研究气体分子的行为时，应做到牛顿力学的决定性和统计力学的概率性的统一，缺一不可.本章将要讨论的麦克斯韦气体分子速率分布律、能量均分定理、气体的压强公式和温度公式等都是大量气体分子统计规律性的表现.

游戏：穿越气体碰撞空间

下面我们举两个容易理解的例子来说明统计规律性.

设骰子为密度均匀的正六面体.每个面分别标有 1 至 6 点.我们不能预知所掷骰子一定出现哪一点，从 1 点到 6 点都有可能，骰子出现哪一点纯粹是偶然的.但骰子出现 1 点至 6 点中任意一点的概率均为 1/6.这就是说，投掷一次，骰子出现的点数虽是偶然的，但若投掷大量次数，则骰子出现的点数却有其规律性.

伽尔顿板的实验也可说明存在统计规律性.如图 7-4 所示，有一块竖直平板，上部钉上一排排等间隔的铁钉，下部用隔板隔成等宽的狭槽，板顶装有漏斗形入口，小球可通过此入口落入狭槽内.这个装置称为伽尔顿板.若在入口处投入一个小球，小球在下落过程中将与一些铁钉发生碰撞，最后落入某一槽中.再投入另一小球，它落入槽中的位置与前者可能完全不相同.这说明，小球从入口处下落后，与哪些铁钉相碰撞以及落入哪个槽中完全是偶然的.但是，如果我们投入很多小球，就可以发现落入中间狭槽的小球较多，而落入两端狭槽的小球较少，出现如图 7-4 下图所示的有规律的分布.重复这个实验也得到相似的结果.因此这个实验表明，尽管单个小球落入哪个狭槽完全是偶然的，而小球在各个狭槽内的分布则是近似确定的，小球的分布具有统计规律性.

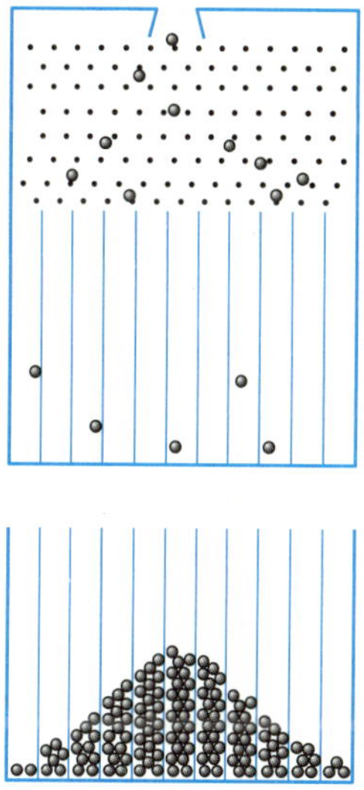

图 7-4 小球在伽尔顿板中的分布

7-3 理想气体的压强公式

我们知道，容器中气体分子的数目是很多的.虽然每个分子的线度和质量都很小，但分子在容器中都应占有一定的体积.此外，分子除与器壁碰撞时受力作用外，分子间还有相互作用力，而且这些相互作用力又是十分复杂的.如果我们认为气体中每个分子都遵守经典力学定律，那么要完整地描述大量分子所组成的系统的行为，就必须同时建立和求解这些分子所遵循的力学方程.由于方程的数量如此之多，而且分子间相互作用力又如此复杂，因此同时建立和求解这么多的方程显然是不现实的和不可能的，从而也无助于说明大量分子集体的宏观性质.然而，大量分子作热运动时具有一种有别于力学规律性的统计规律性.因此，我们可以用统计的方法求出与大量分子运动有关的一些物理量的平均值，如平均能量、平均速度、平均碰撞频率等，从而就能对与大量气体分子热运动相联系的宏观现象作出微观解释.理想气体的压强公式就是我们应用统计方法讨论的第一个问题.

一、理想气体的微观模型

从气体动理论的观点来看，理想气体是一种理想化了的气体，其微观模型是：

(1) 分子本身的大小与分子间平均距离相比可以忽略不计，分子间的平均距离很大，分子可以看作质点.

(2) 除碰撞的瞬间外，分子间的相互作用力可忽略不计.因此在两次碰撞之间，分子的运动可当作匀速直线运动.

(3) 分子间的碰撞以及分子与器壁间的碰撞可看作完全弹性碰撞.分子与器壁间的碰撞只改变分子运动的方向，不改变它的速率，分子的动能不因与器壁碰撞而有任何改变.

这样，从气体动理论的观点来看，理想气体可看成是由大量不断作无规运动的、本身体积可以略去不计的、彼此间相互作用可不予考虑的弹性小球所组成的.显然这是一个理想的模型，它只是真实气体在压强较小时的近似模型.

下面我们以理想气体微观模型为对象，运用牛顿运动定律，采取求平均值的统计方法来导出理想气体的压强公式.

二、理想气体的压强公式

利用气体分子运动的概念来导出作用于器壁上的压强公

式，最早是由伯努利①提出的.后来，经过克劳修斯、麦克斯韦等人的发展，导出的方法越来越合理.伯努利认为，气体作用于器壁的压力是气体中大量分子对器壁碰撞的结果.撞碰时气体分子对器壁作用以冲量，从而使器壁受到几乎不变的气体压强的作用.

假设有一个边长分别为 x、y 及 z 的长方形容器，其中含有 N 个同类气体分子，每个分子的质量均为 m.由于气体处在平衡状态，容器内分子数目又十分大（在通常情况下，气体分子数密度 n 的数量级为 $10^{19}\,\mathrm{cm}^{-3}$），所以容器壁上的每部分都受到大量分子的碰撞，容器中的每个器壁都受到均匀的连续的冲力.因为气体处于平衡态，各处的压强均相等，所以只要计算容器中任何一个器壁所受的压强就可以了.现在我们来计算与 Ox 轴相垂直的壁面 A_1 所受的压强（图 7-5）.

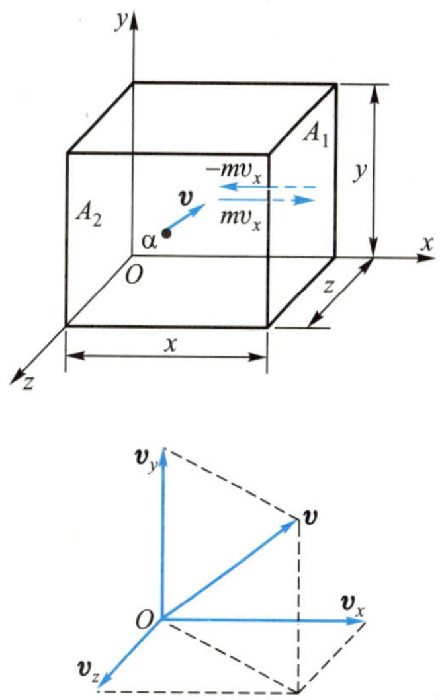

图 7-5 气体动理论的压强公式的推导

设容器中的分子 α，其质量为 m，速度为 $\boldsymbol{v}$，$\boldsymbol{v}$ 在直角坐标轴上的速度分量分别为 v_x、v_y 及 v_z，且 $v^2=v_x^2+v_y^2+v_z^2$.当分子 α 和壁面 A_1 碰撞时，它受到壁面 A_1 对它沿 Ox 轴负方向的作用力.在这个力的作用下，分子 α 在 Ox 轴上的动量由 mv_x 改变为 $-mv_x$，它在 Ox 轴上的动量增量为 $(-mv_x)-mv_x=-2mv_x$.根据动量定理，分子 α 的动量增量等于器壁给予分子 α 的力的冲量.力的方向与 Ox 轴正方向相反.根据牛顿第三定律，分子 α 也给予壁面 A_1 一个大小相等、方向相反的力的冲量，力的方向与 Ox 轴正方向相同.分子 α 对器壁碰撞的力是间歇的，而不是连续的.就它沿 Ox 轴的运动情况而论，它以 $-v_x$ 从面 A_1 弹回，飞向面 A_2 并与面 A_2 碰撞后，又以 v_x 回到面 A_1 再作碰撞.分子 α 与面 A_1 的相继两次碰撞，在 Ox 轴方向上所移动的距离是 $2x$，所需要的时间为 $2x/v_x$，因此在单位时间内，分子 α 与面 A_1 碰撞的次数为 $v_x/(2x)$ 次.于是在单位时间内，分子 α 作用在面 A_1 上的总冲量为 $2mv_x\dfrac{v_x}{2x}$，这也就是分子 α 作用于面 A_1 上的力的平均值.以上讨论的是一个分子对壁面 A_1 的碰撞.实际上容器内有大量分子对壁面 A_1 碰撞，使壁面受到一个几乎连续不断的力.这个力的大小应等于每个分子作用在面 A_1 上的力的平均值之和，即

$$F=2mv_{1x}\frac{v_{1x}}{2x}+2mv_{2x}\frac{v_{2x}}{2x}+\cdots+2mv_{Nx}\frac{v_{Nx}}{2x}$$

① 伯努利（D.Bernoulli，1700—1782），瑞士数学家和物理学家.1738 年，他首先从物质分子结构观点以及分子无规运动的假设出发，对气体压强予以微观解释，建立了气体动理论和热力学的基本概念.

式中 $v_{1x},v_{2x},\cdots,v_{Nx}$ 分别是各个分子的速度在 Ox 轴上的分量.面 A_1 所受到的压强为

$$p=\frac{F}{yz}=\frac{1}{yz}\left(2mv_{1x}\frac{v_{1x}}{2x}+2mv_{2x}\frac{v_{2x}}{2x}+\cdots+2mv_{Nx}\frac{v_{Nx}}{2x}\right)$$

$$=\frac{m}{xyz}\left(v_{1x}^2+v_{2x}^2+\cdots+v_{Nx}^2\right)=\frac{Nm}{xyz}\left(\frac{v_{1x}^2+v_{2x}^2+\cdots+v_{Nx}^2}{N}\right) \qquad (7-2)$$

式中括弧内的物理量表示容器内 N 个分子沿 Ox 轴的速度分量的平方平均值,用 $\overline{v_x^2}$ 表示,即

$$\overline{v_x^2}=\frac{v_{1x}^2+v_{2x}^2+\cdots+v_{Nx}^2}{N}=\frac{\sum_{i=1}^{N}v_{ix}^2}{N}$$

同样也可以得到

$$\overline{v_y^2}=\frac{\sum_{i=1}^{N}v_{iy}^2}{N} \quad 和 \quad \overline{v_z^2}=\frac{\sum_{i=1}^{N}v_{iz}^2}{N}$$

考虑到 $v^2=v_x^2+v_y^2+v_z^2$,所以有

$$\overline{v^2}=\overline{v_x^2}+\overline{v_y^2}+\overline{v_z^2}$$

由于气体处于平衡态,我们可以认为分子沿各个方向运动的概率是相等的,没有哪个方向占有优势.这也就是在平衡态下气体分子热运动的各向同性的表现.因此对大量分子来说,它们在 Ox、Oy、Oz 三个轴上的速度分量的平方平均值应是相等的,即

$$\overline{v_x^2}=\overline{v_y^2}=\overline{v_z^2}=\frac{1}{3}\overline{v^2} \qquad (7-3)$$

把它代入式(7-2),并设 $n=\dfrac{N}{xyz}$ 为单位体积内的分子数,即分子数密度,得

$$p=\frac{1}{3}nm\overline{v^2} \qquad (7-4a)$$

或

$$p=\frac{2}{3}n\left(\frac{1}{2}m\overline{v^2}\right) \qquad (7-4b)$$

若以 $\overline{\varepsilon}_k$ 表示分子平均平动动能，有 $\overline{\varepsilon}_k=\frac{1}{2}m\overline{v^2}$，则上式可写为

$$p=\frac{2}{3}n\overline{\varepsilon}_k \tag{7-4c}$$

上式叫做理想气体的压强公式.由式(7-4c)可见，气体作用于器壁的压强正比于分子的数密度 n 和分子的平均平动动能 $\overline{\varepsilon}_k$.分子的数密度越大，压强越大；分子平均平动动能越大，压强也越大.实际上，分子对器壁的碰撞是不连续的，器壁所受到的冲量的大小是起伏不定的，只有在气体的分子数足够大时，器壁所获得的冲量才有确定的统计平均值.若我们说个别分子产生多大压强，这是无意义的，压强是一个统计量.应当指出，压强虽说是由大量分子对器壁碰撞而产生的，但它是一个宏观量，可以从实验直接测得.而式(7-4)的右方是不能直接测量的微观量，因此式(7-4)是无法直接用实验来验证的.但是从此公式出发，人们可以满意地解释或论证已经验证过的理想气体诸定律.式(7-4)是气体动理论的基本公式之一.

在式(7-4a)中，$nm=\rho$ 为气体的密度，故理想气体的压强公式亦可写为

$$p=\frac{1}{3}\rho\overline{v^2} \tag{7-5}$$

7-4　理想气体分子的平均平动动能与温度的关系

由理想气体的物态方程和压强公式，我们可以得到气体的温度与分子的平均平动动能之间的关系，从而说明温度这一宏观量的微观本质.

将理想气体的物态方程式(7-1d)

$$p=nkT$$

与理想气体的压强公式(7-4b)

$$p=\frac{2}{3}n\left(\frac{1}{2}m\overline{v^2}\right)$$

相比较,可得

$$\frac{1}{2}m\overline{v^2}=\frac{3}{2}kT \tag{7-6}$$

这就是理想气体分子的平均平动动能与温度的关系式.如同压强公式一样,它也是气体动理论的基本公式之一.式(7-6)表明,处于平衡态的理想气体,其分子的平均平动动能与气体的温度成正比.气体的温度越高,分子的平均平动动能越大;分子平均平动动能越大,分子的热运动越激烈.因此,我们可以说温度是表征大量分子热运动激烈程度的宏观物理量,它是大量分子热运动的集体表现.如同压强一样,温度也是一个统计量.对于个别分子,我们说它有多少温度是没有意义的.

从式(7-6)可以得到,当气体的温度为 300 K 时,分子的平均平动动能 $\overline{\varepsilon}_k$ 为 6.21×10^{-21} J;若理想气体的温度高达 10^8 K,分子的平均平动动能也只有 10^{-15} J.但是由于气体的分子数密度很大,气体分子的平均平动动能的总和还是很大的.例如在 $T=300$ K,$p=1.013\times10^5$ Pa 时,分子数密度为

$$n=\frac{p}{kT}=\frac{1.013\times10^5}{1.38\times10^{-23}\times300}\ \mathrm{m^{-3}}=2.45\times10^{25}\ \mathrm{m^{-3}}$$

那么,在 1 $\mathrm{m^3}$ 内,气体分子的平均平动动能的总和为

$$E_k=\overline{\varepsilon}_k n=6.21\times10^{-21}\times2.45\times10^{25}\ \mathrm{J\cdot m^{-3}}=1.52\times10^5\ \mathrm{J\cdot m^{-3}}$$

这个能量就很大了.

7-5 能量均分定理 理想气体的内能

一、自由度

上一节曾指出,温度为 T 的理想气体处于热平衡状态时,气体分子的平均平动动能与温度的关系为

$$\overline{\varepsilon}_{kt}=\frac{1}{2}m\overline{v^2}=\frac{3}{2}kT$$

式中 $\overline{\varepsilon}_{kt}$ 为分子平均平动动能的符号,其中脚标“k”表示动能,“t”

表示平动.此外,考虑到气体处于平衡态时,分子在任何一个方向的运动都不能比其他方向占有优势,分子在各个方向运动的概率是相等的,即 $\overline{v_x^2}=\overline{v_y^2}=\overline{v_z^2}=\overline{v^2}/3$,于是由上式可得

$$\frac{1}{2}m\overline{v_x^2}=\frac{1}{2}m\overline{v_y^2}=\frac{1}{2}m\overline{v_z^2}=\frac{1}{2}kT \tag{7-7}$$

上式表明,分子平均平动动能有 3 个独立的速度二次方项,而且与每一个独立的速度二次方项相对应的平均平动动能是相等的,都为 $kT/2$.

对由单原子分子组成的理想气体来说,分子本身大小可以略去不计,故单原子分子可看作质点,只需考虑其平动动能,而可略去其转动和振动能量.这样,由式(7-7)可知,单原子分子的平均能量 $\overline{\varepsilon}$ 为

$$\overline{\varepsilon}=\overline{\varepsilon}_{\mathrm{kt}}=\frac{1}{2}m\overline{v_x^2}+\frac{1}{2}m\overline{v_y^2}+\frac{1}{2}m\overline{v_z^2}=\frac{3}{2}kT \tag{7-8}$$

如果理想气体是由刚性双原子分子,即哑铃式双原子分子组成的,如图 7-6(a)所示,那么两原子 m_1 和 m_2 之间的距离,在运动过程中可视为不变,这就好像两原子 m_1 和 m_2 之间由一根质量不计的刚性细杆相连.设点 C 为双原子分子的质心,并选如图 7-6(b)所示的坐标系.于是,双原子分子的运动可看作质心 C 的平动,以及通过点 C 绕 y 轴和 z 轴的转动.

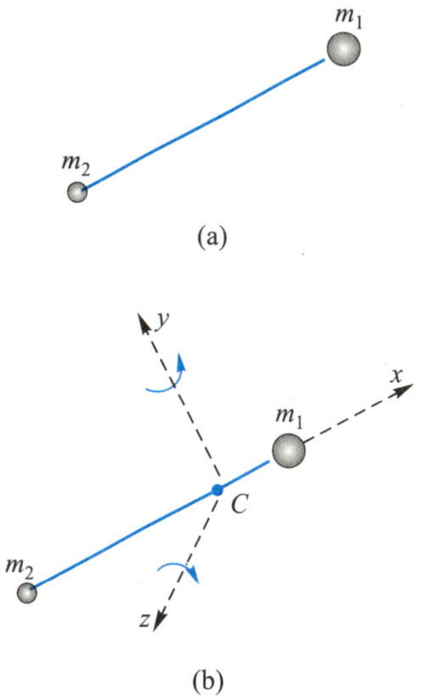

图 7-6 刚性双原子分子

由于双原子分子对 x 轴的转动惯量 J_x 为零,所以其转动动能的平均值为

$$\overline{\varepsilon}_{\mathrm{kr}}=\frac{1}{2}J_y\overline{\omega_y^2}+\frac{1}{2}J_z\overline{\omega_z^2} \tag{7-9}$$

其中脚标"r"表示转动.因此,刚性双原子分子的平均能量 $\overline{\varepsilon}$,应为质心的平均平动动能 $\overline{\varepsilon}_{\mathrm{kt}}$与绕 y 轴和 z 轴的平均转动动能 $\overline{\varepsilon}_{\mathrm{kr}}$之和,即

$$\overline{\varepsilon}=\overline{\varepsilon}_{\mathrm{kt}}+\overline{\varepsilon}_{\mathrm{kr}}=\frac{1}{2}m\overline{v_x^2}+\frac{1}{2}m\overline{v_y^2}+\frac{1}{2}m\overline{v_z^2}+\frac{1}{2}J_y\overline{\omega_y^2}+\frac{1}{2}J_z\overline{\omega_z^2} \tag{7-10}$$

由上式可见,刚性(哑铃式)双原子分子的平均能量 $\overline{\varepsilon}$ 共有 5 个独立的速度二次方项,其中三项属于平均平动动能,两项属于平均转动动能.

在气体动理论中,人们把分子能量中含有速度二次方项的数

目称为分子能量自由度，简称自由度，用符号 i 表示.因此，单原子分子的自由度 $i=3$，刚性双原子分子的自由度 $i=5$.

应当指出，不是所有双原子分子都能看作刚性双原子分子.有些双原子分子，其原子间的距离是随时间而改变的，就好像原子间被一根质量可略去不计的、弹性系数为 k 的弹簧相连.这种双原子分子叫做非刚性双原子分子.设想非刚性双原子分子的振动为一维简谐振动，由第五章振动的能量讨论中已知，一维简谐振动的能量为振动动能（$mv^2/2$）和振动势能（$kx^2/2$）之和.因此，非刚性双原子分子的平均振动能量就含有一项振动动能和一项振动势能.可见，非刚性双原子分子的平均振动能量就有两个二次方项，一个是速度二次方项，另一个是坐标二次方项.这样，对非刚性双原子分子来说，它的平均能量就含有 6 个速度二次方项和 1 个坐标二次方项，其中三项属于平动，二项属于转动，二项属于振动，共有 7 个二次方项.

如果把分子能量中速度和坐标二次方项的数目称为分子能量自由度，那么，单原子分子的自由度 $i=3$，刚性双原子分子的自由度 $i=5$，非刚性双原子分子的自由度 $i=7$.

二、能量均分定理

从式（7-7）中已知，单原子分子的每一个速度二次方项所对应的平均平动动能都是 $kT/2$.然而，前述的刚性双原子分子，它不仅具有平动动能，而且具有转动动能，那么每一个角速度二次方项所对应的平均转动动能又是多少呢？也就是说，无论是平动自由度，还是转动自由度，每一自由度的平均能量是多少呢？

气体处于平衡态时，气体分子任何一个自由度的平均能量都相等，均为 $kT/2$.这就是能量按自由度均分定理，简称能量均分定理.由能量均分定理，我们可以方便地求得自由度为 i 的分子的平均能量为

$$\bar{\varepsilon}=\frac{i}{2}kT$$

三、理想气体的内能

已知 1 mol 理想气体的分子数为 N_A.若该气体分子的自由度为 i，则 1 mol 理想气体分子的平均能量，即 1 mol 理想气体的内能 E_m 为

$$E_{\mathrm{m}}=N_{\mathrm{A}}\bar{\varepsilon}=\frac{i}{2}N_{\mathrm{A}}kT$$

由于 $N_{\mathrm{A}}k=R$，所以 1 mol 理想气体的内能也可写成

$$E_{\mathrm{m}}=\frac{i}{2}RT \tag{7-11}$$

而物质的量为 $\nu=m'/M$ 的理想气体的内能应为

$$E=\frac{m'}{M}\frac{i}{2}RT=\nu\frac{i}{2}RT \tag{7-12}$$

式中 m' 为气体的质量，M 为气体的摩尔质量. 从上式可以看出，理想气体的内能不仅与温度有关，而且还与分子的自由度有关. 对给定的理想气体，其内能仅是温度的单值函数，即 $E=E(T)$. 这是理想气体的一个重要性质. 当气体的温度改变 $\mathrm{d}T$ 时，其内能也相应变化 $\mathrm{d}E$，即

$$\mathrm{d}E=\nu\frac{i}{2}R\mathrm{d}T \tag{7-13}$$

表 7-1 列出了理想气体分子自由度、分子平均能量和 1 mol 气体内能的理论值.

表 7-1 理想气体分子自由度、分子平均能量和 1 mol 气体内能的理论值

	单原子分子	双原子分子		三原子分子	
		刚性	非刚性	刚性	非刚性
分子自由度(i)	3(平)	5=3(平)+2(转)	7=3(平)+2(转)+2(振)	6=3(平)+3(转)	12=3(平)+3(转)+6(振)
分子平均能量($\bar{\varepsilon}$)	$3kT/2$	$5kT/2$	$7kT/2$	$6kT/2=3kT$	$12kT/2=6kT$
1 mol 气体内能(E_{m})	$3RT/2$	$5RT/2$	$7RT/2$	$3RT$	$6RT$

7-6 麦克斯韦气体分子速率分布律

设容器中有 N 个理想气体分子，当气体处于温度为 T 的平

衡态时,分子的平均平动动能为

$$\frac{1}{2}m\overline{v^2}=\frac{3}{2}kT$$

如果我们把$\sqrt{\overline{v^2}}$叫做分子的方均根速率,用符号 v_{rms} 表示①,那么由上式可得分子的方均根速率为

$$v_{\mathrm{rms}}=\sqrt{\overline{v^2}}=\sqrt{\frac{3kT}{m}} \tag{7-14}$$

上式表明,对给定气体来说,当其温度恒定时,气体分子的方均根速率也是恒定的.实际上,N 个分子中任意一个分子的速率都可能与式(7-14)所表示的方均根速率相差很大.它的速率可以具有从零到无限大②之间任意可能的值.然而式(7-14)告诉我们,在给定温度 T 的情况下,分子的方均根速率却又是确定的.这就是说,在给定温度下,处于平衡态的气体,个别分子的速率是偶然的,而大量分子的速率却是有一定分布规律的.气体分子按速率分布的统计定律最早是麦克斯韦③于 1859 年在概率理论的基础上导出的,后来由玻耳兹曼从经典统计力学中导出.1920 年施特恩(O.Stern,1888—1969)从实验中证实了麦克斯韦气体分子按速率分布的统计定律.1920 年毕业于南京高等师范学校(东南大学前身)的我国物理学家葛正权(1896—1988)在 1933 年以更精确的实验数据验证了这条定律.限于数学上的原因和本课程的要求,我们不准备导出这个定律,而只介绍它的一些最基本的概念.

葛正权

文档:葛正权

图 7-7 是从实验得出的金属气体分子射线中分子速率的分布图线.其中一块块矩形面积表示分布在各速率区间内的相对分子数.从图中可以看出,分布在不同速率区间内的相对分子数是不相同的,但在实验条件不变的情况下,分布在给定速率区间内的相对分子数则是完全确定的.这就是说,尽管个别分子的速率等于多少具有偶然性,但从整体来说,大量分子的速率分布却遵从一定的规律,这个规律叫做分子速率的分布规律.值得一提的是,我国物理学家丁西林在 1921 年以热电子发射实验,直接验明高温下的电子和气体分子一样遵守这个速率分布规律,从而为经典电子理论提供了有力的佐证.

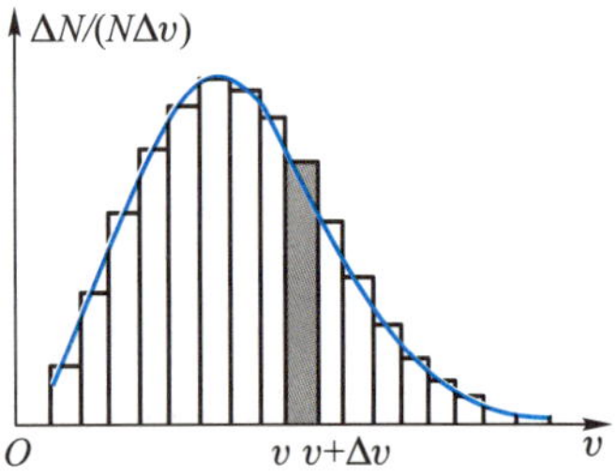

图 7-7 分子速率分布情况

① 方均根速率 v_{rms} 的下标是英文名称 root mean square 的缩写.

② 由狭义相对论知道,任何物体的速度是不能超过光速的,这里所说的分子速率无限大,其实是表示所研究的分子速率范围在数学上是涵盖着所有可能速率的.

③ 有关麦克斯韦的生平可参阅本书下册第十二章第 12-5 节.

一、麦克斯韦气体分子速率分布律

麦克斯韦根据气体在平衡态下分子热运动具有各向同性的特点,运用概率的方法,导出了在平衡态下气体分子按速率分布的规律.这里我们只介绍其最基本的内容.

设在平衡态下,一定量气体的分子总数为 N,其中在区间 $v\sim v+\Delta v$ 内的分子数为 ΔN.从图 7-7 所示的分子速率的分布图线可以知道,比值 $\Delta N/N$ 与速率区间有关,在不同的速率区间,它的数值不同.如果所取的速率区间 Δv 越大,那么 $\Delta N/N$ 就越大.当 $\Delta v\to 0$ 时,$\Delta N/(N\Delta v)$ 的极限值就变成 v 的一个连续函数了,并用 $f(v)$ 表示,如图 7-8 所示.我们把这一函数 $f(v)$ 叫做速率分布函数,即

$$f(v)=\lim_{\Delta v\to 0}\frac{\Delta N}{N\Delta v}=\frac{1}{N}\lim_{\Delta v\to 0}\frac{\Delta N}{\Delta v}=\frac{1}{N}\frac{\mathrm{d}N}{\mathrm{d}v}$$

于是有

$$\frac{\mathrm{d}N}{N}=f(v)\,\mathrm{d}v \qquad (7-15)$$

式中 $\mathrm{d}N/N$ 为 N 个气体分子中,在速率 v 附近分布在速率区间 $\mathrm{d}v$ 内的分子数 $\mathrm{d}N$ 与总分子数 N 的比值.这个比值也表示分子处于速率区间 $v\sim v+\mathrm{d}v$ 内的概率.于是速率分布函数的物理意义又能表述为:气体分子的速率处于 v 附近单位速率区间内的概率,也叫做概率密度.

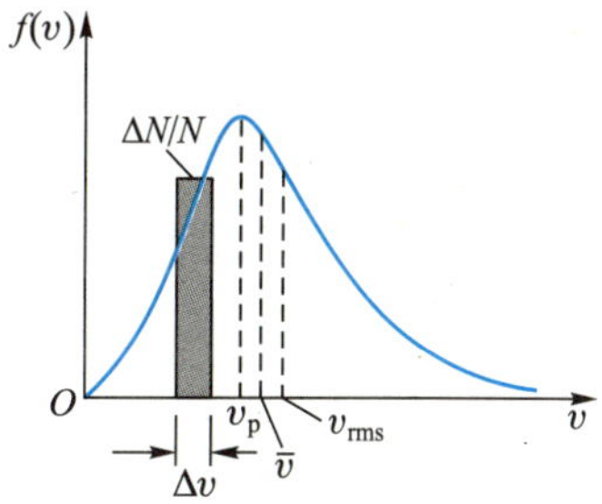

图 7-8 $f(v)$ 与 v 的关系曲线

1859 年麦克斯韦首先从理论上导出,在平衡态时气体分子的速率分布函数的数学形式为

$$f(v)=4\pi\left(\frac{m}{2\pi kT}\right)^{3/2}\mathrm{e}^{-\frac{mv^2}{2kT}}v^2 \qquad (7-16)$$

式中 T 为气体的温度,m 为分子的质量,k 为玻耳兹曼常量.于是,式(7-15)可写成

$$\frac{\mathrm{d}N}{N}=4\pi\left(\frac{m}{2\pi kT}\right)^{3/2}\mathrm{e}^{-\frac{mv^2}{2kT}}v^2\,\mathrm{d}v \qquad (7-17)$$

上式给出了一定量的理想气体处于平衡态时,分布在速率区间 $v\sim v+\mathrm{d}v$ 内的相对分子数 $\mathrm{d}N/N$,或者说给出了分子处于此速率区间内的概率.这个气体分子速率分布规律叫做麦克斯韦速率分布律.图 7-8 是分布函数 $f(v)$ 与 v 的关系曲线,图中的矩形面积表

示,分布在某一速率区间内的相对分子数,或分子处于此速率区间内的概率.若速率区间取得越小,则矩形数目就越多,这无数个矩形面积的总和就越接近于分布曲线下的总面积.曲线下的总面积表示,速率分布在从零到无限大整个区间内的全部相对分子数的总和,也即分子处于各种速率区间内的概率的总和,应当等于 100%.麦克斯韦气体分子速率分布律是气体动理论的基本规律之一.麦克斯韦还是经典电磁理论的奠基人.本书下册第十二章第 12-5 节中的文档将作较详细的介绍.

二、三种统计速率

从速率分布曲线可以看出,气体分子的速率可以取从零到无限大之间的任一数值,但速率很大和很小的分子所处的速率区间内,其相对分子数或概率都很小,而具有中等速率的分子所处的速率区间内,其相对分子数或概率却很大.这里我们讨论三种具有代表性的分子速率,它们是分子速率的三种统计值.

1. 最概然速率 v_p

从 $f(v)$ 与 v 的关系曲线中可以看到,$f(v)$ 有一极大值,与 $f(v)$ 的极大值相对应的速率叫做最概然速率,用 v_p 表示(图 7-8).v_p 的物理意义是:若把气体分子的速率分成许多相等的速率间隔,则气体在一定温度下分布在最概然速率 v_p 附近单位速率区间内的分子数最多.也就是说,分子处于 v_p 附近的概率最大.由数学导数定义可得

$$\left.\frac{\mathrm{d}f(v)}{\mathrm{d}v}\right|_{v=v_p}=0$$

把式(7-16)代入上式可求得,最概然速率为

$$v_p=\sqrt{\frac{2kT}{m}}=\sqrt{\frac{2RT}{M}}\approx 1.41\sqrt{\frac{RT}{M}} \tag{7-18}$$

2. 平均速率 $\bar{v}$

若一定量气体的分子数为 N,则所有分子速率的算术平均值叫做平均速率,用 $\bar{v}$ 表示.如果 $\mathrm{d}N$ 代表气体分子分布在速率区间 $v\sim v+\mathrm{d}v$ 内的分子数,那么按照算术平均值的计算方法,分子的平均速率为

$$\bar{v}=\frac{\int_0^\infty v\mathrm{d}N}{N}$$

把式(7-17)代入上式可算得，平均速率为

$$\bar{v}=\sqrt{\frac{8kT}{\pi m}}=\sqrt{\frac{8RT}{\pi M}}\approx1.60\sqrt{\frac{RT}{M}} \tag{7-19}$$

3. 方均根速率 v_{rms}

分子速率平方的平均值为

$$\overline{v^2}=\frac{\int_0^\infty v^2\mathrm{d}N}{N}$$

同样把式(7-17)代入上式可算得，方均根速率为

$$v_{\mathrm{rms}}=\sqrt{\overline{v^2}}=\sqrt{\frac{3kT}{m}}=\sqrt{\frac{3RT}{M}}\approx1.73\sqrt{\frac{RT}{M}} \tag{7-20}$$

这与由平均平动动能与温度关系式所得式(7-14)是相同的.

由上面的结果可以看出，气体分子的三种速率都与$\sqrt{T}$成正比，与$\sqrt{m}$(或$\sqrt{M}$)成反比.在数值上 v_{rms} 最大，$\bar{v}$ 次之，v_{p} 最小，如图 7-8 所示.在计算分子的平均平动动能时，我们已经用了方均根速率.在讨论速率的分布时，我们要用到最概然速率，因为它是速率分布曲线中的极大值所对应的速率.在讨论分子的碰撞时，我们将要用到平均速率.

以上三种速率都具有统计平均的意义，都反映了大量分子作热运动的统计规律.对给定的气体来说，它们只依赖于气体的温度.当温度升高时，气体分子热运动加剧，其中速率较小的分子的数目减少，而速率较大的分子的数目则有所增加，速率分布曲线中的最高点向速率大的方向移动.图 7-9 给出了氮气分子在不同温度下的速率分布曲线.温度升高时(图中 $T_2>T_1$)，曲线显得较为平坦.

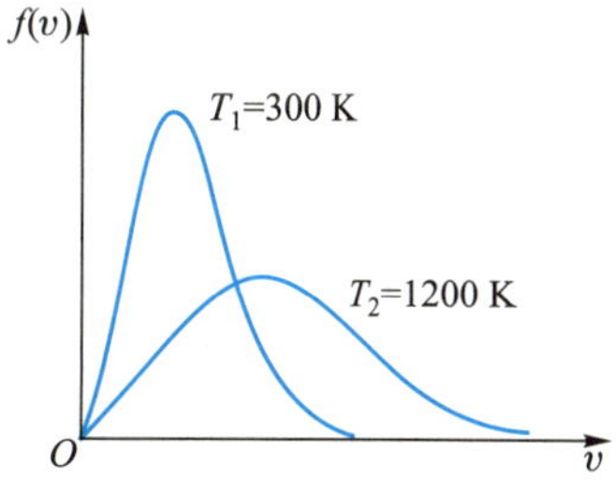

图 7-9 氮气分子在两种温度下的速率分布

例 1

计算在 27 ℃时，氢气分子和氧气分子的方均根速率 v_{rms}.

解 已知氢气和氧气的摩尔质量分别为 $M_{\mathrm{H}}=0.002\ \mathrm{kg\cdot mol^{-1}}$，$M_{\mathrm{O}}=0.032\ \mathrm{kg\cdot mol^{-1}}$，又知 $R=8.31\ \mathrm{J\cdot K^{-1}\cdot mol^{-1}}$，$T=300$ K.把它们分别代入方均根速率公式 $v_{\mathrm{rms}}=(3RT/M)^{1/2}$，可得氢气分子的 $v_{\mathrm{rms}}=1.93\times10^3\ \mathrm{m\cdot s^{-1}}$，氧气分子的 $v_{\mathrm{rms}}=483\ \mathrm{m\cdot s^{-1}}$.

从以上数值可以看出，在通常温度下气体分子的方均根速率是很大的，一般均可达数百米每秒.这个值与气体中的声速具有相同的数量级.

例 2

人们利用多束激光和磁阱可将原子限制在极小的空间范围内，以减小原子的运动速度.这一方法可使原子冷却（1997 年的诺贝尔物理学奖授予了朱棣文等三位科学家，以表彰他们在发展用激光冷却和囚禁原子的方法上所做出的贡献）.设在某次实验中，科学家运用此方法将一些钠原子的温度降低到了 0.240 mK，试计算此时钠原子的方均根速率.

朱棣文

文档：朱棣文

解 钠原子的摩尔质量为 $2.30\times10^{-2}\ \mathrm{kg\cdot mol^{-1}}$，由式(7-20)，有

$$v_{\mathrm{rms}}=\sqrt{\frac{3RT}{M}}=\sqrt{\frac{3\times8.31\times0.240\times10^{-3}}{2.30\times10^{-2}}}\ \mathrm{m\cdot s^{-1}}$$

$$\approx0.510\ \mathrm{m\cdot s^{-1}}$$

这个值比钠蒸气分子的方均根速率小了几个数量级.

在力学中我们已经知道，地球表面附近的物体要脱离地球引力场的束缚，其逃逸速率应达到 $11.2\ \mathrm{km\cdot s^{-1}}$，这个值约为氢气分子的方均根速率的 6 倍.这样一来，似乎在地球大气层中有可能存在大量的自由氢气分子.然而，人们从观测中发现在地球大气层中几乎没有自由的氢气分子.这是为什么呢？

从麦克斯韦气体分子速率分布曲线（图 7-8）可以看出，有相当数量的一部分气体分子的速率比方均根速率要大得多，当这些分子的速率达到逃逸速率时，它们将逃逸出地球大气层.因为不断有氢气分子逸出大气层，所以在地球大气层中自由的氢气分子就为数很少了，我们可以认为大气层中不存在自由的氢气分子；在另一方面，氧气分子的方均根速率只约为氢气分子的方均根速率的 1/4，且只有很少的氧气分子能达到逃逸速率，因此在地球大气层中能找到较多的自由氧气分子.同样，与氧气分子质量差不多的氮气分子，也很少能逃逸出地球的大气层.

此外还可提及，在 27 ℃时，气体分子的方均根速率（或平均速率）具有数百米每秒这一计算结果，早期曾引起一些人对气体动理论的怀疑和责难.当时，因为 $\sqrt{\overline{v^2}}=\sqrt{3RT/M}$ 是由气体压强公式(7-4)和理想气体物态方程式(7-1)得出的，而气体压强公式最早是由伯努利和克劳修斯先后从分子作无规热运动这一观点出发导出的，所以有人就下述现象向克劳修斯提出质疑.在离开我们几米远的地方，打开一瓶酒精的瓶塞，我们并不能立刻嗅到酒精味，而要经过好几秒甚至更长的时间才能嗅到酒精味.既然，在27 ℃时，氧气分子的平均速率可达数百米每秒，为何酒精分子扩散几米远却要几秒的时间，甚至更长呢？这是否意味着克劳修斯关于分子作无规热运动的观点以及导出的气体压强公式是不正确的呢？

克劳修斯坚持分子作无规热运动的观点.他认为，如果想象分子在气体中运动时，不与其他分子发生碰撞，那么分子在一秒钟内就要经过几百米的直线距离，我们应当在瓶塞打开后极短时间内嗅到酒精味.但是，气体分子的数密度(n)是非常巨大的，分子在气体中运动时，必然要与其他分子发生频繁的碰撞，从而使分子经历曲折的路径，以致其平均速率虽很大而扩散速率却很小.克劳修斯为说明这类分子碰撞问题，还提出了分子碰撞频率和自由程的概念，它不仅解决了上述质疑，而且使气体动理论建立在更加坚实的基础上，并向前推进了一步.在科学史上，像这一类因受到质疑而使理论获得发展的事例是很多的.关于分子碰撞频率与自由程等概念以及如何用它们来解决分子碰撞的问题，将在本章第 7-7 节中介绍.

7-7　分子的平均碰撞频率和平均自由程

前面我们讨论了分子与给定平面的碰撞，得出了气体的压强公式.除了分子与给定平面碰撞外，分子间的碰撞也是气体动理论的重要内容之一.分子间通过碰撞来实现动量、动能的交换，而气体由非平衡态达到平衡态的过程，就是通过分子间的碰撞来实现的.例如，容器内气体各个部分的温度不相同时，分子间的碰撞可实现动能的交换，从而使容器内气体的温度达到处处相等.

设想气体中有一个分子 α，在时刻 t 与 A 处分子发生碰撞，经 Δt 时间后到达 B 处，如图 7-10 所示.在此时间内，这个分子在前进过程中要与其他分子发生非常频繁的碰撞，每发生一次碰撞，分子的速度不仅大小会变化，而且方向也会变化，其路径是曲折的，因此，分子从 A 处到达 B 处要经历较长的时间.分子两次相邻碰撞之间自由通过的路程，叫做自由程.从图 7-10 可以看出，分

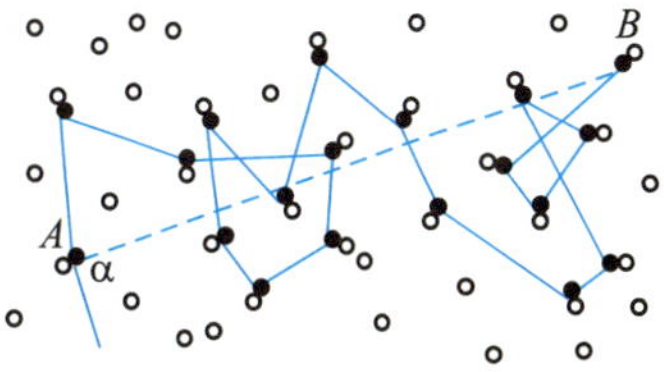

图 7-10　分子的碰撞

子自由程有长有短，似乎没有规律可循．但从大量分子无规热运动的观点来看，自由程的长短分布仍然是有规律的．

在单位时间内分子 α 与其他分子碰撞的平均次数叫做平均碰撞频率，用 $\overline{Z}$ 表示．分子 α 在连续两次碰撞间所经过路程的平均值叫做平均自由程，用 $\overline{\lambda}$ 表示．若设想分子 α 以平均速率 $\overline{v}$ 运动，则它们之间存在着下列关系：

$$\overline{\lambda}=\frac{\overline{v}}{\overline{Z}} \tag{7-21}$$

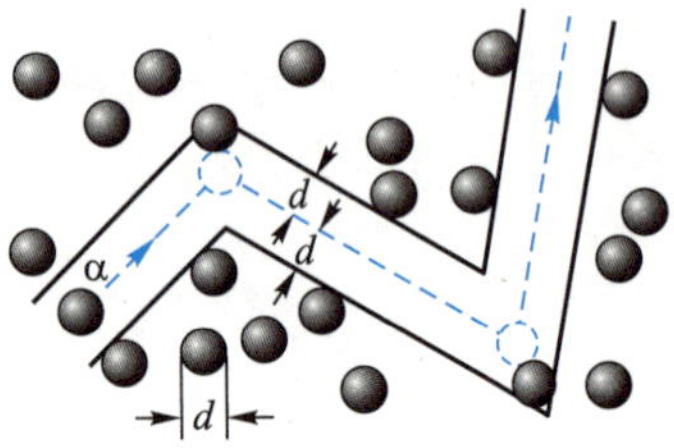

图 7-11 分子碰撞次数的计算

为了简化计算，先假设气体中只有一个分子 α 以平均速率 $\overline{v}$ 运动，其余分子都看成是静止不动的，并把分子看成直径为 d 的弹性小球，分子 α 与其他分子的碰撞都是完全弹性碰撞，如图 7-11 所示．

在分子 α 的运动过程中，它的球心轨迹是一系列折线，凡是分子的球心离开折线的距离小于 d（或等于 d）的，都将和分子 α 发生碰撞．如果以 1 s 内分子 α 的球心所经过的轨迹为轴，以 d 为半径作一圆柱体，那么由于圆柱体的长度为 $\overline{v}$，所以圆柱体的体积是 $\pi d^2\overline{v}$．这样，球心在该圆柱体内的其他分子，都将与分子 α 发生碰撞．设分子数密度为 n，则圆柱体内的分子数为

$$\overline{Z}=\pi d^2\overline{v}n \tag{7-22}$$

显然，这就是分子 α 在 1 s 内和其他分子发生碰撞的平均次数，πd^2 也叫做碰撞截面．

在推导式(7-22)的过程中，曾作如下假设：分子 α 以平均速率 $\overline{v}$ 运动，而其他分子都没有运动，这个假设与实际情况有很大差别．实际上，一切分子都在不停地运动着．另外，各个分子运动的速率各不相同，且遵守麦克斯韦气体分子速率分布律．考虑到以上因素，我们必须对式(7-22)加以修改．修改后，分子的平均碰撞频率增大到式(7-22)所给值的 $\sqrt{2}$ 倍，即

$$\overline{Z}=\sqrt{2}\pi d^2\overline{v}n \tag{7-23}$$

上式表明，平均碰撞频率与分子碰撞截面、分子平均速率和分子数密度成正比．

把式(7-23)代入式(7-21)，得

$$\overline{\lambda}=\frac{1}{\sqrt{2}\pi d^2 n} \tag{7-24}$$

上式表明，平均自由程与分子碰撞截面、分子数密度成反比，而与分子平均速率无关.

因为 $p=nkT$，所以式(7-24)还可以写成

$$\overline{\lambda}=\frac{kT}{\sqrt{2}\pi d^2 p} \tag{7-25}$$

上式表明，当气体的温度给定时，气体的压强越大(即气体分子越密集)，分子的平均自由程越短；反之，气体的压强越小(即气体分子越稀疏)，分子的平均自由程越长.

应该指出，在推导平均碰撞频率的过程中，我们把气体分子当作直径为 d 的弹性小球，并且把分子间的碰撞看成完全弹性碰撞，其实这样的计算并不准确.首先，分子不是真正的球体；其次，分子间的碰撞过程也并非完全弹性碰撞.分子是一个复杂的系统，分子之间的相互作用也很复杂，因此 d 一般称为分子的有效直径.

根据计算，在标准状态下，各种气体分子的平均碰撞频率 $\overline{Z}$ 的数量级为 $10^9\ \mathrm{s}^{-1}$，平均自由程 $\overline{\lambda}$ 的数量级为 $10^{-8}\sim10^{-7}$ m，也就是说，一个分子在 1 s 内平均要与其他分子发生约几十亿次碰撞.由于频繁的碰撞，分子的平均自由程非常短.表 7-2 列出了在 300 K和 1.013×10^5 Pa 下，几种气体分子的平均自由程和有效直径.

表 7-2　在 300 K 和 1.013×10^5 Pa 下几种气体分子的平均自由程和有效直径

气体	氢气	氮气	氧气	空气
$\overline{\lambda}$/m	1.123×10^{-7}	0.599×10^{-7}	0.647×10^{-7}	7.0×10^{-8}
d/m	2.72×10^{-10}	3.72×10^{-10}	3.57×10^{-10}	3.36×10^{-10}

例 1

试估算下列两种情况下空气分子的平均自由程：(1) 273 K、1.013×10^5 Pa 时，(2) 273 K、1.333×10^{-3} Pa 时.

解　空气中气体分子的成分绝大部分是氧气和氮气分子.它们的有效直径 d 均在 3.10×10^{-10} m 左右.把已知数值代入式(7-25)，可得

(1) 在 $T=273$ K，$p=1.013\times10^5$ Pa $=1.013\times10^5\ \mathrm{N\cdot m^{-2}}$时，

$$\overline{\lambda}=8.71\times10^{-8}\ \mathrm{m}$$

(2) 在 $T=273$ K，$p=1.333\times10^{-3}$ Pa $=1.333\times10^{-3}\ \mathrm{N\cdot m^{-2}}$时，

$$\overline{\lambda}=6.62\ \mathrm{m}$$

6.62 m 这个值是很大的.因此在通常的容器中，在高度真空($p=1.333\times10^{-3}$ Pa)的情况下，分子间发生碰撞的概率是很小的.

例 2

宇宙中除了发光的恒星，还有许多星云和星际介质.某一暗星云(图 7-12)的温度为 20 K，若每立方厘米的暗星云中含有 50 个氢原子，取氢原子的直径为 1.0×10^{-10} m，试计算这些氢原子的平均碰撞频率和每两次碰撞间隔的平均时间.

图 7-12 暗星云

解 氢原子的平均速率为

$$\bar{v}=\sqrt{\frac{8RT}{\pi M}}=650\ \mathrm{m\cdot s^{-1}}$$

平均碰撞频率为

$$\bar{Z}=\sqrt{2}\,\pi d^2\bar{v}n=1.4\times10^{-9}\ \mathrm{s^{-1}}$$

每两次碰撞间隔的平均时间为

$$\overline{\Delta t}=\frac{1}{\bar{Z}}=7.1\times10^{8}\ \mathrm{s}\approx 23\ \mathrm{a}(年)$$

结论：氢原子几乎不碰撞，因此不会因碰撞形成氢分子.

*7-8 气体的迁移现象

我们知道气体处于平衡态时，各部分的温度和压强都是相同的，气体内各气层之间没有相对运动.前面几节我们只讨论了气体处于平衡态时的性质，但是在许多实际问题中，气体常处于非平衡状态.也就是说，气体内或许各部分的温度不相同，或许各部分的压强不相同，或许各气层之间有相对运动，或许这三者同时存在.在这些非平衡态的情况下，气体内将有动量、能量或质量从一部分向另一部分定向迁移.这就是在非平衡态下气体的迁移现象.迁移现象有黏性现象、热传导现象和扩散现象等.下面我们分别对它们简要地作一些介绍.

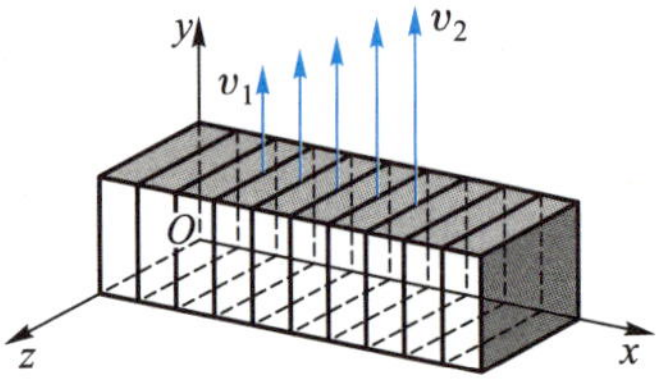

图 7-13 气体中各气层的流动速度不同

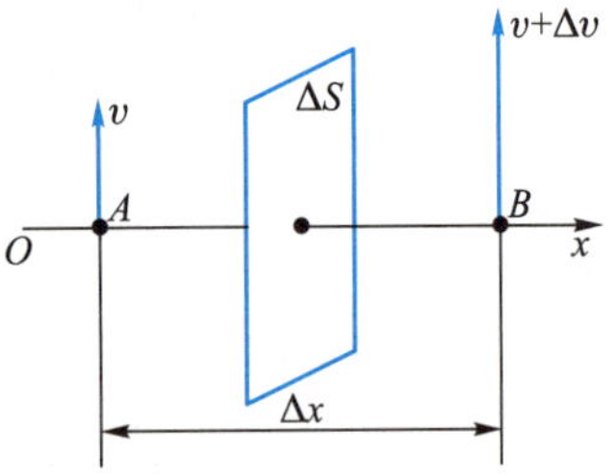

图 7-14 导出气体黏性力公式用图

一、黏性现象

气体中各气层间有相对运动时，气层间有黏性力的作用.这种黏性力是气体内部各气层之间相互作用的力.黏性力是成对出现的，它可使流动速度较快的气层变慢，而使流动速度较慢的气层变快.这种由于气体中各气层间存在相对流动速度，而使气体内部产生流动速度变化的现象，叫做黏性现象.在如图 7-13 所示的气体中，气体的温度和分子数密度均为恒定值，气体可分成许多平行于 Oyz 平面的气层，但各气层在 Oy 轴方向的流动速度是不同的，且沿 Ox 轴的正向增大.如图 7-14 所示，在 Ox 轴上取 A、B 两点，点 A 处气层的流动速度为 v，点 B 处气层的流动速度为 $v+\Delta v$，A、B 两点间的距

离为 Δx，那么 $\Delta v/\Delta x$ 就称为速度梯度，它表示距离为 Δx 的两气层流动速度变化的情况．设想在 A、B 两点之间取一小面积 ΔS，ΔS 与 Ox 轴相垂直．由图可知，ΔS 左边气层的流动速度比 ΔS 右边气层的流动速度要小．由实验可知，ΔS 两边的气层要受到一对等值反向的黏性力．作用在 ΔS 左边气层的黏性力使该气层的流动速度变大，而 ΔS 右边的气层则因受黏性力而流动速度变小．实验还指出，气层间黏性力的大小与气层的面积 ΔS 成正比，与两气层间流动速度的梯度 $\Delta v/\Delta x$ 成正比，因此有

$$F_r=-\eta\frac{\Delta v}{\Delta x}\Delta S \tag{7-26}$$

式中负号表示黏性力的方向与速度梯度的方向相反，η 称为黏度（又称黏性系数）．在国际单位制中，η 的单位为 Pa · s．气体的黏度与气体的性质和状态有关，可由实验测定．

从气体动理论的观点来看，气体流动时，气体分子除具有热运动的速度外，还具有定向运动速度（即气体流动的速度）．由于我们假定气体的温度处处相等（即气体分子的热运动平均速率 $\bar{v}$ 为一常量），气体分子数密度处处相等，所以在任意时间内，ΔS 两侧的分子通过 ΔS 所交换的分子数亦相等．但是 ΔS 右侧分子的定向运动速度比 ΔS 左侧分子的定向运动速度要大一些，也就是说 ΔS 右侧分子定向运动的动量大于 ΔS 左侧分子定向运动的动量．因此，当 ΔS 右侧的分子穿过 ΔS 进入左侧后，分子将把较大的定向运动的动量通过与左侧分子的碰撞而带给左侧的气层，同时，ΔS 左侧的分子穿过 ΔS 进入右侧后，则把较小的定向运动的动量带给右侧的气层．由于分子的热运动，ΔS 左右两侧分子不断地交换，致使 ΔS 右侧气层分子定向运动的动量不断地转移给左侧气层，结果使右侧气层定向运动的动量有所减少，而左侧气层定向运动的动量相应地增加．从宏观上来看，这就表现为有黏性力作用在右侧气层上，使气层的流动速度有所减小，而与之相等的黏性力则使左侧气层的流动速度相应地增加．总之，从气体动理论的观点来看，气体黏性现象的微观本质是分子定向运动动量的迁移，而这种迁移是通过气体分子无规热运动和分子间碰撞来实现的．

二、热传导现象

设气体中各气层之间没有相对流动速度，且各处气体分子数密度均相等，但气体中存在温度差，这时就有热量从温度较高的区域向温度较低的区域传递．这种由于温度差而产生的热量传递现象，叫做热传导现象①．

① 气体热传导现象的一个实用例子是，保温瓶内两玻璃夹层间的气体热传导与气体的压强有关．读者如有兴趣，可参阅马文蔚等主编《物理学原理在工程技术中的应用》（第四版）之“保温瓶胆的真空度”（高等教育出版社，2015 年）．

保温瓶胆的真空度

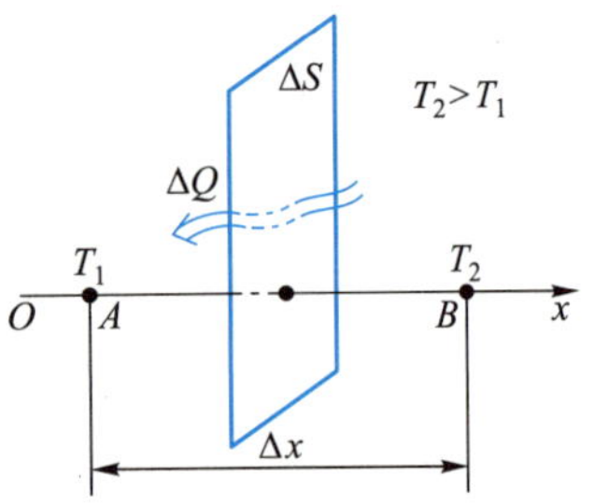

图 7-15 导出气体热传导公式用图

如图 7-15 所示,气体的温度沿 Ox 轴正向逐渐升高.设通过点 A 且垂直于 Ox 轴的平面上各点温度为 T_1,通过点 B 处垂直 Ox 轴的平面上各点温度为 T_2,且有 $T_2>T_1$.点 A 和点 B 的距离为 Δx,则 $\Delta T/\Delta x$ 为 A、B 两点间的温度梯度.由于 $\Delta T=T_2-T_1>0$,所以 $\Delta T/\Delta x$ 为正值.若在 A、B 两点间取一小面积 ΔS,且 ΔS 与 Ox 轴相垂直,由实验可知,在 Δt 时间内通过 ΔS 的热量 ΔQ 与温度梯度 $\Delta T/\Delta x$ 成正比,与面积 ΔS 成正比,则有

$$\frac{\Delta Q}{\Delta t}=-\kappa\frac{\Delta T}{\Delta x}\Delta S \qquad (7-27)$$

式中负号表示热量传递的方向与温度梯度的方向相反,κ 称为热导率.热导率可由实验测定.在国际单位制中,热导率的单位为 $\mathrm{W\cdot m^{-1}\cdot K^{-1}}$.顺便指出,上式虽是讨论气体热传导得出的公式,但对液体和固体也是适用的.

从气体动理论的观点来看,当 ΔS 右侧气体的温度 T_2 高于左侧气体的温度 T_1 时,右侧气体分子的平均动能要大于左侧气体分子的平均动能.因为气体分子数密度 n 处处相等,所以在 Δt 时间内,由于热运动,ΔS 两侧气体穿过 ΔS 交换的分子数亦应相等.但右侧气体分子的平均动能比左侧的大,因此 ΔS 左右两侧的气体分子穿过 ΔS 交换的平均动能是不等值的.于是从宏观上来看,就有能量从温度高的地方传递到温度低的地方.我们可以说,气体热传导现象的微观本质是分子热运动能量的定向迁移,而这种迁移是通过气体分子无规热运动分子间碰撞来实现的.

三、扩散现象

在自然界中气体的扩散现象是常见的.例如,一种气体可以渗透到另一种气体中去,或者从气体的某一部分渗透到其他部分,前者称为互扩散,后者称为自扩散.使气体产生扩散的原因是多方面的,容器中气体的分子数密度不同、温度不同,或者气体中各气层的流动速度不同,都可以导致气体的扩散.下面我们只讨论由于分子数密度不同而产生的扩散.

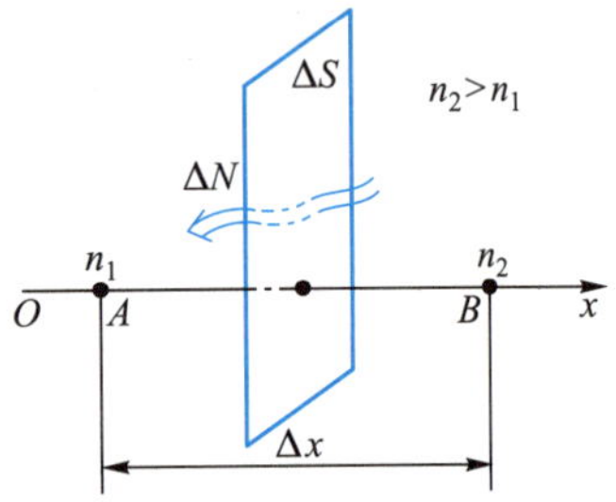

图 7-16 导出气体扩散公式用图

如图 7-16 所示,有一种气体,其分子数密度 n 沿 Ox 轴正向增加.设在点 A 处分子数密度为 n_1,在点 B 处分子数密度为 n_2,且 $n_2>n_1$,点 A 和点 B 之间的距离为 Δx,则 $\Delta n/\Delta x$ 为 A、B 两点间的分子数密度梯度.由于 $\Delta n=n_2-n_1>0$,所以 $\Delta n/\Delta x$ 为正值.若在 A、B 两点间取一小面积 ΔS,且 ΔS 与 Ox 轴相垂直,由实验可知,在 Δt 时间内通过 ΔS 的分子数 ΔN 与分子数密度梯度 $\Delta n/\Delta x$ 成正比,与面积 ΔS 成正比,则有

$$\frac{\Delta N}{\Delta t}=-D\frac{\Delta n}{\Delta x}\Delta S \qquad (7-28)$$

式中负号表示分子扩散的方向与分子数密度梯度的方向相反,D 称为扩散系数.在国际单位制中,扩散系数的单位为 $\mathrm{m^2\cdot s^{-1}}$.

若以分子质量 m 乘以式(7-28),则上式可写成

$$\frac{\Delta m'}{\Delta t}=-D\frac{\Delta\rho}{\Delta x}\Delta S \tag{7-29}$$

式中 $m'=Nm$,$\rho=nm$,而 $\Delta m'/\Delta t$ 为在单位时间内,由于气体的密度不同而通过 ΔS 迁移的质量,$\Delta\rho/\Delta x$ 为气体的密度梯度.

从气体动理论的观点来看,由于分子的无规热运动,ΔS 左右两侧都会有气体分子穿过 ΔS,但是在 Δt 时间内,右侧的分子穿过 ΔS 的数目比左侧的分子穿过 ΔS 的数目要多.也就是说,ΔS 两侧的分子进行了不等量的交换.于是 ΔS 右侧的分子有所减少,而 ΔS 左侧的分子则有所增多,即有一部分气体分子从 ΔS 的右侧迁移到左侧.从宏观上来看,就是产生了气体的扩散,或者说气体的质量发生了定向迁移.总之,气体扩散现象的微观本质是分子数密度的定向迁移,而这种迁移亦是通过气体分子无规热运动和分子间碰撞来实现的.

作为气体扩散应用的例子,下面我们讨论同位素分离问题.

通过求解可得,气体的扩散系数为

$$D=\frac{1}{3}\overline{v}\,\overline{\lambda} \tag{7-30}$$

将式(7-19)中的 $\overline{v}$ 及式(7-25)中的 $\overline{\lambda}$ 代入上式,得

$$\begin{aligned} D &=\frac{1}{3}\left(\frac{8kT}{\pi m}\right)^{1/2}\left(\frac{kT}{\sqrt{2}\,\pi d^2 p}\right) \\ &=\frac{1}{3}\left(\frac{4k}{\pi m}\right)^{1/2}\frac{kT^{3/2}}{\pi d^2 p}=\frac{1}{3}\left(\frac{4R}{\pi M}\right)^{1/2}\frac{kT^{3/2}}{\pi d^2 p} \end{aligned}$$

从上式可以看出,若容器中有摩尔质量 M 不同的两种同位素气体,而其他条件相同,则摩尔质量小的同位素气体的扩散系数大于摩尔质量大的同位素气体的扩散系数.于是,摩尔质量大的同位素气体比摩尔质量小的同位素气体扩散得慢.在原子能工业中人们常根据这一方法来分离同位素.此外,人们还可利用放射性同位素扩散(即示踪原子)的方法,来测量气体的浓度.

复习自测题

问题

7-1　容器中处于平衡态的气体,从宏观和微观上来看,它们各有哪些特征?你能描述一下吗?

7-2　你能从理想气体物态方程出发,得出玻意耳定律、查理定律和盖吕萨克定律吗?

7-3　一气压式水瓶如图所示，其基本工作原理是什么？

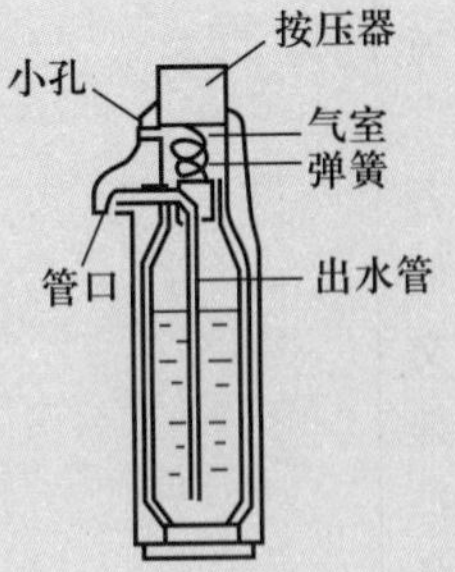

问题 7-3 图

7-4　道尔顿（Dalton）分压定律指出：在一个容器中，有几种不发生化学反应的气体，当它们处于平衡态时，气体的总压强等于各种气体的压强之和．你能用气体动理论对该定律予以说明吗？

7-5　阿伏伽德罗定律指出：在温度和压强相同的条件下，相同体积中含有的分子数是相等的，与气体的种类无关．你能用气体动理论对该定律予以说明吗？

7-6　为什么说温度具有统计意义？讲一个分子具有多少温度，行吗？

7-7　速率分布函数 $f(v)$ 的物理意义是什么？试说明下列各式的物理意义：(1) $f(v)\mathrm{d}v$；(2) $Nf(v)\mathrm{d}v$；(3) $\int_{v_1}^{v_2} f(v)\mathrm{d}v$；(4) $\int_{v_1}^{v_2} Nf(v)\mathrm{d}v$.

7-8　若某气体分子的自由度是 i，则能否说每个分子的能量都等于 $\frac{i}{2}kT$？

7-9　铀原子核裂变后的粒子具有 1.1×10^{-11} J 的平均平动动能．设想这些粒子组成了"气体"，则其温度的近似值为多少？

7-10　气体分子的平均速率可达到几百米每秒，那么，为什么在房间内打开一汽油瓶的瓶塞后，需隔一段时间才能嗅到汽油味？

7-11　一定量的气体，体积不变，当温度增加时，分子运动得更剧烈，因而平均碰撞频率增大．试问：平均自由程是否也因此而减小？

7-12　你能否用描述气体分子运动的统计量的数量级（如 n、N_A、$\bar{v}$、$\bar{\lambda}$、$\bar{Z}$、d），来描绘大量气体分子的热运动图景？

7-13　气体内产生迁移现象的原因是什么？有哪些量迁移？从气体动理论的观点来看，迁移现象是怎样实现的？分子热运动和分子间碰撞在迁移现象中起什么作用？

7-14　在节能建筑中，窗玻璃多为双层中空玻璃．你知道为什么双层中空玻璃窗传递热量的能力要比单层厚玻璃窗传递热量的能力要低吗？

*7-15　如果在中空玻璃窗的两层玻璃之间充以惰性气体，其将比具有空气夹层的中空玻璃窗具有更好的保温隔热性能．这是为什么呢？为了防止充入的气体通过扩散的方式从玻璃与窗框之间的微隙中逃逸，充入氦气好还是充入氩气好？（提示：氦气和氩气都是单原子分子气体，氩气分子质量比氦气分子质量大．）

习题

7-1　处于平衡状态的一瓶氦气和一瓶氮气的分子数密度相同，其分子的平均平动动能也相同，则它们的（　　）．

(A) 温度、压强都不相同

(B) 温度相同，但氦气压强大于氮气的压强

(C) 温度、压强都相同

(D) 温度相同，但氦气压强小于氮气的压强

7-2　三个容器 A、B、C 中装有同种理想气体，其分子数密度 n 相同，而分子的方均根速率之比为 $(\overline{v_A^2})^{1/2}:(\overline{v_B^2})^{1/2}:(\overline{v_C^2})^{1/2}=1:2:4$，则其压强之比为 $p_A:p_B:p_C=$（　　）．

(A) 1 : 2 : 4　　(B) 1 : 4 : 8

(C) 1 : 4 : 16　　(D) 4 : 2 : 1

7-3　两瓶温度、压强、体积均相同的氦气和氧气（视为刚性双原子分子气体），其分子的平均平动动能 $\bar{\varepsilon}_k$ 和系统内能 E 有如下关系：（　　）．

(A) $\bar{\varepsilon}_k$ 与 E 都相同

(B) $\overline{\varepsilon}_k$ 相同，而 E 不相同

(C) E 相同，而 $\overline{\varepsilon}_k$ 不相同

(D) $\overline{\varepsilon}_k$ 与 E 都不相同

7-4 在一个体积不变的容器中，贮有一定量的某种理想气体. 温度为 T_0 时，气体分子的平均速率为 $\overline{v}_0$，平均碰撞频率为 $\overline{Z}_0$，平均自由程为 $\overline{\lambda}_0$. 当气体温度升高为 $4T_0$ 时，气体分子的平均速率 $\overline{v}$、平均碰撞频率 $\overline{Z}$ 和平均自由程 $\overline{\lambda}$ 分别为(　　).

(A) $\overline{v}=4\overline{v}_0$，$\overline{Z}=4\overline{Z}_0$，$\overline{\lambda}=4\overline{\lambda}_0$

(B) $\overline{v}=2\overline{v}_0$，$\overline{Z}=2\overline{Z}_0$，$\overline{\lambda}=\overline{\lambda}_0$

(C) $\overline{v}=2\overline{v}_0$，$\overline{Z}=2\overline{Z}_0$，$\overline{\lambda}=4\overline{\lambda}_0$

(D) $\overline{v}=4\overline{v}_0$，$\overline{Z}=2\overline{Z}_0$，$\overline{\lambda}=\overline{\lambda}_0$

7-5 图示两条曲线分别表示在相同温度下氧气和氢气分子的速率分布曲线. 若 $(v_p)_{O_2}$ 和 $(v_p)_{H_2}$ 分别表示氧气和氢气的最概然速率，则(　　).

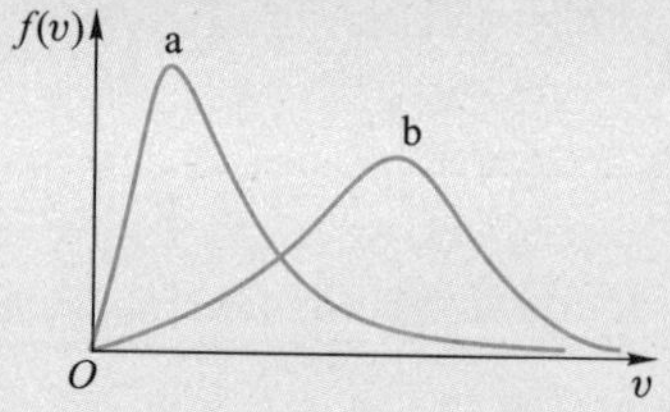

习题 7-5 图

(A) 图中 a 表示氧气分子的速率分布曲线且 $(v_p)_{O_2}/(v_p)_{H_2}=4$

(B) 图中 a 表示氧气分子的速率分布曲线且 $(v_p)_{O_2}/(v_p)_{H_2}=1/4$

(C) 图中 b 表示氧气分子的速率分布曲线且 $(v_p)_{O_2}/(v_p)_{H_2}=1/4$

(D) 图中 b 表示氧气分子的速率分布曲线且 $(v_p)_{O_2}/(v_p)_{H_2}=4$

7-6 在湖面下 50.0 m 深处(温度为 4.0 ℃)，有一个体积为 $1.0\times10^{-5}\ \mathrm{m^3}$ 的气泡升到湖面上来. 若湖面的温度为 17.0 ℃，求气泡到达湖面时的体积.(取大气压强为 $p_0=1.013\times10^5$ Pa.)

7-7 潟湖星云是由氢分子组成的星云，其温度高达 7 500 K，但每立方米中的氢分子数仅为 8.0×10^7 个左右. 求潟湖星云内部的压强，并与实验室中常见的真空状态的压强(比如 10^{-10} Pa)进行比较.

7-8 一容器内贮有氧气，其压强为 1.01×10^5 Pa，温度为 27.0 ℃，求：(1) 气体的分子数密度；(2) 氧气的密度；(3) 分子的平均平动动能；(4) 分子间的平均距离.(设分子间均匀等距排列.)

7-9 2.0×10^{-2} kg 氢气装在 $4.0\times10^{-3}\ \mathrm{m^3}$ 的容器内，当容器内的压强为 3.90×10^5 Pa 时，氢气分子的平均平动动能是多少？

7-10 某些恒星的温度可达到约 1.0×10^8 K，这也是发生聚变反应(也称热核反应)所需的温度. 在此温度下，恒星可视为由质子组成. 问：(1) 质子的平均动能是多少？(2) 质子的方均根速率为多大？

7-11 日冕的温度为 2.0×10^6 K，所喷出的电子气可视为理想气体. 试求其中电子的方均根速率和热运动平均动能.

7-12 在容积为 $2.0\times10^{-3}\ \mathrm{m^3}$ 的容器中，有内能为 6.75×10^2 J 的刚性双原子分子理想气体.(1) 求气体的压强；(2) 若容器中分子总数为 5.4×10^{22} 个，求分子的平均平动动能及气体的温度.

7-13 当温度为 0 ℃时，气体分子可视为刚性分子，求在此温度下：(1) 氧气分子的平均平动动能和平均转动动能；(2) 4.0×10^{-3} kg 氧气的内能；(3) 4.0×10^{-3} kg 氦气的内能.

7-14 已知质点脱离地球引力作用所需的逃逸速率为 $v=\sqrt{2gR_E}$，其中 R_E 为地球半径.(1) 若使氢气分子和氧气分子的平均速率分别与逃逸速率相等，则它们各自应有多高的温度？(2) 请问为什么大气层中的氢气比氧气要少？(取 $R_E=6.40\times10^6$ m.)

7-15 贮有 1 mol 氧气，容积为 $1\ \mathrm{m^3}$ 的容器以 $v=10\ \mathrm{m\cdot s^{-1}}$ 的速度运动. 设容器突然停止，其中氧气的 80% 的机械运动动能转化为气体分子的热运动动能，试问气体的温度及压强各升高了多少？

7-16 当氢气和氦气的压强、体积和温度都相同时，求它们的质量比 $\dfrac{m'(H_2)}{m'(He)}$ 和内能比 $\dfrac{E(H_2)}{E(He)}$.(氢气可视为刚性双原子分子气体.)

*7-17 某容器内贮有一定量的氢气. 求氢气在 300 K 时分子速率在 $(v_p-10\ \mathrm{m\cdot s^{-1}})\sim(v_p+10\ \mathrm{m\cdot s^{-1}})$ 之间的分子数占容器内总分子数的百分比. 其中 v_p 为

气体分子的最概然速率.

7-18 人们运用磁场和激光可将稀薄的铷原子气体冷却到极低的温度. 测量冷却后的气体分子速率的一个方法是,停止冷却后,测量原子在高真空环境下运动一段距离的时间. 若用此方法测得铷原子的平均速率为 $10^{-2}\ \mathrm{m\cdot s^{-1}}$ 的量级,问铷原子气体的温度冷却到了什么量级?(已知铷原子的质量为 1.42×10^{-25} kg.)

7-19 N 个质量均为 m 的同种气体分子的速率分布如图所示.(1) 说明曲线与横坐标所包围面积的含义;(2) 由 N 和 v_0 求 a 值;(3) 求速率在 $v_0/2\sim3v_0/2$ 之间的分子数;(4) 求分子的平均平动动能.

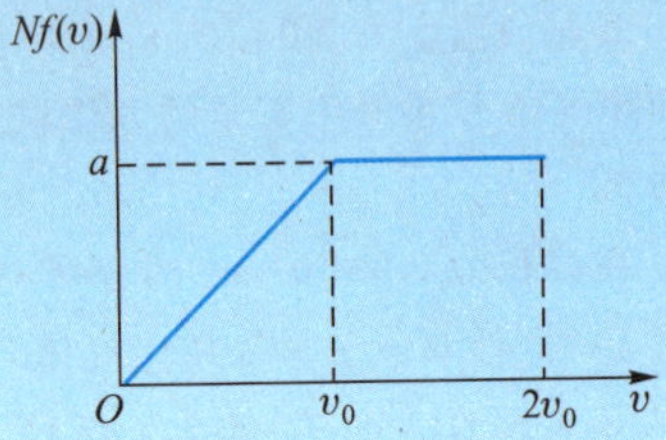

习题 7-19 图

7-20 目前实验室获得的极限真空约为 1.33×10^{-11} Pa,这与距地球表面 1.0×10^{4} km 处的压强大致相等.而电视机显像管的真空度为 1.33×10^{-3} Pa,试求在 27 ℃时这两种不同压强下的分子的数密度及分子的平均自由程.(设气体分子的有效直径 $d=3.0\times10^{-8}$ cm.)

7-21 在标准状况下,1 $\mathrm{cm^3}$ 中有多少个氮气分子?氮气分子的平均速率为多少?平均碰撞频率为多少?平均自由程为多少?(已知氮气分子的有效直径 $d=3.76\times10^{-10}$ m.)

7-22 在一定的压强下,温度为 20 ℃时,氩气和氮气分子的平均自由程分别为 9.9×10^{-8} m 和 27.5×10^{-8} m.试求:(1) 氩气和氮气分子的有效直径之比;(2) 当温度不变且压强为原值的一半时,氮气分子的平均自由程和平均碰撞频率.

第七章习题答案

第八章　热力学基础

上一章从气体分子热运动观点出发，运用统计方法研究了大量气体分子热运动的规律，并对理想气体的热学性质给予了微观说明.这一章将从能量观点出发，以大量实验观测为基础，来研究热现象的宏观基本规律及其应用.热力学的研究方法与气体动理论的研究方法是互为补充、相辅相成的.

本章的主要内容有：准静态过程、功、热量和内能等基本概念，热力学第一定律及其在理想气体各等值过程中的应用，理想气体的摩尔热容，循环过程，卡诺循环，热力学第二定律，熵和熵增加原理等.

预习自测题

8-1　准静态过程　功　热量

一、准静态过程

在热力学中，我们一般把所研究的宏观物体（如气体、液体、固体）叫做热力学系统，简称系统，也称工作物质，而把与热力学系统相互作用的环境称为外界.限于本课程的要求，我们将主要以理想气体作为热力学系统.

当一热力学系统的状态随时间改变时，系统就经历了一个热力学过程（以下简称过程）.由于中间状态不同，热力学过程又分为非静态过程和准静态过程.

设一个系统开始时处于平衡态，经过一系列状态变化后到达另一平衡态.一般来说，在实际的热力学过程中，在始末两平衡态之间所经历的中间状态，不可能都是平衡态，而常为非平衡态.因此我们将中间状态存在非平衡态的过程称为非静态过程.但是如果系统在始末两平衡态之间所经历的中间状态，都可近似当作平衡态，那么这个状态变化的过程称为准静态过程.下面的例子可近似当作准静态过程.

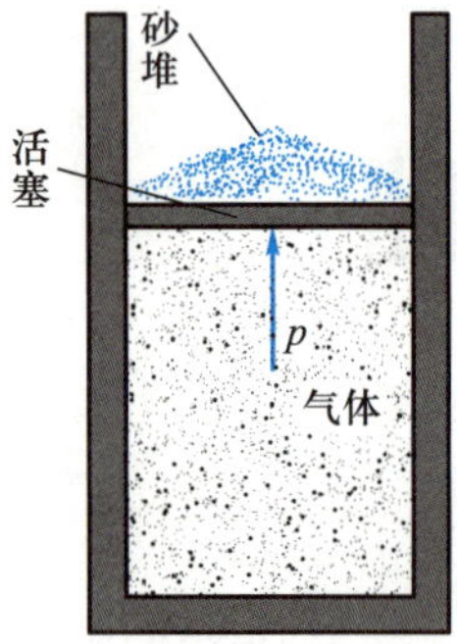

图 8-1 准静态过程

如图 8-1 所示,在带有活塞的容器内贮有一定量的气体,活塞可沿容器壁滑动,在活塞上放置一些砂粒.开始时,气体处于平衡态,其状态参量为 p_1、V_1、T_1.然后将砂粒一颗一颗地缓慢地拿走,最终气体的状态参量变为 p_2、V_2、T_2.由于砂粒被非常平缓地一颗一颗地拿走,容器中气体的状态始终近似处于平衡态.这种十分缓慢平稳的状态变化过程,可近似作为准静态过程.而实际上,活塞的运动是不可能如此无限缓慢和平稳的,因此,准静态过程是理想过程,是实际过程的理想化、抽象化,它在热力学的理论研究和对实际应用的指导上有着重要意义.在本章中,如不特别指明,所讨论的过程都是准静态过程.

第 7-1 节曾指出,只有气体处于平衡态时,我们才能在 $p-V$ 图上用一点来表示其状态,因此,当气体经历一准静态过程时,我们就可以在 $p-V$ 图上用一条相应的曲线来表示其准静态过程.该曲线为两状态间的准静态过程曲线,简称过程曲线.

二、功

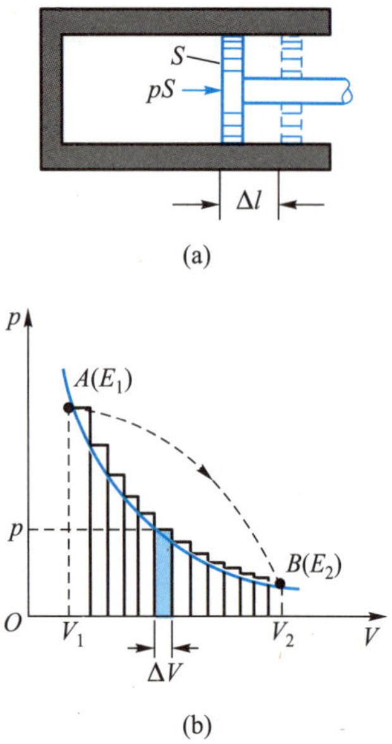

图 8-2 气体膨胀时所做的功

现在讨论系统在准静态过程中,由于其体积变化所做的功.如图 8-2(a)所示,在一个有活塞的气缸内盛有一定量的气体,气体的压强为 p,活塞的面积为 S,则作用在活塞上的力为 $F=pS$.当系统经历一微小的准静态过程使活塞移动一段微小距离 Δl 时,气体所做的功为

$$\Delta W=F\Delta l=pS\Delta l=p\Delta V$$

式中 ΔV 为气体体积的变化量.功 ΔW 可用图 8-2(b)中画有阴影的矩形小面积来表示,故气体在由状态 A 变化到状态 B 的准静态过程中所做的功近似为

$$W=\sum\Delta W=\sum p\Delta V \tag{8-1}$$

在 $p-V$ 图上,W 为所有矩形小面积的总和.式(8-1)也可用积分式表示.当气体的体积有无限小变化 $\mathrm{d}V$ 时,气体所做的功为 $\mathrm{d}W=p\mathrm{d}V$,则式(8-1)可写成

$$W=\int_{V_1}^{V_2}p\mathrm{d}V \tag{8-2}$$

它等于 $p-V$ 图上实线下的面积.因此气体所做的功等于 $p-V$ 图上过程曲线下的面积.当气体膨胀时,它对外界做正功;当气体被压缩时,它对外界做负功.假定气体从状态 A 到状态 B 经历另一个过程,如图 8-2(b)中的虚线所示,则气体所做的功应该是虚线下的面积.系统状态变化过程不同,过程曲线下的面积也不相同,系统所做的功也就不同.总之,系统所做的功不仅与系统的始末状态有关,而且还与过程有关,所以说,功不是状态的函数,功是一个过程量.

三、热量

前面已指出,对系统做功可以改变系统的状态.此外,通过向系统传递能量也可以改变系统的状态,这类例子是非常多的.例如,把一杯冷水放在电炉上加热,高温电炉不断地把能量传递给低温的水,从而使水温也相应地升高,水的状态就发生了改变.又如,在一杯水中放进一块冰,冰将吸收水的能量而熔化,从而使水和冰的状态都发生变化.我们把系统与外界之间由于存在温度差而传递的能量叫做热量,用符号 Q 表示.如图 8-3(a)所示,把温度为 T_1 的系统 A,放在温度为 T_2 的外界环境 B 之中.若 $T_2>T_1$,则热量 Q 从 B 传递给 A;若 $T_2<T_1$,则热量 Q 将从 A 传递给 B[图 8-3(b)].

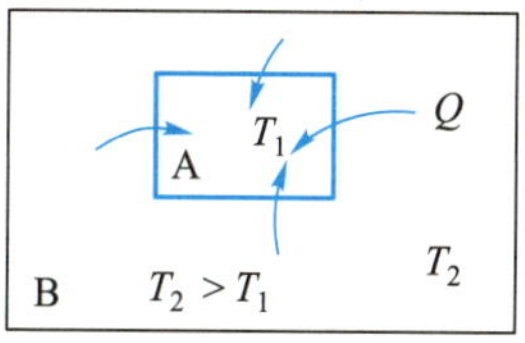

(a)

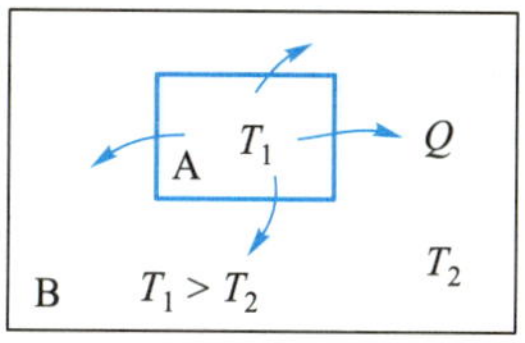

(b)

图 8-3 热量

但应指出,在系统与外界之间发生能量传递时,一般来说,系统的温度是要发生变化的.然而,也会有这样的情形:当系统与外界之间发生能量传递时,系统的温度可维持不变.例如,当一杯冷水放在高温电炉上加热至沸腾后,水虽被继续加热,但水温却维持在沸点而不再升高.在这种情形下,我们也说外界向系统传递了热量.总之,只要有能量的传递,无论系统的温度是否发生变化,都是热量的传递过程.

在国际单位制中,热量 Q 的单位与能量和功的单位相同,均为 J(焦耳).

应当指出,热量传递的多少与其传递的方式有关,关于这一点将在本章第8-3 节中讨论.因此,热量与功一样都是与热力学过程有关的量,也是一个过程量.

8-2 内能 热力学第一定律

一、内能

由前面的讨论已知，向系统传递热量 Q 可使系统的状态发生变化，对系统做功 W' 也可使系统的状态改变，而且对于给定的始状态和末状态，单独向系统传递热量或对系统做功，其值是随过程的不同而不同的.

当然，更一般地说，如果向系统传递热量的同时又对系统做功，那么，系统状态的变化就与热量和功有关了.然而大量事实表明，对于给定的始状态和末状态，传递热量与做功的总和却与过程无关，而为一确定值.这就告诉我们，系统状态的改变可以用这个确定值给出量化的表述.也就是说，系统的状态可以用一个物理量 E 来表征；当系统由始状态改变到末状态时，这个物理量的增量 ΔE 是个确定值，而不管系统从始状态至末状态所经历的是什么过程.这与力学中依据保守力做功与路径无关，从而定义出系统的势能是一样的.这个表征系统状态的物理量 E 就叫做系统的内能.因此，系统的内能仅是系统状态的单值函数.在第七章第7-5节中，我们曾提到理想气体的内能和内能的增量为

$$E=\nu\frac{i}{2}RT,\quad \Delta E=\nu\frac{i}{2}R\Delta T$$

显然，对给定的理想气体，其内能仅是温度的函数，即 $E=E(T)$；只有气体的温度发生变化，其内能才有所改变.对一般气体来说，其内能则是气体的温度和体积的函数，即 $E=E(T,V)$.总之，气体的内能是气体状态的单值函数，也就是说，气体的状态一定时，其内能也是一定的；气体内能的变化 ΔE 只由始状态和末状态所决定，与过程无关.

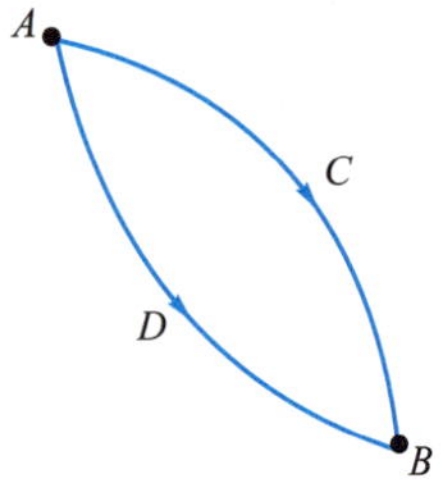

(a)

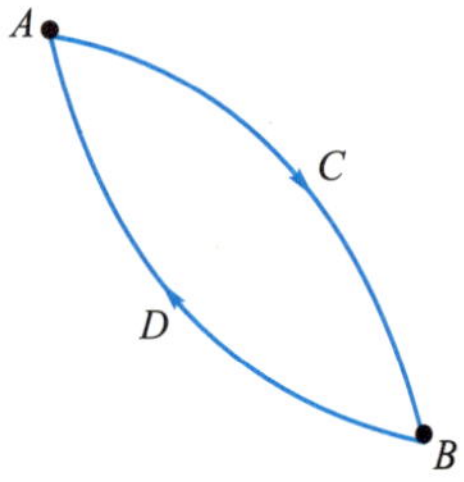

(b)

图 8-4 系统内能的改变与过程无关

下面我们用图 8-4 再强调一下，内能 E 具有态函数的特性.在图 8-4(a)中，一系统从内能为 E_1 的状态 A 可经 ACB 的过程到达内能为 E_2 的状态 B，也可以经 ADB 的过程到达状态 B.虽然状态 A 和状态 B 之间这两个过程的中间状态并不相同，但系统内能的增量却是相同的，都等于 $\Delta E=E_2-E_1$.显然，如果我们使系统经历图 8-4(b)所示的过程，即从状态 A 出发，经 $ACBDA$ 过程后，又回到起始状态 A，系统的状态没有变化，则系统内能的增量为零，即 $\Delta E=0$.这就是说，系统的状态经一系列变化又回到起始

状态时，系统的内能不改变.总之，系统内能的增量只与系统的起始和终了状态有关，与系统所经历的过程无关，它是系统状态的单值函数.

二、热力学第一定律

综合以上所述，在一个热力学过程中，若开始时系统处于平衡态 1，其内能为 E_1，当它从外界吸收热量 Q 和外界对其做功 W' 后，系统处于平衡态 2，其内能变为 E_2.考虑到系统内能的改变，是由外界通过做功与传热引起的，故由大量实验事实可得

$$\Delta E=E_2-E_1=Q+W'$$

式中 W' 为外界对系统所做的功.对准静态过程来说，W' 可视为系统对外界所做的功 W 的负值，即 $W'=-W$，这样上式可写成

$$Q=E_2-E_1+W \tag{8-3a}$$

上式表明，系统从外界吸收的热量，一部分使系统的内能增加，另一部分使系统对外界做功，这就是热力学第一定律.式(8-3a)是热力学第一定律的数学表达式.显然，热力学第一定律就是包括热现象在内的能量守恒定律.

为了便于应用热力学第一定律式(8-3a)，特作如下规定：系统从外界吸收热量时，Q 为正值，系统向外界放出热量时，Q 为负值；系统对外做功时，W 取正值，外界对系统做功时，W 取负值；系统内能增加时，E_2-E_1 为正值，系统内能减少时，E_2-E_1 为负值.

对于系统状态微小变化的过程，热力学第一定律的数学表达式可写成

$$\mathrm{d}Q=\mathrm{d}E+\mathrm{d}W \tag{8-3b}$$

如果所研究的系统是气体，那么由上式可得，热力学第一定律的数学表达式为

$$Q=E_2-E_1+\int_{V_1}^{V_2}p\mathrm{d}V \tag{8-4}$$

最后简述一下所谓第一类永动机问题.由热力学第一定律可以知道，要使系统对外做功，必然要消耗系统的内能或从外界吸收热量，或两者皆有.历史上曾有不少人试图制造一种机器，既不消耗系统的内能，又不需要外界向它传递热量，即不消耗任何能

文档：氢能源动力汽车

量而能不断地对外做功.这种机器叫做第一类永动机.很明显,由于它违反了热力学第一定律而终未制成.因此热力学第一定律也可表述为:第一类永动机是不可能实现的.应该引以为鉴的是,在今后的工作实践中,我们一定要严格遵守热力学第一定律,以避免重犯制造第一类永动机那样的错误.

8-3 理想气体的等容过程和等压过程 摩尔热容

作为热力学第一定律的应用之一,我们讨论理想气体的等容过程和等压过程中的功、热量、内能和摩尔热容.

一、等容过程 摩尔定容热容

在等容过程中,理想气体的体积保持不变.如图 8-5 所示,等容过程在 $p-V$ 图上是一条平行于 p 轴的直线,即等容线.

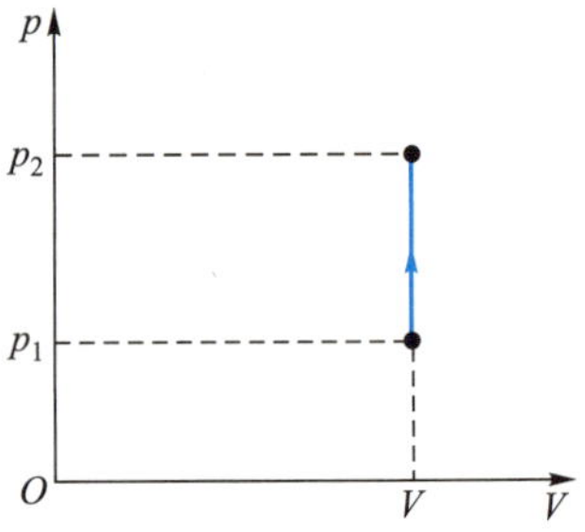

图 8-5 理想气体的等容过程

在等容过程中,由于气体的体积 V 是常量,气体不对外做功,即 $\mathrm{d}W_V=p\mathrm{d}V=0$.由热力学第一定律,有

$$\mathrm{d}Q_V=\mathrm{d}E \tag{8-5a}$$

对有限的等容过程,则有

$$Q_V=E_2-E_1 \tag{8-5b}$$

上式表明,在等容过程中,气体吸收的热量全部用来增加气体的内能.

现在我们来讨论理想气体的摩尔定容热容.设 1 mol 理想气体在等容过程中所吸收的热量为 $\mathrm{d}Q_{V,\mathrm{m}}$,温度由 T 升高到 $T+\mathrm{d}T$,则气体的摩尔定容热容为

$$C_{V,\mathrm{m}}=\frac{\mathrm{d}Q_{V,\mathrm{m}}}{\mathrm{d}T} \tag{8-6a}$$

摩尔定容热容的单位名称为焦耳每摩尔开尔文,符号为 $\mathrm{J\cdot mol^{-1}\cdot K^{-1}}$.式(8-6a)可写成

$$dQ_{V,m}=C_{V,m}dT \tag{8-6b}$$

对摩尔定容热容为 $C_{V,m}$ 而物质的量为 $\nu(=m'/M)$ 的理想气体，在等容过程中，其温度由 T_1 改变为 T_2 时，所吸收的热量为

$$Q_V=\nu C_{V,m}(T_2-T_1) \tag{8-6c}$$

根据式(8-5a)，式(8-6b)亦可写成

$$dE_m=C_{V,m}dT \tag{8-7a}$$

由上式可以看出，对 1 mol 摩尔定容热容为 $C_{V,m}$ 的理想气体，其内能增量仅与温度的增量有关. 因此，1 mol 给定的理想气体，无论它经历什么样的状态变化过程，只要温度的增量 dT 相同，其内能的增量 dE 就是一定的. 这也就是说，理想气体内能的改变只与起始和终了状态温度的改变有关，与状态变化的过程无关. 值得提醒的是：对不同的过程，如果它们的起始和终了状态的温度都相同，那么在这两个状态之间理想气体内能的增量是不会改变的.

由式(8-7a)可得，物质的量为 ν 的理想气体，在微小的温度变化的过程中内能的增量为

$$dE=\nu C_{V,m}dT \tag{8-7b}$$

对摩尔定容热容为 $C_{V,m}$ 而物质的量为 ν 的理想气体，由式(8-7b)可得，其温度由 T_1 改变为 T_2 的过程中内能的增量为

$$E_2-E_1=\nu C_{V,m}\int_{T_1}^{T_2}dT=\nu C_{V,m}(T_2-T_1) \tag{8-7c}$$

摩尔定容热容 $C_{V,m}$ 可由理论计算得出，也可通过实验测出，表 8-1 列出了几种气体的 $C_{V,m}$ 的实验值.

表 8-1 几种气体摩尔热容的实验值(在 1.013×10^5 Pa、25 ℃时)
($C_{p,m}$①、$C_{V,m}$ 的单位均为 $J\cdot mol^{-1}\cdot K^{-1}$，$M$ 的单位为 $kg\cdot mol^{-1}$)

气体	M	$C_{p,m}$	$C_{V,m}$	$C_{p,m}-C_{V,m}$	γ
单原子分子气体					
氦(He)	4.003×10^{-3}	20.79	12.52	8.27	1.66
氖(Ne)	20.18×10^{-3}	20.79	12.68	8.11	1.64
氩(Ar)	39.95×10^{-3}	20.79	12.45	8.34	1.67

① $C_{p,m}$ 为摩尔定压热容，下面即将介绍.

续表

气体	M	$C_{p,m}$	$C_{V,m}$	$C_{p,m}-C_{V,m}$	γ
双原子分子气体					
氢(H_2)	2.016×10^{-3}	28.82	20.44	8.38	1.41
氮(N_2)	28.01×10^{-3}	29.12	20.80	8.32	1.40
氧(O_2)	32.00×10^{-3}	29.37	20.98	8.39	1.40
空气	28.97×10^{-3}	29.01	20.68	8.33	1.40
一氧化碳(CO)	28.01×10^{-3}	29.04	20.74	8.30	1.40
多原子分子气体					
二氧化碳(CO_2)	44.01×10^{-3}	36.62	28.17	8.45	1.30
一氧化氮(N_2O)	40.01×10^{-3}	36.90	28.39	8.51	1.31
硫化氢(H_2S)	34.08×10^{-3}	36.12	27.36	8.76	1.32
水蒸气	18.016×10^{-3}	36.21	27.82	8.39	1.30

二、等压过程 摩尔定压热容

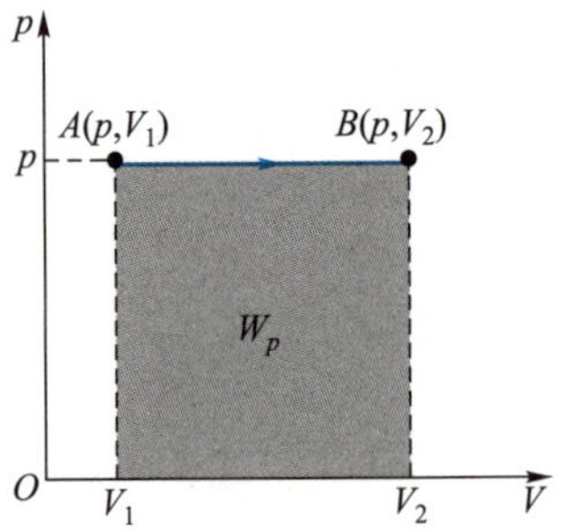

图 8-6 理想气体的等压过程

在等压过程中，理想气体的压强保持不变. 如图 8-6 所示，等压过程在$p-V$图上是一条平行于 V 轴的直线，即等压线.

在等压过程中，向气体传递的热量为 $\mathrm{d}Q_p$，气体对外所做的功为 $p\mathrm{d}V$，所以热力学第一定律可写成

$$\mathrm{d}Q_p=\mathrm{d}E+p\mathrm{d}V \tag{8-8}$$

式(8-8)表明，在等压过程中，理想气体吸收的热量一部分用来增加气体的内能，另一部分使气体对外做功.

对有限的等压过程，若向气体传递的热量为 Q_p，则有

$$Q_p=E_2-E_1+\int_{V_1}^{V_2}p\mathrm{d}V$$

得
$$Q_p=E_2-E_1+p(V_2-V_1)$$

下面我们讨论理想气体的摩尔定压热容. 设 1 mol 理想气体在等压过程中所吸收的热量为 $\mathrm{d}Q_{p,m}$，温度由 T 升高到 $T+\mathrm{d}T$，则气体的摩尔定压热容为

$$C_{p,m}=\frac{\mathrm{d}Q_{p,m}}{\mathrm{d}T} \tag{8-9a}$$

由上式可得，在等压过程中，1 mol 理想气体的温度有微小增量时，所吸收的热量为

$$dQ_{p,m}=C_{p,m}dT \tag{8-9b}$$

对摩尔定压热容为 $C_{p,m}$ 而物质的量为 ν 的理想气体，在等压过程中，其温度由 T_1 改变为 T_2 时，所吸收的热量则为

$$Q_p=\nu C_{p,m}(T_2-T_1) \tag{8-9c}$$

摩尔定压热容的单位与摩尔定容热容的单位相同. 利用式(8-8)，式(8-9a)可写为

$$C_{p,m}=\frac{dE_m+pdV_m}{dT}=\frac{dE_m}{dT}+p\frac{dV_m}{dT}$$

由于 $dE_m/dT=C_{V,m}$，又根据 1 mol 理想气体的物态方程 $pV_m=RT$，对此式两边取微分，并考虑到等压过程中 $p=$ 常量，可得 $pdV_m=RdT$. 因此上式可写为

$$C_{p,m}=C_{V,m}+R$$

于是得 $C_{p,m}$ 与 $C_{V,m}$ 之差为

$$C_{p,m}-C_{V,m}=R \tag{8-10}$$

上式说明，理想气体的摩尔定压热容与摩尔定容热容之差为摩尔气体常量 $R(\approx 8.31\ J\cdot mol^{-1}\cdot K^{-1})$. 也就是说，在等压过程中，1 mol 理想气体的温度升高 1 K 时，要比其等容过程多吸收 8.31 J的热量，以用于对外做功. 从表 8-1 中我们可以看到，在通常温度及压强下的气体(即理想气体)，无论是单原子分子气体、双原子分子气体，还是多原子分子气体，尽管它们的摩尔定压热容 $C_{p,m}$ 和摩尔定容热容 $C_{V,m}$ 的实验值并不相同，但 $C_{p,m}$ 与 $C_{V,m}$ 之差即 $C_{p,m}-C_{V,m}$ 的实验值与摩尔气体常量 R 的值还是比较接近的. 这从另一个侧面反映了热力学第一定律确是包含热现象在内的能量守恒定律.

在实际应用中，人们常常用到 $C_{p,m}$ 与 $C_{V,m}$ 的比值，这个比值通常用 γ 表示，即

$$\gamma=\frac{C_{p,m}}{C_{V,m}}$$

表 8-1 列出了几种气体的 $C_{p,m}$ 的实验值，以及 $C_{p,m}-C_{V,m}$ 和 γ 的值.

在第七章的第 7-5 节中，我们曾从能量按自由度均分定理出发，得出了物质的量为 ν、自由度为 i 的理想气体的温度改变 dT 时，其内能相应的改变为

$$dE=\nu\frac{i}{2}RdT$$

将上式与式(8-7b)相比较可得,摩尔定容热容 $C_{V,m}$ 的理论值为

$$C_{V,m}=\frac{i}{2}R \tag{8-11}$$

把上式代入式(8-10)可得,摩尔定压热容 $C_{p,m}$ 的理论值为

$$C_{p,m}=\frac{i+2}{2}R \tag{8-12}$$

依照式(8-11)和式(8-12)可得表 8-2 中几种理想气体的 $C_{V,m}$、$C_{p,m}$ 和 γ 等的理论值①.

表 8-2 理想气体分子自由度和摩尔热容的理论值
($C_{p,m}$、$C_{V,m}$ 的单位均为 $J\cdot mol^{-1}\cdot K^{-1}$,$R$ 取 8.31 $J\cdot mol^{-1}\cdot K^{-1}$)

气体	i	$C_{V,m}$	$C_{p,m}$	$C_{p,m}-C_{V,m}$	γ
单原子分子气体	3	$\frac{3}{2}R=12.47$	$\frac{5}{2}R=20.78$	8.31	1.67
刚性双原子分子气体	5	$\frac{5}{2}R=20.78$	$\frac{7}{2}R=29.09$	8.31	1.40
非刚性双原子分子气体	7	$\frac{7}{2}R=29.09$	$\frac{9}{2}R=37.39$	8.31	1.29
刚性三原子分子气体	6	$3R=24.93$	$4R=33.24$	8.31	1.33
非刚性三原子分子气体	12	$6R=49.86$	$7R=58.17$	8.31	1.17

将表 8-2 理想气体摩尔热容的理论值与表 8-1 相关的实验值相比较可以看出,在 1.013×10^5 Pa、25 ℃的实验条件下,各种气体的 $C_{p,m}-C_{V,m}$ 的实验值接近于摩尔气体常量 R,特别是单原子分子气体和双原子分子气体,$C_{p,m}-C_{V,m}$ 的实验值与理论值更为接近.这表明,能量均分定理关于每一自由度均分 $kT/2$ 能量的说法,对理想气体是合适的.

不过,我们从实验中发现 $C_{V,m}$ 与温度有关.表 8-3 列出了氢气在不同温度下的 $C_{V,m}$ 的值.

① 气体的 $C_{V,m}$ 和 $C_{p,m}$ 需由实验测定,但作一般计算时可用表 8-2 中的理论值.

表 8-3 氢气的摩尔定容热容的实验值(压强为 1.013×10^5 Pa)

T/K	40	90	197	273	775	1 273	1 773	2 273	2 773
$C_{V,m}/(\mathrm{J\cdot mol^{-1}\cdot K^{-1}})$	12.46	13.59	18.31	20.27	21.04	22.95	25.04	26.71	27.96

用表 8-3 中的数据我们可作如图 8-7 所示的 $C_{V,m}$ 与 T 的关系曲线.从该实验曲线可以看出:氢气的 $C_{V,m}$ 是随温度的升高而增大的;当氢气的温度低于 100 K 时,其 $C_{V,m}$ 近似为 $3R/2$,似乎此时只有分子的平均平动动能对 $C_{V,m}$ 有贡献;当氢气的温度在 500~1 000 K 之间时,其 $C_{V,m}$ 约为 $5R/2$,此时除分子的平均平动动能外,转动动能也对 $C_{V,m}$ 起作用;当氢气的温度高达 2 500 K 时,其 $C_{V,m}$ 逐渐达到 $7R/2$,这时分子的平动、转动和振动能量都对 $C_{V,m}$ 有贡献.这种 $C_{V,m}$ 随 T 的增加而变化的特点,不是氢气所独有,其他气体也有类似的情况.能量均分定理是无法对此予以说明的,我们只有用量子理论才能较好地处理这个问题,这正是能量均分定理局限性的一个方面.

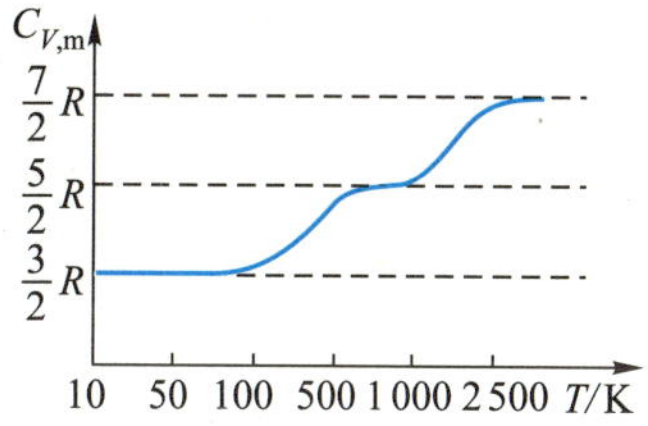

图 8-7 氢气的 $C_{V,m}$-T 曲线

8-4 理想气体的等温过程和绝热过程

作为热力学第一定律的另一方面的应用,我们讨论理想气体的等温过程和绝热过程.

一、等温过程

如图 8-8(a)所示,在一个密闭的气缸内贮有理想气体,气缸壁和活塞都是由绝热材料制成的,气缸的底部是良导体,其与温度为 T 的恒温热源①相接触.当作用在活塞上的力有微小降低(或增加)时,缸内气体将膨胀(或压缩),气体将对外做正功(或负功),这时气体的内能将减少(或增加),温度亦将略有降低(或升高),这个过程可看作准静态过程.在这种情况下,就有热量从恒温热源传入(或传出)气缸中的气体,使气体的温度维持

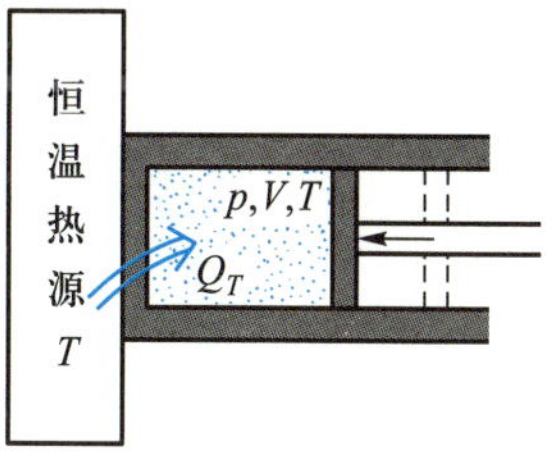

(a) 贮有气体的气缸与恒温热源 T 相接触

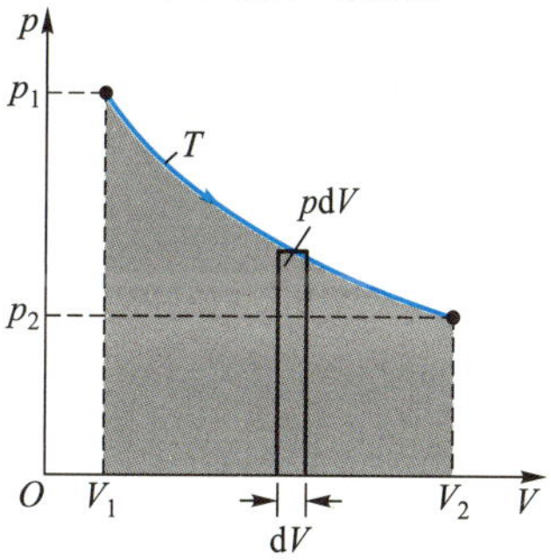

(b) 等温过程中气体做的功

图 8-8 理想气体的等温过程

① 恒温热源也称为热库,它所具有的能量与从它吸收或者向它传入的能量相比要大得多,故其温度可视为不变.这种热源也是理想化的热源.

不变.这种在温度不变的情况下状态变化的过程叫做等温过程,其特征是 $\mathrm{d}T=0$.对理想气体来说,由式(8-7)可知,在等温过程中气体的内能也保持不变,即 $\mathrm{d}E=0$.理想气体的等温过程在 $p-V$ 图上的过程曲线,如图 8-8(b)所示,是一条双曲线,该曲线也称为等温线.

因为在等温过程中气体内能不变化,所以由热力学第一定律,有

$$\mathrm{d}Q_T=\mathrm{d}W_T=p\mathrm{d}V$$

式中 $\mathrm{d}Q_T$ 为气体从温度为 T 的热源中吸收的热量,$\mathrm{d}W_T$ 为气体所做的功.上式表明,在等温过程中,理想气体所吸收的热量全部用来对外做功.气体对外所做的功等于图 8-8(b) $p-V$ 图上等温曲线下的面积.

设理想气体在等温膨胀过程中体积由 V_1 改变为 V_2,则气体所做的功为

$$W_T=\int_{V_1}^{V_2}p\mathrm{d}V$$

由理想气体物态方程 $pV=\nu RT$,上式可写为

$$W_T=\int_{V_1}^{V_2}\nu RT\frac{\mathrm{d}V}{V}$$

由于在等温膨胀过程中 T 是常量,所以

$$W_T=\nu RT\ln\frac{V_2}{V_1} \tag{8-13a}$$

因为 $p_1V_1=p_2V_2$,所以上式也可写成

$$W_T=\nu RT\ln\frac{p_1}{p_2} \tag{8-13b}$$

$$Q_T=W_T=\nu RT\ln\frac{V_2}{V_1}=\nu RT\ln\frac{p_1}{p_2}$$

上式表明,在理想气体的等温过程中,当气体膨胀(即 $V_2>V_1$)时,W_T 和 Q_T 均取正值,气体从恒温热源吸收的热量全部用于对外做功;当气体被压缩(即 $V_2<V_1$)时,W_T 和 Q_T 均取负值,此时外界对气体所做的功,全部以热量的形式由气体传递给恒温热源.

二、绝热过程

绝热过程是热力学过程中一个十分重要的过程.在气体的状态发生变化的过程中,若它与外界之间没有热量传递,则这种过程称为绝热过程.实际上,绝对的绝热过程是没有的,在有些过程的进行中,虽然系统与外界之间有热量传递,但所传递的热量很小,以至可忽略不计,则这种过程就可近似作为绝热过程.可作为绝热过程的实例是很多的.在工程上,蒸汽机气缸中蒸汽的膨胀,压缩机中空气的压缩等,常常可近似地看作绝热过程.这些过程进行得很迅速,在过程进行时只有很少的热量通过器壁进入或离开系统.此外,声波在空气中传播时,空气的压缩和膨胀过程也可看作绝热过程.

如图 8-9(a)所示,在一密闭气缸中贮有理想气体,气缸壁、气缸底部和活塞均由绝热材料制成,活塞与气缸壁间的摩擦略去不计.绝热过程的特征是 $dQ=0$.理想气体的绝热过程在 $p-V$ 图上的过程曲线,称为绝热线,如图 8-9(b)所示.

因为在绝热过程中 $dQ=0$,所以由热力学第一定律,有

$$0=dE+dW_a$$

由于理想气体的内能仅是温度的函数,所以由式(8-7)可得

$$0=\nu C_{V,m}dT+pdV \tag{8-14}$$

已知理想气体的物态方程为 $pV=\nu RT$,对它取微分,有

$$pdV+Vdp=\nu RdT \tag{8-15}$$

由式(8-14)和式(8-15)可得

$$C_{V,m}pdV+C_{V,m}Vdp=-RpdV$$

将 $R=C_{p,m}-C_{V,m}$ 及 $\gamma=C_{p,m}/C_{V,m}$ 代入上式,得

$$\gamma\frac{dV}{V}=-\frac{dp}{p}$$

积分得

$$\gamma\ln V+\ln p=常量$$

即

$$pV^{\gamma}=常量 \tag{8-16a}$$

这就是理想气体准静态绝热过程的 $p-V$ 函数关系.

将理想气体的物态方程 $pV=\nu RT$ 代入上式,分别消去 p 或 V,

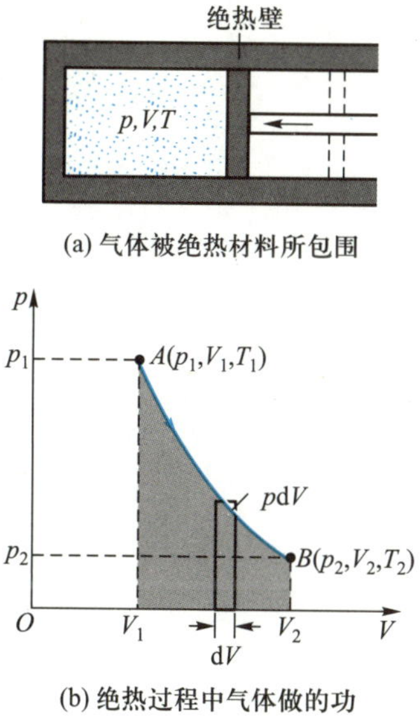

图 8-9 理想气体的绝热过程

可得

$$V^{\gamma-1}T=\text{常量} \tag{8-16b}$$

$$p^{\gamma-1}T^{-\gamma}=\text{常量} \tag{8-16c}$$

式(8-16a)、式(8-16b)和式(8-16c)统称为理想气体的绝热过程方程，简称绝热方程.但式中各个常量是不相同的.

由式(8-14)可求得，在有限过程中理想气体做的功为

$$W_a=\int p\mathrm{d}V=-\nu C_{V,m}\int_{T_1}^{T_2}\mathrm{d}T=-\nu C_{V,m}(T_2-T_1) \tag{8-17}$$

从上式可以看出，若 $T_1>T_2$，则 $W_a>0$，气体绝热膨胀；若 $T_1<T_2$，则 $W_a<0$，气体被绝热压缩.气体被绝热压缩时温度升高，绝热膨胀时温度降低这两个结论，常在许多实际问题中用到.例如，用打气筒向轮胎打气时，筒壁会发热；压缩空气从喷嘴中急速喷出时，气体绝热膨胀，气体变冷，甚至被液化.

理想气体绝热做功的表达式也可以用状态参量 p、V 来表示.由理想气体的物态方程得 $\nu T_1=p_1V_1/R$ 和 $\nu T_2=p_2V_2/R$，将它们代入式(8-17)，得

$$W_a=\frac{C_{V,m}}{R}(p_1V_1-p_2V_2) \tag{8-18a}$$

利用 $R=C_{p,m}-C_{V,m}$ 和 $\gamma=C_{p,m}/C_{V,m}$，上式也可写成

$$W_a=\frac{p_1V_1-p_2V_2}{\gamma-1} \tag{8-18b}$$

上式也可通过对 $\mathrm{d}W_a=p\mathrm{d}V$ 的积分，由式(8-16a)得到.读者可以自己推证.

三、绝热线和等温线

为了比较绝热线和等温线，我们按绝热方程

$$pV^{\gamma}=\text{常量}$$

和等温方程

$$pV=\text{常量}$$

在 $p-V$ 图上作这两个过程的过程曲线，如图 8-10 所示.图中实线

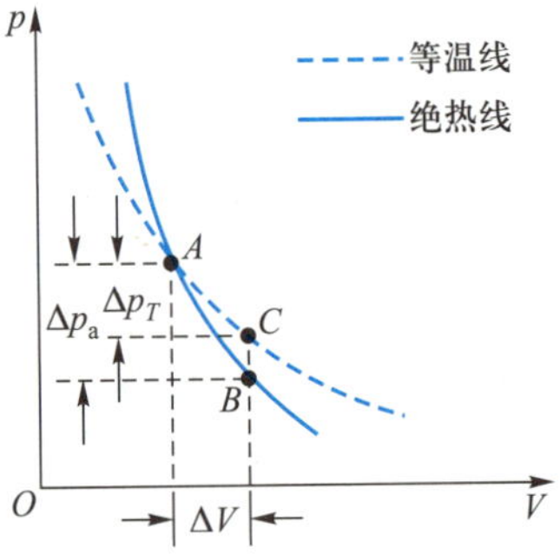

图 8-10 绝热线比等温线陡

是绝热线，虚线是等温线.两线在图中的点 A 相交，显然绝热线比等温线要陡些.这是因为点 A 处等温线的斜率为

$$\left(\frac{\mathrm{d}p}{\mathrm{d}V}\right)_T=-\frac{p_A}{V_A}$$

而绝热线的斜率为

$$\left(\frac{\mathrm{d}p}{\mathrm{d}V}\right)_{\mathrm{a}}=-\gamma\frac{p_A}{V_A}$$

因为 $\gamma>1$，所以绝热线比等温线要陡.这一点可以解释如下：处于某一状态的气体，虽经等温过程或绝热过程膨胀相同的体积，但在绝热过程中压强的降低 Δp_{a} 比在等温过程中压强的降低 Δp_T 要多.这是因为在等温过程中，压强的降低仅由气体密度的减小而引起，而在绝热过程中，除气体密度减小这个因素外，温度降低也是使压强降低的一个因素.所以，当气体膨胀相同体积时，在绝热过程中压强的降低比在等温过程中要多.

例 1

设有 5 mol 的氢气，其最初的压强为 1.013×10^5 Pa、温度为 20 ℃，求在下列过程中（图 8-11），把氢气缓慢压缩为原来体积的 1/10 需要做的功：(1) 等温过程；(2) 绝热过程.(3) 经这两个过程后，气体的压强各为多少？

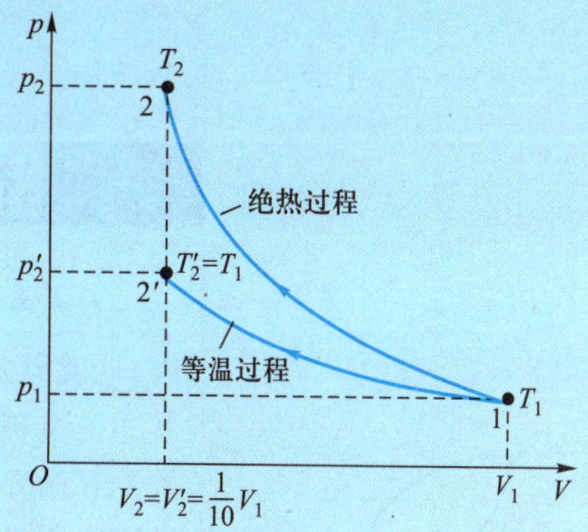

图 8-11

解　(1) 对等温过程，由式(8-13a)可得，氢气由点 1 等温压缩到点 2′外界做的功为

$$W'_{12}=\nu RT\ln\frac{V'_2}{V_1}=-2.80\times10^4\ \mathrm{J}$$

式中负号表示外界对气体做功.

(2) 由表 8-1 可知氢气的 $\gamma=1.41$，所以对绝热过程，由式(8-16b)可求得，点 2 的温度为

$$T_2=T_1\left(\frac{V_1}{V_2}\right)^{\gamma-1}=753\ \mathrm{K}$$

因此由式(8-17)可得，氢气由点 1 绝热压缩到点 2 外界做的功为

$$W_{12}=-\nu C_{V,\mathrm{m}}(T_2-T_1)$$

由表 8-1 可查得，氢气的摩尔定容热容 $C_{V,\mathrm{m}}=20.44\ \mathrm{J\cdot mol^{-1}\cdot K^{-1}}$.将已知数值代入上式，得

$$W_{12}=-5\times20.44\times(753-293)\ \mathrm{J}=-4.70\times10^4\ \mathrm{J}$$

式中负号表示外界对气体做功.

(3) 下面求点 2′和点 2 的压强.对等温过程，有

$$p'_2=p_1\left(\frac{V_1}{V'_2}\right)=1.013\times10^6\ \mathrm{Pa}$$

对绝热过程，有

$$p_2=p_1\left(\frac{V_1}{V_2}\right)^{\gamma}=2.55\times10^6\ \mathrm{Pa}$$

例 2

氮气液化.把氮气放在一个有活塞的由绝热壁包围的气缸中.开始时,氮气的压强有 50 个标准大气压,温度为 300 K;经急速膨胀后,其压强降至 1 个标准大气压,氮气因此被液化.试问此时氮气的温度大约为多少?

解 氮气可视为理想气体,其液化过程可当作绝热过程.由题意知,$p_1=50\times1.013\times10^5$ Pa,$T_1=300$ K,$p_2=1\times1.013\times10^5$ Pa,由表 8-1 可知氮气的 $\gamma=1.40$.如果过程可视为准静态的,那么由绝热方程式(8-16c),有

$$T_2=T_1\left(\frac{p_2}{p_1}\right)^{(\gamma-1)/\gamma}$$

将已知数值代入上式,得

$$T_2=300\left(\frac{1}{50}\right)^{(1.40-1)/1.40}\ \text{K}=98.0\ \text{K}$$

这个值只是大略的估计值.因为在低温时氮气不能再视为理想气体,而且把氮气的膨胀过程视为准静态的绝热过程也是近似的.

8-5 循环过程 卡诺循环

一、循环过程

在生产技术上,人们需要将热与功之间的转化持续地进行下去,这就需要利用循环过程.系统经过一系列变化后,又回到原来状态的过程叫做热力学循环过程,简称循环.

在循环过程中,气体在压缩过程中所经过的路径,与在膨胀过程中所经过的路径不重复[图 8-12(a)].设有一定量的气体由起始状态 $A(p_A,V_A,T_A)$ 沿路径 AaB 膨胀到状态 $B(p_B,V_B,T_B)$[图 8-12(b)],在此过程中,气体对外所做的功 W_a 等于 A、B 两点间过程曲线 AaB 下的面积.然后,气体由状态 B 沿路径 BbA 压缩到起始状态 A[图 8-12(c)],在此过程中,外界对气体所做的功 W_b 等于 A、B 两点间过程曲线 BbA 下的面积.按照图中所选定的过程,W_b 的值小于 W_a 的值.因此,气体经历一个循环过程以后,既从高温热源吸热,又向低温热源放热并做功,而对外所做的净功 W 应是 W_a 与 W_b 之差,即

$$W=W_a-W_b$$

显然,在 $p-V$ 图上,W 是由 AaB 和 BbA 两个过程组成的循环曲

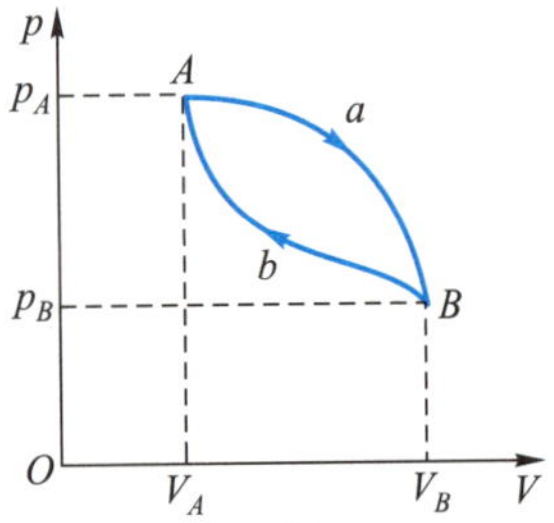

(a)

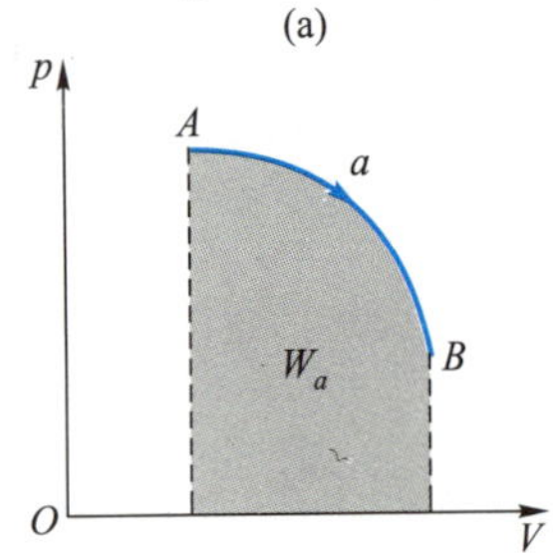

(b)

线所包围的面积[图 8-12(d)].应当指出,在任何一个循环过程中,系统所做的净功都等于 $p-V$ 图所示循环曲线包围的面积.

因为内能是系统状态的单值函数,所以系统经历一个循环过程之后,它的内能没有改变.这是循环过程的重要特征.

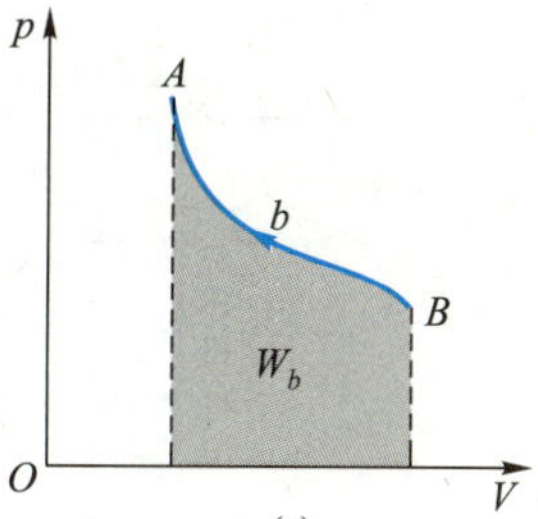

(c)

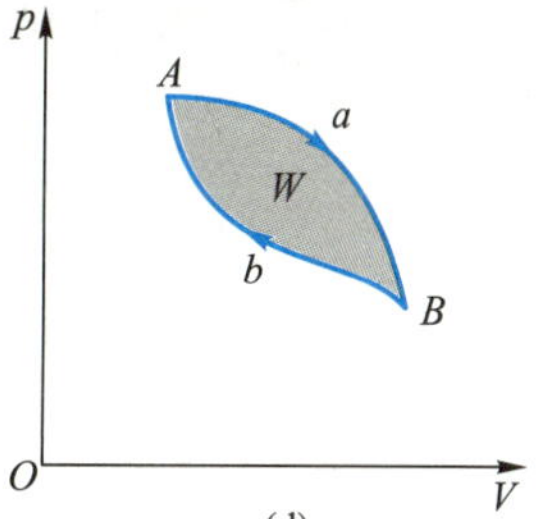

(d)

图 8-12 循环过程中气体所做的功

二、热机和制冷机

按过程进行的方向我们可把循环过程分为两类.在 $p-V$ 图上按顺时针方向进行的循环过程叫做正循环,图 8-12(d)就是一个正循环;在 $p-V$ 图上按逆时针方向进行的循环过程叫做逆循环.工作物质作正循环的机器叫做热机(如蒸汽机、内燃机),它是把热量持续地转化为功的机器.工作物质作逆循环的机器叫做制冷机(也叫热泵)①,它是利用外界做功使热量由低温处流入高温处,从而获得低温的机器.

如图 8-13(a)所示,一热机经过一个正循环后,由于工作物质的内能不变化,它从高温热源吸收的热量 Q_1,一部分用于对外做功 W,另一部分则向低温热源放热,Q_2 为向低温热源放出的热量.这就是说,热机经历一个正循环后,吸收的热量 Q_1 不能全部转化为功,转化为功的只是 $W=Q_1-|Q_2|$.通常我们把

$$\eta=\frac{W}{Q_1}=\frac{Q_1-|Q_2|}{Q_1}=1-\frac{|Q_2|}{Q_1} \tag{8-19}$$

叫做热机效率或循环效率.第一部实用的热机是蒸汽机②[图 8-13(b)],它创制于 17 世纪末,用于煤矿中抽水.目前蒸汽机主要用于发电厂中.热机除蒸汽机外,还有内燃机、喷气机等③.虽然它们在工作方式、效率上各不相同,但工作原理却基本相同,都是不断地把热量转化为功.表 8-4 列出了几种热机的循环效率.

① 关于热泵较具体的介绍和利用制冷机在制冰过程中所耗费功的计算,可分别参阅马文蔚等主编《物理学原理在工程技术中的应用》(第四版)之“热泵”和“能制多少冰?”(高等教育出版社,2015 年).

② 有些出版物误传蒸汽机是瓦特发明的,其实蒸汽机是英国人萨维利(Savery)于 1698 年、纽可门(Newcomen)于 1705 年各自独立发明的,并用于矿井抽水,当时效率很低.1765 年,英国人瓦特(J.Watt,1736—1819)在修理纽可门机的基础上,对蒸汽机作了重大改进,使冷凝器与气缸分离,发明曲轴和齿轮传动以及离心调速器等,使蒸汽机实现了现代化,大大地提高了蒸汽机效率.瓦特的这些发明,仍使用在现代蒸汽机中.为纪念瓦特的贡献,功率的单位名称以其姓氏命名.

③ 长期以来,人们都在寻求提高热机效率的方法,这方面的内容可参阅马文蔚等主编《物理学原理在工程技术中的应用》(第四版)之“提高热机效率的两种方法”(高等教育出版社,2015 年).

热泵 能制多少冰?

提高热机效率的两种方法

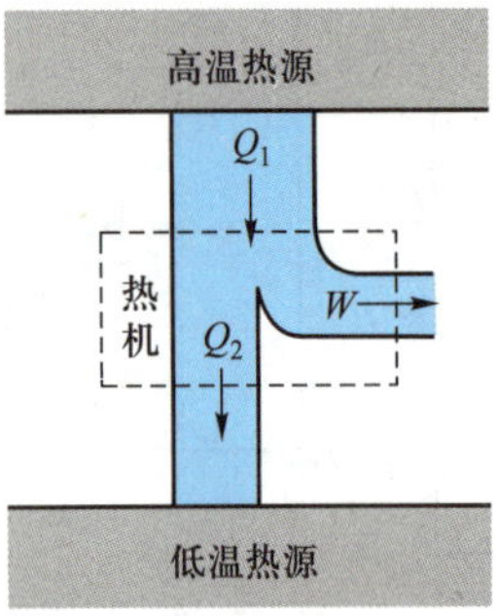

(a) 热机的示意图

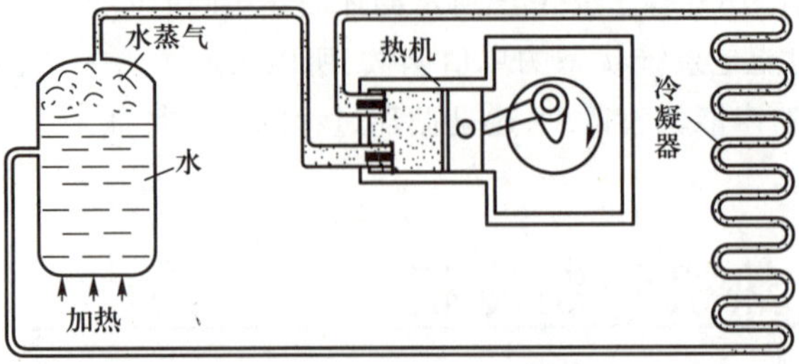

(b) 蒸汽机的示意图

图 8-13

表 8-4 几种热机的循环效率

液体燃料火箭	燃气轮机	柴油机	汽油机	蒸汽机	热电偶
$\eta=0.48$	$\eta=0.46$	$\eta=0.37$	$\eta=0.25$	$\eta=0.08$	$\eta=0.07$

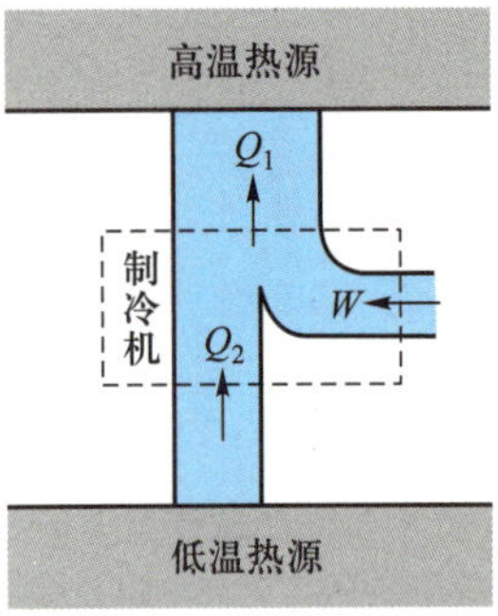

图 8-14 制冷机的示意图

图 8-14 是一个制冷机的示意图，气体从低温热源吸收热量而膨胀，并在压缩过程中，把热量放出给高温热源. 为实现这一点，外界必须对制冷机做功. 图中 Q_2 为制冷机从低温热源吸收的热量，W 为外界对它做的功，Q_1 为它放出给高温热源的热量. 于是，当制冷机完成一个逆循环后有 $|W|=|Q_1|-Q_2$. 这就是说，制冷机经历一个逆循环后，由于外界对它做功，它可把热量由低温热源传递到高温热源. 外界不断做功，就能不断地从低温热源吸收热量，然后传递到高温热源. 这就是制冷机的工作原理. 通常我们把

$$e=\frac{Q_2}{|W|}=\frac{Q_2}{|Q_1|-Q_2} \tag{8-20}$$

叫做制冷机的制冷系数.

例

1 mol 氦气经过如图 8-15 所示的循环，其中 $p_2=2p_1$，$V_4=2V_1$，求在 1—2、2—3、3—4、4—1 等过程中气体吸收的热量和循环的效率.

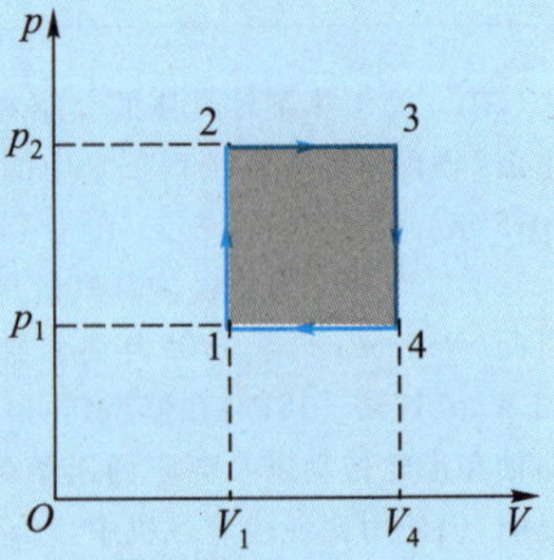

图 8-15

解 气体经过循环所做的净功 W 为图中 1—2—3—4—1 线所包围的面积，即 $(p_2-p_1)(V_4-V_1)$. 而由于 $p_2=2p_1$，$V_4=2V_1$，所以

$$W=p_1V_1$$

根据理想气体的物态方程 $pV=\nu RT$，因为 $\nu=1$ mol，

所以上式可写为

$$W_m = RT_1$$

式中 T_1 为点 1 的温度.从图中可知,$p_2=2p_1$,$V_2=V_1$;$p_3=2p_1$,$V_3=2V_1$;$p_4=p_1$,$V_4=2V_1$.由理想气体的物态方程可以分别求得点 2、3、4 的温度为

$$T_2=2T_1,\quad T_3=4T_1,\quad T_4=2T_1$$

在等容过程 1—2 及等压过程 2—3 中氦气分别吸热 $Q_{12,m}$ 和 $Q_{23,m}$;在等容过程 3—4 及等压过程 4—1 中氦气分别放热 $Q_{34,m}$ 和 $Q_{41,m}$.由式(8-6c)和式(8-9c),可得

$$Q_{12,m}=C_{V,m}(T_2-T_1)=C_{V,m}T_1$$
$$Q_{23,m}=C_{p,m}(T_3-T_2)=2C_{p,m}T_1$$
$$Q_{34,m}=C_{V,m}(T_4-T_3)=-2C_{V,m}T_1$$
$$Q_{41,m}=C_{p,m}(T_1-T_4)=-C_{p,m}T_1$$

因此,氦气经历一个循环吸收的热量之和为

$$Q_{1,m}=Q_{12,m}+Q_{23,m}=C_{V,m}T_1+2C_{p,m}T_1$$

由于 $C_{p,m}=C_{V,m}+R$,所以

$$Q_{1,m}=C_{V,m}T_1+2(C_{V,m}+R)T_1=T_1(3C_{V,m}+2R)$$

而氦气在此循环中放出的热量之和为

$$|Q_{2,m}|=|Q_{34,m}|+|Q_{41,m}|$$
$$=2C_{V,m}T_1+C_{p,m}T_1=T_1(3C_{V,m}+R)$$

此循环的效率为

$$\eta=\frac{W}{Q_1}=\frac{Q_{1,m}-|Q_{2,m}|}{Q_{1,m}}=\frac{RT_1}{T_1(3C_{V,m}+2R)}=\frac{R}{3C_{V,m}+2R}$$

由表 8-1 可知氦气的 $C_{V,m}=12.52\ \mathrm{J\cdot mol^{-1}\cdot K^{-1}}$,而摩尔气体常量 $R=8.31\ \mathrm{J\cdot mol^{-1}\cdot K^{-1}}$,所以有

$$\eta=15.3\%$$

三、卡诺循环

虽然瓦特改进了蒸汽机,使热机的效率大大提高,但是人们还迫切要求进一步提高热机的效率.那么,提高热机效率的主要方向在哪里呢?提高热机效率有没有极限呢?为此,法国的年轻工程师卡诺(S.Carnot,1796—1832)于 1824 年提出一个工作在两热源之间的理想循环——卡诺循环,他找到了在两个给定热源温度的条件下,热机效率的理论极限值;他还提出了著名的卡诺定理.这里先介绍卡诺循环,下一节再讲述卡诺定理.

卡诺

文档:卡诺

卡诺循环是由四个准静态过程所组成的,其中两个是等温过程,两个是绝热过程.卡诺循环对工作物质是没有规定的,为方便讨论,我们以理想气体为工作物质.如图 8-16(a)所示,曲线 AB 和 CD 分别是温度为 T_1 和 T_2 的等温线,曲线 BC 和 DA 是两条绝热线.若理想气体从点 A 出发,按顺时针方向沿封闭曲线 $ABCDA$ 进行,则这种正循环称为卡诺正循环,又称卡诺热机.

理想气体从状态 A 出发经历一个卡诺正循环后,又回到其初始状态.虽然在有些状态变化过程中,气体的内能会有所改变,但

它经历了一系列状态变化回到初始状态后,其内能是没有变化的.这是循环过程的重要特点.

显然,在如图 8-16(a)所示的卡诺正循环中,气体只有在温度为 T_1 的等温膨胀过程 AB 和温度为 T_2 的等温压缩过程 CD 中,才与外界有热量交换.在完成一次循环过程后,气体的内能虽没有变化,但气体所做的功却和它与外界之间的热量传递有关.由热力学第一定律可以得出,在温度为 T_1 的等温膨胀过程 AB 中,气体从温度为 T_1 的高温热源吸收热量 Q_1,即

$$Q_1=\nu RT_1\ln\frac{V_2}{V_1} \tag{8-21}$$

而在温度为 T_2 的等温压缩过程 CD 中,气体向温度为 T_2 的低温热源放出热量 Q_2,即

$$|Q_2|=\nu RT_2\ln\frac{V_3}{V_4} \tag{8-22}$$

式中 $|Q_2|$ 是在等温压缩过程 CD 中,气体向低温热源放出热量的绝对值.

由于在上述卡诺循环中 BC 和 DA 过程均为绝热过程,气体既没有从热源吸收热量,也没有将热量传递给热源,所以,由热机效率公式(8-19)可得,卡诺热机的效率为

$$\eta=1-\frac{|Q_2|}{Q_1}=1-\frac{T_2\ln\dfrac{V_3}{V_4}}{T_1\ln\dfrac{V_2}{V_1}} \tag{8-23a}$$

由理想气体的绝热方程 $TV^{\gamma-1}=$常量,可得

$$T_1V_2^{\gamma-1}=T_2V_3^{\gamma-1},\quad T_1V_1^{\gamma-1}=T_2V_4^{\gamma-1}$$

上两式相除,有

$$\frac{V_2}{V_1}=\frac{V_3}{V_4}$$

将上式代入式(8-23a)可得,以理想气体为工作物质的卡诺热机的效率为

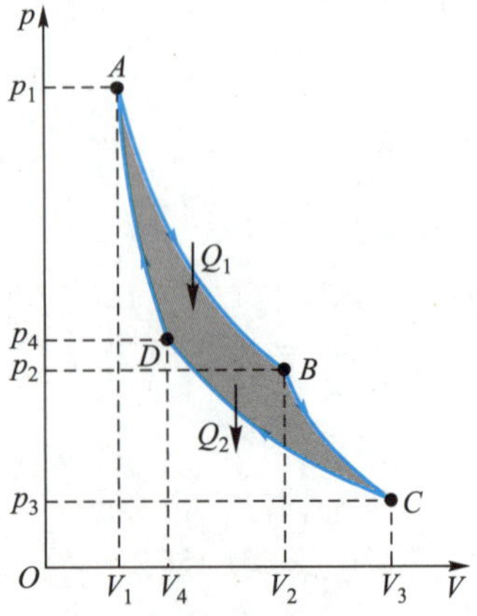

(a) $p-V$图

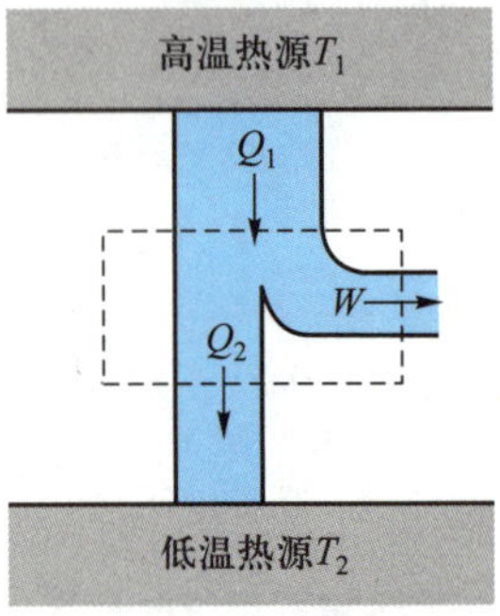

(b) 工作示意图

图 8-16 卡诺正循环——卡诺热机

动画:卡诺循环

$$\eta = 1 - \frac{T_2}{T_1} \quad (8-23b)$$

上式表明：要完成一次卡诺循环必须有高温和低温两个热源；若高温热源的温度越高，低温热源的温度越低，则卡诺循环的效率越高.

下面讨论如图 8-17(a) 所示的由两个绝热过程和两个等温过程组成的卡诺逆循环，即卡诺制冷机. 图中 BA 和 DC 是等温线，AD 和 CB 是绝热线. 设工作物质仍为理想气体，它从温度为 T_1 的点 A 绝热膨胀到点 D，在此过程中，气体的温度逐渐降低，在点 D 时气体的温度为 T_2. 接着，气体等温膨胀到点 C，它从低温热源吸收热量 Q_2. 然后，气体被绝热压缩到点 B，由于外界对气体做功，它的温度上升到 T_1. 最后，气体被等温压缩到点 A，气体回到初始状态，在此过程中它把热量 Q_1 传递给高温热源.

由于 $|Q_1|/T_1 = Q_2/T_2$，由制冷系数公式(8-20)可得，卡诺制冷机的制冷系数为

$$e = \frac{Q_2}{|Q_1| - Q_2} = \frac{T_2}{T_1 - T_2} \quad (8-24)$$

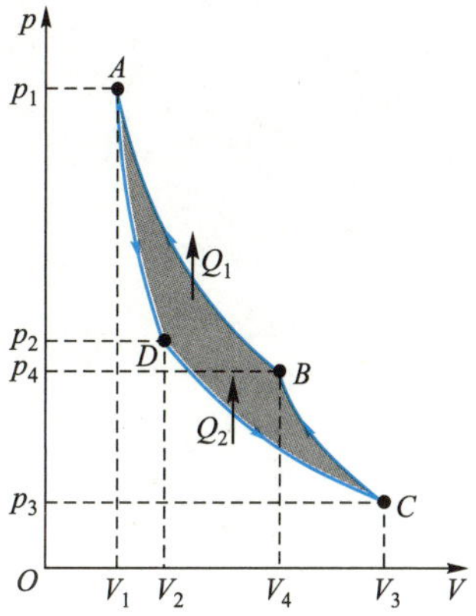

(a) p–V 图

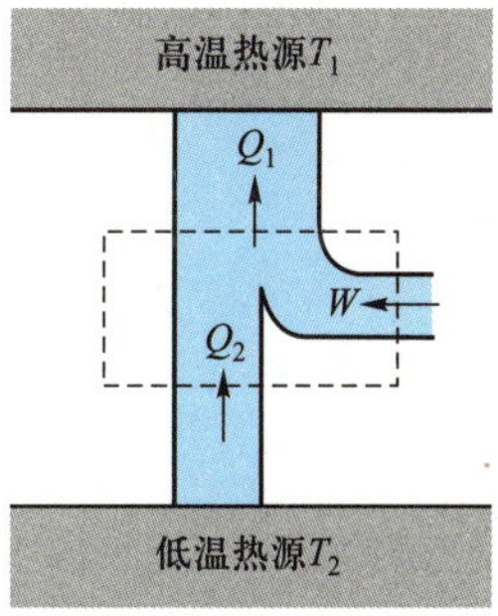

(b) 工作示意图

图 8-17 卡诺逆循环——卡诺制冷机

8-6 热力学第二定律 卡诺定理

在 19 世纪初期，蒸汽机已在工业、航海等领域得到了广泛的使用，随着技术水平的提高，蒸汽机的效率也有所增加. 但提高热机效率有没有限制呢？能否制造这样一种热机，它可把从单一热源吸收的热量完全用来做功呢？能否制造这样一种制冷机，它可以不需要外界对系统做功，就能使热量从低温物体传递给高温物体呢？这些都是当时在理论上急需解决的问题，但这些问题又不能由热力学第一定律来解决. 此外，人们还发现在自然界中不是所有符合热力学第一定律的过程都能发生(如混合后的气体不能自动地分离). 这表明，自然界自动进行的过程是有方向性的. 为此人们在实践的基础上总结出了一条新的定律，即热力学第二定律.

一、热力学第二定律的两种表述

历史上曾有人试图制造这样一种循环工作的热机,它只从单一热源吸收热量,并将吸收的热量全部用来做功而不放出热量给低温热源,因而它的效率可达 100%.这也就是说,利用从单一热源吸收的热量可以使循环工作的机器做功,而不使外界发生任何变化.假如这种机器制造成功,那么该机器就可以从单一热源(如大气或海洋)吸收热量,并把它全部用来做功.这种热机叫做第二类永动机.第二类永动机并不违反热力学第一定律,即不违反能量守恒定律,因而对人们更具有诱惑性.曾有人作过估计,若用这样的热机通过吸收海水中的热量来做功,则只要使海水的温度下降 0.01 K,就能使全世界的机器开动许多年.然而人们经过长期的实践认识到,第二类永动机是不可能实现的,并得出了如下的结论:不可能制造出这样一种循环工作的热机,它只使单一热源冷却来做功,而不放出热量给其他物体,或者说不使外界发生任何变化.这个规律就是热力学第二定律的开尔文表述.大家记得,前面曾提醒过不要重犯试图制造第一类永动机的错误;现在更要强调一下,第二类永动机最易引人上当之处,在于人们往往忘记热力学第二定律的告诫,误以为凡是遵守能量守恒定律的过程就一定能够实现.我们要牢记:热力学这两条定律都是不容违背的.

应当指出,热力学第二定律的开尔文表述指的是循环工作的热机.如果工作物质进行的不是循环过程,而是像等温膨胀这样的过程,那么是可以把从单一热源吸收的热量全部用来做功的.但是,单一的等温膨胀过程并不是循环工作的机器,要用它来持续做功是不现实的.

此外,我们有这样的经验,如果在一个与外界没有能量传递的孤立系统[①]中,有一个温度为 T_1 的高温物体和一个温度为 T_2 的低温物体,那么,经过一段时间后,整个系统将达到温度为 T 的热平衡状态.这说明在一个孤立系统中,热量是由高温物体向低温物体传递的.我们也有这样的经验,就是从未见过在一个孤立系统中,低温物体的温度会越来越低,高温物体的温度会越来越高,即热量能自动地由低温物体向高温物体传递.显然,这一过程也并不违反热力学第一定律,但在实践中确实无法实现.要使热量由低温物体传递到高温物体(如制冷机),只有依靠外界对它

① 一般来说,孤立系统是指与外界既无能量交换,也无物质交换的系统.

做功才能实现.人们总结出如下结论:热量不可能从低温物体自动传到高温物体而不引起外界的变化.这就是热力学第二定律的克劳修斯表述.

应当指出,和热力学第一定律一样,热力学第二定律不能从更普遍的定律推导出来,它是大量实验和经验的总结.虽然我们不能直接去验证它的正确性,但它因从它所得出的推论与客观实际相符而得到肯定.热力学第二定律除开尔文表述和克劳修斯表述外,还有其他一些表述,就不一一列举了.上面介绍的热力学第二定律的克劳修斯表述和开尔文表述表明,在自然界中,热量的传递和热功之间的转化都是有方向性的.这个方向性就是:在一个孤立系统中,热量只能自动地从高温物体传递给低温物体,而不能相反进行;在一个循环过程中,功能转化为热量,而热量不能全部转化为功.自然界中还有不少过程反映出过程的进行是具有方向性的.例如两种气体混合时,只能逐渐趋于均匀分布,而不能自动地相反进行,等等.

热力学第二定律的开尔文表述和克劳修斯表述,虽然表述不同,但它们是等效的.即一个表述是正确的,另一个表述也必然是正确的;一个表述不成立,另一个表述也必然不成立[①].

二、可逆过程与不可逆过程

由上面关于热力学第二定律的克劳修斯表述已经知道,高温物体能自动地把热量传递给低温物体,而低温物体不可能自动地把热量传递给高温物体.如果我们把热量由高温物体传递给低温物体作为正过程,而把热量由低温物体传递给高温物体作为逆过程,那么很显然,逆过程是不能自动地进行的.也就是说,若要把热量由低温物体传递给高温物体,非要由外界对它做功不可.而由于外界做功,外界的环境(如能量损耗等)就要发生变化,所以,在外界环境不发生变化的情况下,热量的传递过程是不可逆的.

上面关于过程的不可逆性是从分析高温、低温物体之间的热量传递得出的.事实上热功之间的转化也具有不可逆性.例如,摩擦做功可以把功全部转化为热量,而热量却不能在不引起其他变化的情况下全部转化为功.如果我们把功转化为热量作为正过程,而把热量转化为功作为逆过程,那么在不引起其他变化的情

① 参阅马文蔚《物理学》(第七版)下册第255页(高等教育出版社,2020年).

况下,热功之间的转化过程也是不可逆的.

在自然界中,有关热力学过程的可逆性和不可逆性的讨论是很多的,必须给予确切的理解.可逆过程和不可逆过程的定义如下:在系统状态变化过程中,如果逆过程能重复正过程的每一状态,而且不引起其他变化,这样的过程叫做可逆过程;反之,在不引起其他变化的条件下,不能使逆过程重复正过程的每一状态,或者虽然重复但必然会引起其他变化,这样的过程都叫做不可逆过程.

实现可逆过程的条件是什么呢?只有系统的状态变化过程是无限缓慢进行的准静态过程,而且在过程进行之中没有能量耗散效应,这时系统所经历的过程才是可逆过程;否则,就是不可逆过程.下面举例说明.

设气缸中有理想气体,当气缸中的活塞无限缓慢地运动时,气体在任意时刻的状态近似地处于平衡态,故气体状态变化的过程可看成准静态过程.这时,如果能略去活塞与气缸壁间的摩擦力、气体间的黏性力等引起的能量耗散效应,那么,不仅气体的正逆两个过程经历了相同的平衡态,正逆过程都是准静态过程,而且由于没有能量耗散效应,在正逆两个过程终了时,外界环境也不发生任何变化.总之,当活塞无限缓慢地运动,致使气体状态变化的过程可视为准静态过程,系统又无能量耗散效应时,气体状态变化的过程才是可逆过程.

然而,活塞与气缸壁间总有摩擦,摩擦力做功的结果是要向外界放出热量,从而使外界的温度有所升高,使外界的状态发生变化.因此有摩擦的过程是不可逆过程.此外,实际上活塞的运动不可能无限缓慢,在正逆过程中,不仅气体的状态不能重复,而且也不能实现准静态过程.在这种情况下的过程也是不可逆过程.

综上所述,要使逆过程能重复正过程的所有状态,且又使外界不发生其他变化,其条件是:①过程要无限缓慢地进行,即属于准静态过程;②没有摩擦力、黏性力或其他耗散力做功,能量耗散效应可略去不计.同时符合这两个条件的过程为可逆过程,不符合其中任意一个条件的过程为不可逆过程.

不可逆过程在自然界中是普遍存在的,而可逆过程则是理想的,是某些实际过程的近似.本章所讨论的热力学过程除特别指明外,都视为可逆过程.

在自然界中,不可逆过程的例子是很多的.除前面讲过的热功转化、热传导外,像气体的扩散、水的汽化、固体的升华等都是不可逆过程.生命科学里的生长与衰老也都是不可逆过程.

通过对可逆过程和不可逆过程的讨论，我们对热力学第二定律有了进一步的理解.热力学第二定律与热力学第一定律一样都是热力学的基本定律，而热力学第二定律指明，一切涉及热现象的过程不仅必须满足能量守恒，而且具有方向性和局限性，即指出了自然界中的自发过程都是不可逆过程.下一节将引入一个新的状态函数——熵，并在此基础上给出熵增加原理，从而进一步对热力学过程的方向性作出定量表述.

*三、卡诺定理

卡诺提出在温度为 T_1 的热源和温度为 T_2 的热源之间工作的循环动作的机器，必须遵守以下两条结论，即卡诺定理.

(1) 在相同的高温热源和低温热源之间工作的任意可逆机都具有相同的效率.

(2) 在相同的高温热源和低温热源之间工作的一切不可逆机的效率都不可能大于可逆机的效率.

如果我们在可逆机中取一个以理想气体为工作物质的卡诺机，那么由卡诺定理(1)可得

$$\eta = 1 - \frac{|Q_2|}{Q_1} = 1 - \frac{T_2}{T_1} \tag{8-25}$$

同样，若以 η' 表示不可逆机的效率，则由卡诺定理(2)有

$$\eta' \leqslant 1 - \frac{T_2}{T_1} \tag{8-26}$$

式中“=”适用于可逆机，而“<”适用于不可逆机.

*8-7 熵 熵增加原理

热力学第二定律指出，自然界实际进行的与热现象有关的过程都是不可逆的，都是有方向性的.例如，物体间存在温度差时，如果没有外界影响，能量总是从高温物体传向低温物体，直到两物体的温度相等；气体密度不均匀时，气体要从密度大的区域向密度小的区域迁移，直到气体密度达到均匀状态；热功之间的转化也是不可逆和有方向性的；等等.为了更方便地判别孤立系统中过程进行的方向，我们引入一个新的态函数——熵，并用熵的变化把系统中实际过程进行的方向表示出来，这就是熵增加原理.

克劳修斯

文档:克劳修斯

克劳修斯(Rudolf Clausius,1822—1888),德国理论物理学家.他对热力学理论有杰出贡献,曾提出热力学第二定律的克劳修斯表述.为了说明不可逆过程,他提出了一个新的概念——熵,并得出孤立系统的熵增加原理.他还是气体动理论的创始人之一.他提出统计概念和自由程概念,并导出平均自由程公式.他还利用统计概念导出气体压强公式,提出比范德瓦耳斯方程更普遍的气体物态方程.

一、熵

由卡诺定理式(8-25)可知,工作在两个给定温度 T_1 和 T_2 之间的所有可逆机的效率都相等.若其中有一可逆卡诺热机,则

$$\eta=\frac{Q_1-|Q_2|}{Q_1}=\frac{T_1-T_2}{T_1}$$

得

$$\frac{Q_1}{T_1}=\frac{|Q_2|}{T_2}$$

式中 Q_1 为系统吸收的热量,Q_2 为系统放出的热量.

上式可写为

$$\frac{Q_1}{T_1}+\frac{Q_2}{T_2}=0 \tag{8-27}$$

式中 Q_1/T_1 和 Q_2/T_2 分别为在等温膨胀和等温压缩过程中吸收和放出的热量与热源温度的比值,称为热温比.这样式(8-27)就表明,在可逆卡诺循环中,系统经历一个循环后,其热温比的总和为零.上述结论虽是从研究可逆卡诺循环时得出的,但它对任意可逆循环都适用,因而具有普遍性.

如图 8-18 所示的任意可逆循环,都可以看成是由许多小卡诺循环所组成的.这样,可逆循环的热温比近似等于所有小卡诺循环热温比之和,并为零,即

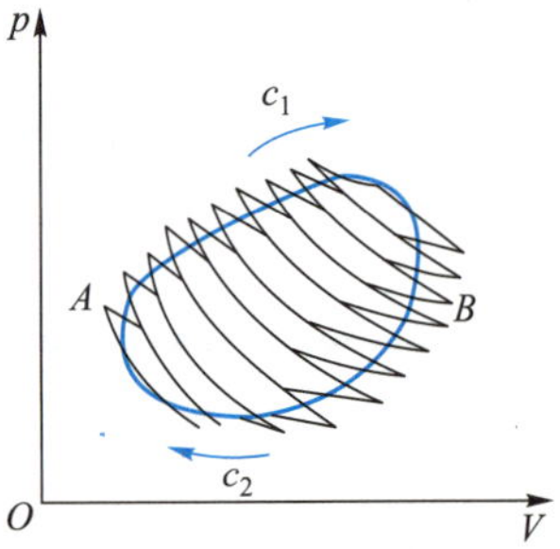

图 8-18 任意可逆循环可看成是由许多小卡诺循环组成的

$$\sum_{i=1}^{n}\frac{Q_i}{T_i}=0 \tag{8-28}$$

当小卡诺循环无限变窄,即小卡诺循环的数目无限多时,式(8-28)中的 $n\to\infty$,此时求和可用积分来替代,有

$$\oint\frac{\mathrm{d}Q}{T}=0 \tag{8-29}$$

式中 $\mathrm{d}Q$ 为系统从温度为 T 的热源中吸收的热量.式(8-29)表明,系统经历任意可逆循环过程一周后,其热温比之和为零.式(8-29)也称为克劳修斯等式.

在如图 8-19 所示的可逆循环中有两个状态 A 和 B.这个可逆循环可分

为 Ac_1B 和 Bc_2A 两个可逆过程.由式(8-29),有

$$\oint \frac{\mathrm{d}Q}{T} = \int_{Ac_1B} \frac{\mathrm{d}Q}{T} + \int_{Bc_2A} \frac{\mathrm{d}Q}{T} = 0 \tag{8-30}$$

由于上述每一过程都是可逆的,所以正逆过程热温比的值相等但反号,有

$$\int_{Bc_2A} \frac{\mathrm{d}Q}{T} = -\int_{Ac_2B} \frac{\mathrm{d}Q}{T}$$

于是式(8-30)可写为

$$\int_{Ac_1B} \frac{\mathrm{d}Q}{T} = \int_{Ac_2B} \frac{\mathrm{d}Q}{T} \tag{8-31}$$

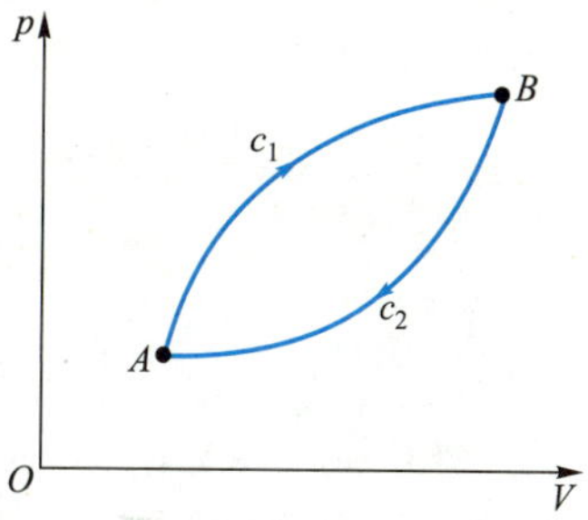

图 8-19 熵

这个结果表明,系统从状态 A 到达状态 B,无论经历哪一个可逆过程,热温比 $\mathrm{d}Q/T$ 的积分都是相等的.这就是说,沿可逆过程的 $\mathrm{d}Q/T$ 的积分,只取决于始、末两态,而与过程无关.对此,比照第 8-2 节关于定义内能的思路,我们可以认为,上述结果表明存在一个新的态函数,这个态函数在始、末两态 A、B 间的增量为一确定值,等于这两平衡态之间任意一个可逆过程的热温比 $\mathrm{d}Q/T$ 的积分,而与什么样的具体过程无关.这个态函数叫做熵 S,它是克劳修斯于 1854 年发现,并于 1865 年予以命名的.于是,由式(8-31),有

$$S_B - S_A = \int_A^B \frac{\mathrm{d}Q}{T} \quad (\text{可逆过程}) \tag{8-32a}$$

式中 S_A 和 S_B 分别表示系统在状态 A 和状态 B 的熵.上式的物理意义是:在热力学过程中,任一热力学系统从初态 A 变化到末态 B 时,系统熵的增量等于初态 A 和末态 B 之间任意可逆过程热温比 $\mathrm{d}Q/T$ 的积分.

若系统经无限小的可逆过程,则有

$$\mathrm{d}S = \frac{\mathrm{d}Q}{T} \tag{8-32b}$$

熵的单位名称是焦耳每开尔文,符号是 $\mathrm{J\cdot K^{-1}}$.

二、熵变的计算

在热力学中,我们主要根据式(8-32a)来计算两平衡态之间熵的变化.计算时应注意:

(1) 熵是状态的单值函数,故系统处于某给定状态时,其熵也就确定了.如果系统从始态经一过程达到末态,始、末两态均为平衡态,那么,系统熵的变化也是确定的,与过程是否可逆无关.因此,当始、末两态之间为一不可逆过程时,我们就可以预先在两态间设计一个可逆过程,然后用式(8-32a)进行计算.

（2）系统如分为几个部分，系统的熵是各部分的熵之和，故各部分的熵变之和就等于系统的熵变，即熵具有可加性.

下面举两个计算熵变的例子.

例 1 不同温度的液体混合前后的熵变

设有一个系统贮有 1 kg 的水，系统与外界间没有能量传递.开始时，一部分水的质量为 0.30 kg、温度为 90 ℃，另一部分水的质量为 0.70 kg、温度为 20 ℃.混合后，系统内水温达到平衡.试求水的熵变.

解 由于系统与外界间没有能量传递，所以系统可看作孤立系统.水的温度由不均匀达到均匀的过程，实际上是一个不可逆过程.为计算混合前后水的熵变，我们设想混合前，两部分的水均各处于平衡态；混合后的水亦处于平衡态，混合是在等压下进行的.这样我们可假设水的混合过程为一可逆的定压过程.于是我们可以利用式(8-32a)来计算水的熵变.

设水温达到平衡时的温度为 T'，水的比定压热容为 $c_p=4.18\times10^3\ \mathrm{J\cdot kg^{-1}\cdot K^{-1}}$，热水的温度为 $T_1=363\ \mathrm{K}$，冷水的温度为 $T_2=293\ \mathrm{K}$，热水的质量为 $m_1=0.3\ \mathrm{kg}$，冷水的质量为 $m_2=0.7\ \mathrm{kg}$.由能量守恒定律，有

$$0.30\times c_p(363\ \mathrm{K}-T')=0.70\times c_p(T'-293\ \mathrm{K})$$

解上式可得，水温达到平衡时的温度为

$$T'=314\ \mathrm{K}$$

由式(8-32a)可分别得到，热水的熵变为

$$\Delta S_1=\int_{T_1}^{T'}\frac{\mathrm{d}Q}{T}=m_1c_p\int_{T_1}^{T'}\frac{\mathrm{d}T}{T}=m_1c_p\ln\frac{T'}{T_1}$$
$$=-182\ \mathrm{J\cdot K^{-1}}$$

冷水的熵变为

$$\Delta S_2=\int_{T_2}^{T'}\frac{\mathrm{d}Q}{T}=m_2c_p\int_{T_2}^{T'}\frac{\mathrm{d}T}{T}=m_2c_p\ln\frac{T'}{T_2}$$
$$=203\ \mathrm{J\cdot K^{-1}}$$

而系统的熵变是这两部分水的熵变之和，即

$$\Delta S=\Delta S_1+\Delta S_2=21\ \mathrm{J\cdot K^{-1}}$$

从计算结果可以看出，在热水与冷水混合的过程中，虽然热水的熵有所减少，但冷水的熵增加得更多，这致使系统的熵增加了.由于系统与外界之间没有能量传递，所以上述计算结果也表明，在一个孤立系统中，不同温度物质的混合过程是一个不可逆过程.因此，我们也可以说，在孤立系统中不可逆过程的熵是增加的.

例 2 热传导过程中的熵变

如图 8-20 所示，一个容器的器壁是由绝热材料做成的.容器内有两个彼此相互接触的物体 A 和 B，它们的温度分别为 T_A 和 T_B，且 $T_A>T_B$.这两个物体组成一个系统.由于容器被绝热壁所包围，容器内的物体系统可视为孤立系统.容器内物体 A 和 B 间的热传导过程可看作孤立系统中进行的不可逆过程.

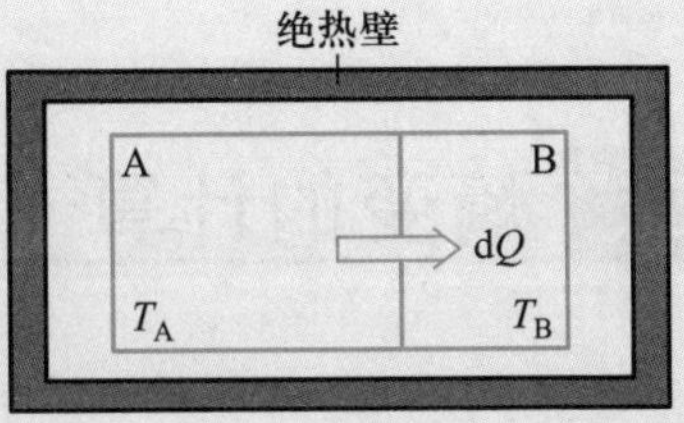

图 8-20

考虑到 $T_A>T_B$，则有热量从物体 A 传递到物体 B.设在微小时间间隔 $\mathrm{d}t$ 内，从 A 传递到 B 的热量为 $\mathrm{d}Q$，并且是在可逆的等温过程中进行的.那么，A 的熵变为

$$\mathrm{d}S_A=\frac{(-\mathrm{d}Q)}{T_A}=-\frac{\mathrm{d}Q}{T_A}$$

B 的熵变为

$$dS_B=\frac{dQ}{T_B}$$

在这微小时间间隔内，该孤立系统的熵变为

$$dS=dS_A+dS_B=-\frac{dQ}{T_A}+\frac{dQ}{T_B}$$

因为 $T_A>T_B$，所以

$$dS>0$$

可见，在孤立系统中只要相互接触的物体 A 和 B 之间有温度差，系统的熵就总是要增加的，直到两物体的温度相同为止. 因此，在孤立系统中所进行的热传导过程，也是一个不可逆过程. 热传导过程中熵增加的例子又一次说明，在孤立系统中不可逆过程的熵是增加的.

三、熵增加原理

上面以不同温度的液体混合和热传导为例，得出了在孤立系统中进行不可逆过程时系统的熵要增加的结论，即

$$\Delta S>0 \quad (\text{孤立系统中的不可逆过程}) \tag{8-33}$$

其实，自然界中的不可逆过程还有很多，例如前面已讲过的气体的扩散、热功转化等，都是不可逆过程的例子. 如果我们用上述方法计算，也都能得出熵要增加的结果. 因此，孤立系统中一切不可逆过程的熵变都如式(8-33)一样，是增加的.

那么，在孤立系统中可逆过程的熵变又是如何呢？由于孤立系统与外界之间没有能量传递，孤立系统中发生的过程，当然也是绝热的，即 $dQ=0$. 因此，由式(8-32a)可知，对于孤立系统中的可逆过程，其熵应该保持不变，即

$$\Delta S=0 \quad (\text{孤立系统中的可逆过程}) \tag{8-34}$$

于是我们把式(8-33)和式(8-34)合并为一个式子，有

$$\Delta S\geqslant 0 \tag{8-35}$$

上式可适用于孤立系统中的任意过程. 当取“>”号时，用于不可逆过程；当取“=”号时，用于可逆过程. 式(8-35)叫做熵增加原理. 它表明，孤立系统中的可逆过程的熵不变；孤立系统中的不可逆过程的熵要增加. 因此，若一个孤立系统开始时处于非平衡态（如温度不同、气体密度不同等），后来逐渐向平衡态过渡，则在此过程中熵要增加，最后当系统达到平衡态时（如温度均匀、气体密度均匀等），系统的熵达到最大值. 此后，如果系统的平衡状态不被破坏，系统的熵将保持不变. 孤立系统中物质由非平衡态向平衡态过渡的

过程为不可逆过程.所以说,孤立系统中不可逆过程总是朝着熵增加的方向进行,直到达到熵的最大值.因此,用熵增加原理可判断过程进行的方向和限度.

应当强调指出,熵增加原理是有条件的,它只对孤立系统才成立.

四、熵增加原理与热力学第二定律

回顾热力学第二定律的表述和熵增加原理的表述,我们可以看到它们对宏观热现象进行的方向和限度的叙述是等效的.例如在热传导问题中,热力学第二定律叙述为:热量只能自动地从高温物体传递给低温物体,而不能自动地向相反方向进行.熵增加原理则叙述为:孤立系统中进行的从高温物体向低温物体传递热量的热传导过程,使系统的熵增加,是一个不可逆过程;当孤立系统达到温度平衡时,系统的熵具有最大值.对比以上两种叙述可以看出,热力学第二定律和熵增加原理对热传导方向的叙述是协调的、等效的.它们对热功转化等其他不可逆的热现象的叙述也是等效的.不过,熵增加原理是把热现象中不可逆过程进行的方向和限度,用简明的数量关系表达出来了,尽管这种表达只限于对孤立系统而言.

五、玻耳兹曼关系式——热力学第二定律的统计意义

玻耳兹曼

文档:玻耳兹曼

上面我们从宏观方面出发,讨论了描述热力学过程方向性的熵增加定理.下面我们将从玻耳兹曼关系式来简述热力学第二定律的统计意义,从而加深对熵和熵增加原理的理解.

从上面两个例题中可以看出,无论是不同温度的液体之间的混合,还是温度不均匀的物体的热传导,它们的熵总是增加的.也就是说,在孤立系统中,温度总是由不均匀趋向于均匀,犹如朝某方向喷洒的香水总会弥散到整个房间那样,由不均匀趋于均匀,从有序趋于无序.显然,在孤立系统中,熵增加的过程是系统从有序趋于无序的过程.那么,怎样把系统的熵和无序度定量地联系起来呢? 玻耳兹曼认为,系统的无序度可用系统的微观状态数 W 或热力学概率来描述,提出热力学熵 S 与系统的微观状态数 W 之间的关系为

$$S=k\ln W \quad (8-36)$$

①

上式称为玻耳兹曼关系式,式中 k 为玻耳兹曼常量.

下面我们通过在孤立系统中气体扩散的例子,介绍系统的微观状态数

① 玻耳兹曼生前只讨论了 S 与 $\log W$ 成正比的关系.过后不久,普朗克在关于热辐射的文章中写成了 $S=k\log W$,并将该公式以玻耳兹曼命名.

W 的概念,以及应用玻耳兹曼关系式(8-36)来讨论气体扩散过程中熵增加的问题,从而理解热力学第二定律的统计意义.

在图 8-21 所示的孤立容器内,一隔板把体积 V_2 分为两部分.开始时,V_1 内有 N 个理想气体分子,余下体积内为真空.为确定分子处在 V_1 内的位置,设想将容器分为许多小格子,每个小格子的体积为 τ,这样,在 V_1 内就有 V_1/τ 个格子.分子处于不同的格子里就表示分子不同的微观态.我们假设分子处于诸多格子中任意一个格子里的概率是相等的①,并认为分子处于某一个格子里就表示分子的一个微观态,那么,一个分子在 V_1 内就有 $V_1/\tau=\omega_1$ 个微观状态数.于是,N 个分子在 V_1 内将有 $W_1=\omega_1^N=(V_1/\tau)^N$ 个微观状态数.显然,当把隔板抽出以后,N 个气体分子将分布在体积为 V_2 的整个容器内,这时 N 个分子在 V_2 内的微观状态数就为 $W_2=\omega_2^N=(V_2/\tau)^N$.

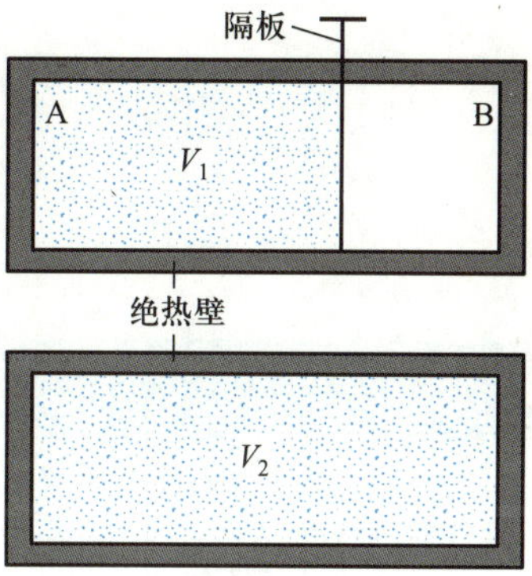

图 8-21 理想气体自由膨胀

视频:熵与绝热去磁

由玻耳兹曼关系式(8-36)可得,N 个分子均匀分布在 V_1 内的熵为

$$S_1=k\ln W_1=k\ln(V_1/\tau)^N \tag{8-37}$$

把隔板抽出以后,N 个气体分子均匀分布在体积为 V_2 的整个容器内的熵为

$$S_2=k\ln W_2=k\ln(V_2/\tau)^N \tag{8-38}$$

这样,N 个气体分子从体积为 V_1 自由膨胀到体积为 V_2 的过程中,增加的熵为

$$\begin{aligned}S_2-S_1&=k\ln(V_2/\tau)^N-k\ln(V_1/\tau)^N\\&=kN\ln V_2-kN\ln V_1=kN\ln\frac{V_2}{V_1}>0\end{aligned}$$

因为 $N=\nu N_A$,$R=kN_A$,所以上式亦可写成

$$S_2-S_1=\nu R\ln\frac{V_2}{V_1}>0 \tag{8-39}$$

可见,理想气体在自由膨胀的过程中,系统的热力学概率由 W_1 增加到 W_2,即 $W_2>W_1$.在此过程中,系统的熵亦由 S_1 增加到 S_2.因此可以说,孤立系统熵增加的过程是系统的热力学概率增大的过程,是系统从非平衡态趋于平衡态的过程,是系统无序度加大的过程,是一个宏观的不可逆过程.

上述结论虽是从理想气体自由膨胀得出的,但对孤立系统中其他的不可逆过程都是适用的.从上述结论可以知道,玻耳兹曼关系式的重要意义在于把宏观量熵和微观量热力学概率联系了起来,从而对熵增加原理和热力学第二定律给予了统计解释.劳厄对玻耳兹曼的贡献给予极高评价:"熵与概率之间的联系是物理学最深刻的思想之一."

为了纪念玻耳兹曼的卓越贡献,他的墓碑上虽没有惯用的墓志铭以记述他的功绩,却寓意隽永地刻着 $S=k\log W$②.这表达了人们对玻耳兹曼的深深怀念和尊敬.

在维也纳中央公园里的玻耳兹曼墓碑

① 这是统计力学的一条基本假设,也称为微观态等概率假设,它是由玻耳兹曼最先提出的.

② 现今玻耳兹曼关系式的形式是式(8-36),而不是墓碑上的 $S=k\log W$.

复习自测题

问题

8-1 从增加内能方面来说，做功和传递热量是等效的.但又如何理解它们在本质上的差异呢？

8-2 一系统能否吸收热量，仅使其内能变化？一系统能否吸收热量，而不使其内能变化？

8-3 在一巨大的容器内，贮满温度与室温相同的水.容器底部有一小气泡缓缓上升，逐渐变大，这是什么过程？在气泡上升过程中，泡内气体是吸热还是放热？

8-4 一块 1 kg、0 ℃的冰，从 40 m 的高空落到一个木制的盒中，如果所有的机械能都能转化为冰的内能，这块冰可否全部熔化？（已知 1 mol 的冰熔化时要吸收 6.0×10^3 J 的热量.）

8-5 铀原子弹爆炸后约 100 ms 时，“火球”是半径约为 15 m、温度约为 3×10^5 K 的气体.作为粗略估算，“火球”的扩大过程可视为空气的绝热膨胀.试问当“火球”的温度为10^3 K 时，其半径有多大？

8-6 1 kg 的空气，开始时温度为 0 ℃.如果吸收 4.18×10^3 J 的热量，问：(1) 在体积不变时，(2) 在压力不变时，内能各增加多少？哪种情况下温度升高较多？

8-7 如图所示，有三个循环过程，请指出每一循环过程所做的功是正的、负的，还是零.说明理由.

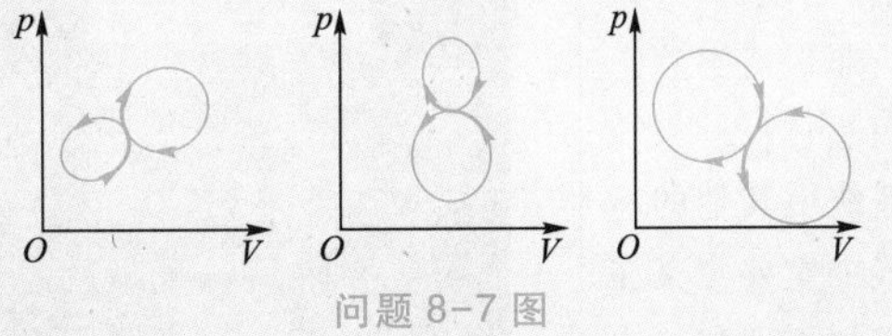

问题 8-7 图

8-8 有人说，因为在循环过程中系统对外做的净功在数值上等于 p-V 图中封闭曲线所包围的面积，所以封闭曲线包围的面积越大，循环效率就越高.对吗？

8-9 下述三种说法，孰对孰错？说明其理由：(1) 系统经历一正循环后，系统的状态没有变化；(2) 系统经历一正循环后，系统与外界都没有变化；(3) 系统经历一正循环后，接着再经历一逆循环，系统与外界亦均无变化.

8-10 使实际热机的效率低于卡诺热机效率的因素是哪些？

8-11 你能举出有哪些过程可近似作为可逆过程？

8-12 自然界中的过程都遵守能量守恒定律，那么，作为它的逆定理“遵守能量守恒定律的过程都可以在自然界中出现”，能否成立？

8-13 等温膨胀时，系统吸收的热量全部用来做功，这和热力学第二定律有没有矛盾？为什么？

8-14 如果两绝热线相交，那么可在两绝热线之间取一等温线，从而形成一个循环.试说明这个循环违背热力学第二定律，因此两绝热线不会相交.

8-15 有人说：在一个容器里，物质的能量总是由高温物体传至低温物体，最后达到热平衡.于是他就推论说：宇宙中物质的能量也是这样传递的，总有一天，宇宙会达到热平衡，即“热寂”了.你同意他的说法吗？理由呢？

习题

8-1 如图所示，一定量的理想气体经历 acb 过程时吸热 700 J，则经历 $acbda$ 过程时，吸热（　　）.

(A) −700 J　　(B) 500 J

(C) −500 J　　(D) −1 200 J

8-2 如图所示，一定量的理想气体，由平衡态 A 变到平衡态 B，且它们的压强相等，即 $p_A=p_B$.则在状态 A 和状态 B 之间，气体无论经过的是什么过程，气体必然（　　）.

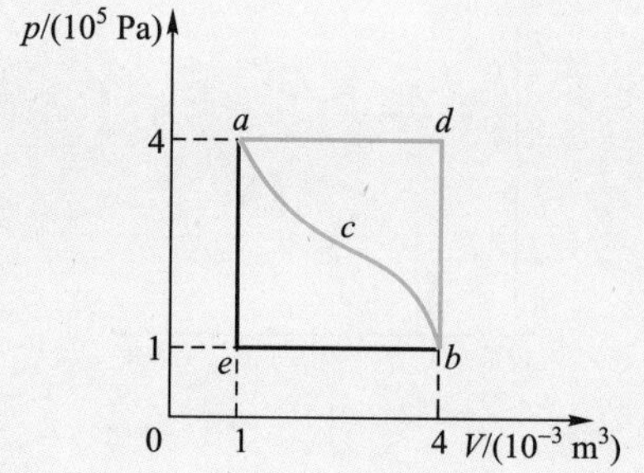

习题 8-1 图

(A) 对外做正功　　(B) 内能增加

(C) 从外界吸热　　(D) 向外界放热

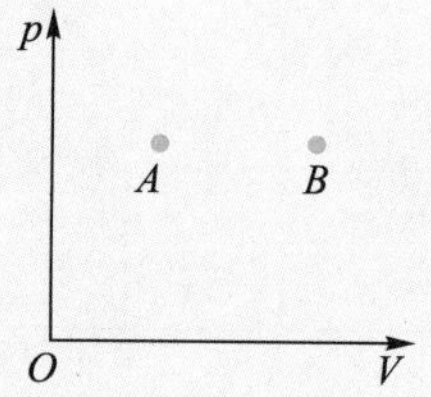

习题 8-2 图

8-3　两个相同的刚性容器，一个盛有氢气，一个盛有氦气（均视为刚性分子理想气体）.开始时它们的压强和温度都相同，现将 3 J 热量传给氦气，使之升高到一定的温度.若使氢气也升高同样的温度，则应向氢气传递的热量为（　　）.

(A) 6 J　(B) 3 J　(C) 5 J　(D) 10 J

8-4　一定量的理想气体分别经过等压、等温和绝热过程从体积 V_1 膨胀到体积 V_2，如图所示，则下述说法正确的是（　　）.

(A) $A \to C$ 吸热最多，内能增加

(B) $A \to D$ 内能增加，做功最少

(C) $A \to B$ 吸热最多，内能不变

(D) $A \to C$ 对外做功，内能不变

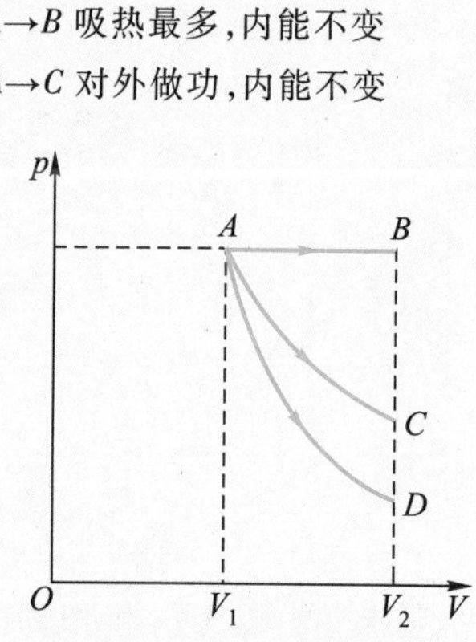

习题 8-4 图

8-5　一台工作于温度分别为 327 ℃ 和 27 ℃ 的高温热源与低温热源之间的卡诺热机，每经历一个循环吸热 2 000 J，则对外做功（　　）.

(A) 2 000 J　　(B) 1 000 J

(C) 4 000 J　　(D) 500 J

8-6　有人想象了如图所示的四个理想气体的循环过程，则在理论上可以实现的为（　　）.

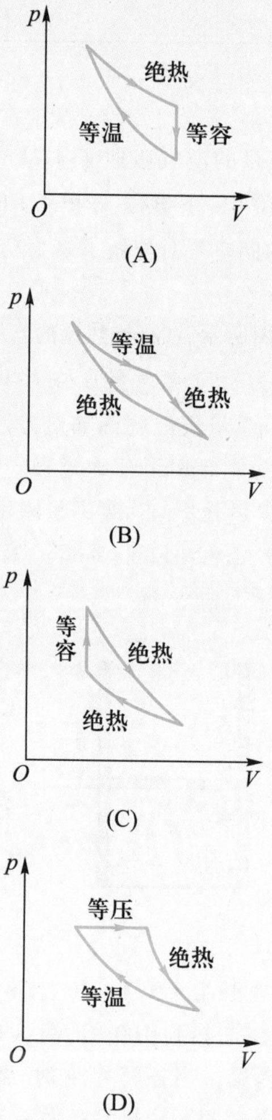

习题 8-6 图

8-7　位于委内瑞拉的安赫尔瀑布是世界上落差最大的瀑布，它高 979 m.如果在水下落过程中，重力对它所做的功中有 50% 转化为热量，并使水温升高，求水由瀑布顶部落到底部而产生的温差.（水的比热容为 $4.18\times10^3\ \mathrm{J\cdot kg^{-1}\cdot K^{-1}}$.）

8-8　如图所示，1 mol 氦气由状态 $A(p_1、V_1)$ 沿直

线变到状态 $B(p_2、V_2)$，求在此过程中内能的变化量、对外做的功、吸收的热量.

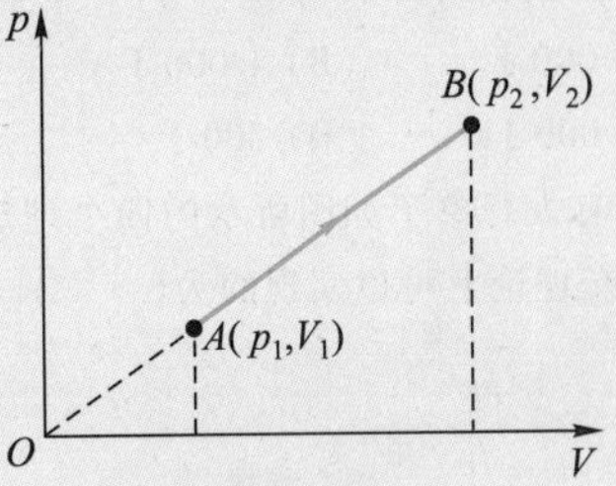

习题 8-8 图

8-9 一定量的空气吸收了 1.71×10^3 J 的热量，并保持在 1.0×10^5 Pa 下膨胀，体积从 1.0×10^{-2} m^3 增加到 1.5×10^{-2} m^3，问空气对外做了多少功？它的内能改变了多少？

8-10 如图所示，在有绝热壁的气缸内盛有 1 mol 的氮气，活塞外为大气，氮气的压强为 1.51×10^5 Pa，活塞面积为 0.02 m^2.从气缸底部加热，活塞缓慢上升了 0.5 m.问：(1) 气体经历了什么过程？(2) 气缸中的气体吸收了多少热量？(根据实验测定，已知氮气的摩尔定压热容 $C_{p,m}=29.12\ J\cdot mol^{-1}\cdot K^{-1}$，摩尔定容热容 $C_{V,m}=20.80\ J\cdot mol^{-1}\cdot K^{-1}$.)

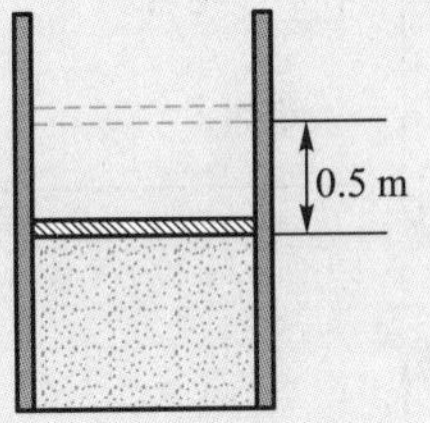

习题 8-10 图

8-11 一压强为 1.0×10^5 Pa、体积为 1.0×10^{-3} m^3 的氧气自 0 ℃ 被加热到 100 ℃，问：(1) 当压强不变时，需要多少热量？当体积不变时，需要多少热量？(2) 在等压或等容过程中氧气各做了多少功？

8-12 如图所示，系统从状态 A 沿 ABC 变化到状态 C 的过程中，外界有 326 J 的热量传递给系统，同时系统对外界做功 126 J.如果系统从状态 C 沿另一曲线 CA 回到状态 A，外界对系统做功 52 J，那么在此过程中系统是吸热还是放热？传递的热量是多少？

8-13 如图所示，使 1 mol 氧气 (1) 由状态 A 等温地变到状态 B；(2) 由状态 A 等容地变到状态 C，再

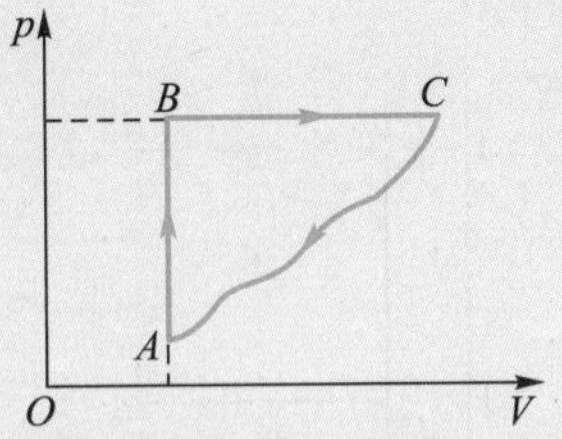

习题 8-12 图

由状态 C 等压地变到状态 B.试分别计算氧气所做的功和吸收的热量.

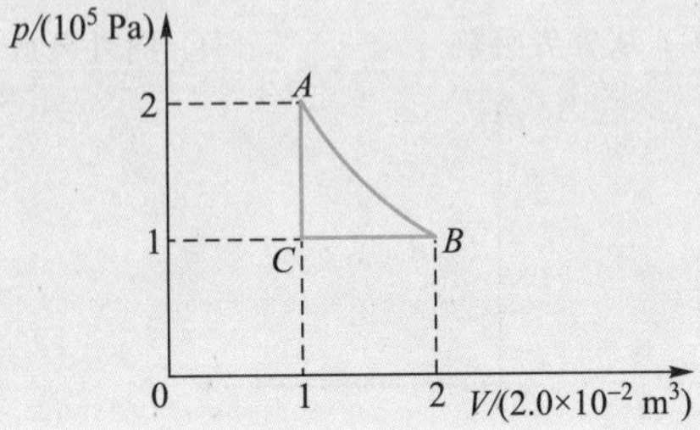

习题 8-13 图

8-14 试验用的火炮炮筒长为 3.66 m，内膛直径为 0.152 m，炮弹质量为 45.4 kg，击发后火药爆燃完全时炮弹已被推行 0.98 m，速度为 311 $m\cdot s^{-1}$，这时膛内气体压强为 2.43×10^8 Pa.设此后膛内气体作绝热膨胀，直到炮弹出口.求：(1) 在这一绝热膨胀过程中气体对炮弹做的功(设摩尔定压热容与摩尔定容热容比值为 $\gamma=1.2$)；(2) 炮弹的出口速度(忽略摩擦).

8-15 1 mol 氦气经过如图所示的循环过程，其中 $p_2=2p_1$，$V_2=2V_1$，且 a 点温度 $T_a=300$ K.求：(1) 该系统在 $a\to b$，$b\to c$，$c\to d$，$d\to a$ 各过程中气体吸放热的值；(2) 循环效率.

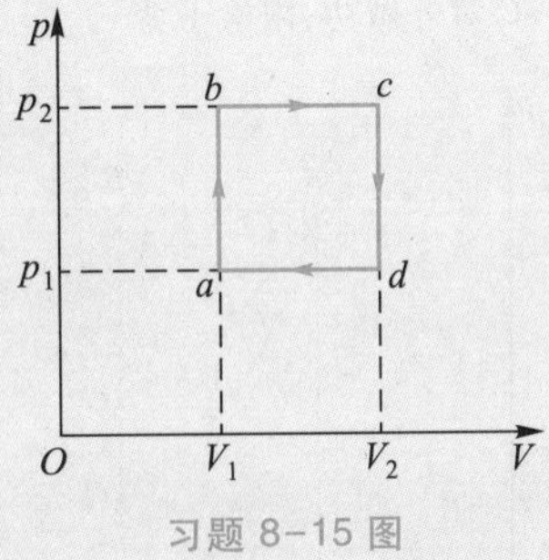

习题 8-15 图

8-16 0.32 kg 的氧气作如图所示的循环 $ABCDA$.设 $V_2=2V_1$，$T_1=300$ K，$T_2=200$ K，求循环效率.

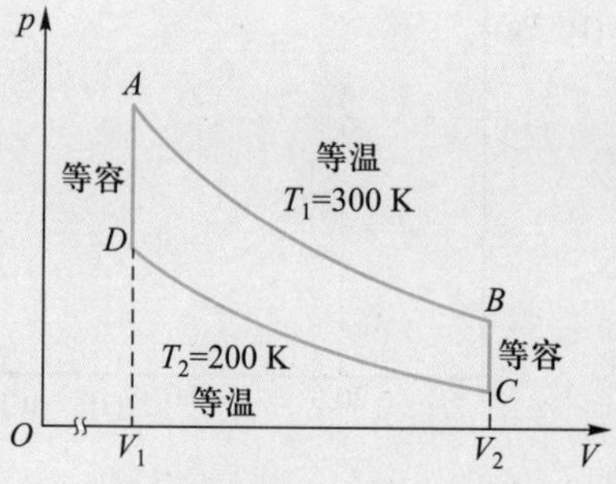

习题 8-16 图

8-17　本题图是某单原子分子理想气体循环过程的 V-T 图，图中 $V_C=2V_A$.（1）试问图中所示循环代表制冷机还是热机？（2）如是正循环（热机循环），求出其循环效率.

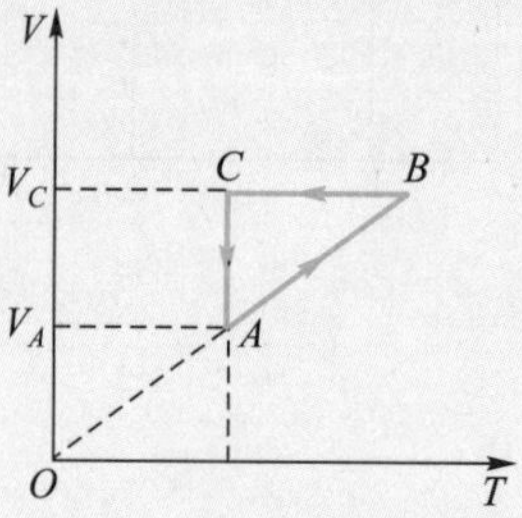

习题 8-17 图

8-18　一卡诺热机的低温热源温度为 7 ℃，效率为 40%，若要将其效率提高到 50%，问高温热源的温度需提高多少？

8-19　一可逆卡诺热机高温热源的温度为 227 ℃，低温热源的温度为 27 ℃.其每次循环对外做净功 2 000 J，现通过提高高温热源的温度改进热机的工作效率，使其每次循环对外做净功 3 000 J.若前后两个卡诺循环都工作在相同的两条绝热线间且低温热源温度不变，试求：（1）改进前后热机的循环效率；（2）改进后热机的高温热源温度.

8-20　一定量的理想气体经历如图所示的循环过程.其中 AB 和 CD 是等压过程，BC 和 DA 是绝热过程.已知 B 点温度 $T_B=T_1$，C 点温度 $T_C=T_2$.（1）证明该热机的效率为 $\eta=1-T_2/T_1$；（2）这个循环是卡诺循环吗？

8-21　一小型热电厂内，一台利用地热发电的热机工作于温度为 227 ℃的地下热源和温度为 27 ℃的地表之间.假定该热机每小时能从地下热源获取 1.8×10^{11} J 的热量.试从理论上计算其最大功率.

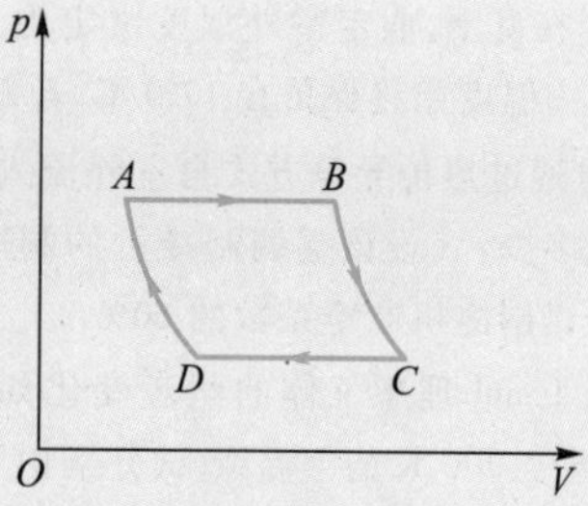

习题 8-20 图

8-22　有一以理想气体为工作物质的热机，其循环如图所示，试证明热机的效率为

$$\eta=1-\gamma\frac{V_1/V_2-1}{p_1/p_2-1}$$

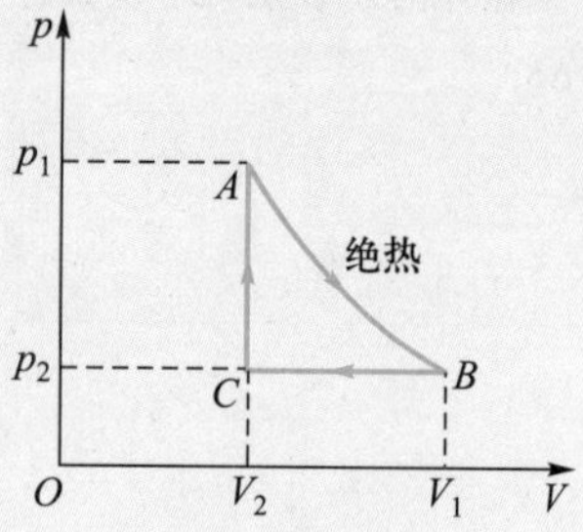

习题 8-22 图

8-23　一定量的理想气体，沿图示的 $ABCA$ 循环，请填写表格中的空格.

过程	内能的增量 ΔE/J	对外做的功 W/J	吸收的热量 Q/J
$A\to B$	1 000		
$B\to C$		1 500	
$C\to A$		−500	
$ABCA$	循环效率 $\eta=$		

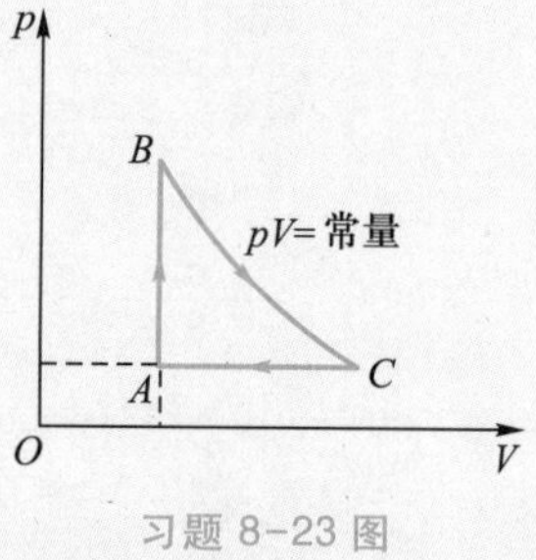

习题 8-23 图

8-24 在夏季，假定室外温度恒定为 37.0 ℃，启动空调使室内温度始终保持在 17.0 ℃.若每天有2.51×10^8 J 的热量通过热传导等方式自室外流入室内，则空调一天耗电多少？（设该空调制冷机的制冷系数为同条件下的卡诺制冷机制冷系数的 60%.）

8-25 1 mol 理想气体的状态变化如图所示，其中 1→3 为温度 300 K 的等温线.试分别由下列过程计算气体熵的变化：(1) 经等压过程 1→2 和等容过程 2→3 由始态 1 到末态 3；(2) 经等温过程由始态 1 到末态 3.

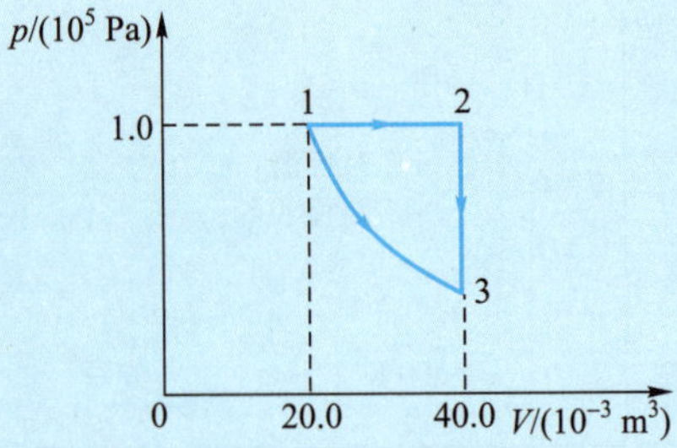

习题 8-25 图

8-26 气缸内有 0.1 mol 的氧气（视为刚性双原子分子理想气体），作如图所示的循环过程，其中 ab 为等温过程，bc 为等容过程，ca 为绝热过程.已知 $V_b=3V_a$，求：(1) 该循环的效率 η；(2) 从状态 b 到状态 c，氧气的熵变 ΔS.

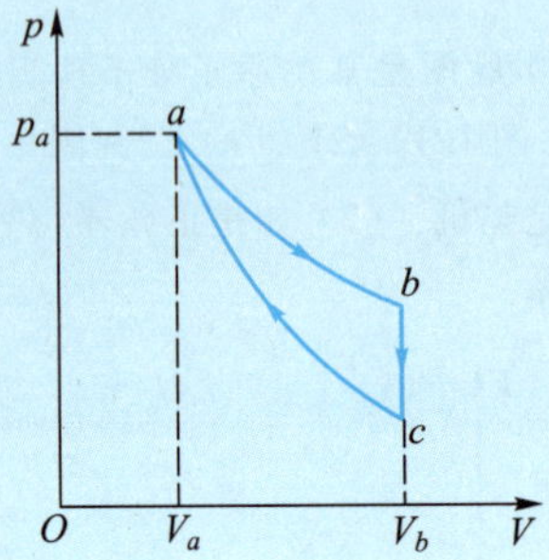

习题 8-26 图

第八章习题答案

附录一　矢　　量

矢量代数在物理学中是常用的数学工具，它可用较为简洁的数学语言表达某些物理量及其变化规律，这对加深理解物理量及物理定律的含义是很有帮助的.这里主要介绍矢量的概念，矢量的合成和分解，矢量的标积和矢积以及矢量的导数和积分.读者在教师指导下，随着课程的进行，可经常查阅本附录的有关内容，这样就可以逐步熟练掌握矢量的基本概念和计算方法.

一、标量和矢量

在基础物理学领域内，我们经常遇到两类物理量.一类是标量物理量(简称标量)，如质量、时间、体积等，它们仅有大小和单位，并遵循通常的代数运算法则；另一类是矢量物理量(简称矢量)，如位移、速度、力等，它们不仅有大小和单位，还有方向，并遵循矢量代数运算法则.

矢量通常用黑体字母 $\boldsymbol{A}$ 或带有箭号的字母 $\vec{A}$ 来表示，在作图时，常用有向线段表示[图 1(a)].线段的长短按一定比例表示矢量的大小，箭头的指向表示矢量的方向.如一列高速火车以 $50\ \mathrm{m\cdot s^{-1}}$ 的速度向东行驶，则其速度矢量 $\boldsymbol{v}$ 可用图 1(b)中的有向线段表示.

矢量的大小叫做矢量的模，矢量 $\boldsymbol{A}$ 的模常用符号 $|\boldsymbol{A}|$ 或 A 表示.如果有一个矢量，其模与矢量 $\boldsymbol{A}$ 的模相等，方向相反，那么就可用 $-\boldsymbol{A}$ 来表示这个矢量[图 1(a)].

如图 2 所示，若把矢量 $\boldsymbol{A}$ 在空间平移，则矢量 $\boldsymbol{A}$ 的大小和方向都不会因平移而改变.矢量的这个性质称为矢量平移的不变性，它是矢量的一个重要性质.

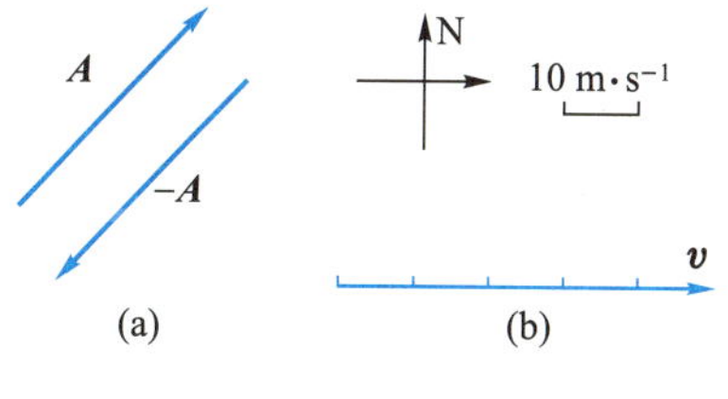

图 1　矢量的图像表示

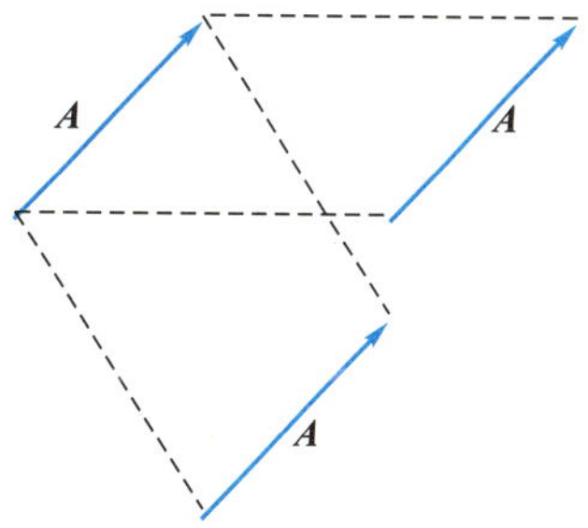

图 2　矢量平移

二、矢量合成的几何法

1. 矢量相加

如图 3 所示，设一质点最初位于点 a，然后到达点 b，最后处于点 c.它从 a 到 b 的位移为 $\boldsymbol{A}$，从 b 到 c 的位移为 $\boldsymbol{B}$，且质点从 a 直接到 c 的位移为 $\boldsymbol{C}$.因此

$$\boldsymbol{A}+\boldsymbol{B}=\boldsymbol{C} \tag{1}$$

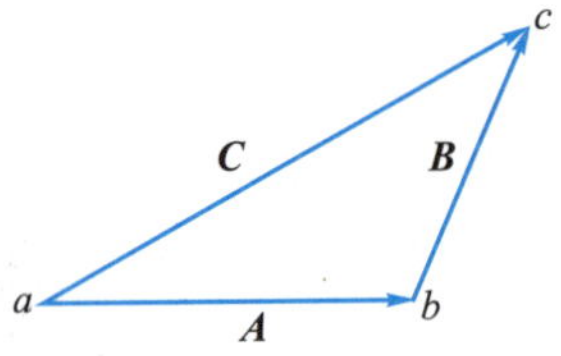

图 3 两矢量合成的三角形法则

即位移 $\boldsymbol{C}$ 为位移 $\boldsymbol{A}$ 与位移 $\boldsymbol{B}$ 的矢量和.应当指出,式(1)虽是从物理量位移得出的,但实际上对任何具有矢量性质的相同的物理量相加都是适用的.图 3 所示的矢量相加也常叫做矢量相加的三角形法则.这个法则为:自矢量 $\boldsymbol{A}$ 的末端画出矢量 $\boldsymbol{B}$,则自矢量 $\boldsymbol{A}$ 的始端到矢量 $\boldsymbol{B}$ 的末端画出矢量 $\boldsymbol{C}$,$\boldsymbol{C}$ 就是 $\boldsymbol{A}$ 和 $\boldsymbol{B}$ 的合矢量.

利用矢量平移的不变性,图 3 中矢量 $\boldsymbol{B}$ 的始端可平移到点 a,这样,点 a 就成为 $\boldsymbol{A}$、$\boldsymbol{B}$ 的交点(图 4).从图 4 中可以看出,矢量 $\boldsymbol{A}$ 和 $\boldsymbol{B}$ 相加的合矢量是以这两矢量为邻边的平行四边形对角线矢量 $\boldsymbol{C}$.利用平行四边形求合矢量的方法叫做矢量相加的平行四边形法则.要注意,在画此平行四边形时,矢量 $\boldsymbol{A}$、$\boldsymbol{B}$ 和 $\boldsymbol{C}$ 的始端应共处于一点.

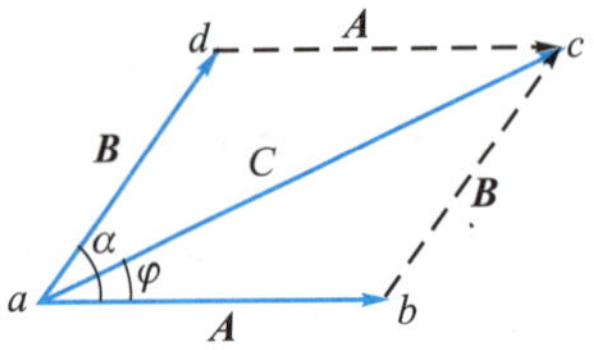

图 4 两矢量合成的平行四边形法则

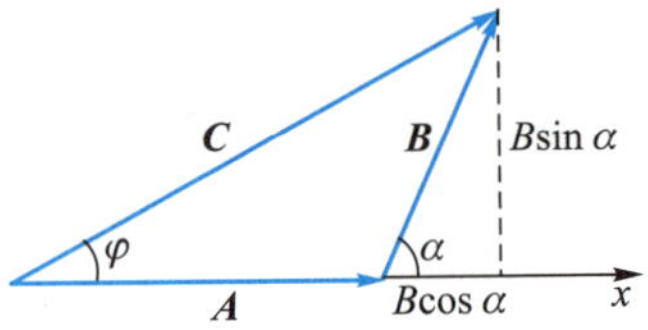

图 5 合矢量 $\boldsymbol{C}$ 的计算

合矢量的大小和方向,除了用上述几何作图法求解外,还可由计算求得.在图 4 中,设 α 为矢量 $\boldsymbol{A}$ 与 $\boldsymbol{B}$ 之间小于 180°的夹角,合矢量 $\boldsymbol{C}$ 与矢量 $\boldsymbol{A}$ 的夹角为 φ.由图 5 可知

$$C=\sqrt{A^2+B^2+2AB\cos\alpha} \tag{2a}$$

$$\varphi=\arctan\frac{B\sin\alpha}{A+B\cos\alpha} \tag{2b}$$

合矢量 $\boldsymbol{C}$ 的大小和方向由式(2a)和式(2b)确定.

对于在同一平面上多矢量的相加,原则上可以逐次采用三角形法则进行,得到多个矢量合成时的多边形法则.如图 6 所示,若要求出 $\boldsymbol{A}$、$\boldsymbol{B}$、$\boldsymbol{C}$、$\boldsymbol{D}$ 四个矢量的合矢量,则可从 $\boldsymbol{A}$ 矢量出发,首尾相接地依次画出 $\boldsymbol{B}$、$\boldsymbol{C}$、$\boldsymbol{D}$ 各矢量,然后由第一个矢量 $\boldsymbol{A}$ 的始端到最后一个矢量 $\boldsymbol{D}$ 的末端连一有向线段 $\boldsymbol{R}$,这个矢量 $\boldsymbol{R}$ 就是 $\boldsymbol{A}$、$\boldsymbol{B}$、$\boldsymbol{C}$、$\boldsymbol{D}$ 四个矢量的合矢量.

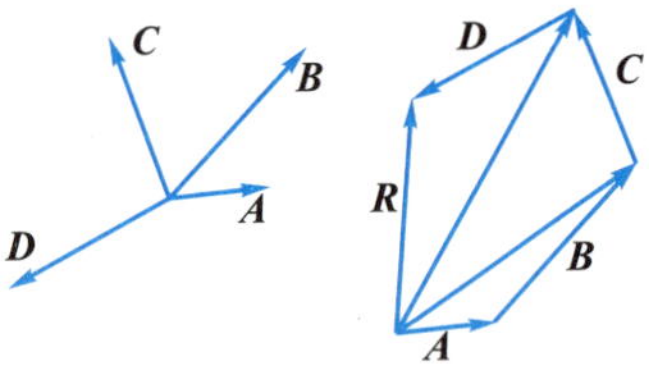

图 6 同一平面上的多矢量相加

2. 矢量相减

两个矢量 $\boldsymbol{A}$ 与 $\boldsymbol{B}$ 之差也是一个矢量,可用 $\boldsymbol{A}-\boldsymbol{B}$ 表示.矢量 $\boldsymbol{A}$ 与矢量 $\boldsymbol{B}$ 之差可写成矢量 $\boldsymbol{A}$ 与矢量 $-\boldsymbol{B}$ 之和,即

$$\boldsymbol{A}-\boldsymbol{B}=\boldsymbol{A}+(-\boldsymbol{B}) \tag{3}$$

如同两矢量相加一样,两矢量相减也可以采用平行四边形法则[图 7(a)].从图 7(b)中也可以看

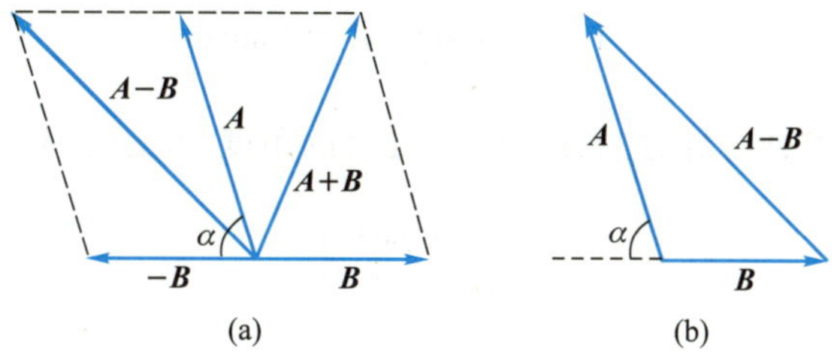

图 7 两矢量相减

出,若两矢量 $\boldsymbol{A}$ 和 $\boldsymbol{B}$ 从同一点画起,则自 $\boldsymbol{B}$ 末端向 $\boldsymbol{A}$ 末端作一矢量,该矢量就是矢量 $\boldsymbol{A}$ 与矢量 $\boldsymbol{B}$ 之差 $\boldsymbol{A}-\boldsymbol{B}$.

矢量差的大小和方向,仍可用式(2a)及(2b)进行计算,但必须注意,这时角 α 是矢量 $\boldsymbol{A}$ 与 $-\boldsymbol{B}$ 之间小于 180°的夹角,而不是矢量 $\boldsymbol{A}$、$\boldsymbol{B}$ 之间的夹角.

三、矢量合成的解析法

1. 矢量在直角坐标轴上的分矢量和分量

由前述已知,任意几个矢量可以相加为一个合矢量.反过来,一个矢量也可以分解为任意数目的分矢量.就一个矢量分解为两个分矢量而言,相当于已知一平行四边形的对角线求平行四边形两邻边的问题.由于对角线不变的平行四边形可以有无限多种,所以把一个矢量分解为两个分矢量可以有无限多种方法,图 8 所示只是其中的两种.

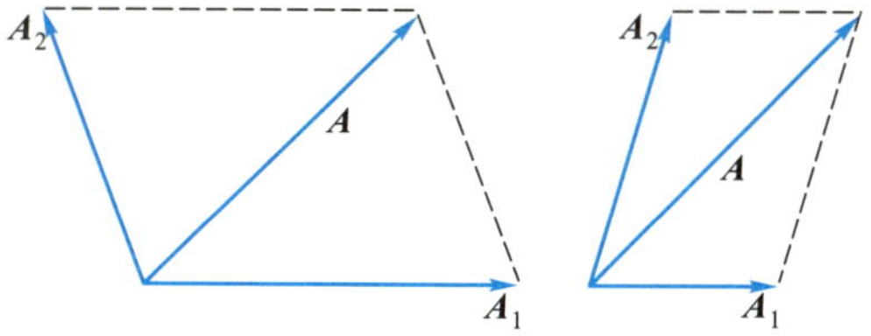

图 8 矢量分解

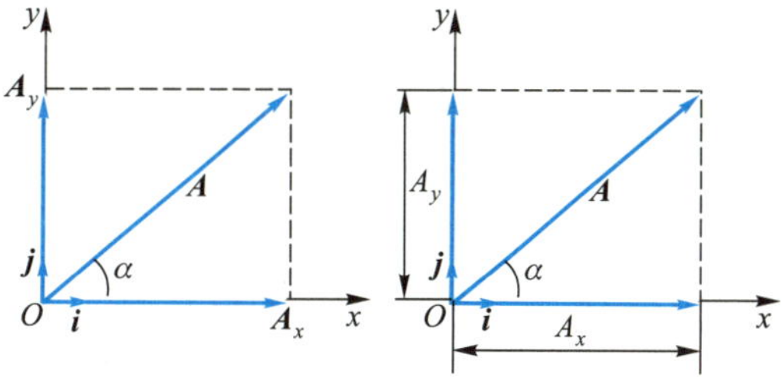

图 9 矢量在平面直角坐标轴上的分矢量

在实际问题中,我们常把一个矢量在选定的直角坐标系中进行分解.如图 9 所示,在平面直角坐标系 Oxy 中,矢量 $\boldsymbol{A}$ 的始端位于原点 O,它与 x 轴的夹角为 α.由图可见,矢量 $\boldsymbol{A}$ 在 x 轴上的分矢量 $\boldsymbol{A}_x$ 和在 y 轴上的分矢量 $\boldsymbol{A}_y$ 都是一定的,即

$$\boldsymbol{A}=\boldsymbol{A}_x+\boldsymbol{A}_y \tag{4}$$

若沿 Ox 轴的正向取一长度为 1 的单位矢量 $\boldsymbol{i}$,沿 Oy 轴的正向取一长度为 1 的单位矢量 $\boldsymbol{j}$,则分矢量 $\boldsymbol{A}_x$ 和 $\boldsymbol{A}_y$ 为

$$\boldsymbol{A}_x=A_x\boldsymbol{i},\quad \boldsymbol{A}_y=A_y\boldsymbol{j}$$

式中 A_x 和 A_y 分别叫做矢量 $\boldsymbol{A}$ 在 x 轴和 y 轴上的分量,它们分别是分矢量 $\boldsymbol{A}_x$ 和 $\boldsymbol{A}_y$ 的模,所以有

$$A_x=A\cos\alpha,\quad A_y=A\sin\alpha \tag{5}$$

应当注意,角 α 是 Ox 轴按逆时针方向旋转至 $\boldsymbol{A}$ 转过的角度.于是式(4)可写成

$$\boldsymbol{A}=A_x\boldsymbol{i}+A_y\boldsymbol{j} \tag{6}$$

显然,矢量 $\boldsymbol{A}$ 的模为

$$A=\sqrt{A_x^2+A_y^2}$$

矢量 $\boldsymbol{A}$ 与 x 轴的夹角 α 与分量 A_x、A_y 之间的关系为

$$\alpha=\arctan\frac{A_y}{A_x}$$

分量 A_x、A_y 的值可正可负,取决于矢量 $\boldsymbol{A}$ 与 x 轴的夹角 α.由式(5)可见,当 $\boldsymbol{A}$ 与 x 轴的夹角 $\alpha=0°$时,$A_x=A$,$A_y=0$;当 $\alpha=180°$时,$A_x=-A$,$A_y=0$.

若一个矢量 $\boldsymbol{A}$ 在如图 10 所示的三维直角坐标系中,则它在 x 轴、y 轴和 z 轴上的分矢量分别为 $\boldsymbol{A}_x$、$\boldsymbol{A}_y$ 和 $\boldsymbol{A}_z$,于是有

$$\boldsymbol{A}=\boldsymbol{A}_x+\boldsymbol{A}_y+\boldsymbol{A}_z$$

另外,矢量 $\boldsymbol{A}$ 在 x、y 和 z 轴上的分量分别为 A_x、A_y 和 A_z.若以 $\boldsymbol{i}$、$\boldsymbol{j}$ 和 $\boldsymbol{k}$ 分别表示 x、y 和 z 轴上的单位矢量,则有

$$\boldsymbol{A}=A_x\boldsymbol{i}+A_y\boldsymbol{j}+A_z\boldsymbol{k} \tag{7}$$

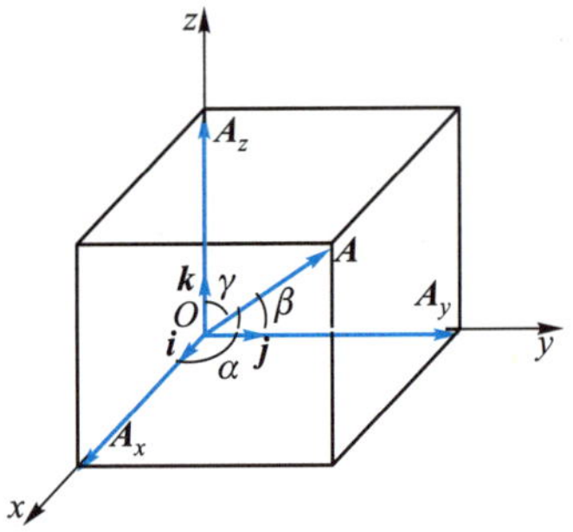

图 10 矢量在三维直角坐标轴上的分矢量

矢量 $\boldsymbol{A}$ 的模为

$$A=\sqrt{A_x^2+A_y^2+A_z^2}$$

矢量 $\boldsymbol{A}$ 的方向由该矢量与 x、y 和 z 轴的夹角 α、β 和 γ 来确定,有

$$\cos\alpha=\frac{A_x}{A},\quad \cos\beta=\frac{A_y}{A},\quad \cos\gamma=\frac{A_z}{A}$$

2. 矢量合成的解析法

运用矢量在直角坐标轴上的分量表示法,可以使矢量加减运算简化.设平面直角坐标系中有矢量 $\boldsymbol{A}$ 和 $\boldsymbol{B}$,它们与 x 轴的夹角分别为 α 和 β(图 11).根据式(5),矢量 $\boldsymbol{A}$ 和 $\boldsymbol{B}$ 在两坐标轴上的分量可分别表示为

$$\begin{cases}A_x=A\cos\alpha\\A_y=A\sin\alpha\end{cases}\quad 及 \quad\begin{cases}B_x=B\cos\beta\\B_y=B\sin\beta\end{cases}$$

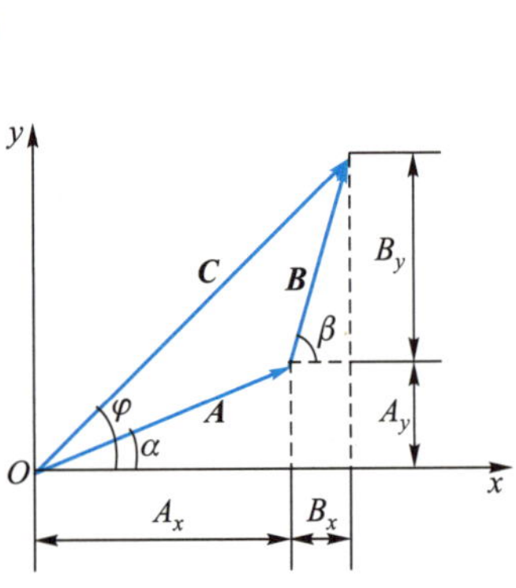

图 11 两矢量合成的解析法

由图 11 可以看出,合矢量 $\boldsymbol{C}$ 在两坐标轴上的分量 C_x 和 C_y 与

矢量 $\boldsymbol{A}$、$\boldsymbol{B}$ 的分量之间的关系为

$$\begin{cases} C_x = A_x + B_x \\ C_y = A_y + B_y \end{cases} \tag{8}$$

式(8)亦可用式(4)导出.因为

$$\boldsymbol{A} = A_x\boldsymbol{i} + A_y\boldsymbol{j}, \quad \boldsymbol{B} = B_x\boldsymbol{i} + B_y\boldsymbol{j}$$

所以

$$\boldsymbol{C} = \boldsymbol{A} + \boldsymbol{B} = (A_x + B_x)\boldsymbol{i} + (A_y + B_y)\boldsymbol{j}$$

而

$$\boldsymbol{C} = C_x\boldsymbol{i} + C_y\boldsymbol{j}$$

故亦有

$$\begin{cases} C_x = A_x + B_x \\ C_y = A_y + B_y \end{cases}$$

矢量 $\boldsymbol{C}$ 的大小和方向由下列两式确定：

$$\begin{cases} C = \sqrt{C_x^2 + C_y^2} \\ \varphi = \arctan \dfrac{C_y}{C_x} \end{cases} \tag{9}$$

四、矢量的标积和矢积

在物理学中,我们还经常遇到不同矢量的乘积.矢量乘积常见的有两种,一种是标积(或称点积、点乘),另一种是矢积(或称叉积、叉乘).例如,功是力和位移两矢量的标积,力矩是位矢和力两矢量的矢积.

1. 矢量的标积

设两矢量 $\boldsymbol{A}$ 和 $\boldsymbol{B}$ 之间小于 180°的夹角为 α,矢量 $\boldsymbol{A}$ 和 $\boldsymbol{B}$ 的标积用符号 $\boldsymbol{A} \cdot \boldsymbol{B}$ 表示,并定义

$$\boldsymbol{A} \cdot \boldsymbol{B} = AB\cos\alpha \tag{10}$$

即矢量 $\boldsymbol{A}$ 和 $\boldsymbol{B}$ 的标积是矢量 $\boldsymbol{A}$ 和 $\boldsymbol{B}$ 的大小及它们夹角 α 余弦的乘积,为一个标量.由图 12 可见,$\boldsymbol{A} \cdot \boldsymbol{B}$ 也相当于 $\boldsymbol{A}$ 的大小与 $\boldsymbol{B}$ 沿 $\boldsymbol{A}$ 方向分量的乘积(或相当于 $\boldsymbol{B}$ 的大小与 $\boldsymbol{A}$ 沿 $\boldsymbol{B}$ 方向分量的乘积).当 $\boldsymbol{A}$ 与 $\boldsymbol{B}$ 同向时($\alpha=0°$),$\boldsymbol{A} \cdot \boldsymbol{B} = AB$;当 $\boldsymbol{A}$ 与 $\boldsymbol{B}$ 反向时($\alpha = 180°$),$\boldsymbol{A} \cdot \boldsymbol{B} = -AB$;当 $\boldsymbol{A}$ 与 $\boldsymbol{B}$ 互相垂直时($\alpha = 90°$),$\boldsymbol{A} \cdot \boldsymbol{B} = 0$.

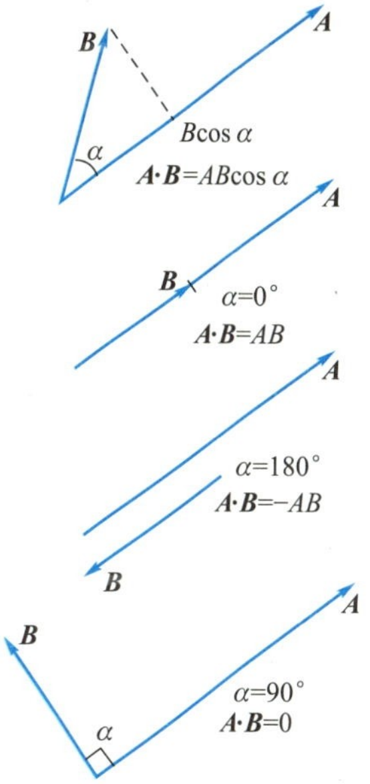

图 12 两矢量的夹角与它们标积的关系

从标积的定义可以得到标积的如下性质：

(1) 标积遵守交换律,即

$$\boldsymbol{A} \cdot \boldsymbol{B} = AB\cos\alpha = BA\cos\alpha = \boldsymbol{B} \cdot \boldsymbol{A} \tag{11}$$

（2）标积遵守分配律，即

$$(\boldsymbol{A}+\boldsymbol{B})\cdot\boldsymbol{C}=\boldsymbol{A}\cdot\boldsymbol{C}+\boldsymbol{B}\cdot\boldsymbol{C} \tag{12}$$

在直角坐标系中，若有两个矢量 $\boldsymbol{A}$ 和 $\boldsymbol{B}$，它们分别为

$$\boldsymbol{A}=A_x\boldsymbol{i}+A_y\boldsymbol{j}+A_z\boldsymbol{k},\quad \boldsymbol{B}=B_x\boldsymbol{i}+B_y\boldsymbol{j}+B_z\boldsymbol{k}$$

则它们的标积为

$$\begin{aligned}\boldsymbol{A}\cdot\boldsymbol{B}&=(A_x\boldsymbol{i}+A_y\boldsymbol{j}+A_z\boldsymbol{k})\cdot(B_x\boldsymbol{i}+B_y\boldsymbol{j}+B_z\boldsymbol{k})\\&=A_xB_x\boldsymbol{i}\cdot\boldsymbol{i}+A_yB_y\boldsymbol{j}\cdot\boldsymbol{j}+A_zB_z\boldsymbol{k}\cdot\boldsymbol{k}+\\&\quad A_xB_y\boldsymbol{i}\cdot\boldsymbol{j}+A_xB_z\boldsymbol{i}\cdot\boldsymbol{k}+A_yB_x\boldsymbol{j}\cdot\boldsymbol{i}+\\&\quad A_yB_z\boldsymbol{j}\cdot\boldsymbol{k}+A_zB_x\boldsymbol{k}\cdot\boldsymbol{i}+A_zB_y\boldsymbol{k}\cdot\boldsymbol{j}\end{aligned}$$

利用上述标积的性质，可得 $\boldsymbol{i}\cdot\boldsymbol{i}=\boldsymbol{j}\cdot\boldsymbol{j}=\boldsymbol{k}\cdot\boldsymbol{k}=1$，$\boldsymbol{i}\cdot\boldsymbol{j}=\boldsymbol{j}\cdot\boldsymbol{i}=\boldsymbol{i}\cdot\boldsymbol{k}=\boldsymbol{k}\cdot\boldsymbol{i}=\boldsymbol{k}\cdot\boldsymbol{j}=\boldsymbol{j}\cdot\boldsymbol{k}=0$，于是 $\boldsymbol{A}$、$\boldsymbol{B}$ 的标积为

$$\boldsymbol{A}\cdot\boldsymbol{B}=A_xB_x+A_yB_y+A_zB_z \tag{13}$$

2. 矢量的矢积

设两矢量 $\boldsymbol{A}$ 和 $\boldsymbol{B}$ 之间小于 180°的夹角为 α，矢量 $\boldsymbol{A}$ 和 $\boldsymbol{B}$ 的矢积用符号 $\boldsymbol{A}\times\boldsymbol{B}$ 表示，并定义它为另一矢量 $\boldsymbol{C}$，即

$$\boldsymbol{C}=\boldsymbol{A}\times\boldsymbol{B} \tag{14}$$

矢量 $\boldsymbol{C}$ 的大小为

$$C=AB\sin\alpha \tag{15}$$

矢量 $\boldsymbol{C}$ 的方向垂直于 $\boldsymbol{A}$ 和 $\boldsymbol{B}$ 所在的平面，其指向可用右手螺旋定则确定，如图 13 所示．当右手四指从 $\boldsymbol{A}$ 经小于 180°的角转向 $\boldsymbol{B}$ 时，右手拇指的指向（即右螺旋前进的方向）就是 $\boldsymbol{C}$ 的方向．若以 $\boldsymbol{A}$ 和 $\boldsymbol{B}$ 构成平行四边形的邻边，则 $\boldsymbol{C}$ 是这样一个矢量，它垂直于平行四边形所在的平面，且其指向代表着此平面的正法线方向，而它的大小则等于平行四边形的面积．

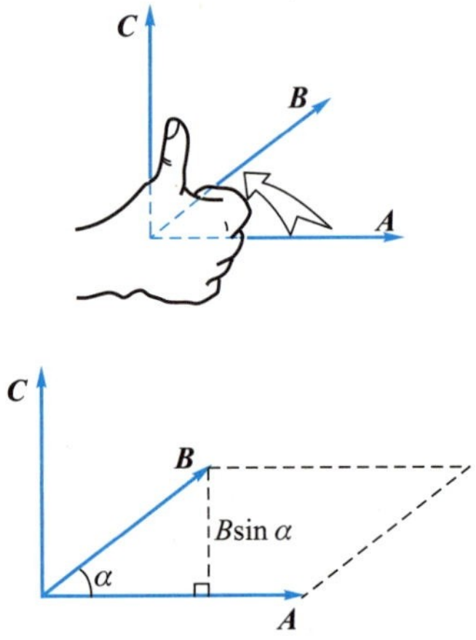

图 13 矢量 $\boldsymbol{A}$ 和 $\boldsymbol{B}$ 的矢积

从矢积的定义可以得到矢积的如下性质：

（1）由于 $\boldsymbol{A}\times\boldsymbol{B}$ 的大小 $AB\sin\alpha$ 与 $\boldsymbol{B}\times\boldsymbol{A}$ 的大小 $BA\sin\alpha$ 相等，但 $\boldsymbol{A}\times\boldsymbol{B}$ 和 $\boldsymbol{B}\times\boldsymbol{A}$ 的方向相反，所以

$$\boldsymbol{A}\times\boldsymbol{B}=-\boldsymbol{B}\times\boldsymbol{A} \tag{16}$$

即矢量的矢积不遵守交换定律．

（2）如果矢量 $\boldsymbol{A}$ 和 $\boldsymbol{B}$ 平行或反平行，那么它们之间的夹角 α 为 0°或 180°．由于 $\sin\alpha=0$，所以 $\boldsymbol{A}\times\boldsymbol{B}=\boldsymbol{0}$．

（3）矢积遵守分配律，即

$$\boldsymbol{C}\times(\boldsymbol{A}+\boldsymbol{B})=\boldsymbol{C}\times\boldsymbol{A}+\boldsymbol{C}\times\boldsymbol{B} \tag{17}$$

利用 $\boldsymbol{i}\times\boldsymbol{i}=0,\boldsymbol{i}\times\boldsymbol{j}=\boldsymbol{k},\boldsymbol{i}\times\boldsymbol{k}=-\boldsymbol{j}$ 以及相应的项，可得

$$\begin{aligned}\boldsymbol{A}\times\boldsymbol{B}&=(A_x\boldsymbol{i}+A_y\boldsymbol{j}+A_z\boldsymbol{k})\times(B_x\boldsymbol{i}+B_y\boldsymbol{j}+B_z\boldsymbol{k})\\&=(A_yB_z-A_zB_y)\boldsymbol{i}+(A_zB_x-A_xB_z)\boldsymbol{j}+(A_xB_y-A_yB_x)\boldsymbol{k}\end{aligned} \tag{18a}$$

上式还可写成行列式：

$$\boldsymbol{A}\times\boldsymbol{B}=\begin{vmatrix}\boldsymbol{i}&\boldsymbol{j}&\boldsymbol{k}\\A_x&A_y&A_z\\B_x&B_y&B_z\end{vmatrix} \tag{18b}$$

五、矢量的导数和积分

1. 矢量的导数

如图 14 所示，在直角坐标系中有一矢量 $\boldsymbol{A}$，它仅是时间的函数．随着时间的流逝，矢量 $\boldsymbol{A}$ 的大小和方向都在改变．设在时刻 t，该矢量为$\boldsymbol{A}_1(t)$，在时刻 $t+\Delta t$，这矢量为$\boldsymbol{A}_2(t+\Delta t)$．那么在 Δt 时间间隔内，其增量为

$$\Delta\boldsymbol{A}=\boldsymbol{A}_2(t+\Delta t)-\boldsymbol{A}_1(t)$$

当 $\Delta t\to0$ 时，$\Delta\boldsymbol{A}/\Delta t$ 的极限值为

$$\lim_{\Delta t\to0}\frac{\Delta\boldsymbol{A}}{\Delta t}=\frac{\mathrm{d}\boldsymbol{A}}{\mathrm{d}t} \tag{19}$$

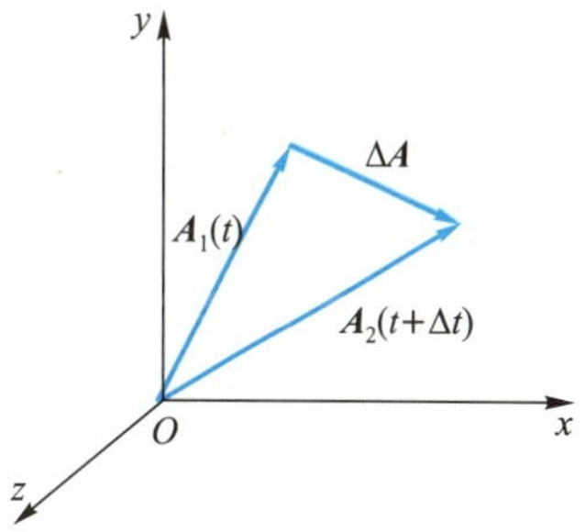

图 14 矢量的导数

式中$\dfrac{\mathrm{d}\boldsymbol{A}}{\mathrm{d}t}$为矢量 $\boldsymbol{A}$ 对时间 t 的导数．在一般情况下，矢量 $\boldsymbol{A}$ 不仅是时间 t 的函数，还可以是坐标 x、y、z 等的函数，即它是一个多元函数．关于多元函数的求导，请参阅相关数学书籍．

矢量函数的导数常用其分量函数的导数来表示．在直角坐标系中，矢量 $\boldsymbol{A}_1$ 和 $\boldsymbol{A}_2$ 可分别写成

$$\boldsymbol{A}_1=A_{1x}\boldsymbol{i}+A_{1y}\boldsymbol{j}+A_{1z}\boldsymbol{k}$$

$$\boldsymbol{A}_2=A_{2x}\boldsymbol{i}+A_{2y}\boldsymbol{j}+A_{2z}\boldsymbol{k}$$

于是 $$\Delta\boldsymbol{A}=(A_{2x}-A_{1x})\boldsymbol{i}+(A_{2y}-A_{1y})\boldsymbol{j}+(A_{2z}-A_{1z})\boldsymbol{k}$$

若令 $$\Delta A_x=A_{2x}-A_{1x},\quad \Delta A_y=A_{2y}-A_{1y},\quad \Delta A_z=A_{2z}-A_{1z}$$

则有 $$\Delta\boldsymbol{A}=\Delta A_x\boldsymbol{i}+\Delta A_y\boldsymbol{j}+\Delta A_z\boldsymbol{k}$$

把上式代入式(19)，可得

$$\frac{\mathrm{d}\boldsymbol{A}}{\mathrm{d}t}=\lim_{\Delta t\to 0}\frac{\Delta A_x}{\Delta t}\boldsymbol{i}+\lim_{\Delta t\to 0}\frac{\Delta A_y}{\Delta t}\boldsymbol{j}+\lim_{\Delta t\to 0}\frac{\Delta A_z}{\Delta t}\boldsymbol{k}$$

即

$$\frac{\mathrm{d}\boldsymbol{A}}{\mathrm{d}t}=\frac{\mathrm{d}A_x}{\mathrm{d}t}\boldsymbol{i}+\frac{\mathrm{d}A_y}{\mathrm{d}t}\boldsymbol{j}+\frac{\mathrm{d}A_z}{\mathrm{d}t}\boldsymbol{k} \tag{20}$$

利用矢量的导数公式可以证明下列公式：

(1) $\frac{\mathrm{d}}{\mathrm{d}t}(\boldsymbol{A}+\boldsymbol{B})=\frac{\mathrm{d}\boldsymbol{A}}{\mathrm{d}t}+\frac{\mathrm{d}\boldsymbol{B}}{\mathrm{d}t}$

(2) $\frac{\mathrm{d}(C\boldsymbol{A})}{\mathrm{d}t}=C\frac{\mathrm{d}\boldsymbol{A}}{\mathrm{d}t}$ （C 为常数）

(3) $\frac{\mathrm{d}}{\mathrm{d}t}(\boldsymbol{A}\cdot\boldsymbol{B})=\boldsymbol{A}\cdot\frac{\mathrm{d}\boldsymbol{B}}{\mathrm{d}t}+\boldsymbol{B}\cdot\frac{\mathrm{d}\boldsymbol{A}}{\mathrm{d}t}$

(4) $\frac{\mathrm{d}}{\mathrm{d}t}(\boldsymbol{A}\times\boldsymbol{B})=\boldsymbol{A}\times\frac{\mathrm{d}\boldsymbol{B}}{\mathrm{d}t}+\frac{\mathrm{d}\boldsymbol{A}}{\mathrm{d}t}\times\boldsymbol{B}$

矢量的导数在物理学中是很有用的.读者可以参阅第一章关于瞬时速度和瞬时加速度的定义.

2. 矢量的积分

矢量函数的积分是很复杂的.下面举两个简单的例子.

设 $\boldsymbol{A}$ 和 $\boldsymbol{B}$ 均在同一平面直角坐标系中，且$\frac{\mathrm{d}\boldsymbol{B}}{\mathrm{d}t}=\boldsymbol{A}$.于是有

$$\mathrm{d}\boldsymbol{B}=\boldsymbol{A}\mathrm{d}t$$

对上式积分并略去积分常数，得

$$\boldsymbol{B}=\int\boldsymbol{A}\mathrm{d}t=\int(A_x\boldsymbol{i}+A_y\boldsymbol{j})\mathrm{d}t$$

即

$$\boldsymbol{B}=\left(\int A_x\mathrm{d}t\right)\boldsymbol{i}+\left(\int A_y\mathrm{d}t\right)\boldsymbol{j} \tag{21}$$

式中

$$B_x=\int A_x\mathrm{d}t,\quad B_y=\int A_y\mathrm{d}t$$

式(21)在物理学中是经常遇到的，如计算力的冲量等.

如果矢量 $\boldsymbol{A}$ 沿如图 15 所示的曲线变化，那么

$$\int\boldsymbol{A}\cdot\mathrm{d}\boldsymbol{s}$$

为该矢量沿此曲线的线积分.因为

$$\boldsymbol{A}=A_x\boldsymbol{i}+A_y\boldsymbol{j}+A_z\boldsymbol{k}$$

$$\mathrm{d}\boldsymbol{s}=\mathrm{d}x\boldsymbol{i}+\mathrm{d}y\boldsymbol{j}+\mathrm{d}z\boldsymbol{k}$$

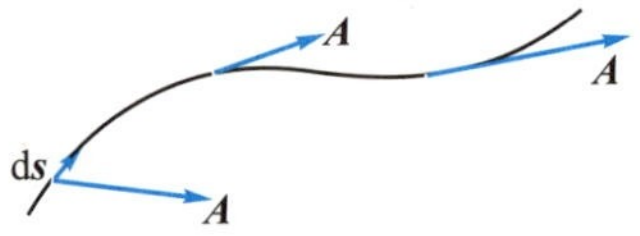

图 15 矢量的线积分

所以
$$\int \boldsymbol{A} \cdot \mathrm{d}\boldsymbol{s}=\int (A_x\boldsymbol{i}+A_y\boldsymbol{j}+A_z\boldsymbol{k}) \cdot (\mathrm{d}x\boldsymbol{i}+\mathrm{d}y\boldsymbol{j}+\mathrm{d}z\boldsymbol{k})$$

由于 $\boldsymbol{i} \cdot \boldsymbol{i}=\boldsymbol{j} \cdot \boldsymbol{j}=\boldsymbol{k} \cdot \boldsymbol{k}=1$，$\boldsymbol{i} \cdot \boldsymbol{j}=\boldsymbol{j} \cdot \boldsymbol{k}=\boldsymbol{k} \cdot \boldsymbol{i}=0$，所以上式可写为

$$\int \boldsymbol{A} \cdot \mathrm{d}\boldsymbol{s}=\int A_x \mathrm{d}x+\int A_y \mathrm{d}y+\int A_z \mathrm{d}z \tag{22}$$

若上式中的 $\boldsymbol{A}$ 表示力，$\mathrm{d}\boldsymbol{s}$ 表示位移元，则式(22)就是变力做功的计算式.

附录二 国际单位制与我国法定计量单位

1948 年召开的第 9 届国际计量大会作出了决定，要求国际计量委员会创立一种简单而科学的、供所有米制公约组织成员国均能使用的实用单位制.1954 年第 10 届国际计量大会决定，采用米(m)、千克(kg)、秒(s)、安培(A)、开尔文(K)和坎德拉(cd)作为基本单位.1960 年第 11 届国际计量大会决定，将以这六个单位为基本单位的实用计量单位制命名为"国际单位制"，并规定其国际简称为"SI".1974 年第 14 届国际计量大会又决定，增加一个基本单位——"物质的量"的单位摩尔(mol).因此，目前国际单位制共有七个基本单位(见表 1).SI 导出单位是由 SI 基本单位按定义式导出的，以 SI 基本单位代数形式表示的单位，其数量很多，有些单位具有专门名称(见表 2).SI 单位的倍数单位包括十进倍数单位与十进分数单位，它们由 SI 词头(见表 3)加上 SI 单位构成.

1985 年 9 月 6 日，我国第六届全国人民代表大会常务委员会第十二次会议通过了《中华人民共和国计量法》.这一法律明确规定国家实行法定计量单位制度.国际单位制计量单位和国家选定的其他计量单位(见表 4)为国家法定计量单位，国家法定计量单位的名称、符号由国务院公布.

2018 年第 26 届国际计量大会通过的"关于修订国际单位制的 1 号决议"将国际单位制的七个基本单位全部改为由常数定义.此决议自 2019 年 5 月 20 日(世界计量日)起生效.这是改变国际单位制采用实物基准的历史性变革，是人类科技发展进步中的一座里程碑.对国际单位制七个基本单位的中文定义的修订是我国科学技术研究中的一个重要活动，对于促进科技交流、支撑科技创新具有重要意义.

表 1 SI 基本单位及其定义

量的名称	单位名称	单位符号	单位定义
时间	秒	s	当铯频率 $\Delta\nu_{Cs}$，也就是铯-133 原子不受干扰的基态超精细跃迁频率，以单位 Hz 即 s^{-1} 表示时，将其固定数值取为 9 192 631 770 来定义秒.
长度	米	m	当真空中光速 c 以单位 $m\cdot s^{-1}$ 表示时，将其固定数值取为 299 792 458 来定义米，其中秒用 $\Delta\nu_{Cs}$ 定义.
质量	千克(公斤)	kg	当普朗克常量 h 以单位 $J\cdot s$ 即 $kg\cdot m^2\cdot s^{-1}$ 表示时，将其固定数值取为 $6.626\ 070\ 15\times10^{-34}$ 来定义千克，其中米和秒分别用 c 和 $\Delta\nu_{Cs}$ 定义.
电流	安[培]	A	当元电荷 e 以单位 C 即 $A\cdot s$ 表示时，将其固定数值取为 $1.602\ 176\ 634\times10^{-19}$ 来定义安培，其中秒用 $\Delta\nu_{Cs}$ 定义.
热力学温度	开[尔文]	K	当玻耳兹曼常量 k 以单位 $J\cdot K^{-1}$ 即 $kg\cdot m^2\cdot s^{-2}\cdot K^{-1}$ 表示时，将其固定数值取为 $1.380\ 649\times10^{-23}$ 来定义开尔文，其中千克、米和秒分别用 h、c 和 $\Delta\nu_{Cs}$ 定义.

续表

量的名称	单位名称	单位符号	单位定义
物质的量	摩[尔]	mol	1 mol 精确包含 $6.022\ 140\ 76\times10^{23}$ 个基本单元.该数称为阿伏伽德罗数,为以单位 mol^{-1} 表示的阿伏伽德罗常量 N_A 的固定数值.一个系统的物质的量,符号为 n,是该系统包含的特定基本单元数的量度.基本单元可以是原子、分子、离子、电子及其他任意粒子或粒子的特定组合.
发光强度	坎[德拉]	cd	当频率为 540×10^{12} Hz 的单色辐射的光视效能 K_{cd} 以单位 $lm\cdot W^{-1}$ 即 $cd\cdot sr\cdot W^{-1}$ 或 $cd\cdot sr\cdot kg^{-1}\cdot m^{-2}\cdot s^3$ 表示时,将其固定数值取为 683 来定义坎德拉,其中千克、米和秒分别用 h、c 和 $\Delta\nu_{Cs}$ 定义.

表 2　包括 SI 辅助单位在内的具有专门名称的 SI 导出单位

量的名称	单位名称	单位符号	用 SI 基本单位和 SI 导出单位表示
[平面]角	弧度	rad	1 rad = 1 m/m = 1
立体角	球面度	sr	$1\ sr = 1\ m^2/m^2 = 1$
频率	赫[兹]	Hz	$1\ Hz = 1\ s^{-1}$
力	牛[顿]	N	$1\ N = 1\ kg\cdot m/s^2$
压强,应力	帕[斯卡]	Pa	$1\ Pa = 1\ N/m^2$
能[量],功,热量	焦[耳]	J	1 J = 1 N · m
功率,辐[射能]通量	瓦[特]	W	1 W = 1 J/s
电荷[量]	库[仑]	C	1 C = 1 A · s
电压,电动势,电势(电位)	伏[特]	V	1 V = 1 W/A
电容	法[拉]	F	1 F = 1 C/V
电阻	欧[姆]	Ω	1 Ω = 1 V/A
电导	西[门子]	S	$1\ S = 1\ \Omega^{-1}$
磁通[量]	韦[伯]	Wb	1 Wb = 1 V · s
磁感应强度,磁通[量]密度	特[斯拉]	T	$1\ T = 1\ Wb/m^2$
电感	亨[利]	H	1 H = 1 Wb/A
摄氏温度	摄氏度	℃	1 ℃ = 1 K
光通量	流[明]	lm	1 lm = 1 cd · sr
[光]照度	勒[克斯]	lx	$1\ lx = 1\ lm/m^2$
[放射性]活度	贝可[勒尔]	Bq	$1\ Bq = 1\ s^{-1}$
吸收剂量	戈[瑞]	Gy	1 Gy = 1 J/kg
剂量当量	希[沃特]	Sv	1 Sv = 1 J/kg

表 3 SI 词头

因数	词头名称		符号	因数	词头名称		符号
	英文	中文			英文	中文	
10^{1}	deca	十	da	10^{-1}	deci	分	d
10^{2}	hecto	百	h	10^{-2}	centi	厘	c
10^{3}	kilo	千	k	10^{-3}	milli	毫	m
10^{6}	mega	兆	M	10^{-6}	micro	微	μ
10^{9}	giga	吉[咖]	G	10^{-9}	nano	纳[诺]	n
10^{12}	tera	太[拉]	T	10^{-12}	pico	皮[可]	p
10^{15}	peta	拍[它]	P	10^{-15}	femto	飞[母托]	f
10^{18}	exa	艾[可萨]	E	10^{-18}	atto	阿[托]	a
10^{21}	zetta	泽[它]	Z	10^{-21}	zepto	仄[普托]	z
10^{24}	yotta	尧[它]	Y	10^{-24}	yocto	幺[科托]	y
10^{27}	ronna	容[那]	R	10^{-27}	ronto	柔[托]	r
10^{30}	quetta	昆[它]	Q	10^{-30}	quecto	亏[科托]	q

表 4 国际单位制单位以外的我国法定计量单位

量的名称	单位名称	单位符号	与 SI 单位的关系
时间	分	min	1 min = 60 s
	[小]时	h	1 h = 60 min = 3 600 s
	日(天)	d	1 d = 24 h = 86 400 s
[平面]角	度	°	1° = (π/180) rad
	[角]分	′	1′ = (1/60)° = (π/10 800) rad
	[角]秒	″	1″ = (1/60)′ = (π/648 000) rad
体积	升	L(l)	1 L = 1 dm^3 = 10^{-3} m^3
质量	吨 原子质量单位	t u	1 t = 10^3 kg 1 u ≈ 1.660 539×10^{-27} kg
旋转速度	转每分	r/min	1 r/min = (1/60) r/s
长度	海里	n mile	1 n mile = 1 852 m(只用于航行)
速度	节	kn	1 kn = 1 n mile/h = (1 852/3 600) m/s (只用于航行)
能[量]	电子伏	eV	1 eV ≈ 1.602 177×10^{-19} J
级差	分贝	dB	
线密度	特[克斯]	tex	1 tex = 10^{-6} kg/m
面积	公顷	hm^2	1 hm^2 = 10^4 m^2

附录三　空气、水、地球、月球、太阳系的一些常用数据

空气和水的一些常用数据(在 20 ℃、1.013×10^5 Pa 时)

	空气	水
密度	$1.20\ kg\cdot m^{-3}$	$1.00\times10^3\ kg\cdot m^{-3}$
比热容	$1.00\times10^3\ J\cdot kg^{-1}\cdot K^{-1}$	$4.18\times10^3\ J\cdot kg^{-1}\cdot K^{-1}$
声速	$343\ m\cdot s^{-1}$	$1.48\times10^3\ m\cdot s^{-1}$

有关地球和月球的一些常用数据

	地球	月球
平均轨道半径	$1\ AU=1.50\times10^{11}\ m$	$3.84\times10^8\ m$
轨道周期	$1\ a=365.26\ d$	27.32 d
赤道半径	$R_E=6.38\times10^6\ m$	$1.74\times10^6\ m$
质量	$m_E=5.97\times10^{24}\ kg$	$7.35\times10^{22}\ kg$
密度	$\rho_E=5.52\times10^3\ kg\cdot m^{-3}$	$3.35\times10^3\ kg\cdot m^{-3}$

有关太阳系的一些常用数据

天体	平均轨道半径/AU	轨道周期/a	赤道半径/R_E	质量/m_E
太　阳			109.2	3.33×10^5
水　星	0.39	0.24	0.38	0.06
金　星	0.72	0.62	0.95	0.81
地　球	1.00	1.00	1.00	1.00
火　星	1.52	1.88	0.53	0.11
木　星	5.20	11.86	11.19	317.89
土　星	9.54	29.46	9.46	95.18
天王星	19.19	84.01	3.98	14.54
海王星	30.06	164.80	3.81	17.13

附录四　希腊字母

小写	大写	英文名称	小写	大写	英文名称
α	A	alpha	ν	N	nu
β	B	beta	ξ	Ξ	xi
γ	Γ	gamma	ο	O	omicron
δ	Δ	delta	π	Π	pi
ε	E	epsilon	ρ	P	rho
ζ	Z	zeta	σ	Σ	sigma
η	H	eta	τ	T	tau
θ	Θ	theta	υ	Υ	upsilon
ι	I	iota	φ(ϕ)	Φ	phi
κ	K	kappa	χ	X	chi
λ	Λ	lambda	ψ	Ψ	psi
μ	M	mu	ω	Ω	omega

附录五 常用物理常量

名称	符号	数值	单位	相对标准不确定度
真空中的光速	c	299 792 458	$m \cdot s^{-1}$	精确
普朗克常量	h	$6.626\ 070\ 15 \times 10^{-34}$	$J \cdot s$	精确
约化普朗克常量	$h/2\pi$	$1.054\ 571\ 817\cdots \times 10^{-34}$	$J \cdot s$	精确
元电荷	e	$1.602\ 176\ 634 \times 10^{-19}$	C	精确
阿伏伽德罗常量	N_A	$6.022\ 140\ 76 \times 10^{23}$	mol^{-1}	精确
玻耳兹曼常量	k	$1.380\ 649 \times 10^{-23}$	$J \cdot K^{-1}$	精确
摩尔气体常量	R	$8.314\ 462\ 618\cdots$	$J \cdot mol^{-1} \cdot K^{-1}$	精确
理想气体的摩尔体积(标准状况下)	V_m	$22.413\ 969\ 54\cdots \times 10^{-3}$	$m^3 \cdot mol^{-1}$	精确
斯特藩-玻耳兹曼常量	σ	$5.670\ 374\ 419\cdots \times 10^{-8}$	$W \cdot m^{-2} \cdot K^{-4}$	精确
维恩位移定律常量	b	$2.897\ 771\ 955\cdots \times 10^{-3}$	$m \cdot K$	精确
引力常量	G	$6.674\ 30(15) \times 10^{-11}$	$m^3 \cdot kg^{-1} \cdot s^{-2}$	2.2×10^{-5}
真空磁导率	μ_0	$1.256\ 637\ 062\ 12(19) \times 10^{-6}$	$N \cdot A^{-2}$	1.5×10^{-10}
真空电容率	ε_0	$8.854\ 187\ 812\ 8(13) \times 10^{-12}$	$F \cdot m^{-1}$	1.5×10^{-10}
电子质量	m_e	$9.109\ 383\ 701\ 5(28) \times 10^{-31}$	kg	3.0×10^{-10}
电子荷质比	$-e/m_e$	$-1.758\ 820\ 010\ 76(53) \times 10^{11}$	$C \cdot kg^{-1}$	3.0×10^{-10}
质子质量	m_p	$1.672\ 621\ 923\ 69(51) \times 10^{-27}$	kg	3.1×10^{-10}
中子质量	m_n	$1.674\ 927\ 498\ 04(95) \times 10^{-27}$	kg	5.7×10^{-10}
氘核质量	m_d	$3.343\ 583\ 772\ 4(10) \times 10^{-27}$	kg	3.0×10^{-10}
氚核质量	m_t	$5.007\ 356\ 744\ 6(15) \times 10^{-27}$	kg	3.0×10^{-10}
里德伯常量	R_∞	$1.097\ 373\ 156\ 816\ 0(21) \times 10^{7}$	m^{-1}	1.9×10^{-12}
精细结构常数	α	$7.297\ 352\ 569\ 3(11) \times 10^{-3}$		1.5×10^{-10}
玻尔磁子	μ_B	$9.274\ 010\ 078\ 3(28) \times 10^{-24}$	$J \cdot T^{-1}$	3.0×10^{-10}
核磁子	μ_N	$5.050\ 783\ 746\ 1(15) \times 10^{-27}$	$J \cdot T^{-1}$	3.1×10^{-10}
玻尔半径	a_0	$5.291\ 772\ 109\ 03(80) \times 10^{-11}$	m	1.5×10^{-10}
康普顿波长	λ_C	$2.426\ 310\ 238\ 67(73) \times 10^{-12}$	m	3.0×10^{-10}
原子质量常量	m_u	$1.660\ 539\ 066\ 60(50) \times 10^{-27}$	kg	3.0×10^{-10}

注:① 表中数据为国际科学理事会(ISC)国际数据委员会(CODATA)2018 年的国际推荐值.

② 标准状况是指 $T = 273.15$ K, $p = 101\ 325$ Pa.

附录六　部分常用数学公式

一、级数公式

$$(1+x)^n=1+nx+\frac{n(n-1)}{2!}x^2+\cdots \quad (|x|<1)$$

$$\ln(1+x)=x-\frac{1}{2}x^2+\frac{1}{3}x^3-\cdots \quad (x<1)$$

$$e^x=1+x+\frac{x^2}{2!}+\frac{x^3}{3!}+\cdots$$

$$\frac{1}{1+x}=1-x+x^2-x^3+x^4-\cdots \quad (-1<x<1)$$

$$\sin\theta=\theta-\frac{\theta^3}{3!}+\frac{\theta^5}{5!}-\cdots$$

$$\cos\theta=1-\frac{\theta^2}{2!}+\frac{\theta^4}{4!}-\cdots$$

泰勒级数

$$f(x)=f(x_0)+\frac{f'(x_0)}{1!}(x-x_0)+\frac{f''(x_0)}{2!}(x-x_0)^2+\cdots+\frac{f^{(n)}(x_0)}{n!}(x-x_0)^n+\cdots$$

二、三角函数公式

$$\sin(\alpha\pm\beta)=\sin\alpha\cos\beta\pm\cos\alpha\sin\beta$$

$$\cos(\alpha\pm\beta)=\cos\alpha\cos\beta\mp\sin\alpha\sin\beta$$

$$\tan(\alpha\pm\beta)=\frac{\tan\alpha\pm\tan\beta}{1\mp\tan\alpha\tan\beta}$$

$$\sin 2\alpha=2\sin\alpha\cos\alpha$$

$$\cos 2\alpha=\cos^2\alpha-\sin^2\alpha=1-2\sin^2\alpha=2\cos^2\alpha-1$$

$$\tan 2\alpha=\frac{2\tan\alpha}{1-\tan^2\alpha}$$

$$\sin^2\left(\frac{\alpha}{2}\right)=\frac{1}{2}(1-\cos\alpha)$$

$$\cos^2\left(\frac{\alpha}{2}\right)=\frac{1}{2}(1+\cos\alpha)$$

$$\tan^2\left(\frac{\alpha}{2}\right)=\frac{1-\cos\alpha}{1+\cos\alpha}$$

$$2\sin\alpha\cos\beta=\sin(\alpha+\beta)+\sin(\alpha-\beta)$$

$$2\cos\alpha\sin\beta=\sin(\alpha+\beta)-\sin(\alpha-\beta)$$

$$2\cos\alpha\cos\beta=\cos(\alpha+\beta)+\cos(\alpha-\beta)$$

$$-2\sin\alpha\sin\beta=\cos(\alpha+\beta)-\cos(\alpha-\beta)$$

$$\sin\alpha+\sin\beta=2\sin\frac{\alpha+\beta}{2}\cos\frac{\alpha-\beta}{2}$$

$$\sin\alpha-\sin\beta=2\cos\frac{\alpha+\beta}{2}\sin\frac{\alpha-\beta}{2}$$

$$\cos\alpha+\cos\beta=2\cos\frac{\alpha+\beta}{2}\cos\frac{\alpha-\beta}{2}$$

$$\cos\alpha-\cos\beta=-2\sin\frac{\alpha+\beta}{2}\sin\frac{\alpha-\beta}{2}$$

三、导数公式

$$\frac{\mathrm{d}}{\mathrm{d}x}(\sin ax)=a\cos ax,\quad \frac{\mathrm{d}}{\mathrm{d}x}\arcsin ax=\frac{a}{\sqrt{1-a^2x^2}}$$

$$\frac{\mathrm{d}}{\mathrm{d}x}(\cos ax)=-a\sin ax,\quad \frac{\mathrm{d}}{\mathrm{d}x}\arccos ax=-\frac{a}{\sqrt{1-a^2x^2}}$$

$$\frac{\mathrm{d}}{\mathrm{d}x}(\tan ax)=a\sec^2 ax,\quad \frac{\mathrm{d}}{\mathrm{d}x}\arctan ax=\frac{a}{1+a^2x^2}$$

$$\frac{\mathrm{d}}{\mathrm{d}x}a^{nx}=na^x\ln a\ ,\quad \frac{\mathrm{d}}{\mathrm{d}x}(ax^n)=nax^{n-1}$$

$$\frac{\mathrm{d}}{\mathrm{d}x}\mathrm{e}^{ax}=a\mathrm{e}^{ax},\quad \frac{\mathrm{d}}{\mathrm{d}x}\ln ax=\frac{1}{x}$$

四、积分公式

$$\int u\mathrm{d}v=uv-\int v\mathrm{d}u$$

$$\int x^n\mathrm{d}x=\frac{1}{n+1}x^{n+1}+C\quad (n\neq 1)$$

$$\int\frac{\mathrm{d}x}{x}=\ln x+C$$

$$\int\frac{\mathrm{d}x}{a+bx}=\frac{1}{b}\ln(a+bx)+C$$

$$\int\frac{x\mathrm{d}x}{a+bx^2}=\frac{1}{2b}\ln(a+bx^2)+C$$

$$\int x\mathrm{e}^{ax}\mathrm{d}x=\frac{\mathrm{e}^{ax}}{a^2}(ax-1)+C$$

$$\int x^2\mathrm{e}^{ax}\mathrm{d}x=\frac{\mathrm{e}^{ax}}{a^3}(a^2x^2-2ax+2)+C$$

$$\int \ln ax\mathrm{d}x=x\ln ax-x+C$$

$$\int \sin ax\mathrm{d}x=-\frac{\cos ax}{a}+C$$

$$\int \cos ax\mathrm{d}x=\frac{\sin ax}{a}+C$$

$$\int \sin^2 x\mathrm{d}x=\frac{x}{2}-\frac{\sin 2x}{4}+C$$

$$\int \cos^2 x\mathrm{d}x=\frac{x}{2}+\frac{\sin 2x}{4}+C$$

$$\int \tan^2 x\mathrm{d}x=\tan x-x+C$$

$$\int_0^{\infty}\frac{\mathrm{d}x}{1+\mathrm{e}^{ax}}=\frac{1}{a}\ln 2\quad(a>0)$$

$$\int_0^{\infty}\mathrm{e}^{-ax^2}\mathrm{d}x=\frac{\sqrt{\pi}}{2a}$$

$$\int_0^{\infty}x\mathrm{e}^{-ax^2}\mathrm{d}x=\frac{1}{2a}$$

$$\int_0^{\infty}x^2\mathrm{e}^{-ax^2}\mathrm{d}x=\frac{1}{4}\sqrt{\frac{\pi}{a^3}}$$

$$\int_0^{\infty}x^4\mathrm{e}^{-a^2x^2}\mathrm{d}x=\frac{3}{8}\sqrt{\frac{\pi}{a^5}}$$

$$\int_0^{\infty}\frac{\sin ax}{x}=\frac{\pi}{2}\quad(a>0)$$